中国科学院大学研究生教材系列(YJC0707002)

大洋环流和海气相互作用的数值模拟讲义

(第二版)

张学洪 俞永强 周天军
刘海龙 郑伟鹏 林鹏飞 编著

内容简介

本书主要介绍与大洋环流和海气相互作用的数值模拟有关的基础知识。全书共十三章，可分为四部分。其中第一部分（第1到6章），介绍海洋环流和海气相互作用的初步知识；第二部分（第7到9章）介绍大洋环流模式的基本原理；第三部分（第10到12章）介绍几个典型问题的数值模拟；第四部分（第13章）通过上机实习的方式介绍海洋模式LICOM的基本结构及其应用。本课程可以看作是气候数值模拟的入门课程之一。

图书在版编目(CIP)数据

大洋环流和海气相互作用的数值模拟讲义 / 张学洪等编著. — 2版. — 北京：气象出版社，2021.2

ISBN 978-7-5029-7381-0

Ⅰ.①大… Ⅱ.①张… Ⅲ.①大洋环流-数值模拟-研究生-教材②海气相互作用-数值模拟-研究生-教材 Ⅳ.①P731.27②P732.6

中国版本图书馆CIP数据核字(2021)第011815号

大洋环流和海气相互作用的数值摸拟讲义(第二版)

Dayang Huanliu he Hai Qi Xianghu Zuoyong de Shuzhi Moni Jiangyi (Di-er Ban)

出版发行：气象出版社

地　　址：北京市海淀区中关村南大街46号　　**邮政编码：**100081

电　　话：010-68407112(总编室)　010-68408042(发行部)

网　　址：http://www.qxcbs.com　　**E-mail：**qxcbs@cma.gov.cn

责任编辑：王萃萃　　**终　　审：**吴晓鹏

责任校对：张硕杰　　**责任技编：**赵相宁

封面设计：地大彩印设计中心

印　　刷：三河市君旺印务有限公司

开　　本：787 mm×1092 mm　1/16　　**印　　张：**20.25

字　　数：518千字

版　　次：2021年2月第2版　　**印　　次：**2021年2月第1次印刷

定　　价：90.00元

本书如存在文字不清、漏印以及缺页、倒页、脱页等，请与本社发行部联系调换

第二版前言

“大洋环流和海气相互作用的数值模拟”是中国科学院大气物理研究所(Institute of Atmospheric Physics,IAP)大气科学和地球流体力学数值模拟实验室(Laboratory of Numerical Modelling for Atmospheric Sciences and Geophysical Fluid Dynamics,LASG)全球海气耦合模式课题组自2004年起在中国科学院研究生院(后改名为中国科学院大学)为硕士研究生开设的专业核心课程,可以看作是“气候数值模拟”的入门课程之一。

自20世纪80年代末以来,课题组一直从事于LASG/IAP大洋环流数值模式和海洋-大气耦合模式的发展、改进、应用和评估等方面的研究工作,这个过程是与课题组成员对大洋环流和海气相互作用的观测事实和动力学理论的学习和理解相结合进行的。“大洋环流和海气相互作用的数值模拟”课程设计的思路是:充分利用海洋环流模式和海气耦合模式的模拟结果,结合观测资料,诠释大洋环流和海气相互作用的基本概念和动力学理论,重点分析当代气候数值模拟中几个受关注程度较大的问题,同时介绍有关模式设计和模式评估的初步知识。根据课堂教学的需要,我们在2005年完成《大洋环流和海气相互作用的数值模拟讲义》的试用稿,然后经过反复修改,于2013年由气象出版社正式出版了《大洋环流和海气相互作用的数值模拟讲义》一书。

从2013年至今,通过教学相长,我们自己对于气候数值模拟的研究和教学也有了更深的体会和感悟;同时,同学们对教学内容和讲义本身提出了大量的有益建议,再加之气候数值模拟研究领域近年来也在快速发展。为此,我们对2013年版讲义进行了进一步修改和补充,形成了《大洋环流和海气相互作用的数值模拟》第二版(2021年版),其中主要修改如下。

(1)根据大多数同学的建议,增加了海洋模式上机实习内容(第13章),通过实际操作,不仅能使同学们对海洋模式有直观的认识,而且可以设计和完成敏感性数值试验,加强对课堂教学内容的认识和理解。此外,这样的模式实习操作,也为同学们未来开展数值模拟方面的研究工作奠定基础。

(2)在原讲义的第一部分(基础知识),结合海洋和耦合模式的研发和应用介绍相关的基础知识，结合典型的数值模拟试验介绍数值模式在研究和理解海洋环流和海气相互作用过程中的意义和作用，以及海洋和大气动力过程的异同点。

(3)结合当前气候模式研发和应用的最前沿，对原讲义的第二部分(模式原理)和第三部分(典型应用)进行了修订，突出了最新的研究进展。

(4)对原讲义中的错误进行了订正。

本讲义的修订得到了中国科学院大学教材出版中心和中国科学院战略先导专项(XDB42010401)的联合资助，清华大学薛巍教授为本讲义第13章提供了宝贵的技术支持，在此一并表示衷心感谢。

作者

2020年12月

第一版前言

本书是以我们在中国科学院研究生院讲授的“大洋环流和海气相互作用的数值模拟”为基础编写的一本讲义。

随着气候问题愈来愈受到关注，许多气象和海洋专业的研究生在不同程度上介入了气候数值模拟领域，其中不少人需要分析模式的结果，一部分人会利用模式做试验，少数人有可能直接参与模式的发展研究。因此，从2004年开始，LASG* 全球海气耦合模式课题组在中国科学院研究生院开设了“大洋环流和海气相互作用的数值模拟”课程，有选择地介绍一些气候数值模拟的入门知识。由于课程内容涉及海洋环流、气候、数值模拟等不同学科，所以提供一份讲义对于教学双方都是必要的。为此，我们在2005年编写了“讲义试用稿”，以后又做过三次较大的修改，本书就是在2010年讲义第四稿的基础上补充和修订而成的。

本书有12章和两个附录，可分为三部分，即：基础知识、模式原理、典型问题模拟。

第一部分（第1章至第6章）是关于大洋环流和海气相互作用的“基础知识”。其中，第1章和第2章主要介绍热带太平洋风生环流的知识，重点是那些与ENSO有关的事实、概念和理论。第3章介绍风应力、热通量和淡水通量的概念及其参数化表示，它们是了解海气相互作用和气候模式运行方式的基础；海气间的交换受到云的强烈影响，第4章主要讨论这个问题。第5章介绍热带外海气相互作用和热带海气相互作用的区别和联系。第6章介绍大洋经圈翻转环流（特别是大西洋经圈翻转环流）和经向热输送，以及它们在全球变暖等长期气候演变过程中的潜在作用。

第二部分（第7章、第8章、第9章）是“模式原理”，主要是介绍大洋环流数值模式，也讨论了单独的海洋模式和海气耦合模式的区别和联系。其中，第7章介绍大洋环流模式建立的物理基础、发展历史、动力学框架和有限差分方法要点。第8章介绍海洋模式中的参数化过程，重点是混合过程的参数化原理和方法，包括海表边界层的湍流混合过程和海洋内部中尺度涡引起的混合过程。第9章介

---

* “LASG”是中国科学院大气物理研究所“大气科学和地球流体力学数值模拟实验室”(Laboratory of Numerical Modeling for Atmospheric Sciences and Geophysical Fluid Dynamics)的英文缩写。

绍与高纬度海洋环流和海气相互作用密切相关的海冰模式的原理，包括热力学海冰模式原理和基于海冰厚度分布理论的动力—热力学海冰模式原理。

第三部分(第10章、第11章、第12章)是“典型问题的模拟”。其中第10章介绍ENSO循环的观测和理论，海洋模式模拟的El Niño事件，和海气耦合模式模拟的ENSO现象。第11章介绍印度尼西亚贯穿流的观测事实、驱动机制、气候意义，及其数值模拟。第12章介绍全球变暖的观测证据，温室效应理论，利用气候系统模式模拟全球变暖的原理、结果及其不确定性。希望通过介绍这些典型气候事件的模拟，帮助读者了解怎样正确使用模式和解释模拟的结果，同时加深对海洋环流和海气相互作用的基本概念和理论的理解。

附录A介绍了目前发表的各类风应力资料。附录B介绍了本书用到的LASG海洋环流模式、海气耦合模式和气候系统模式的要点。

“大洋环流和海气相互作用的数值模拟”覆盖面很广，作为入门，本书只选择了其中的一部分内容。这是一种尝试，希望借助于本书的出版得到读者的批评和指教。

本书各章及附录的编写者如下。第1章和第2章：张学洪、俞永强；第3章：张学洪、周天军；第4章：周天军、宇如聪；第5章和第6章：周天军；第7章：张学洪、刘海龙；第8章：刘海龙、张学洪；第9章：刘喜迎、张学洪；第10章：俞永强；第11章：李薇、刘海龙；第12章：俞永强、郭裕福；附录A：吴方华；附录B：刘海龙，俞永强，周天军。

郑伟鹏、林鹏飞、郭准、张丽霞、李阳春、李博、张雅乐、王璐、何杰、宋丰飞、董璐、王夫常协助完成了部分书稿的查错或绘图工作；选修过这门课程的历届研究生所提出的意见和建议促进了讲义的修改，在此一并致谢。

本书的出版得到了中国科学院战略性先导科技专项《应对气候变化的碳收支认证及相关问题》项目11《气候模式模拟和预估中的不确定性问题》(XDA05110302)、以及国家高技术研究发展计划项目《地球系统模式中的高效并行算法研究与并行耦合器研制》第三课题《地球系统模式并行应用框架研制》(2010AA012303)和第四课题《高效物理气候系统并行模式的研发》(2010AA012304)的资助。

张学洪　俞永强

周天军　刘海龙

2012年8月

目　录

第1章

热带太平洋环流的初步知识

1.1 大洋的划分，热带海洋

世界大洋(World Ocean)是一个连通的整体，但在地理上通常被划分为太平洋(Pacific Ocean)、大西洋(Atlantic Ocean)、印度洋(Indian Ocean)和北冰洋(Arctic Ocean)四部分，其中太平洋、大西洋和印度洋以赤道为界又有北、南之分。除南半球中高纬度外，太平洋、印度洋、大西洋之间都有陆地隔离，存在着自然边界，不过西太平洋和印度洋在赤道附近是连通的，它们之间的边界由一系列半岛和岛屿组成，其中在澳大利亚西北海域的分界线取在伦敦德里角(Cape Londonderry，位于13°45′S，126°55′E)和帝汶(Timor)岛之间(Stewart，2004)。北太平洋和北冰洋以白令海峡(Bering Strait)为界，北冰洋和北大西洋大体上以北极圈(66°33′39″N)为界。由于被欧亚大陆和北美大陆所包围，北冰洋实际上是一个"地中海"(mediterranean)型的海盆，也称为"北极海"(Arctic Seas)。

太平洋、大西洋和印度洋在南半球中高纬度是互相连通的，它们之间只有地理上的边界。南太平洋和南大西洋的分界线位于67°16′W，即通过南美洲南端的合恩角(Cape Horn)至南极大陆的子午线，大体上是德雷克水道(Drake Passage)所在的位置；南太平洋和南印度洋的分界线位于146°55′E，即通过塔斯马尼亚(Tasmania)岛东南角至南极大陆的子午线；南大西洋和南印度洋的分界线位于20°E，即通过非洲南端的厄加勒斯角(Cape Agulhas)至南极大陆的子午线(图1.1)。

南极大陆周围的海洋是唯一连接三大洋的通道，那里存在着唯一的环球洋流，即南极绕极环流(Antarctic Circumpolar Current，ACC)。海洋学家基于动力学的考虑提出了"南大洋"(Southern Ocean)的概念，南大洋的北边界位于南半球海洋"副热带锋"(subtropical front)所在的位置上，大致在38°～42°S，海水温度和盐度在那里有很大的南北向梯度(Tomczak et al.，2001)。

海洋在气候系统中起着重要的作用，其中热带海洋的作用尤其重要，它不仅和热带大气变动(一个重要的例子是"南方涛动"，见第10章)有关，也和发生在高纬度的天气和气候变化有关(WCRP，1985)。因此，作为全球海气耦合模式的一种简化形式，由热带海洋和全球大气构成的耦合模式也是气候模拟研究的一个重要方面(Mechoso et al.，1995)。"热带"是一个跨赤道的纬度带，但它的纬度范围有多种不同的定义方法。例如，可以将地球上能够被太阳直射的范围定义为热带，其南北边界分别为南北回归线所在的纬度(23.5°S 和 23.5°N)；也可以将热

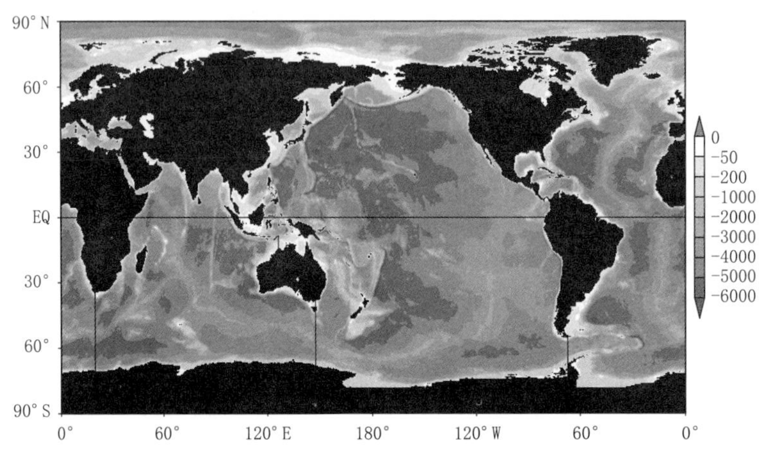

图 1.1 分辨率为 0.5°×0.5°的全球海陆分布和海底深度分布(单位:m)(资料来源:DBDB5*)

带定义为地球上有辐射盈余(即:年平均太阳辐射与地球射出辐射之差为正值)的范围,其南北边界在南北纬 35°~40°;还可以按照东西风带的分布,将低纬度以东风为主的范围定义为热带,其南北边界大致为 30°S 和 30°N(可参看图 1.3)。应该注意的是后两种定义的热带范围其实已经包含了副热带的一部分。此外,还可以根据气压场分布、温度变率及季节变化的特点等从不同的角度来定义热带的范围(The COMET® Program,2010)。

热带海洋是大气水分的主要来源,它向大气提供热量的主要方式是蒸发潜热,而水汽凝结释放潜热对大气环流有重要的驱动作用(参见第 3 章)。图 1.2 给出的是气候平均蒸发率在全球海洋中的分布,可以看出,年蒸发量在 100 cm 以上的区域主要是热带(包括副热带)海洋,考

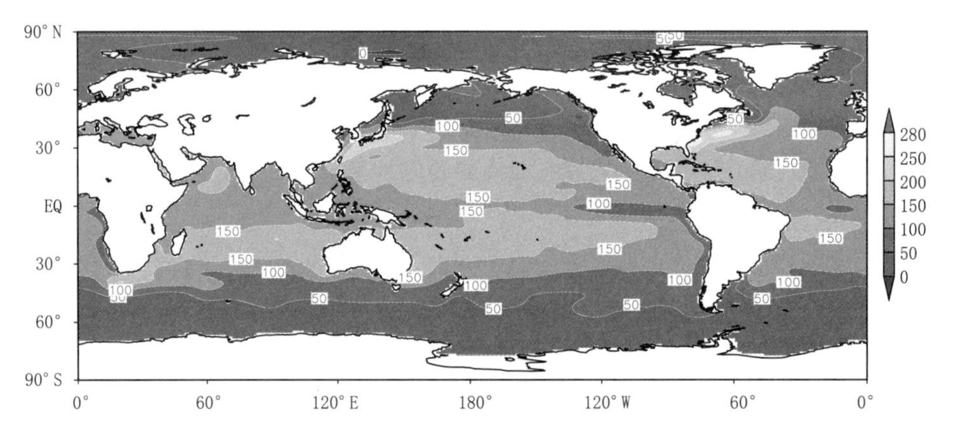

图 1.2 气候平均的蒸发率(单位:cm/a)在全球海洋中的分布(等值线间隔:50),这里的蒸发率是根据观测的海面温度、海面上的大气压力、比湿和风速等按照“总体公式”计算的(资料来源和计算方法见:da Silva et al.,1994)

* DBDB5(Digital Bathymetric Data Base 5 minute)是 20 世纪 80 年代初美国海军海洋部(US Naval Oceanographic Office)利用各海盆地形图插值得出的一套分辨率为 5′×5′的全球海底地形资料(也见本书的附录 B)。

虑到热带海洋的面积远大于中高纬度海洋的面积，可以相信热带海洋的确是大气水分的主要来源。还可以看出，热带海洋的蒸发率的分布并不是均匀的：大部分赤道外海区的年蒸发量在150 cm 以上，明显超过赤道海区；海盆西部的蒸发量大于海盆东部，最大蒸发量出现在西边界附近，其中北太平洋的黑潮(Kuroshio)区和北大西洋的湾流(Gulf Stream)区的年蒸发量超过了 200 cm。这种不均匀性与影响蒸发率的各种因子(如海面温度、海面大气风速、比湿、气压及垂直稳定度等)有关，其中以海面温度和海面风速的影响最大。

从图 1.2 还可以看出，在全球热带海洋中，热带太平洋的面积远大于热带大西洋和热带印度洋，是最大的水汽供应源地；而且，像 ENSO(El Niño-Southern Oscillation，见本书第 10 章)这样典型的海气相互作用事件就发生在热带太平洋。所以，本章以下各节将主要以热带太平洋为例，介绍有关大洋环流的一些初步知识。

1.2 热带太平洋 SST

1.2.1 热带太平洋 SST 的平均态

前一节已经提到：热带海洋对大气环流(全球风系)有重要的驱动作用。反过来，风又可以通过驱动洋流和影响海气热交换来影响海面温度，即 SST(Sea Surface Temperature)。由于SST 在很大程度上控制着海洋向大气输送水分和热量的空间分布和强度，它本身又受到海气相互作用的强烈影响，因而成为联结大气和海洋的最重要的变量。对于气候模式来说，SST是单独的大气模式的下边界条件，也是检验海洋模式和海气耦合模式能力的第一指标。因此，关于海洋环流和海气相互作用的讨论可以从了解 SST 开始。

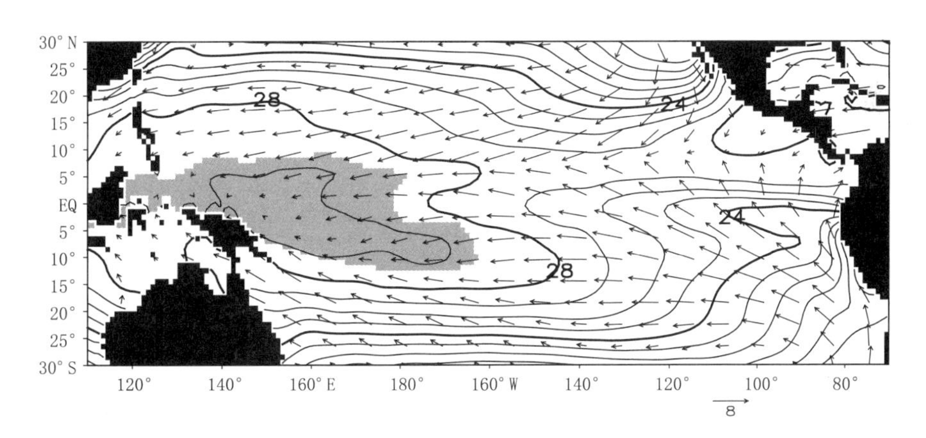

图 1.3 热带太平洋 SST 和海表风速矢量分布(资料来源：da Silva et al.，1994)，图中实线是年平均 SST 等值线(单位：℃，等值线间隔：1)，其中 28℃ 和 24℃ 等值线已用粗实线标出；矢量代表年平均海表风速(单位：m/s)，灰色部分给出了“永久性暖池”的大致范围

图 1.3 是热带太平洋年平均 SST 和海表风速矢量的气候分布，其中最显著的特征之一是存在着巨大的西太平洋暖池(Western Pacific Warm Pool，WPWP)。一般将 28℃ 等温线看作暖池的边界，若以菲律宾至巴布亚新几内亚一线为西太平洋暖池的西边界(即不考虑印度尼西

亚海区及南海的超过28℃暖水),则西太平洋暖池的年平均面积约为25×10^6 km^2。不过,这样定义的暖池范围有很大的季节变化:其北界的极端位置出现在9月,在150°E附近可达到30°N,而3月却只能达到10°N;暖池南边界的变化要小一些,但东西向季节变化较大。值得注意的是暖池的"永久性"部分(即全年都被28℃以上的暖水覆盖的部分)范围相对较小(Wyrtki,1989)。图1.3中用9月和3月暖池的重叠部分作为"永久性"暖池的近似,其南北最大范围为10°N~10°S,西界在印度尼西亚海,向东伸展最远可达170°W附近(出现在赤道以南)。从图1.3可以看出,西太平洋暖池范围内海表风速较弱,且具有辐合特征。风场的辐合和相应的暖水区一直向东伸展到东太平洋的热带辐合带(Intertropical Convergence Zone, ITCZ),那里的海温虽然不及暖池的海温高,但年平均值也在27℃以上。此外,在中美洲沿岸还有一个范围较小的高于28℃的暖水区,那里的风场也非常弱。

热带太平洋主要的冷水区位于东岸,其中从秘鲁沿岸向赤道伸展的冷舌(cold tongue)和西太平洋暖池形成鲜明对照,那里的海表风速很强,且具有明显的辐散特征。从图1.3可以看出,赤道冷舌区的SST比暖池区平均低3℃以上,由此形成一个沿着赤道的很强的东西向温度梯度,它的变动与ENSO密切相关,是海洋模式和海气耦合模式模拟的重点之一。

1.2.2 赤道冷舌和暖池的热平衡

SST是三维的海水温度分布在海表的体现。海温有两种表示方法:现场温度(in situ temperature)和位温(potential temperature),大洋环流模式一般使用的是位温。位温的定义是:在绝热条件下,原来位于某个深度的具有固定成分的海水微团移动到海表(或某个标准等压面)时所具有的现场温度。微团绝热上升过程中由于减压作用其现场温度会略有降低,降低的幅度为0.03~0.12℃/km(具体数值与微团所在的深度及含盐量有关)(Tomczak et al., 2001)。位温是绝热条件下的保守量,通常被用作海水热力学方程的变量。除非特别说明,本书提到的海水"温度"(用T表示)都是指位温。

为了对赤道暖池和冷舌SST差别的原因有一个粗略的了解,我们来考察海水位温方程和相应的海表边界条件:

$$\frac{\partial T}{\partial t}=-u\frac{\partial T}{\partial x}-v\frac{\partial T}{\partial y}-w\frac{\partial T}{\partial z}+\frac{\partial}{\partial z}\left(\kappa\frac{\partial T}{\partial z}\right) \tag{1.1}$$

$$\left(\kappa\frac{\partial T}{\partial z}\right)_{z=0}=\frac{1}{\rho_0 c_p}Q_{\downarrow} \tag{1.2}$$

其中位温方程式(1.1)左端是位温的局地变化项,右端前三项是位温的水平平流项和垂直平流项,u, v, w分别代表洋流速度的三个分量;右端第四项是垂直扩散项,它是垂直湍流扩散的参数化形式,κ是垂直湍流扩散系数(详见第7章和第8章)。式(1.1)中略去了水平湍流扩散项,也没有考虑当出现不稳定层结时对流过程对位温变化的贡献。垂直边界条件式(1.2)中的ρ_0和c_p分别是海水的密度和定压比热,$Q_{\downarrow}$代表净的海表热通量。所谓"净的海表热通量"是指"净"的短波辐射通量(即到达海表的短波辐射通量扣除海表反射部分后实际进入海洋的部分)、"净"的长波辐射通量(即大气向海表放射的长波辐射通量与海表向上放射的长波辐射通量之差)及潜热和感热通量的代数和,这里规定向下为正。式(1.2)意味着净的海表热通量是通过垂直扩散过程影响海洋内部的,这对于长波辐射、潜热和感热通量来说是一种合理的近似,但不完全适用于短波辐射通量,后者可以被一定深度范围的海水直接吸收,这就是短波辐射的“穿透”(penetration)过程(详见本书第3章和第8章)。

为了研究海面温度(SST)长期平衡状态维持的机理,我们将式(1.1)写在海表附近一个厚度为 Δz_1 的薄层上,略去位温的局地变化项,再将垂直扩散项用差分近似代替,并利用式(1.2),就得到海洋表层的热平衡方程:

$$Q_{\downarrow} = \Delta z_1 \rho_o c_p \left[u\frac{\partial T}{\partial x} + v\frac{\partial T}{\partial y} + w\frac{\partial T}{\partial z} + \frac{\kappa}{\Delta z_1}\frac{\partial T}{\partial z}\bigg|_{z=-\Delta z_1} \right] \tag{1.3}$$

其中右端方括号中前三项代表表层平均的水平和垂直平流项,最后一项是通过表层底部向下的扩散热通量,这里的 T 应理解为表层的平均温度,可以看做SST的一种近似【注1】。

式(1.3)表明:对于长期平均的气候状态来说,净的海表热通量的加热(或冷却)作用应当和海洋表层平均的水平平流、垂直平流及表层与次表层之间的热交换等过程所产生的动力冷却(或加热)作用相互平衡,SST的气候态就是由这种热量平衡关系决定的。由此可以推论:若以长期平均的净海表热通量 $Q_{\downarrow}$ 作为指标,则在 $Q_{\downarrow}$ 的大值区海洋的动力作用较强,对SST平衡态的贡献也较大,而在 $Q_{\downarrow}$ 的小值区海洋的动力作用较弱,对SST平衡态的贡献也较小。

根据上述推论,我们在赤道太平洋暖池和冷舌所在的范围内各选取一个小区域作为代表,计算了区域平均的年平均SST和 $Q_{\downarrow}$,结果如表1.1所示。由表1.1可以看出:(1)这两个区域都获得了正的净海表热通量,表明就年平均状态而言,无论在赤道冷舌区还是在赤道暖池区,海洋的动力过程都是起冷却作用的;(2)冷舌区获得的净海表热通量远大于暖池区,说明冷舌区海洋的动力过程远比暖池区活跃,其冷却作用也比暖池区强得多;(3)活跃的海洋动力过程将冷舌区从海表获得的热量转移到冷舌区以外,从而使得冷舌区的SST远低于暖池区。从以上分析可以大略看出,赤道冷舌区和暖池区SST的显著差别源于热平衡维持机理的差别:在冷舌区,海洋动力过程是维持热平衡的重要因子,而暖池区海洋动力冷却过程相对较弱,那里的热平衡可能主要是入射和出射的海表热通量分量之间的平衡。

进一步的问题是:(1)赤道太平洋的动力冷却作用是如何产生的?(2)赤道暖池区的高SST是如何维持的?对这两个问题的回答需要用到有关海洋环流和海表热通量的知识,将在以后的章节中给出。

表1.1　赤道暖池区(2°S~2°N, 160°~180°E)和冷舌区(2°S~2°N, 110°~150°W)平均的SST,净向下的海表热通量 $Q_{\downarrow}$ 和温跃层深度(DTC)的气候平均值(资料来源:*SST* 和 $Q_{\downarrow}$:da Silva et al., 1994;*DTC*:Behringer et al., 1998)

	SST(℃)	$Q_{\downarrow}$ (W/m^2)	DTC(m)
赤道冷舌区	25.8	85	94
赤道暖池区	28.8	36	163

表1.1还给出了赤道冷舌区和暖池区“温跃层深度”(Depth of Thermocline,DTC)的对比,这里DTC定义为20℃等温线所在的深度(详见1.4.3节)。可以看出,赤道暖池区暖水的深度范围远大于冷舌区(图1.8),这是形成暖池区与冷舌区SST显著差别的重要背景,在以后的讨论中将会看到:这个背景是由风驱动的大尺度海洋环流(而不是局地热平衡)所决定的。

1.3　太平洋赤道流系

在热带海区，海洋环流对 SST 的影响主要是通过风驱动的上层洋流来实现的。除了东西边界附近以外，热带太平洋“内区”的洋流的东西向速度分量是主要的(南北向速度分量一般较小，但它们对散度和垂直运动的贡献不可忽视)，而且向东和向西的洋流呈交错分布，具有带状结构，构成了“赤道流系”(Equatorial Current System)。

1.3.1　洋流资料简介

(1)地转流

早期的海洋观测主要是测量温度和盐度。利用测量的温度、盐度资料计算出密度和压力，再利用地转关系就可以计算出地转流的速度。这方面最著名的例子是 Wyrtki 和 Kilonsky(1984)的工作，他们利用 1979—1980 年期间夏威夷至塔希提的船舶“穿梭”试验(Hawaii-Tahiti Shuttle Experiment)的资料，给出了热带中太平洋(大致范围是 150°～160°W，17°S～20°N)上层 400 m 的温度、盐度和地转流随纬度和深度的分布，被广泛引用。

(2)表层流的诊断

表层洋流主要是海表压力梯度、科氏力、风应力相互平衡的结果(见本书第 2 章)，因而可以利用海表高度和风应力资料来推算(也称为“诊断”)。Bonjean 和 Lagerloef(2002)建立了一个这样的“诊断”模式，并利用卫星观测的海表高度、风速及观测的 SST(后者用于估计热膨胀效应对密度的影响)，导出了 1992—2000 年期间逐月的热带太平洋(120°E～80°W，20°S～20°N)表层(0～30 m)洋流速度矢量。现已发展成为“海洋表层洋流实时分析”系统(Ocean Surface Current Analyses-Real time，OSCAR)，实现了业务应用。

(3)直接观测资料的应用

20 世纪 80 年代中期以来，随着各种科学试验计划(特别是 TOGA-COARE 计划)的实施和观测资料的积累，包括洋流速度在内的直接观测资料开始被用于热带太平洋环流的分析，从而有可能对热带太平洋环流给出更详细的描述。例如，Johnson 等(2002)利用 20 世纪 90 年代的观测资料(其中包括 TOGA/TAO 的浮标阵列资料)，分析了沿赤道太平洋 10 个南北断面上的上层纬向洋流速度、温度和盐度分布。他们将直接观测的纬向速度和同期的温度和盐度资料相结合，给出了跨太平洋(143°E～95°W)的近赤道范围(8°S～10°N)的洋流输送的比较完整的图像。

(4)海洋资料同化系统

在观测资料有限的条件下，要想了解海洋环流的连续的时空结构，一个重要途径是构建海洋资料同化系统(Ocean Data Assimilation System，ODAS)。构建 ODAS 的大致思路是：在观测的海表大气风应力、热通量和淡水通量的强迫下，运行一个海洋环流数值模式，同时不断地利用海洋观测资料去“订正”模式的模拟结果，最终形成一套模式和观测相结合的资料。这方面已经有了许多成功的例子，如 Behringer 等(1998)发展的美国国家环境预报中心(NCEP)的海洋资料同化系统、Carton 等(2000)发展的 SODA(Simple Ocean Data Assimilation)系统等。

上述各种资料既可以用于研究海洋环流，也可以用来评估海洋环流模式的模拟结果。以下我们将会利用海洋环流模式 LICOM(LASG/IAP Climate system Ocean Model)(刘海龙等,2004)的模拟结果来介绍太平洋赤道流系(以及相应的温度和海表高度分布),在这些方面,LICOM 的模拟结果与前述间接或直接的观测分析结果有较好的可比性。

1.3.2 赤道太平洋表层流

图1.4是海洋模式 LICOM 1.0 版本模拟的热带太平洋年平均表层(厚度为25 m)洋流的分布,其中主要的西向流是南赤道流(South Equatorial Current,SEC)和北赤道流(North Equatorial Current,NEC)。SEC 控制着包括赤道在内的15°S～4°N 的宽广范围。在赤道附近,SEC 具有显著的辐散特征,且赤道上是流速的极小值带(在西太平洋赤道表层有时甚至会出现向东的洋流),故 SEC 又可以分为北、南两个分支,分别记作 SEC(N)和 SEC(S)(Johnson et al.,2002)。在赤道流系中,SEC 的表层流是最强的,最大流速可达50 cm/s 以上。与 SEC 的辐散特征相对应的赤道上升流(upwelling)是冷舌形成的主要原因。NEC 则主要位于赤道以北10°～20°N。SEC 和 NEC 都是信风驱动的洋流,能很快地响应风的变化。

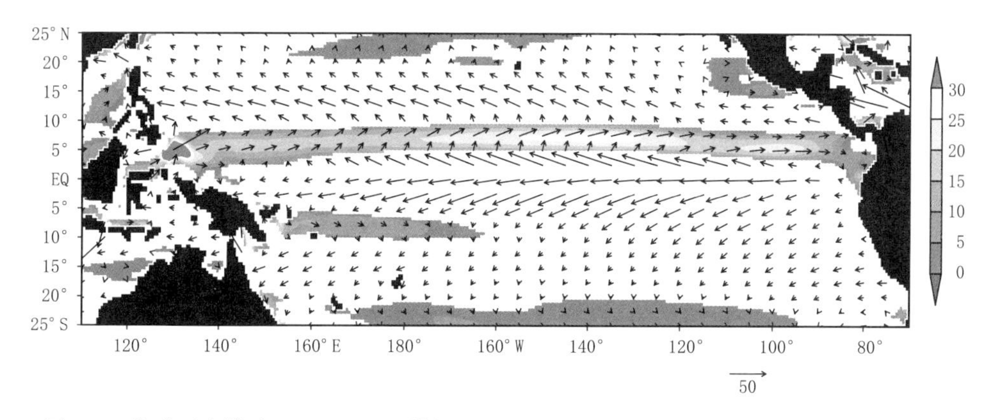

图1.4　海洋环流模式 LICOM 1.0 模拟的1980—2001年平均的热带太平洋表层洋流矢量,填色部分是东向流,色标给出了向东的速度分量的强度(单位:cm/s)

在赤道以北,SEC(N) 和 NEC 之间存在着一支逆风而动的东向流,这就是北赤道逆流(North Equatorial Countercurrent,NECC),大体位置在3°～10°N(见图1.4中相应位置上的填色带)。模拟的 NECC 的表层最大流速超过25 cm/s,出现在140°W 附近。NECC 的形成原因与风的空间分布有关,将在第2章介绍。此外,在5°～10°S,160°W 以西也有一支东向流,这就是南赤道逆流(South Equatorial Countercurrent,SECC)。SECC 比 NECC 弱得多,实际上它是一支季节性出没的洋流,且主要出现在西太平洋。

1.3.3 赤道流系的垂直结构

SEC、NEC 和 NECC 并非仅仅是表层洋流,从图1.5可以看出它们的垂直范围都能达到数百米,流速是随深度变化的,其中 SEC 和 NEC 的流速基本上是随深度减小,而 NECC 的最大流速出现在海表以下几十米深处,在那以下迅速衰减。

从图1.5还可以看到在赤道附近存在着一支强大的次表层东向流,这就是赤道潜流(Equatorial Undercurrent,EUC)。观测的 EUC 垂直尺度约200 m,南北范围大致在2°S～2°N,最大流速超过1 m/s,LICOM1.0 模拟的 EUC 大体上再现了观测特征,但强度稍弱。

EUC 也是一支海盆尺度的海流(图 1.8),它的最大流速所在的深度自西向东逐渐抬升,大体上和等温线的走向一致;在向东流动的过程中 EUC 的强度有显著的变化,这种变化表明存在着赤道内外的水体交换。

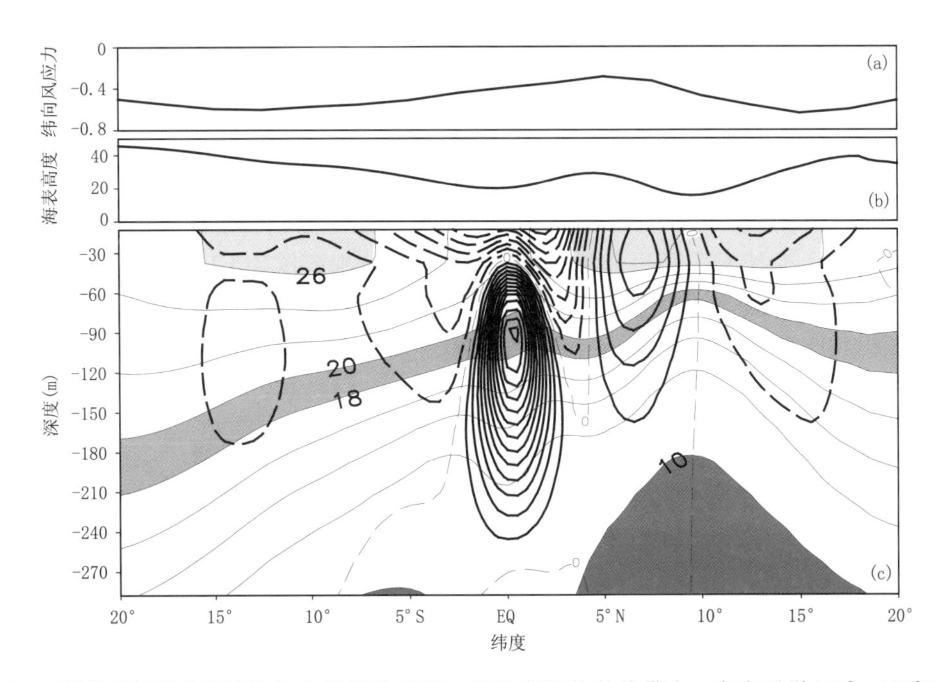

图 1.5 海洋环流模式 LICOM1.0 模拟的 1980—2001 年平均的热带中—东太平洋(90°~170°W)平均环流。其中(a)是模式所用的纬向风应力随纬度的分布(单位:dyn/cm², 资料来源:Gibson et al., 1997);(b)是海表高度随纬度的分布(单位:cm);(c)是温度和纬向流速随纬度和深度的分布,其中细实线是等温线(单位:℃,等值线间隔:2),填色部分分别给出了高于 26℃、低于 10℃及 18~20℃的温度范围,粗实线和粗虚线分别是东向流和西向流的纬向速度等值线(单位:cm/s,等值线间隔:5),其中 0 流速线用细虚线标出

描述洋流强度的一个常用量是"体积输送"(volume transport),以 NECC 为例,它在某个确定经度的断面上向东的体积输送 V 定义为:

$$V = \iint_A u \, \mathrm{d}y \, \mathrm{d}z \tag{1.4}$$

式中,A 代表 NECC 在该断面上所占有的区域,u 是该断面上的纬向速度分布。类似地可以定义 EUC 向东的体积输送,以及 SEC 和 NEC 向西的体积输送等。体积输送的单位是 Sverdrup,通常用 Sv 表示,1 Sv=$10^6\,\mathrm{m^3/s}$。

赤道流系各成员的体积输送都随经度变化。以 20 世纪 90 年代平均的 SEC(S),SEC(N),NECC 和 EUC 为例,它们通过 140°W 断面的体积输送分别为−28 Sv,−28 Sv,20 Sv和 30 Sv,而在 156°E 断面的年平均输送则分别为−17 Sv,−6 Sv,17 Sv 和 21 Sv(Johnson et al.,2002),表明它们在流动过程中相互之间有水体交换。海洋模式 LICOM1.0 能够很好地再现太平洋赤道流系主要成员的分布状况,但模拟的 NECC 以及 EUC 的体积输送偏弱,这在很大程度上与模式在南北方向的分辨率偏低有关。

SEC、NEC、NECC、EUC 和 SECC 是太平洋赤道流系的主要成员,它们都和大气风应力密切相关，是热带太平洋“风生环流”的重要组成部分。赤道流系的变动和信风的变动（包括季节变动和与 ENSO 循环有关的年际变动）有密切的关联。ENSO 循环对 SEC 和 EUC 的影响是一个典型的例子：El Niño 期间东风减弱使得向西的 SEC 减弱，随后又会使下层的 EUC 减弱；La Niña 期间东风加强，SEC 加速，EUC 也随之加速。

除东西向流速外，图 1.5 还给出了海表高度和海温的分布，从中可以发现这三者之间的关系。以东西向流速和南北向海表高度坡度为例，在 NEC（西向流）所在的范围内，海表高度北高南低，而在 NECC（东向流）所在的纬度范围内，海表高度南高北低，这种配置直观地体现了“地转风”关系。再看流速的垂直变化与等温线坡度之间的关系，NEC 和 NECC 随水深的衰减都伴随着等温线的倾斜，不过前者是南高北低而后者是北高南低，这种配置非常像斜压大气中的“热成风”关系。“地转风”关系和“热成风”关系反映了大尺度海洋环流的速度场和压力场（以及温度场）之间的联系，以下我们还将详细讨论。

1.4　温跃层

从图 1.5 可以看出：海温的垂直变化很不均匀，最大温度梯度出现在 20°C 等温线附近，而海表附近暖水区和较深层冷水区的温度梯度则要小得多，由此引出了“温跃层”（thermocline）的概念。温跃层是大洋环流和海气相互作用研究中最重要的概念之一，也是大洋环流模式和海气耦合模式模拟的难点之一。本章主要介绍与热带太平洋环流有关的问题，所以热带温跃层自然是重点之一；不过，为了弄清楚热带温跃层的概念，有必要先了解温跃层的一般定义，主温跃层、永久温跃层、混合层、季节温跃层等提法，以及它们与热带温跃层的关系，所以本节的讨论将不仅限于热带海洋。

1.4.1　温跃层的定义，主温跃层

温跃层的概念是从对海温垂直分布特征的研究中提出的。由于海温是时间和空间的函数，所以不同时间和地点的温度垂直分布会呈现出不同的特征。图 1.6 给出了观测的 3 月和 9 月的纬圈平均海温随纬度和深度的分布，从中可以观察到不同纬度带上温度垂直分布的特点，以及它们在冬半球和夏半球的差别。

纬圈平均温度的垂直分布大致可以划分为低纬度（30°S～30°N）、中纬度（30°～60°N 和 30°～60°S）和高纬度（60°N 以北和 60°S 以南）三种类型。其中，低纬度类型和高纬度类型的差别最大：前者除海表附近外，等温线大都呈准水平分布，1000 m 以上温度随水深的增加而降低的特征很明显，最大垂直温度梯度（温度垂直递减率）出现在 20℃ 等温线附近；后者从海表到海底都是冷水（见图 1.6 中的深灰色填色区，那里的温度均小于 2℃），垂直温度梯度很小。比较图 1.6a 和图 1.6b 可以发现，低纬度类型和高纬度类型虽然也有季节变化，但基本格局保持不变。中纬度类型要稍微复杂些，不过大部分中纬度海区的温度也是随水深的增加而降低的，夏半球尤其明显。

总之，除高纬度海区外，温度一般都是随着深度的增加而降低的，这有利于维持海洋的稳定层结，而且垂直温度梯度（垂直递减率）愈大，层结就愈稳定，由此引出了温跃层的概念。理论上可以将垂直温度梯度达到最大值的地方定义为温跃层，但在实际观测中很难严格确定这

个深度,比较容易做到的是找出一个深度范围,其中的垂直温度梯度比它上面和下面的垂直温度梯度大得多,可看做一个"温跃层带"(thermocline zone)。即便如此,要严格确定这个深度范围的上界和下界(尤其是下界)也是很困难的,不能不采取一定程度的近似(Pickard et al., 1982)。温跃层定义的基本问题就是确定这个深度范围的上界和下界,或者是其中季节变动和年际变动最显著的部分。

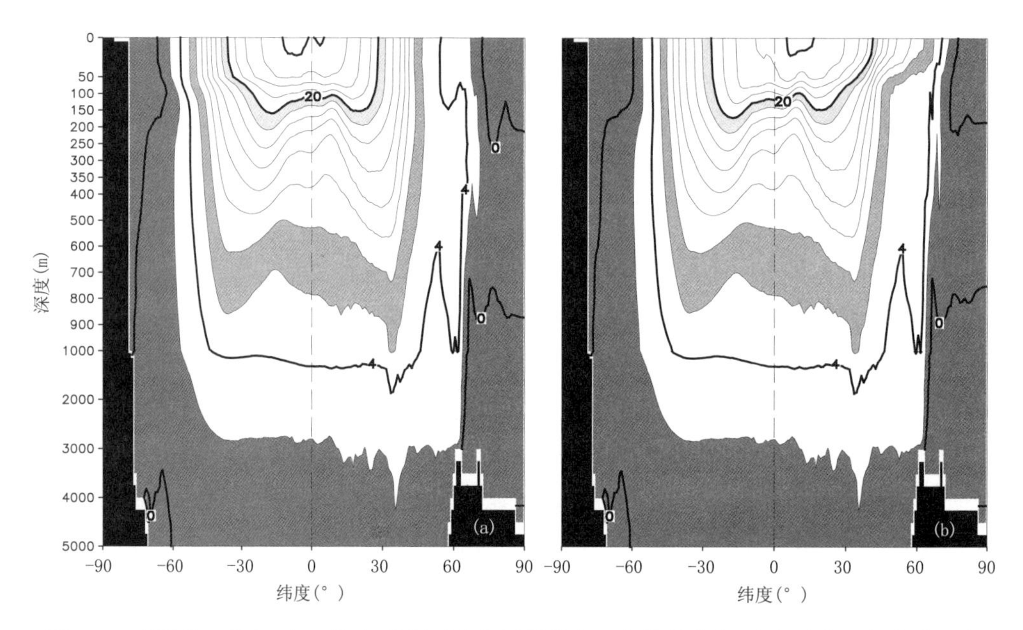

图 1.6　观测的 3 月(a)和 9 月(b)纬圈平均海温随纬度和水深的分布,注意垂直坐标是分四段(0～50 m、50～400 m、400～1000 m、1000～5000 m)给出的,图中等值线间隔为 2℃,三个填色带分别给出了 18～20℃、6～8℃及低于 2℃的温度范围(资料来源:1000 m 以上取自 Locarnini et al., 2006;1000 m 以下取自 Conkright et al., 2002)

由图 1.6 可以看出,对于低纬度和中纬度海区来说,将温跃层的下界取在 1000 m 处大体上是合理的,但并不存在统一的温跃层上界。不过,在低纬度和中纬度海洋,在 200～1000 m 深度范围内任何时候都能清楚地看到温跃层,所以这一深度范围通常称之为"主温跃层"(main thermocline)或"永久温跃层"(permanent thermocline)(Pickard et al.,1982)。极地海洋不存在永久温跃层,那里海表的冷水可以一直伸展到海底,成为全球海洋深层水形成的源地(详见本书第 6 章)。

实际上 200～1000 m 只是主温跃层的大致范围,问题是:能否更准确地刻画它的上界?此外,为什么说主温跃层就是永久温跃层?为了回答这些问题,有必要对温跃层概念给出更精细的描述。

1.4.2　混合层,季节温跃层,永久温跃层

作为例子,我们来考察北半球中纬度海洋平均温跃层的特征。

图 1.7 给出了 30°～60°N 纬度带上面积平均的温度随水深变化的廓线,其中实线是 3 月份平均的温度廓线,用来代表北半球冬季的情况,虚线是 9 月份平均的温度廓线,用来代表北

半球夏季的情况，其余月份的廓线大体上位于这两条廓线之间（图中没有给出）。这两条廓线在从海表到大约 200 m 水深范围内是分开的，而在 200 m 以下几乎是重合的，可见对北半球中纬度的平均状况而言，季节变化对海温垂直分布的影响主要存在于海表至大约 200 m 水深之间，而在 200 m 以下直到海底，季节变化对海温垂直分布的影响可以忽略。所以，我们在讨论温跃层概念时应当对这两部分加以区分。

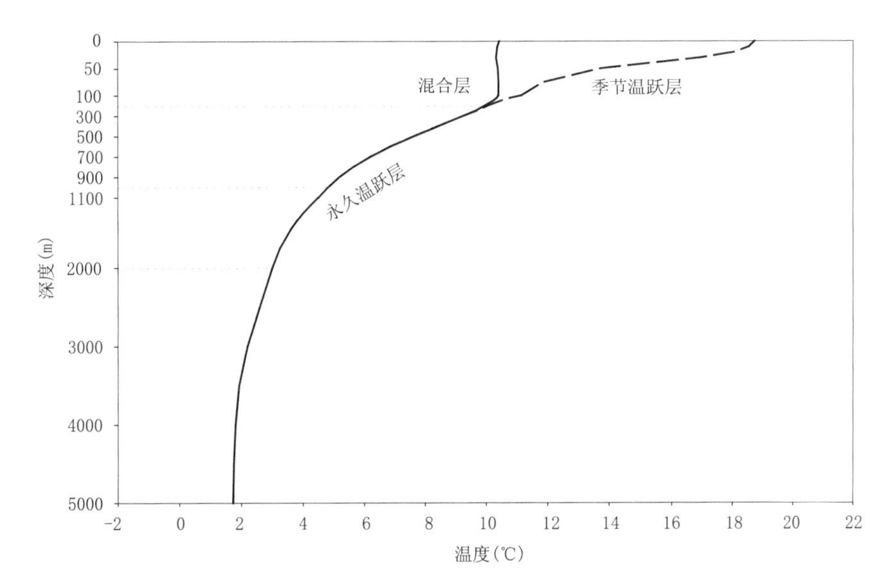

图 1.7　30°～60°N 平均的纬圈平均海温随水深的变化，注意垂直坐标是分三段（0～100 m、100～1100 m、1100～5000 m）给出的，图中实线和虚线分别是 3 月和 9 月的平均温度廓线（单位：℃）（资料来源：1100 m 以上取自 Locarnini et al.，2006；1100 m 以下取自 Conkright et al.，2002）

由图 1.7 可见，中纬度海区平均海温在垂直方向上大致可分为三段：海表到 200 m 之间季节变化明显，其中 3 月的温度几乎是垂直均一的（这是秋冬季海表不断失热导致层结稳定度降低、垂直混合加强的结果），称为“混合层”（mixed layer，详见本书第 8 章），而 9 月的垂直温度梯度非常大，混合层几乎消失；从 200 m 到 1000 m 左右全年都维持着较大的垂直温度梯度，这就是 1.4.1 节所说的主温跃层；1000 m 以下到海底的温度变化很小，称为“深渊层”（abyssal zone）（Линейкин et al.，1989）。

图 1.7 揭示出的一个重要现象是：中纬度海区 200 m 以上也可以出现温跃层，其最大垂直温度梯度甚至远远超过主温跃层，不过它是季节性出没的，夏季非常强，冬季则完全消失。这个季节性出没的温跃层称为“季节温跃层”（seasonal thermocline）。一般情形下季节温跃层的上界就是海表混合层底所在的深度，夏季可以伸展到海表附近，秋、冬季随着混合层的加深而向下移动，同时温跃层被压缩，冬季极端情形（如图 1.7 中 3 月的温度廓线所示）季节温跃层完全被混合层所代替。

1.4.1 节曾经提到：在低纬度和中纬度海洋，在 200～1000 m 深度范围内“任何时候”都能清楚地看到温跃层，并称之为主温跃层。现在，从图 1.7 进一步看出：在中纬度海洋，主温跃层应当是位于季节温跃层之下、不受季节变化影响的那部分温跃层。所以确切地说，中纬度海洋主温跃层的上界应当是季节温跃层的下界,它的深度接近于海表混合层在一年中所能达到的最大深度。由于主温跃层全年都存在,所以是"永久温跃层"。

结合图 1.7 和图 1.6 还可以看出,在中纬度海洋,将主温跃层下界取在 1000 m 只是一个大致的选择。事实上,对一些代表性测站温度垂直廓线的分析表明,中纬度海洋主温跃层的下界可以达到 1500～2000 m(Stewart,2004;Tomczak et al. ,2001)。

图 1.7 给出的虽然是中纬度海洋的情形,但比较图 1.6a 和图 1.6b 可以看出,在低纬度和中纬度交界处(30°N 和 30°S 附近),以及高纬度和中纬度的交界处(60°N 和 60°S 附近),都能清楚地观察到季节温跃层现象。

1.4.3　热带温跃层,温跃层深度

从图 1.6 可以看出,热带海洋的温度垂直分布虽然也具有"三段"结构,但与中纬度海洋相比,热带海洋的混合层很薄且季节变化幅度较小,相应地,混合层以下的温跃层的季节变化幅度也比较小,即使在"冬半球"也不会消失。以图 1.6 中 18～20℃温度带(用浅灰色填色带表示)为例,它在热带范围内虽然也有起伏和季节差异,但始终是温跃层的一部分;而在热带以外,这条温度带随着纬度的增加逐渐向海表倾斜并最终浮出水面,冬半球表现为混合层,夏半球表现为温跃层。这个例子表明,在热带海洋的混合层下面,也存在一个具有季节变化的温跃层,不过它是终年都存在的(不是季节性出没的),因而不同于中纬度的季节温跃层;另一方面,它的上界是可以上下浮动的,因而也有别于中纬度的主温跃层。

Tomczak 和 Godfrey(2001)根据上述现象归纳出"热带温跃层"(tropical thermocline)的概念:"在热带海洋,由于冬季的降温不足以破坏那里的季节温跃层,所以全年都能维持一个浅的温跃层,有时就称为'热带温跃层'。"可见"热带温跃层"有两个特征:(1)它既有季节变化又是终年可见的;(2)它是一个位于主温跃层的顶部的很浅的水层。

由于热带温跃层是一个很浅的水层,所以在其中选择一个有代表性的深度比确定它的上下界更有意义。与热带温跃层有关的一个重要变量是"温跃层深度"(depth of thermocline,即表 1.1 中的 DTC),通常用某个等温线所在的深度作为它的近似。Meyers(1979)曾用过 14℃等温线,现在则大多采用 20℃等温线(例如 Rebert et al. ,1985;Kessler et al. ,1995;Cronin et al. , 2000)。从图 1.6 可以看出,在热带海区,20℃等温线附近的等温线非常密集,垂直温度梯度很大,所以用 20℃等温线的深度来代表温跃层深度是合适的。20℃及其附近的等温线的起伏所形成水平压力梯度对洋流有重要影响,在这方面,图 1.5 所示的热带太平洋的北赤道逆流(NECC)与上层海洋温度坡度之间的关系提供了一个很好的例子,其中的上层海洋温度坡度就是热带温跃层的坡度。

热带温跃层是描述热带海洋的季节变动和年际变动的一个重要变量。事实上,许多有关热带海洋环流和海气相互作用的文献中所说的"温跃层"多半指的是"热带温跃层"。

以上讨论中采用的都是纬向平均温度,因而忽略了温跃层在东西方向的差异。实际上,除了南极绕流区以外,由于陆地边界的阻挡作用,温跃层在东西方向的差异是很大的。这方面最重要的例子是赤道太平洋的热带温跃层。

图 1.8 给出了海洋模式 LICOM1.0 模拟的赤道太平洋上层 300 m 深度范围内海温和洋流的纬向速度分量随经度和水深的分布,以及相应的海表高度和纬向风应力随经度的分布。可以看出,赤道暖池区和冷舌区的鲜明对比不仅表现在 SST 上,也表现在温跃层深度和海表

高度上。温跃层是自西向东抬升的，模拟的赤道暖池区温跃层最大深度约为150 m（比观测值低10 m），冷舌区的温跃层最浅处只有60 m，东西最大差别可达90 m。与此相应，海表高度是自西向东降低的，暖池区的海表高度比冷舌区高了大约40 cm。

赤道太平洋温跃层和海表高度东西向差别以及它们之间的对应关系是东风驱动海水在西边界附近堆积的结果。就平均状态而言，赤道太平洋是受东风控制的（图1.8a）。东风推动表层海水自东向西输送，由于在热带太平洋西部存在着陆地边界，这种输送会引起暖水在西太平洋堆积，使得温跃层加深、海表高度抬升，两者的东西向坡度方向相反，所产生的压力梯度力方向也相反。结合图1.8b和图1.8c可以看出，沿赤道的海表高度坡度所产生的压力梯度会阻滞表层的西向流SEC，同时有利于次表层的东向流EUC；而沿赤道的温跃层坡度则起着削弱EUC的作用，使得EUC在达到极大值后随深度衰减。

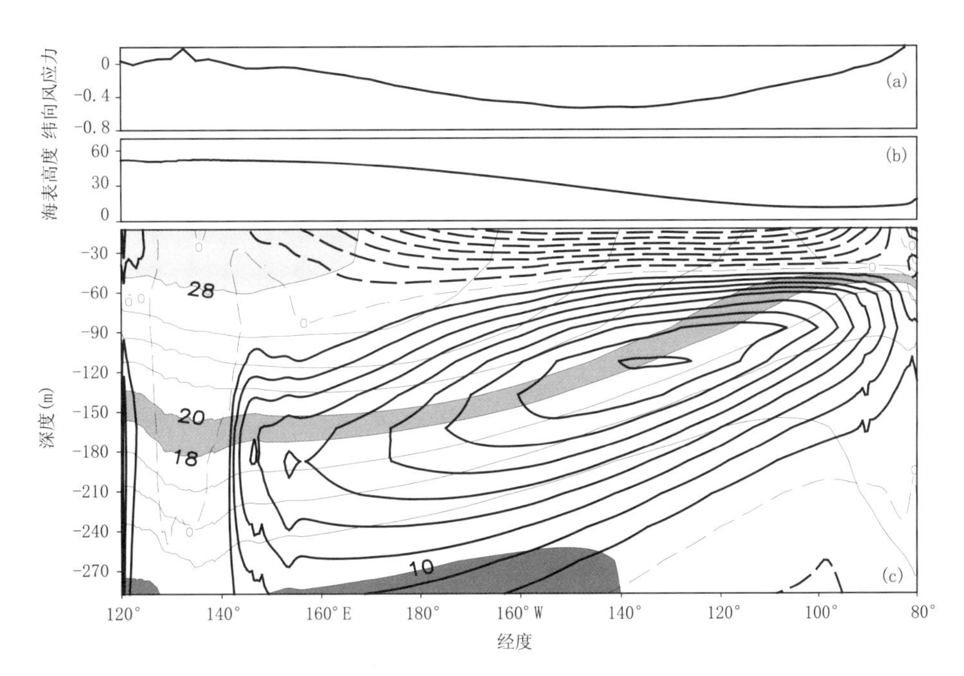

图1.8 海洋环流模式LICOM1.0模拟的1980—2001年赤道太平洋（2°S～2°N）平均状况

(a)模式所用的纬向风应力（单位：dyn/cm²，资料来源：Gibson et al.，1997）；(b)海表高度（单位：cm）；(c)温度和纬向流速，其中细实线是等温线，间隔是2℃，其中三个填色带分别给出了高于28℃、18～20℃和低于10℃的温度范围；加粗线是等速度线，其中虚线为西向流，实线为东向流，间隔是5 cm/s

当东风减弱时，原来堆积在西太平洋的暖水就会东移，伴随着海表高度和温跃层坡度减小，SEC和EUC相继减弱，甚至可能发生El Niño（见本书第10章）。

1.4.4 温跃层和密度跃层，热成风关系

1.4.3节在介绍“温跃层深度”概念时曾经提到：“等温线的起伏所形成水平压力梯度对洋流有重要影响”，为了解释这件事，我们来考察海水的状态方程：

$$\rho = \rho(T, S, p) \tag{1.5}$$

式中，海水密度 ρ 是现场温度 T、盐度 S 和压力 p 的函数。在每个等压面（或等深面）上对

式(1.5)作 Taylor 展开,只保留线性项,可得:

$$\frac{\Delta\rho}{\rho_0} \equiv \frac{\rho - \rho_0}{\rho_0} \approx -\alpha\Delta T + \beta\Delta S \tag{1.6}$$

其中

$$\alpha \equiv -\frac{1}{\rho_0}\frac{\partial\rho}{\partial T},\ \beta \equiv \frac{1}{\rho_0}\frac{\partial\rho}{\partial S} \tag{1.7}$$

分别是“热膨胀系数”(thermal expansion coefficient)和“盐收缩系数”(saline contraction coefficient)。为了估计温度变化和盐度变化对密度变化的相对贡献,定义一个参数 $\gamma*$:

$$\gamma* = \frac{|\alpha\Delta T|}{|\beta\Delta S|} \tag{1.8}$$

式中,ΔT 和 ΔS 分别代表在某一深度上温度和盐度相对于其中心值的标准偏差,$\gamma* > 1$ 意味着温度变化对密度变化的贡献超过盐度的贡献。表 1.2 给出了大西洋和太平洋若干深度上 $\gamma*$ 的典型数值,可以看出,在 1000 m 以上的海洋中,温度对密度的影响比盐度大得多,但随着深度的增加 $\gamma*$ 迅速减小,当深度达到 1000 m 或更深时(或者说当温度很低时),盐度的影响可以接近甚至超过温度的影响(Линейкин et al.,1989)。

表 1.2　$\gamma*$ 的典型数值(Линейкин et al.,1989)

水深(m)	0	250	300	500	1000	2000	4000
大西洋	2.6	1.7	—	1.4	0.8	—	—
太平洋	3.34	—	2.35	1.82	1.07	1.03	1.06

由以上分析可以推知,在 1000 m 以上的海洋中,一般说来温度垂直梯度大的地方密度垂直梯度也大,前者就是温跃层,后者称为“密度跃层”(pycnocline)。换言之,许多情况下温跃层和密度跃层是一致的。由于具有高度的层结稳定性,温跃层就像一块无形的“毯子”,将活跃的海表混合层和相对平静的深层海水分隔开来,形成了中低纬度海洋温度的“三段”结构。与此不同的是高纬度海洋,一方面,那里几乎看不到主温跃层,层结稳定度较低,因而容易发生“深对流”(deep convection),造成表层和深层海水的直接交换;另一方面,有些高纬度海区(例如北半球极地海区,见图 1.6)甚至可能出现暖水位于冷水以下的情况,可以想象,这些地方的密度层结必定是靠盐度来维持的。

当温度变化对密度变化的贡献处于主导地位时,作为近似,可以忽略盐度对密度的贡献,此时线性化的海水状态方程(1.6)可以进一步简化为:

$$\rho = \rho_0[1 - \alpha(T - T_0)] \tag{1.9}$$

式中,常参数 ρ_0 和 T_0 分别是海水的参考密度和参考温度。

以下利用简化的海水状态方程(1.9)来讨论温跃层起伏与水平压力梯度和相应的地转流的关系,即海洋中的“热成风关系”(thermal wind relation)。

将式(1.9)代入静力平衡方程:

$$\frac{\partial p}{\partial z} = -\rho g \tag{1.10}$$

再利用地转流速公式:

$$u_g = -\frac{1}{\rho_0 f}\frac{\partial p}{\partial y}$$

$$v_g = \frac{1}{\rho_0 f}\frac{\partial p}{\partial x} \tag{1.11}$$

以纬向流速 u_g 为例,可得到:

$$\frac{\partial u_g}{\partial z} = -\frac{g\alpha}{f}\frac{\partial T}{\partial y} \tag{1.12}$$

式中,g 是重力加速度,f 是科氏参数。式(1.12)表明地转流速的东西向分量随深度的变化取决于南北温度梯度。例如,若在某一深度范围内温度分布呈南暖北冷型,则向东的地转流将随深度的增加而减弱,这是"热成风关系"的典型表现。

热成风现象在等温线比较密集的热带温跃层附近特别明显。仍以北赤道逆流(NECC)为例,从图 1.5 看出,热带温跃层深度随纬度的变化和海表高度随纬度的变化大体上是反向的。在 NECC 所在的纬度范围(大致在 3°～10°N)内,海表高度向北降低,相应的压力梯度力指向北方,按照"地转风关系",这有利于向东的洋流,与 NECC 的方向一致;另一方面,该纬度范围内以 20℃为代表的热带温跃层深度是向北抬升的,从海表到 300 m 深度范围内整体上呈现出北冷南暖的型式,按照"热成风关系",这将使得 NECC 随深度衰减。

1.2 节曾指出赤道流系的主要成员都和大气风应力有密切的关联,风应力一方面通过摩擦作用驱动表层流,另一方面还通过建立压力梯度来驱动次表层洋流,那里所说的"次表层洋流"主要是地转流。事实上,本节所讨论的与热带温跃层坡度(以及海表高度坡度)相关联的压力梯度力主要也是风应力作用的结果,并且同赤道流系主要成员的"地转分量"维持着很精确的平衡关系。关于风应力如何驱动洋流和影响温跃层的问题将在第 2 章讨论。

1.4.5　温跃层维持的机理

热带温跃层和主温跃层形成的物理机制是不同的,前者与海表动力、热力强迫及副热带—热带经圈环流(Subtropical-Tropical meridional Cell,STC,或 Subtropical Cell)有关,后者则主要是海洋内部垂直扩散和垂直平流平衡的结果。

海洋的最上层是混合层,在中低纬度混合层的厚度约为 50～100 m,海水在混合层内可以充分混合,一旦离开混合层,其物理性质(例如位温、盐度、位密度、位涡等)基本上保持不变。换句话说,在图 1.6 和图 1.7 中混合层以下的海水都是来自不同区域的海水,并保持在海表处的海水性质。例如,1000 m 以下的深海位温小于 4℃,因而深层海水只能来自高纬度;而赤道温跃层附近的位温在 20℃左右,其海水只能来源于副热带海区。从图 1.6 可以看出,高纬度地区温度廓线近乎垂直,说明高纬度地区存在显著的垂直对流和海水下沉(相关的详细讨论见本书第 6 章),为保证海水质量守恒就必须要求在其他区域维持大范围微弱的上升流。在中低纬度深海,海水水平运动可以忽略不计,因此,温度方程可以简化为垂直平流和垂直扩散相互平衡:

$$w\frac{\partial T}{\partial z} = \kappa\frac{\partial^2 T}{\partial z^2} \tag{1.13}$$

式中,w 是垂直速度,κ 是垂直扩散系数*。求解方程(1.13)可以得到温度随深度呈指数衰减的解,其衰减的 e-folding 尺度为 κ/w,通常在深海可以取 w 为 10^{-7} m/s,κ 为 10^{-4} m^2/s,因此,可以得到海温衰减的 e-folding 尺度为 1000 m,即通常所说的主温跃层(或永久温跃层)下界所在的位置。由此可知,在主温跃层中主要是海水垂直平流和垂直扩散相互平衡,与中低纬度动力和浮力强迫关系不大,因而也无明显的季节变化。

从图 1.6 看出热带地区海面温度在 22～30℃,但温跃层的海水温度显著低于海面温度,所以温跃层的海水不可能来自热带地区,而是来自热带外地区。观测和数值模拟试验都已表明,热带外海表浮力和动力强迫一方面可以引起局地的温跃层变化,另外一方面还可以通过风应力旋度引起的 Rossby 波或者 Sevrdrup 输送引起其他区域温跃层的变化(关于海洋环流的 Sverdrup 理论参见本书第 2 章)。例如,在热带大西洋和热带太平洋都存在一个浅层经圈环流(即前面提到的 STC,参看图 10.2b),垂直尺度大约几百米,其强度在 40～60 Sv。在纬向平均的意义下,表层海水在东风的作用下向高纬度流动(详见第 2 章中的 Ekman 输送),到达副热带之后在海表强迫的作用下离开混合层进入次表层,而后,在副热带反气旋风应力旋度作用下,次表层海水以地转流的形式向赤道流动进入赤道温跃层,最后通过上升流回到海表,这样就构成一个完整的垂直环流圈 STC(McCreary et al.,1994;Capotondi et al.,2005)。需要说明的是 STC 不仅与气候平均的热带温跃层有关,而且和热带太平洋年际和年代际变化密切相关。

1.5　海表高度和温跃层的关系,地转流

1.5.1　一层半模式[注2]

理解海表高度和温跃层关系的一个很有用的工具是"一层半模式"($1^1/_2$ layer model)。图 1.9是一层半模式的示意图,其中的温跃层(等同于密度跃层)被抽象为一个没有厚度的界面,界面以上是一个较暖(较轻)的活跃薄层,具有均一的密度 $\rho_1=\rho_0-\Delta\rho$,存在着由海表面坡度形成的地转流,界面以下是一个较冷(较重)的静止层,具有均一密度 $\rho_2=\rho_0$。温跃层的深度 $H(H>0)$是随空间和时间变化的,一般用函数 $z=-H(x,y,t)$ 来描写;海表高度也是随空间和时间变化的,一般用函数 $z=h(x,y,t)$ 来描写。图 1.9 给出的是一种简单情形,其中海表高度和温跃层深度都只是 x 的线性函数。

1.5.2　温跃层坡度和海表高度坡度的关系

以图 1.9 所示的情形为例,我们来分析上下层压力梯度的关系。由于大气密度远小于海水密度,故大气压力及其不均匀性的影响可以忽略,由此可得海表面坡度产生的压力差:

$$g\rho_1(h_B-h_A)=g(\rho_0-\Delta\rho)(h_B-h_A) \tag{1.14}$$

另一方面,如果不考虑海表坡度的影响,则温跃层坡度产生的压力差是:

---

* 方程(1.13)也称为"对流-扩散方程",这里主要用来讨论主温跃层维持的机理。本书第 8 章将利用这个方程来推算主温跃层的平均垂直扩散系数,并介绍其求解思路。

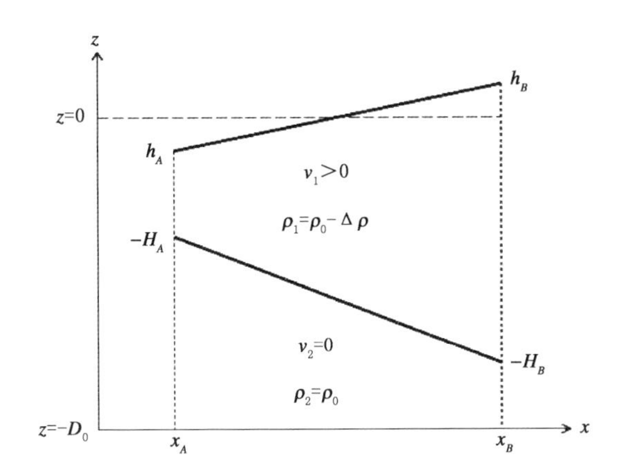

图 1.9　“一层半模式”示意图，其中上面的斜线表示海表高度 h，水平虚线表示平均海平面，下面的斜线表示温跃层深度 H，D_0 是在温跃层以下的静止层中任意选定的深度，用作“无运动深度”

$$g\rho_1(H_A-H_B)-g\rho_2(H_A-H_B)=g\Delta\rho(H_B-H_A) \tag{1.15}$$

为计算方便，在静止的下层中任意选定一个参考深度 $z=-D_0$，D_0 是“无运动深度”，因而也是等压面。这样，海表面坡度产生的压力差必定和温跃层坡度产生的压力差相互抵消，由此可得：

$$(h_B-h_A)=\frac{\Delta\rho}{\rho_0-\Delta\rho}(H_B-H_A)\approx\frac{\Delta\rho}{\rho_0}(H_B-H_A) \tag{1.16}$$

式(1.16)表明：第一，海表高度坡度和温跃层坡度是反向的(注意：h 愈大海表高度愈高，H 愈大温跃层愈深)；第二，海表高度坡度远小于温跃层坡度，两者之比的绝对值约等于 $\Delta\rho/\rho_0$。

为了估计 $\Delta\rho/\rho_0$，将忽略了盐度贡献的线性化海水状态方程(1.9)改写为：

$$\frac{\Delta\rho}{\rho_0}\approx-\alpha\Delta T \tag{1.17}$$

式中，热膨胀系数 α 的变动范围见表 1.3，表中的垂直尺度是用压力来度量的，单位是“巴”(bar)，1 bar 相当于 10 m 水深。由表 1.3 看出，海洋上层 1000 m 深度范围内 α 的数值很少超过 $3\times10^{-4}\mathrm{K}^{-1}$。

表 1.3　海水热膨胀系数 α(单位：$10^{-4}\mathrm{K}^{-1}$)随温度(T)和压力(p)的变化(Gill，1982)

T (℃)	−2	0	10	19	25	28	31
p(bar*)							
0	0.25	0.53	1.67	2.49	2.97	3.20	3.41
100	0.55	0.80	1.84	2.60	/	/	/
200	0.83	1.06	/	/	/	/	/
300	1.10	1.30	/	/	/	/	/
400	1.35	1.53	/	/	/	/	/
500	1.59	1.75	/	/	/	/	/
600	1.80	1.95	/	/	/	/	/

* 1 bar$=10^5\,\mathrm{N/m^2}=1000$ hPa。

我们以中东太平洋热带温跃层随纬度的变化(图 1.5)为例,利用一层半模式来估计温跃层坡度与海表高度坡度的关系。从图 1.5 可看出温跃层上下的温度差约为 10 K。若取 $\alpha=3\times10^{-4}\text{K}^{-1}$,$\Delta T=10$ K,则可得到 $\Delta\rho/\rho_0\sim0.003$,由式(1.16)可知此时海表高度坡度仅为温跃层坡度的千分之三左右。一般说来,温跃层坡度是海表高度坡度的 100~300 倍(Tomczak et al.,2001),两者方向相反,表明海表面是温跃层的一个压缩映象。这个结果非常重要,事实上在早期有关 El Niño 的研究中,由于缺少次表层海温资料,常常利用海表高度和温跃层之间的这种动力学关联,由海表高度的异常来推算上层海洋暖水的体积(即热含量)的异常(Wyrtki,1985)。

1.5.3 地转流

将地转流速公式(1.11)用于一层半模式,可得到模式上层的速度 v_1:

$$
\begin{aligned}
v_1 &= v_g = \frac{1}{\rho_1 f}\frac{\partial p}{\partial x} = \frac{g}{f}\frac{h_B-h_A}{x_B-x_A} \\
&\approx \frac{g\Delta\rho}{f\rho_0}\frac{H_B-H_A}{x_B-x_A} = \frac{g'}{f}\frac{H_B-H_A}{x_B-x_A}
\end{aligned}
\tag{1.18}
$$

其中

$$
g' \equiv \frac{\Delta\rho}{\rho_0}g \tag{1.19}
$$

代表"约化重力"(reduced gravity)。

由式(1.18)可估算出上层总的体积输送:

$$
V \approx v_1\times(x_B-x_A)\times\overline{H} = g'\overline{H}\,\frac{H_B-H_A}{f} \tag{1.20}
$$

式中,$\overline{H}$ 代表模式上层的平均厚度。就图 1.9 所示的情形来说,在北半球,v_1 和 V 都指向北方;南半球则正好相反。

1.6 非频散斜压 Rossby 波

1.6.1 用"一层半模式"描写的大尺度斜压扰动

假定赤道北侧海洋在某时刻出现了一个大尺度扰动,其垂直范围是 $h\geqslant z\geqslant -H$,其中,h 是海表高度,H 是温跃层深度。H 在 $x-y$ 平面上的投影如图 1.10 所示,其中温跃层在扰动中心达到最大深度 $H_{\max}$,向四周单调衰减,$H=H_1$ 是扰动的水平边界。这是一个孤立的大尺度斜压扰动,可以用一个类似于 1.5 节讨论的"一层半模式"来描写,其中上、下层之间的界面所在的深度就是温跃层深度,与温跃层深度坡度相应的地转流在模式上层构成一个反气旋式环流(如图中的箭头所示),下层是静止的。

由于科氏参数 f 随纬度的变化(称为"β 效应"),图 1.10 中 $y=y_A$ 处的地转流速度大于 $y=y_C$ 处的地转流速度,由此产生的辐合辐散(称为"地转散度")将使原有的扰动发生缓慢的演变,以下来分析这个演变过程。

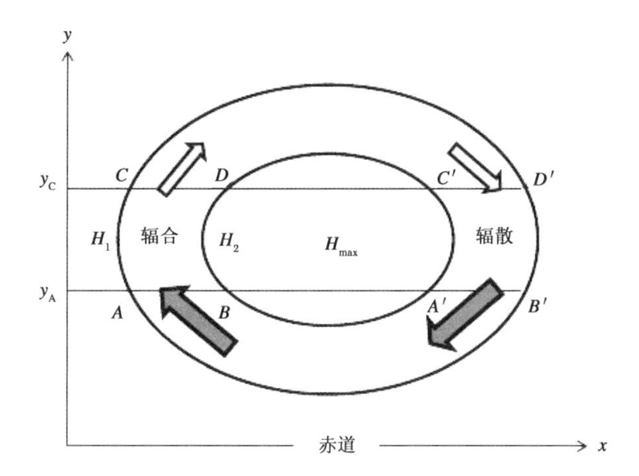

图 1.10　一个赤道北侧的大尺度扰动在 $x-y$ 平面上的投影，其中的两条曲线是温跃层深度 H 的等值线，$H_1 < H_2 < H_{max}$；箭头代表与扰动相应的地转流矢量 (Tomczak et al.,2001)

考虑图 1.10 中由 $ABCD$ 所围成的曲边四边形，它位于反气旋式涡旋的西侧。设 AB 和 CD 的长度是 Δx，AC 和 BD 的长度近似为 Δy，$ABCD$ 的平均深度为 H。假定 $H_2 - H_1 = \Delta H$，利用式(1.20)可得到穿过 AB 所在的垂直断面向北的体积输送 V_{AB}：

$$V_{AB} \approx g' H \frac{\Delta H}{f_A} \tag{1.21}$$

其中，f_A 是 AB 所在纬度的科氏参数。

类似可得穿过 CD 所在的垂直断面向北的体积输送 V_{CD}：

$$V_{CD} \approx g' H \frac{\Delta H}{f_C} \tag{1.22}$$

其中，f_C 是 CD 所在纬度的科氏参数。

由 $f_A < f_C$ 可知 $V_{AB} > V_{CD}$，故 $ABCD$ 中将有体积输送的辐合；同理可知，在 $A'B'C'D'$ 所围成的区域中将有体积输送的辐散。反气旋式涡旋西侧的辐合造成温跃层下沉，东侧的辐散造成温跃层抬升，这意味着扰动将整体向西移动。

1.6.2　非频散斜压 Rossby 波

我们以反气旋式涡旋西侧为例估计扰动移动的速度。注意 $V_{CD} - V_{AB}$ 代表 $ABCD$ 所包围的上层水柱的体积增加率，除以面积就得到平均的温跃层深度增加率：

$$\begin{aligned}\left(\frac{\partial H}{\partial t}\right)_{ABCD} &\approx \frac{V_{AB} - V_{CD}}{\Delta x \times \Delta y} \\ &\approx g' H \frac{\Delta H}{\Delta x} \frac{1}{\Delta y}\left(\frac{1}{f_A} - \frac{1}{f_C}\right) \\ &\approx g' H \frac{\Delta H}{\Delta x} \times \frac{\beta}{f_A^2}\end{aligned} \tag{1.23}$$

其中

$$\beta \equiv \frac{\partial f}{\partial y} \tag{1.24}$$

与式(1.23)相应的偏微分方程是:

$$\frac{\partial H}{\partial t}=\frac{\beta g'H}{f^2}\frac{\partial H}{\partial x} \tag{1.25}$$

将右端系数中的 H 用平均温跃层深度 $\overline{H}$ 代替,就得到线性化的波动方程:

$$\frac{\partial H}{\partial t}+c_R\frac{\partial H}{\partial x}=0 \tag{1.26}$$

其中

$$c_R\equiv-\frac{\beta g'\overline{H}}{f^2}=-\frac{\beta}{f^2/(g'\overline{H})} \tag{1.27}$$

方程(1.26)的解是由于"β效应"而产生的缓慢西传的斜压涡旋波(Rossby 波),由于其相速度 c_R 与波长无关,在西传过程中波形保持不变,所以是"非频散"(non-dispersive)的斜压 Rossby 波,也称为"长 Rossby 波"。

由图 1.5 可看出,在热带中东太平洋 5°N 附近,温跃层和海表高度的结构和以上讨论的扰动有一定的相似性。若取 $\overline{H}=150$ m,$\Delta\rho/\rho_o=3\times10^{-3}$,可得到在 5°N 出现的非频散斜压 Rossby 波的相速度 $c_R\approx0.6$ m/s。以这样的速度,非频散 Rossby 波从东向西穿过太平洋(跨度约为 14000 km)大约需要 9 个月。注意 c_R是纬度的函数,其绝对值随着纬度的增加而迅速减小。

Meyers(1979)分析了热带太平洋 14℃等温线深度(用来代表温跃层深度)的年变化,发现在 6°N 附近温跃层深度的季节变化是西传的,并且具有非频散斜压 Rossby 波的特征,Meyers 称之为"年 Rossby 波"。

在海洋环流模式 LICOM1.0 的模拟结果中也可以看到这类波动。图 1.11 给出了 LICOM1.0模拟的 5°N 附近上层 300 m 平均温度以及海表高度的季节异常在经度—时间平面上的分布,可以清楚地看到两者均有扰动向西传播的现象,而且非常相似,西传的速度接近于非频散斜压 Rossby 波的理论相速度。上层 300 m 平均温度代表了上层 300 m 海洋的热含量,观测分析表明它和热带温跃层深度有很高的相关【注3】。所以,图 1.11a 和图 1.11b 相似性表明:在热带地区,海表面的确可以看作温跃层的一个压缩映象。

非频散斜压 Rossby 波也存在于热带外海区【注4】。

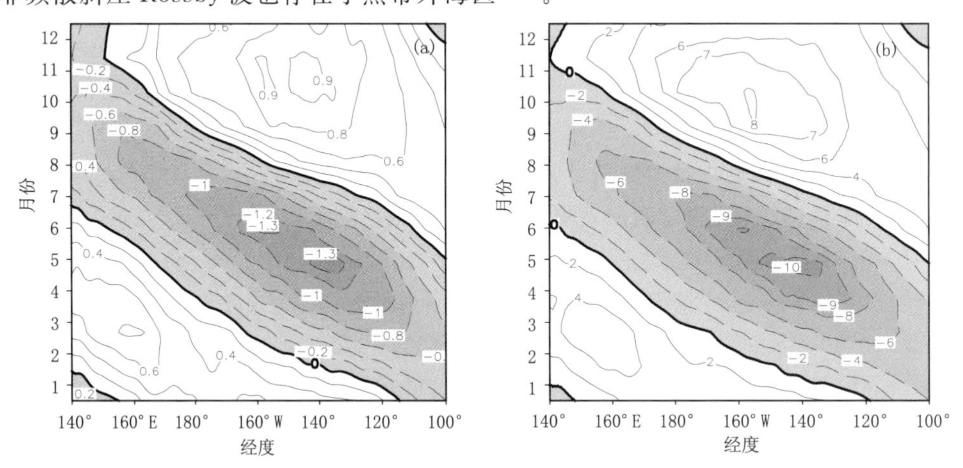

图 1.11 海洋环流模式 LICOM1.0 模拟的 1980—2001 年平均的太平洋 4°～6°N 平均的上层 300 m 平均温度(a)和海表高度(b)的季节距平(单位分别是℃和 cm)

赤道波动在 ENSO 循环(ENSO cycle)过程中扮演着重要角色，其中一类波动就是本节介绍的非频散斜压 Rossby 波，另一类则是下一节将要介绍的赤道 Kelvin 波。

1.7　Kelvin 波

1.7.1　Kelvin 波的基本特性

Kelvin 波是一种非常重要的大尺度大气和海洋波动过程，特别是在热带海气相互作用中起着关键作用，这种波动现象是由 Sir Williams Thompson 在 19 世纪末期发现的。Kelvin 波的产生需要三个条件：(1)存在一个稳定的垂直层结和产生重力波的机制；(2)存在一个近乎垂直的侧边界(例如，海洋的东西边界或者高大的山脉附近)或者在赤道附近；(3)存在科氏力。在物理本质上，Kelvin 波是重力波，但它是一种非常特殊的重力波，因为 Kelvin 波总是单向传播，而且仅仅在大气和海洋的侧边界或者赤道地区才能出现，因此可以将 Kelvin 波分为边界“捕获”(trapped)的 Kelvin 波和赤道“捕获”的 Kelvin 波。

1.7.2　边界捕获的 Kelvin 波

以北半球海洋西边界为例，考虑没有法向速度的刚壁边界条件，因此，在边界附近可假定存在纬向速度 $u=0$ 的解，此时线性化的浅水方程可以写作：

$$\frac{\partial v}{\partial t} = -g\frac{\partial h}{\partial y} \tag{1.28}$$

$$\frac{\partial h}{\partial t} + H\frac{\partial v}{\partial y} = 0 \tag{1.29}$$

$$fv = g\frac{\partial h}{\partial x} \tag{1.30}$$

式中，u，v 为扰动速度，h 为海面高度扰动，H 为平均深度。为简单起见，这里仅考虑 f 是常数的情形(即 f-平面近似)，由式(1.28)和式(1.29)消去 h 可以得到：

$$\frac{\partial^2 v}{\partial t^2} = c^2\frac{\partial^2 v}{\partial y^2} \tag{1.31}$$

这是典型的波动方程，其中 $c=\sqrt{gH}$ 是重力外波也就是正压重力波传播的相速度，因此波动方程(1.31)有如下形式的波动解：

$$v = F_1(x, y+ct) + F_2(x, y-ct) \tag{1.32}$$

相应地，海面高度扰动 h 的解可以写作：

$$h = \sqrt{H/g}\left(-F_1(x, y+ct) + F_2(x, y-ct)\right) \tag{1.33}$$

式中，F_1 和 F_2 可以是任何具有一定光滑性的函数。

由于运动在经圈方向满足地转平衡，把式(1.32)和式(1.33)代入式(1.30)中可以得到：

$$\begin{aligned}\frac{\partial F_1}{\partial x} &= -\frac{f}{\sqrt{gH}}F_1\\ \frac{\partial F_2}{\partial x} &= \frac{f}{\sqrt{gH}}F_2\end{aligned} \tag{1.34}$$

因而有：

$$F_1 = F(y+ct)e^{-x/L_d}, \ F_2 = G(y-ct)e^{x/L_d} \tag{1.35}$$

式中，F 和 G 是任何具有一定光滑性的函数，$L_d = \sqrt{gH}/f$ 是 Rossby 变形半径。由于西边界解 F_2 随着离开边界的距离增加而指数增长，因此，不满足边界条件，必须被略掉。由此可见，虽然单纯的重力波本身是可以向任何方向传播的，但是在侧边界附近存在着一种特殊类型的长重力波，这种长重力波必须满足半地转关系(即在边界的法向方向满足地转关系)的约束，因此其传播方向只能是单向的，而且振幅离开边界之后呈指数衰减，这就是所谓的边界捕获的 Kelvin 波。根据以上推导，在海洋西边界 Kelvin 波动的解可以写作：

$$\begin{aligned} u &= 0 \\ v &= F(y+ct)e^{-x/L_d} \\ h &= \sqrt{H/g}F(y+ct)e^{-x/L_d} \end{aligned} \tag{1.36}$$

从式(1.36)给出的 Kelvin 波动解可知，在西边界 Kelvin 波只能沿着边界向南传播，而且扰动离开边界之后呈指数衰减。类似的推导过程也可同样应用于东边界、南边界或者北边界。例如，对于东边界，由于从边界向大洋内区 x 是逐渐减小的，因此在东边界只能存在形式如 $G(y-ct)e^{x/L_d}$ 的波动解，所以在东边界 Kelvin 波动只能向北传播。同理，在北边界和南边界 Kelvin 波动分别只能向西或者向东传播。因此在北半球的侧边界，Kelvin 波动总是逆时针方向传播，即边界永远位于传播方向的右侧。在南半球，由于 $L_d = \sqrt{gH}/f$ 小于 0，所以传播方向与北半球相反。

正如重力波可以分为重力外波(正压)和重力内波(斜压)两种情形，Kelvin 波也可以分为正压和斜压两种情形，其中前者主要反映了整层海水一致的辐合、辐散运动，而后者引起的扰动则主要在密度层结最大值处传播，一个典型的例子就是在海洋温跃层附近存在显著的重力内波扰动。

1.7.3 赤道捕获的 Kelvin 波

Matsuno(1966)在赤道 β 平面近似条件下，考虑经向速度 v 为 0，得到了赤道捕获的 Kelvin波。在大气和海洋的观测中都发现了具有同样特征的波动。之所以命名为“赤道捕获”的 Kelvin 波，是因为这种波动特征与边界捕获的 Kelvin 波十分相近，其物理本质都是重力波，而且赤道捕获的 Kelvin 波也是单方向传播，即只能向东传，波动离开赤道之后振幅也呈指数衰减。更值得注意的一点是，由于科氏参数 f 在赤道南北两侧反号，因此向西流动的南赤道流(SEC)在赤道两侧受到了相反的科氏力，因此海水在科氏力的作用下无法越过赤道，因而在这个意义下赤道起到了一个侧边界的作用，阻止了海水的经向运动，因此，也就形成了赤道捕获的 Kelvin 波。由于篇幅的关系，本节不再给出赤道捕获 Kelvin 波的详细推导过程。需要注意的是，观测中赤道捕获的 Kelvin 波是典型的斜压波动，扰动主要沿着赤道温跃层向东传播，其传播相速度可以由重力内波相速度给出：

$$c_K \equiv \sqrt{g'\overline{H}} \tag{1.37}$$

式中，g' 是约化重力，见式(1.19)。

对于赤道温跃层，取 $\overline{H}=150$ m，$\Delta\rho/\rho_0 = 3\times10^{-3}$，可得到赤道 Kelvin 波的相速度 $c_K \approx 2.1$ m/s，大约是 1.6 节中出现在 5°N 的 Rossby 波相速度的 3 倍多。赤道捕获的 Kelvin 波和

赤道外传播的 Rossby 波在热带太平洋的 ENSO 循环中起到了重要作用,后者提供了赤道外温跃层扰动西传的机制,前者提供了赤道上温跃层扰动东传的机制。Rossby 波和赤道 Kelvin 波都是非频散波,所不同的是:前者是西行的涡旋波,后者是东行的重力波。在赤道海洋上,考虑到东西侧边界的存在,二者在一定条件可以相互转换。例如,赤道捕获的 Kelvin 波由于受到地转关系的约束,只能向东传播,无法西传。因此,赤道捕获的 Kelvin 波到达东边界之后无法反射,扰动能量只能在东边界激发出边界 Kelvin 波动向极地方向传播。向北传播的 Kelvin 波动造成的扰动到达 5°～10°N 时,其引起的温跃层扰动可以又激发出向西传播的 Rossby 波动。同样道理,赤道外 5°～10°N 的 Rossby 长波只能西传,到达西边界之后,也无法反射,其中一部分能量会激发出向赤道传播的边界 Kelvin 波动,在西边界 Kelvin 波动传播到赤道之后,无法越过赤道向极地传播,扰动只能通过赤道捕获的 Kelvin 波动向东传播。从对卫星海面高度计资料的分析当中,可以明显发现上述传播和反射特征(图 1.12)。以上波动的传播和转化过程在 ENSO 循环中十分重要,本书第 10 章将给出更详细的介绍。

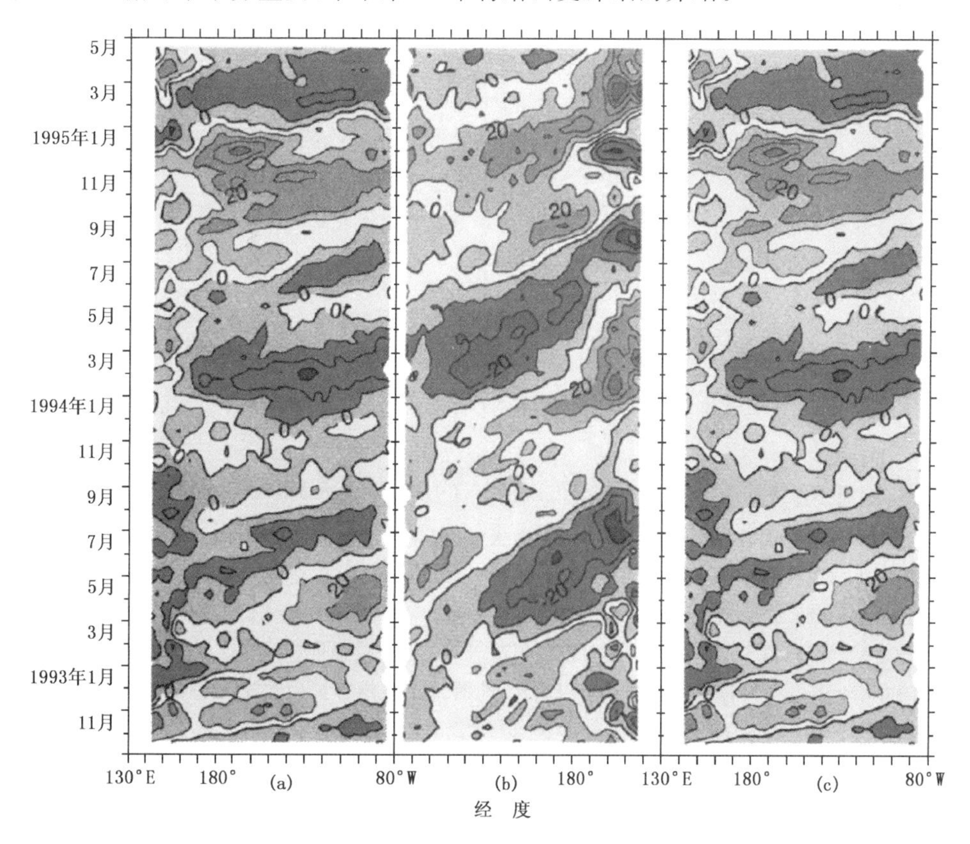

图 1.12　由 1992 年 10 月至 1995 年 5 月的卫星海面高度计资料计算的赤道 Kelvin 波((a)和(c))和 Rossby 波第一模态(b)的传播特征。注意,为了反映波动在东西边界上的反射特征,(a)和(c)是一样的,(b)的横坐标(经度)的方向与(a)、(c)正好相反(Boulanger et al.,1996)

注释

【注 1】为了弄清楚模式 SST 和观测的 SST 的关系,有必要了解什么是 SST。SST 是一个使用频率极高的术语,然而又多少有些"模糊",这是因为不同的测量方法所得出的 SST 虽然都是海面"附近"的温度,但确切位置并不完全相同。图 1.13 给出了五种 SST 的定义(GODAE,2002),其中 SST_{int} 是严格位于海气界面上的温度(这是一个只有理论意义的概念);SST_{skin} 是由卫星红外辐射计测量的距海表 10~20 μm 深处的“表皮”温度;$SST_{sub-skin}$ 是由微波辐射计测量的海面分子边界层底部的温度,其位置大约在海面以下 1 mm 处;SST_{depth} 是利用不同于卫星遥感的各种观测平台和传感器测量的某个特定深度的温度(例如浮标测量的 SST 是海面以下 1 m 附近的温度),可以认为是“整体”(bulk)海面温度;而 SST_{fnd} 则被定义为刚好摆脱了日变化影响的那个深度的温度,即“基础”海面温度。在垂直混合较强的情形,这些 SST 之间并没有显著差别;但若垂直混合较弱、日变化较强(例如风速较小和晴朗少云的情形),那么它们之间的差别就凸现出来了(图 1.13)。至于模式的 SST,通常是指模式表层的平均温度,其属性显然和模式的垂直分辨率有关。由于目前大多数海洋模式表层的厚度都在10 m以上(例如 LICOM1.0 的表层厚度是 25 m),所以模式的 SST 更像是观测的“基础”海面温度(即 SST_{fnd}),也就是说它不能直接体现海面温度的日变化,只能用参数化方法考虑日变化过程的影响(Kawai et al., 2007)。

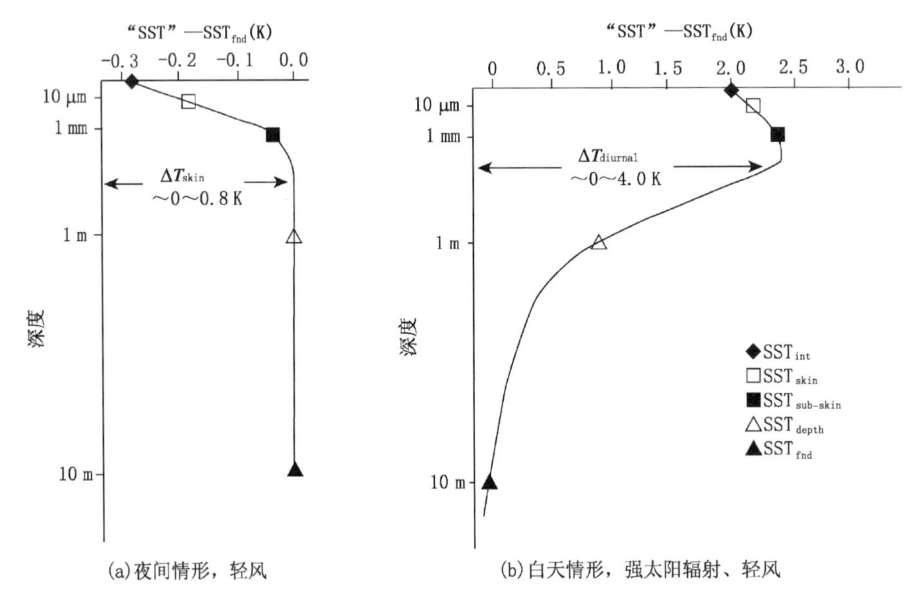

图 1.13 低风速条件下海洋表层夜间(a)和白天(b)温度垂直廓线的示意图。在低风速条件下混合过程很弱,控制海表附近温度结构的主要是热力过程,其中在晴朗少云时太阳辐射的作用处于支配地位,此时海表附近温度的日变化特别显著。图中用不同符号定义的五种“SST”分别是:1)海气界面温度(SST_{int}),2)表皮温度(SST_{skin}),3)次表皮温度($SST_{sub-skin}$),4)某些特定深度上的 SST(SST_{depth}),5)“基础”SST(SST_{fnd})。此图及相关内容皆引自全球海洋资料同化试验(GODAE)的高分辨率海面温度预研究计划(GHRSST-PP)

【注 2】本章中的“一层半模式”,可以看作“两层模式”的简化。经典的两层模式包括正压和斜压两个模态。

【注 3】“上层 300 m 热含量”正比于海表到 300 m 温度的垂直积分(或上层 300 m 平均温度),也与温跃层深度有关。前面的讨论说明:温跃层深度和海表高度是密切关联的,故上层 300 m 热含量也是与海表高度密切关联的。不仅如此,研究还表明:在热带太平洋,海表高度、温跃层深度、上层 300 m 热含量及海表相对于海洋内部某个等压面的“动力高度”(dynamic height,可由静力方程的垂直积分得到)这四个量之间也是强相互关联的(Rebert et al.,1985)。

【注 4】卫星观测的海表高度变化表明,非频散斜压 Rossby 波也存在于热带外海区。图1.14是 50°S~40°N海表高度扰动西传相速度与非频散斜压 Rossby 波理论相速度的比较(Shelton et al., 1996)。可以看出,非频散斜压 Rossby 波理论相速度随纬度的变化与观测估算结果大体符合,但在 10°S~10°N 以外有系统性偏慢的问题，特别是在中纬度海区。

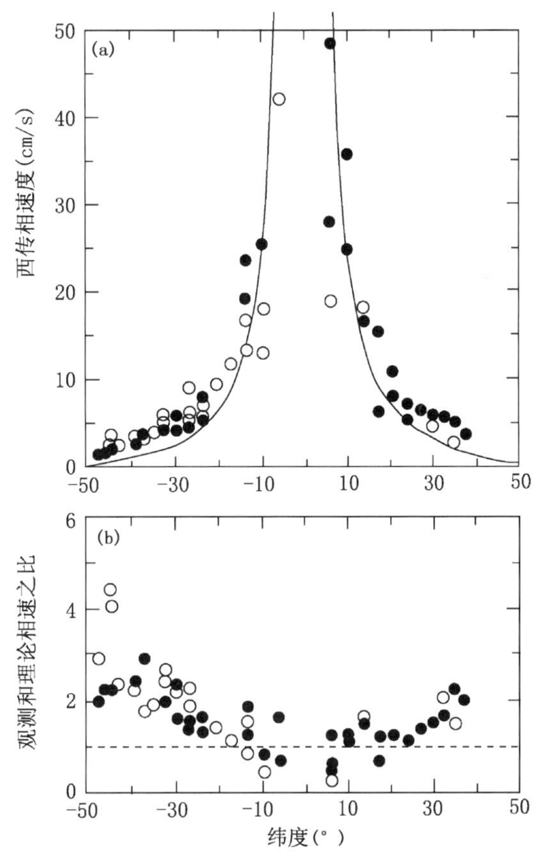

图 1.14　(a) 利用 TOPEX/POSEIDON 卫星高度计 3 a 观测资料估计的海表高度异常西传的相速度，实心圆圈表示太平洋的结果，空心圆圈表示大西洋和印度洋的结果，曲线是热带外非频散斜压 Rossby 波的理论相速度随纬度的变化；(b) 观测相速度与理论相速度的比值随纬度的变化(Chelton et al.，1996)

参考文献

刘改有，1989. 海洋地理[M]. 北京：北京师范大学出版社.

刘海龙，俞永强，李薇，等，2004. LASG/IAP 气候系统海洋模式(LICOM1.0)参考手册[M]//中国科学院大气物理研究所大气科学和地球流体力学数值模拟国家重点实验室(LASG)技术报告. 北京：科学出版社.

BEHRINGER D W, JI M, LEETMAA A, 1998. An improved coupled model for ENSO prediction and implications for ocean initialization: Part 1: The ocean data assimilation[J]. Mon Wea Rev, 126: 1013-1021.

BONJEAN F, LAGERLOEF G S E, 2002. Diagnostic model and analysis of the surface currents in the tropical Pacific Ocean[J]. J Phys Oceanogr, 32: 938-2954.

BOULANGER J-P, FU L-L, 1996. Evidence of boundary reflection of Kelvin and first-mode Rossby waves from TOPEX/POSEIDON sea level data[J]. J Geophys Res, 101: 16361-16371.

CAPOTONDI A, ALEXANDER M, DESER C, et al, 2005. Anatomy and decadal evolution of the Pacific subtropical-tropical cells (STCs)[J]. J Climate, 18: 3739-3758.

CARTON J A, CHEPURIN G, CAO X, et al, 2000. A simple ocean data assimilation analysis of the global upper ocean 1950-95. Part I: Method[J]. Journal of Oceanography, 30: 294-309.

CARTON J A, CHEPURIN G, CAO X, 2000. A simple ocean data assimilation analysis of the global upper ocean 1950-95. Part II: Results[J]. Journal of Oceanography, 30: 311-326.

CHELTON D B, SCHLAX M G, 1996. Global observations of oceanic Rossby waves[J]. Science, 272: 234-238.

CONKRIGHT M E, LOCARNINI R A, GARCIA H E, et al, 2002. World Ocean Atlas 2001: Objective Analyses, Data Statistics, and Figures, CD-ROM Documentation[M]. National Oceanographic Data Center, Silver Spring, MD: 17.

CRONIN M F, McPHADEN M J, WEISBERG R H, 2000. Wind-forced reversing jets in the western equatorial Pacific[J]. J Phys Oceanogr, 30: 657-676.

DA SILVA A M, YOUNG C C, LEVITUS S, 1994. Atlas of Surface Marine Data 1994, Vol. 1: Algorithms and Procedures[M]. NOAA Atlas NECDIS 6, U. S. Dept. of Commerce. Washington D C: 83.

GIBSON J K, KÅLLBERG P, UPPALA S, et al, 1997. ERA Description[R]. ECMWF Re-Analysis Final Report Series, 1: 71.

GILL A E, 1982. Atmosphere-Ocean Dynamics[M]. New York: Academic Press.

GODAE, 2002. GODAE High Resolution Sea Surface Temperature Pilot Project (GHRSST-PP)[Z/OL]. http://www.ghrsst-pp.org/SST-Definitions.html.

JOHNSON G C, SLOYAN B M, KESSLER W S, et al, 2002. Direct measurements of upper ocean currents and water properties across the tropical Pacific during the 1990s[J]. Progress in Oceanography, 52: 31-61.

KAWAI Y, WADA A, 2007. Diurnal sea surface temperature variation and its impact on the atmosphere and ocean: A review[J]. Journal of Oceanography, 63: 721-744.

KESSLER W S, McPHADEN M J, WEICKMANN K M, 1995. Forcing of intraseasonal Kelvin waves in the equatorial Pacific[J]. J Geophys Res, 100: 10613-10631.

LEVITUS S, 1982. Climatological Atlas of the World Ocean[M]. NOAA Professional Paper No. 13, U. S. Government Printing Office, Washington D C: 173.

LOCARNINI R A, MISHONOV A V, ANTONOV J I, et al, 2006. World Ocean Atlas 2005, Volume 1: Temperature[M]// Levitus S. NOAA Atlas NESDIS 61. U. S. Government Printing Office, Washington D C: 182.

MATSUNO T, 1966. Quasi-geostrophic motions in the equatorial area[J]. J Meteorol Soc Jpn, 44: 25-42.

McCREARY J, LU P, 1994. Interaction between the subtropical and equatorial ocean circulation—the subtropical cell[J]. J Phys Oceanogr, 24: 466-497.

MECHOSO C R, ROBERTSON A W, BARTH N, et al, 1995. The seasonal cycle over the tropical pacific in coupled ocean-atmosphere general circulation models[J]. Mon Wea Rev, 123: 3825-3838.

MEYERS G, 1979. On the annual Rossby wave in the tropical North Pacific Ocean[J]. J Phys Oceanogr, 9: 663-674.

PICKARD G L, EMERY W J, 1982. Descriptive Physical Oceanography: Fourth England Edition[M]. Oxford: Pergamon Press.

REBERT J D, DONGUY J R, ELDIN G, et al, 1985. Relations between sea level, thermocline depth, heat content and dynamic height in the tropical Pacific Ocean[J]. J Geophys Res, 90(C6): 11719-11725.

STEWART R H, 2004. Introduction to Physical Oceanography: pdf version[M/OL]. http://www-ocean.tamu.edu/education/common/notes/PDF_files/book_pdf_files.html.

The COMET® Program, 2010. Introduction to Tropical Meteorology, Chapter 1. Introduction[M/OL]. http://www. meted. uca... pical/textbook/.

TOMCZAK M, GODFREY J S, 2001. Regional Oceanography: An Introduction: pdf version 1.0[M/OL]. http://www. es. flinders. edu. au/～mattom/regoc/pdfversion. html.

World Climate Research Programme (WCRP), 1985. Scientific plan for the Tropical Ocean Global Atmosphere Programme[M]. WCRP publication No. 3, World Meteorological Organization, Geneva:146.

WYRTKI K, 1985. Water displacements in the Pacific and the genesis of El Niño cycles[J]. J Geophys Res Oceans, 90: 7129-7132.

WYRTKI K, 1989. Some thoughts about the West Pacific Warm Pool[R]. Proc. Western Pacific Int. Meeting and Workshop on TOGA/COARE. Noumea, New Caledonia, May 24-30, 1989, Ed. Picaut J, Lukas R and Delcroix T. Centre de Noumea: 99-109.

WYRTKI K, KILONSKY B, 1984. Mean water and current structure during the Hawaii-to-Tahiti shuttle experiment[J]. Journal of Physical Oceanography, 14: 242-254.

Линейкин П С и Мадерич В С, 1989. 海洋温跃层理论[M]. 乐肯堂，译. 北京：科学出版社.

第2章

风 生 环 流

2.1 引言

2.1.1 “驱动”洋流的因子

第 1 章在介绍太平洋赤道流系时曾提到，赤道流系的主要成员都和大气风应力密切相关，是热带太平洋“风生环流”的重要组成部分。本章将介绍与“风生环流”有关的问题。

洋流速度的水平分量 u，v 满足的方程组和海表边界条件可写成：

$$
\begin{aligned}
\frac{\partial u}{\partial t} &= -u\frac{\partial u}{\partial x} - v\frac{\partial u}{\partial y} - w\frac{\partial u}{\partial z} + fv - \frac{1}{\rho_0}\frac{\partial p}{\partial x} + \frac{\partial}{\partial z}\left(A\frac{\partial u}{\partial z}\right) \\
\frac{\partial v}{\partial t} &= -u\frac{\partial v}{\partial x} - v\frac{\partial v}{\partial y} - w\frac{\partial v}{\partial z} - fu - \frac{1}{\rho_0}\frac{\partial p}{\partial y} + \frac{\partial}{\partial z}\left(A\frac{\partial v}{\partial z}\right)
\end{aligned}
\tag{2.1}
$$

$$
\begin{aligned}
\left(A\frac{\partial u}{\partial z}\right)_{z=0} &= \frac{1}{\rho_0}\tau_x \\
\left(A\frac{\partial v}{\partial z}\right)_{z=0} &= \frac{1}{\rho_0}\tau_y
\end{aligned}
\tag{2.2}
$$

其中，式(2.1)左端是 u，v 的局地变化项，右端分别是水平平流和垂直平流项、科氏力和压力梯度项及垂直黏性项，其中垂直黏性项是垂直湍流黏性的参数化形式，A 是垂直湍流黏性系数(详见第 7 章和第 8 章)。海表边界条件式(2.2)中的 τ_x 和 τ_y 分别是海表风应力的东西分量和南北分量(详见第 3 章)。

式(2.1)中略去了水平湍流黏性项，这在大部分海洋内区是一个合理的近似，但不适合于西边界附近的海区，因为那里存在着狭窄而强大的西边界流，水平黏性是维持其动量平衡的不可缺少的因子(详见 2.3 节)。

由式(2.1)和式(2.2)可以看出，海表风应力是影响洋流速度的一个重要因子，这种影响是通过垂直黏性传达给海洋的。其实影响洋流变化的因子不仅有风应力，还有海表热通量和淡水通量，因为它们可以影响温度和盐度的分布，从而通过压力梯度项影响洋流速度。

海洋和大气通过海气界面上动量、热量和淡水的交换产生相互作用，构成一个耦合系统，有关海洋环流的研究最终应当在这个耦合系统的框架下实行。不过作为入门，可以暂时将海洋看做是被海表风应力、热通量和淡水通量“驱动”(driven)的。这个思路也被用于构建单独的海洋模式，即：将观测的风应力、热通量和淡水通量(实际是与它们有关的大气参量，详见

第 3 章)看作模式的外强迫(external forcing)。以这种方式运行的海洋模式通常能较好地模拟出海洋环流的平均状态及其季节循环,甚至也能模拟出年际变化(例如发生在热带太平洋的 El Niño 现象)的许多特征。应当记住的是,"单独"的海洋模式(ocean-alone model)本质上不同于海气耦合模式中的"海洋分模式"(component ocean model),因为前者只能模拟"受迫"运动,后者则包括了海气"互动"(interaction)过程。

海洋环流是在风应力、热通量和淡水通量的共同驱动下形成的,但在不同场合起主导作用的因子会有所不同。虽然难以严格区分风应力、热通量和淡水通量对海洋环流的贡献,但有可能对它们的相对重要性做出某种推断,在这方面海洋环流模式是特别有用的。

2.1.2　England 的数值试验

England(1993)利用美国 GFDL(Geophysical Fluid Dynamics Laboratory)发展的全球海洋环流模式(Bryan,1969;Cox,1984;Pacanowski,1991)做了一组试验,目的是通过逐步增加模式的逼真程度来获得不断改进的模拟结果,从中考察各种因子(例如海表强迫、海陆分布及参数化过程等)对模拟结果的影响。这组试验一共有 12 个,以下给出的是试验Ⅱ和试验Ⅲ的部分结果。这两个试验的唯一区别是它们所使用的海表强迫不同:试验Ⅱ只使用了海表热通量和淡水通量强迫(称为"热盐强迫",thermohaline forcing),试验Ⅲ则除"热盐强迫"外还使用了风应力强迫。尽管 England 所使用的是一个低分辨率的海洋模式(东西方向和南北方向的格距分别是 5°和 4°,垂直方向只有 12 层),而且海表强迫也是高度简化的[注1],但通过比较这两个试验结果的差别,还是可以大致了解风应力在海洋环流形成中的作用。

以下主要比较试验Ⅱ和试验Ⅲ模拟的"正压流函数"。

为了得到正压流函数(ψ),首先要计算洋流水平速度的垂直积分:

$$
\begin{aligned}
U &\equiv \int_{-H}^{0} u\,\mathrm{d}z \\
V &\equiv \int_{-H}^{0} v\,\mathrm{d}z
\end{aligned}
\tag{2.3}
$$

式中,$H = H(x,y)$ 是海底深度;U, V 代表了从海表到海底的"整层输送"的两个分量,也称为"正压流"(barotropic flow)。虽然实际的洋流都具有不同程度的斜压性,但如果其主要部分的方向随深度变化较小,那么正压流所代表的"整层输送"就是有意义的,赤道流系中的 NEC、NECC、SECC,以及 SEC 在赤道以外的部分都是如此。但在赤道上是一个例外,因为那里的"整层输送"是上层向西流的 SEC 与下层向东流的 EUC 相互抵消的结果。

正压流函数是正压流的无辐散部分,可以通过求解以正压流涡度为右端项的 Poisson 方程的边值问题来得到:

$$
\begin{aligned}
&\Delta\psi \equiv \frac{\partial^2 \psi}{\partial x^2} + \frac{\partial^2 \psi}{\partial y^2} = \frac{\partial V}{\partial x} - \frac{\partial U}{\partial y} \\
&\psi|_{\Gamma} = \text{const}
\end{aligned}
\tag{2.4}
$$

式中,Γ 代表海陆边界。对于大尺度运动来说,正压流函数是正压流的很好的近似。

图 2.1a 是试验Ⅱ模拟的正压流函数。可以看出,当没有风应力强迫时,模拟的正压流的流线集中在南极大陆周围,构成自西向东环绕南极大陆的洋流,形态上很像南极绕极流(ACC),不过其体积输送量只有约 50 Sv(1 Sv$=10^6\,\mathrm{m^3/s}$),远小于观测的 ACC 的强度。除南

极周围外,图中的其他海区都只能画出一条流线,说明模拟的正压流非常弱。

图 2.1b 是试验Ⅲ模拟的正压流函数,对比图 2.1a 可以看出,加上风应力强迫后,模拟的 ACC 通过德雷克水道的输送显著加强,达到了 125 Sv。根据 Cunningham 等(2003)利用 1993—2000 年期间的观测资料所做的估算,ACC 在德雷克水道的输送量约为 135 Sv,所以试验 III 模拟的 ACC 强度已经接近于观测值。这两个试验结果的对比表明,对于 ACC 的形成来说,风应力和热盐强迫的贡献都是不可缺少的。

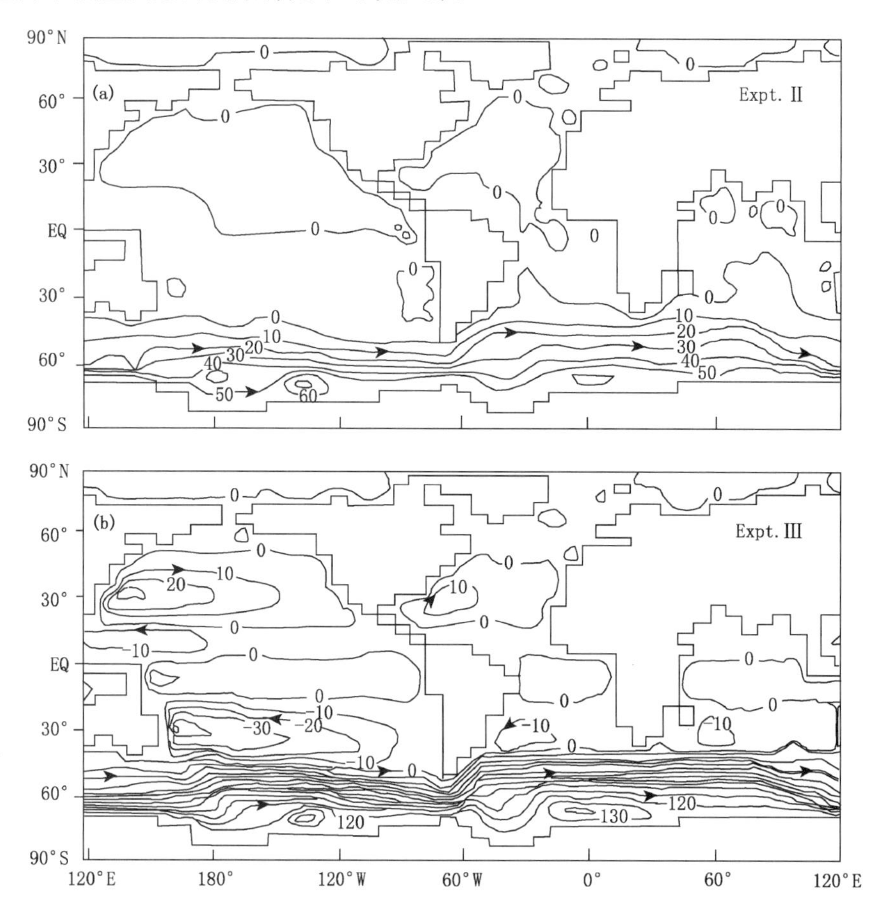

图 2.1 只有海表“热盐强迫”(a)和既有“热盐强迫”也有风应力强迫(b)的海洋环流模式模拟的正压流函数(England,1993)(单位:Sv,1 Sv=10^6 m^3/s)

对比图 2.1b 和图 2.1a 还可以看出,加上风应力强迫后,在各大洋的两半球副热带均模拟出了海盆尺度的涡旋(这是尺度非常大的涡旋,英文通常用 gyre 表示[注2])。以北太平洋为例,副热带涡旋由若干条顺时针旋转的闭合流线组成,其边界是流函数为零的流线。这些闭合流线构成海盆尺度的反气旋式环流,其南部是自东向西的输送(从纬度范围可知这部分输送与北赤道流有关);在西边界附近转为从低纬度向高纬度输送(也称为“向极地”的输送);北部是自西向东的输送;而在海盆中、东部是从高纬度向低纬度的输送(也称为“向赤道”的输送)。模式模拟的北太平洋副热带涡旋的总输送量约为 30 Sv,但流线分布在东西方向有很大的不对称性:海盆西部边界附近流线非常密集,海盆中、东部流线非常稀疏,表明模式能够在一定程度上模拟出“西向强化”(westward intensification)现象(参看 2.3 节)。观测的“西向强化”现象表现为狭窄而强大的西边界流，在北太平洋就是“黑潮”(Kuroshio)，但由于模式的水平分辨率很低，不可能再现真实的西边界流，所以模式模拟的只是“相对的”西向强化现象。

试验Ⅲ和试验Ⅱ的对比表明，模式模拟的副热带涡旋主要是在风应力的驱动下形成的。一些理论研究也表明：单独的热盐强迫虽然也能产生反气旋式的涡旋，但比单独的风应力产生的涡旋要弱(Pickard et al.，1982)。

正压流函数能够描写垂直积分的水平环流(即整层输送)的无辐散部分，这是三维大洋环流的一个很重要的侧面(projection)。England(1993)的试验表明，风应力在驱动垂直积分的水平环流方面起着非常重要的作用：对于 ACC 这样的洋流来说，风应力和热盐强迫的作用相当，而对于副热带涡旋(以及副极地涡旋、赤道流系等另一些大洋环流的成员)来说，风应力可能是最主要的驱动力。上述数值试验虽然是基于 MOM 海洋模式数值试验得到的，但是结论并不依赖于具体的模式，很容易利用其他海洋环流模式进行验证。建议读者可以采用中国科学院大气物理研究所研制的全球海洋环流模式(LICOM)进行类似的试验，检验上述结论是否可靠，数值试验的设计和实施可以参考本书第 13 章的相关介绍。

2.1.3　风生环流的“定义”，与温跃层的关系

为了进一步研究风在海洋环流的形成和维持中的作用，有必要对风驱动的海洋环流即“风生环流”(Wind-Driven Ocean Circulation)给出一个“定义”。一个普遍接受的提法是：风生环流是风驱动的上层海洋的环流，这个提法中包括了“风驱动”和“上层海洋”两个主要特征。对于这两个特征，Stewart(2004)给出了更具体的表述：

“风生环流是由于风的强迫作用形成的、海洋上层 1000 m 范围内的环流，它可以是局地风引起的，也可以是非局地风引起的。”

本小节主要讨论有关风生环流垂直范围的问题。

风对洋流的驱动作用是从海表向下传递并且随着深度的增加而衰减的，这个过程在很大程度上要受到温跃层的影响。这是因为：一方面，温跃层常常也是密度跃层，它的稳定层结起着隔绝上层海洋和深层海洋的作用；另一方面，由于垂直梯度很大，所以温跃层在水平方向的扰动能够产生显著的压力梯度，这是维持海洋内部的地转平衡所必需的。因此，风生环流的垂直范围应当是包括温跃层在内的上层海洋。

从第 1 章关于温跃层的讨论知道，对于中、低纬度海洋来说，1000 m 深度大致是主温跃层的下界(图 1.6)。所以 Stewart 表述中提到的“海洋上层 1000 m”，可以理解为中、低纬度海洋混合层和主温跃层的垂直范围。也就是说，中、低纬度海洋风生环流的垂直范围大体上可以由主温跃层来确定。

与中、低纬度海洋不同，高纬度海洋的主温跃层不明显，容易因海表热盐强迫的“刺激”产生重力不稳定，由此引起的深对流(deep convection)使得表层和深层海水的直接交换。所以在高纬度海区风应力和热盐强迫的作用不容易区分(ACC 是一个典型的例子)，风生环流的垂直范围也不容易确定。

为了验证风生环流与主温跃层的关系，图 2.2a 给出了利用海洋同化资料 SODA(Simple Ocean Data Assimilation)计算的海洋上层 1000 m 的动能密度(即单位面积上从海表到 1000 m之间的水柱所具有的动能)与上层 2000 m 的动能密度之比的分布。由于 2000 m 以下海洋是相对平静的，所以上述比值大体上可以代表包括主温跃层在内的上层海洋动能在整层

动能中所占的份额。由图可见,在绝大部分中、低纬度海区,上层动能占了整层动能 90%以上,说明将海洋上层 1000 m 看作中、低纬度海洋风生环流的大致深度范围是合理的。上层 1000 m 动能份额小于 90%的主要范围是南大洋,说明在南大洋占主导地位的南极绕极环流(ACC)是一支比较深厚的洋流,其深度范围明显超过了 1000 m。从图 2.2a 中还可看到一些上层海洋动能份额小于 60%的海区,例如靠近南极大陆大西洋一侧的威德尔海(Weddell Sea)和太平洋一侧的罗斯海(Ross Sea),以及北大西洋西北部的拉布拉多海(Labrador Sea),这些海区是全球海洋"深水形成"(deep water formation)的主要源地,可能伴随有重要的深层洋流;此外,在南、北大西洋西边界附近一些非常狭窄的带状区域上也有类似的现象,可能与那里存在着与上层西边界流反向的深层西边界流有关(见本书第 6 章)。

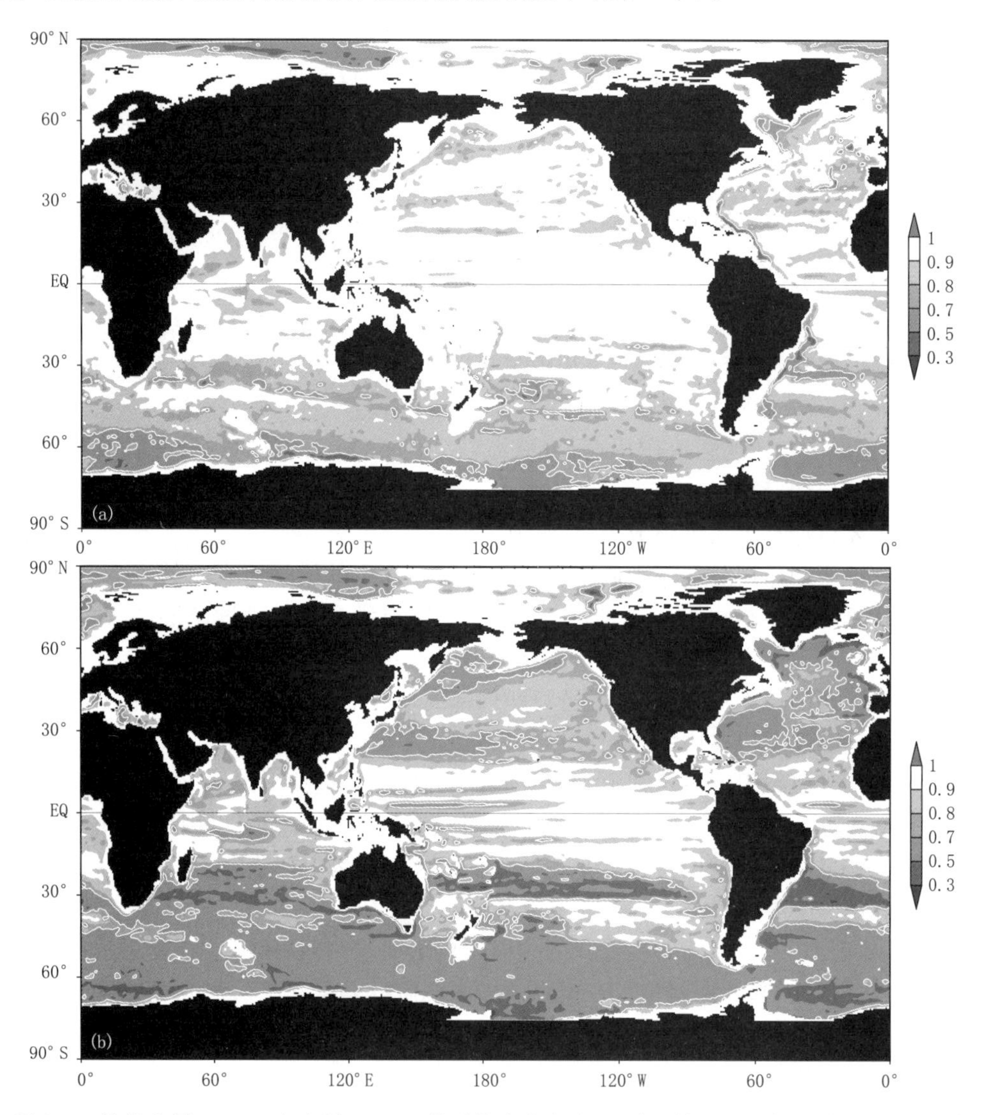

图 2.2　海洋上层 1000 m 与上层 2000 m 的动能密度之比(a)及上层 400 m 与上层 1000 m 的动能密度之比(b),图中白色区域是比值大于 90%的范围,白色等值线包围的灰色区域是比值小于 60%的范围(动能密度单位:J/m²);计算动能所用的洋流速度取自海洋同化资料 SODA(Carton et al., 2008)1958—2001 年的平均结果

虽然将海洋上层 1000 m 看作中、低纬度海洋风生环流的大致深度范围是合理的，但其中热带海洋与热带外海洋的情形并不完全相同。这是因为：将温跃层与风生环流的深度范围联系起来的关键在于温度垂直梯度，而热带海洋的最大温度梯度出现在主温跃层上部的“热带温跃层”中，其深度只有几百米。所以，热带海洋风生环流的深度应当比热带外更浅。为了验证这一点，图 2.2b 给出了上层海洋 400 m 与上层 1000 m 的动能密度之比。可以看出，在热带海洋 20°S～20°N 范围内，上层 400 m 动能密度所占份额明显高于副热带和中纬度海洋，这种差别在太平洋尤其显著。在热带太平洋，上层 400 m 动能密度占上层 1000 m 动能密度份额超过 90%的范围很大，其中包括北赤道流和南赤道流的主要范围，以及一部分北赤道逆流的范围。与之形成对比的是副热带南北太平洋，那里上层 400 m 动能密度所占份额小于 60%甚至更低，这种现象正好与副热带太平洋热带温跃层具有较大深度（图略）有关。

对于风生环流垂直范围与温跃层的这种关联，从图 5.1 可以得到更形象的了解。

Stewart 关于风生环流表述中提出的另一个问题是：风的强迫作用包括局地和非局地两个方面。了解这一点非常重要。事实上，风对海洋环流的非局地强迫作用随处可见，以赤道流系的主要成员 NEC、SEC、NECC 和 SECC 为例，从图 1.5 可以看出它们的输送强度并不完全取决于局地风应力的强度，其中 NECC 是最突出的例子。由此可以推测，风的空间分布可能对风生洋流的形成有重要的作用，我们将在 2.2 节中讨论这个问题。

2.2　风生环流的 Sverdrup 理论

2.2.1　Sverdrup 模型和 Sverdrup 平衡

为了从直观上了解风和洋流的关系，图 2.3 给出了海洋模式 LICOM1.0（刘海龙 等，2004）模拟的热带东太平洋一个小范围（120°～150°W，10°S～20°N）内年平均表层洋流矢量和驱动模式的风应力的矢量，其中模式“表层”的厚度是 25 m。从图中可以清楚地看到东北信风驱动的北赤道流（NEC）和东南信风驱动的南赤道流的两个分支[SEC(N)和 SEC(S)]，不过它们的方向和风应力的方向并不完全相同，而是有一定的交角。在东北信风盛行的区域，表层流指向风应力的右侧，在南半球东南信风盛行的区域，表层流指向风应力的左侧，这种现象是风应力通过垂直黏性力与科氏力平衡的结果，可以用 Ekman 理论来解释，将在 2.2.2 节讨论。

图 2.3 中最突出的特点是：在 NEC 与 SEC(N)之间存在着自西向东流动的北赤道逆流（NECC）。NECC 位于东北信风和东南信风辐合的区域上，是一支逆风而动的洋流，显然不可能由局地风应力来解释；另一方面，第 1 章已经指出，包括 NECC 在内的赤道流系的成员都具有显著的地转流特征（图 1.5），科氏力和压力梯度处于准平衡状态。所以，要了解包括 NECC 在内的风生洋流的维持机理，必须考虑非局地风应力的作用，研究与风应力的空间分布相关联的海洋上层的流场和压力场，以及它们之间的平衡关系。

1947 年，Sverdrup 发表了题为《Wind-driven currents in a baroclinic ocean; with application to the equatorial currents of the eastern Pacific》的文章，建立了一个针对定常、斜压洋流的数学模型，将上层海洋整体的南北向输送与风应力旋度联系起来，揭示出赤道逆流本质上是由于风应力旋度随纬度的变化引起的地转流。以下首先介绍 Sverdrup 模型及其主要结果。

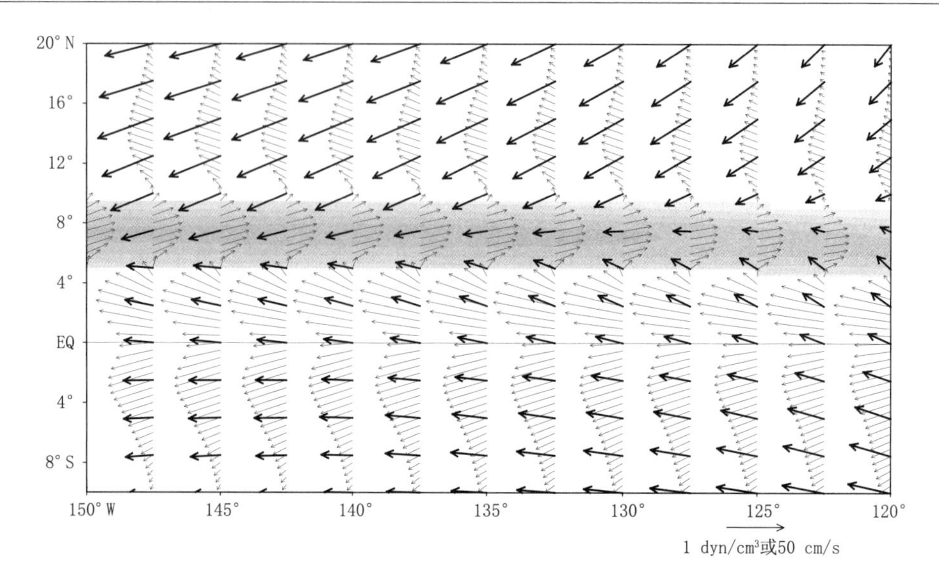

图 2.3 热带东太平洋 120°～150°W,10°S～20°N 范围内年平均表层洋流和风应力的分布，其中密集的细矢量表示洋流速度，取自 LICOM1.0 模拟的 1980—2001 年的平均结果(单位:cm/s)，阴影区是速度大于 5 cm/s 的北赤道逆流的范围；稀疏的粗矢量表示观测的风应力(Gibson et al.，1997，单位:dyn/cm²)图右下侧的标准矢量长度对应着 1.0 dyn/cm² 的风应力或 50 cm/s 的洋流

以热带东太平洋大尺度定常、斜压洋流为背景，略去局地变化项和平流项，水平动量方程(2.1)可简化为：

$$\begin{aligned}\frac{\partial}{\partial z}\left(A\frac{\partial u}{\partial z}\right)+fv&=\frac{1}{\rho_0}\frac{\partial p}{\partial x}\\ \frac{\partial}{\partial z}\left(A\frac{\partial v}{\partial z}\right)-fu&=\frac{1}{\rho_0}\frac{\partial p}{\partial y}\end{aligned}\tag{2.5}$$

水平流速(u, v)满足的垂直边界条件是：

$$\begin{aligned}&\left(A\frac{\partial u}{\partial z}\right)_{z=0}=\frac{1}{\rho_0}\tau_x,\left(A\frac{\partial v}{\partial z}\right)_{z=0}=\frac{1}{\rho_0}\tau_y\\ &\left(A\frac{\partial u}{\partial z}\right)_{z=-D_0}=0,\left(A\frac{\partial v}{\partial z}\right)_{z=-D_0}=0\end{aligned}\tag{2.6}$$

式(2.6)的第一式是海表边界条件，与式(2.2)相同，它表示海表风应力是通过垂直湍流黏性驱动洋流的，但为简化起见，以下将假定垂直湍流黏性系数 A 是常数。式(2.6)第二式是洋流速度应当满足的下边界条件，其中“下边界”所在的深度 D_0 称为“无运动深度”(depth of no motion)。“无运动深度”的存在是一个很重要的假定，它意味着洋流能量总体上是随深度衰减的，并且会在某个深度上衰减为零(所以是斜压的)，这与风生环流的特点是一致的。虽然实际上并不存在统一的无运动深度，但大部分海区的深层流速都很小，选择不同的无运动深度计算的结果没有太大的差别(Tomczak et al.，2001)。

此外，速度场还应满足体积守恒的连续性方程：

$$\frac{\partial u}{\partial x}+\frac{\partial v}{\partial y}+\frac{\partial w}{\partial z}=0\tag{2.7}$$

式中，w 是垂直速度，在海表($z=0$)和无运动深度($z=-D_0$)应有：$w=0$。

式(2.5)、式(2.6)和式(2.7)合起来就构成了 Sverdrup 模型，这是一个描写垂直湍流黏性力、科氏力、压力梯度三者之间平衡关系的模型，其中唯一的外强迫是风应力。由于没有包括温度方程和盐度方程以及相应的海表热盐边界条件，所以 Sverdrup 模型中的压力梯度只能是风应力引起的。换言之，风应力在驱动洋流的同时也造成了相应的压力分布，这是 Sverdrup 模型最重要的物理内涵。

然而，正是由于包含了压力梯度项，Sverdrup 模型的变量个数多于方程个数，所以不可能求得具有确定垂直结构的解，只能寻求变量的垂直积分属性之间的关系，为此定义：

$$
\begin{aligned}
M_x &= \rho_0 \int_{-D_0}^{0} u \mathrm{d}z \\
M_y &= \rho_0 \int_{-D_0}^{0} v \mathrm{d}z \\
P &= \int_{-D_0}^{0} p \mathrm{d}z
\end{aligned}
\tag{2.8}
$$

为叙述简单起见，不妨称 $-D_0 \leqslant z \leqslant 0$ 的水层为“风生环流层”，于是 M_x 和 M_y 分别表示风生环流层截面的向东和向北的质量输送，P 是风生环流层垂直积分的压力。

对式(2.5)在 $-D_0 \leqslant z \leqslant 0$ 深度范围内做垂直积分，利用式(2.8)及海表边界条件可得：

$$
\begin{aligned}
\frac{\partial P}{\partial x} - fM_y &= \tau_x \\
\frac{\partial P}{\partial y} + fM_x &= \tau_y
\end{aligned}
\tag{2.9}
$$

它给出了风应力、风生洋流层垂直积分的压力梯度和质量输送三者之间的平衡关系。

类似地，对连续方程(2.7)在 $-D_0 \leqslant z \leqslant 0$ 做垂直积分，并利用边界条件消去 w，可得到 M_x 和 M_y 满足的连续性方程：

$$
\frac{\partial M_x}{\partial x} + \frac{\partial M_y}{\partial y} = 0 \tag{2.10}
$$

表明风生环流层的质量输送是无辐散的。

式(2.9)是一个基于若干假设建立的理论模型，可以用两种方法检验它的合理性。

第一种方法是利用观测的大气风应力资料和海洋压力资料计算出风生环流层的输送，然后与观测事实作对比。Sverdrup(1947)利用 20 世纪 20—30 年代热带东太平洋海洋调查所获得的资料估算了垂直积分的压力梯度 $\partial P/\partial x$ 和 $\partial P/\partial y$，同时利用气象资料计算了风应力 τ_x 和 τ_y，将它们代入式(2.9)计算出理论上的质量输送 M_x 和 M_y。图 2.4 中的离散点给出了用这种方法计算的 M_x 和 M_y，其中填色纬度带上的离散点满足 $M_x>0$，而填色带南北两侧的离散点满足 $M_x<0$，这正是观测的北赤道逆流及其南北两侧的南赤道流和北赤道流的特征，是模型合理性的一个重要证据。

第二种方法是将式(2.9)与式(2.10)联立，解出 M_y 和 M_x(以及 $\partial P/\partial x$ 和 $\partial P/\partial y$)，将它们表示为风应力的函数，并将计算结果与第一种方法的结果作对比。具体做法是：先对式(2.9)做散度运算消去 P，再利用式(2.10)消去质量输送散度，得到：

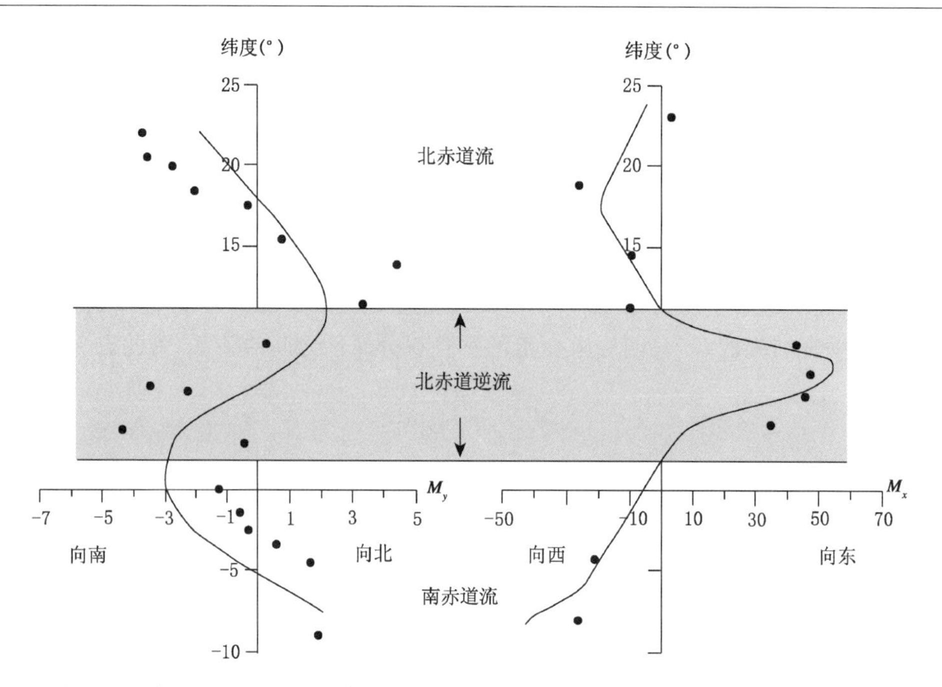

图 2.4 根据 Sverdrup 理论计算的热带东太平洋上层海洋 1000 m 的南北向质量输送 M_y(左)和东西向质量输送 M_x(右),此处 M_y 和 M_x 都是穿过宽度为 1 m 的断面的输送量,单位:t/(s・m);图中离散点是利用观测分析的风应力和垂直积分的压力梯度计算的结果,实线是仅用风应力计算的结果(Stewart,2004;Reid,1948)

$$M_y = \frac{1}{\beta}\mathrm{curl}_z\boldsymbol{\tau} \tag{2.11}$$

式中,β 是科氏参数随纬度的变率,见式(1.24),$\boldsymbol{\tau}$ 代表风应力矢量(τ_x,τ_y)。

式(2.11)表明:风生环流层的南北向质量输送正比于风应力旋度,比例系数仅依赖于纬度。式(2.11)后来被称为"Sverdrup 平衡"(Sverdrup balance),它是最重要的海洋环流理论之一(Stewart,2004)。

在海洋内区,风应力的东西向分量 τ_x 是主要的,于是可得到 Sverdrup 平衡的简化形式:

$$M_y = -\frac{1}{\beta}\frac{\partial \tau_x}{\partial y} \tag{2.12}$$

为了求出东西向质量输送 M_x,先将式(2.12)对 y 求导,再利用式(2.10)得到:

$$\frac{\partial M_x}{\partial x} = \frac{1}{\beta}\left(\frac{\tan\varphi}{a} \times \frac{\partial \tau_x}{\partial y} + \frac{\partial^2 \tau_x}{\partial y^2}\right) \tag{2.13}$$

这是 M_x 满足的方程,其中 φ 是纬度,a 是地球半径。

求解式(2.13)需要一个边界条件。2.1.2 节曾经提到:正压流函数的流线在海盆西部密集、海盆东部稀疏,这表明海盆东部洋流很弱。对于任意一个固定的纬度,设 $x=0$ 是其东边界,则东边界条件可以近似写成:$M_x=0$(当 $x=0$),由此可得到任意一点 $x=X(X<0)$ 处的 M_x 的表达式:

$$M_x = -\frac{1}{\beta}\int_X^0 \left(\frac{\tan\varphi}{a} \times \frac{\partial \tau_x}{\partial y} + \frac{\partial^2 \tau_x}{\partial y^2}\right)\mathrm{d}x,\ (X<0) \tag{2.14}$$

图 2.4 中的实线就是直接由风应力资料计算的 M_y 和 M_x,它们随纬度的变化与离散点的

分布在定性方面是一致的，说明这个理论模型的结果是合理的。由图2.4还可看出：在北赤道逆流所在的纬度带上，M_y 从负值（向南输送）转变为正值（向北输送），这种南北向输送的辐散只能由自西向东输送的辐合来平衡，这正是北赤道逆流产生的原因。

风生环流层的质量输送 M_y 和 M_x 可称为"Sverdrup输送"（Sverdrup transport），由于在Sverdrup平衡中出现的只是南北输送 M_y，东西向输送 M_x 是由 M_y 导出的，所以有些文献中的"Sverdrup输送"特指 M_y。M_y 正比于风应力旋度，意味着决定风生环流的是风应力的空间分布，而不仅仅是局地的风应力。这就是为什么在Stewart给出的风生环流表述中特别提到非局地风应力作用的缘故。

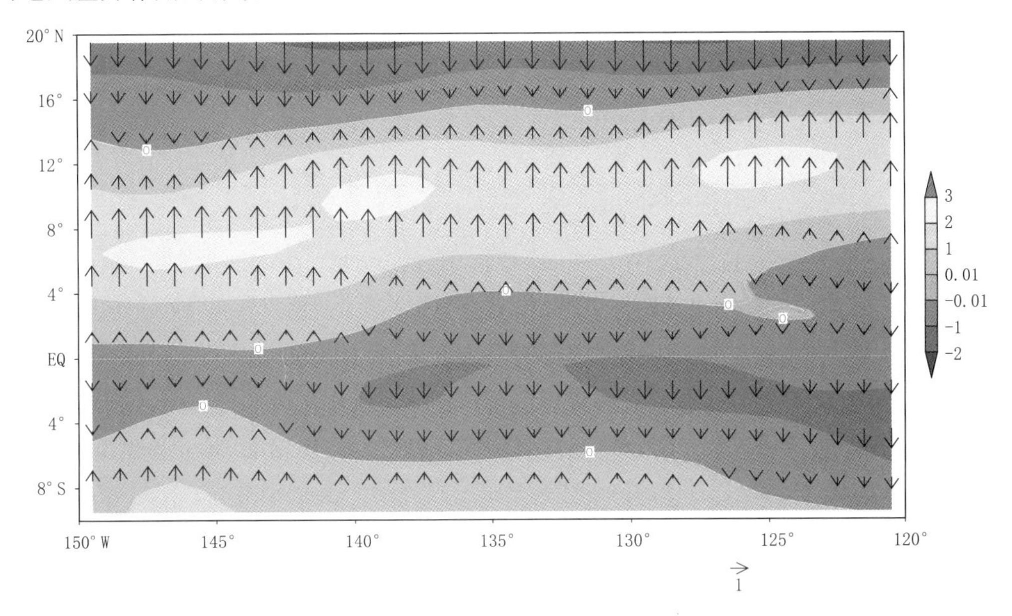

图2.5　利用COADS资料（da Silva et al.，1994）计算的热带东太平洋120°～150°W，10°S～20°N范围内年平均的Sverdrup输送 M_y，其中填色区域给出了 M_y 的连续分布，矢量给出了间隔为1°（经度）×3°（纬度）的 M_y 的方向和大小（单位：t/(s·m)，意义：穿过东西方向宽度为1 m的风生环流层垂直截面向北的质量输送速率）

以上分析揭示出风应力旋度的空间变化是北赤道逆流形成的原因，其中将风应力旋度与北赤道逆流联系起来的关键因子是Sverdrup输送的南北分量 M_y。实际上，M_y 的空间分布不仅能用于研究北赤道逆流，也可用于研究西边界以外的海洋内区的风生洋流。以图2.3所选取的区域为例，图2.5给出了利用观测的风应力按照式(2.11)计算的年平均 M_y 在该区域上的分布。根据连续性方程(2.10)和 M_x 在东边界近似为零的条件，不仅可以从图中找出向东流动的北赤道逆流的大致范围，而且也可以找出向西流动的北赤道流以及赤道南侧的南赤道流的大致范围。

2.2.2　Ekman输送和Ekman抽吸

Sverdrup模型中包含了三种力：垂直湍流黏性力、科氏力和压力梯度。垂直湍流黏性力主要出现在海表边界层中（见第8章），其作用是将风应力的动量传递给海洋。从边界层以下到无运动深度之间是海洋在垂直方向的"内区"，湍流黏性可以忽略，所以内区的洋流基本上是由压力梯度和科氏力的平衡所产生的地转流(图 1.5)。因此,作为近似,我们可以将风生环流层划分为两部分:海表边界层和内区,其中垂直湍流黏性只在海表边界层中起作用,内区则严格满足地转平衡(图 2.6a)。

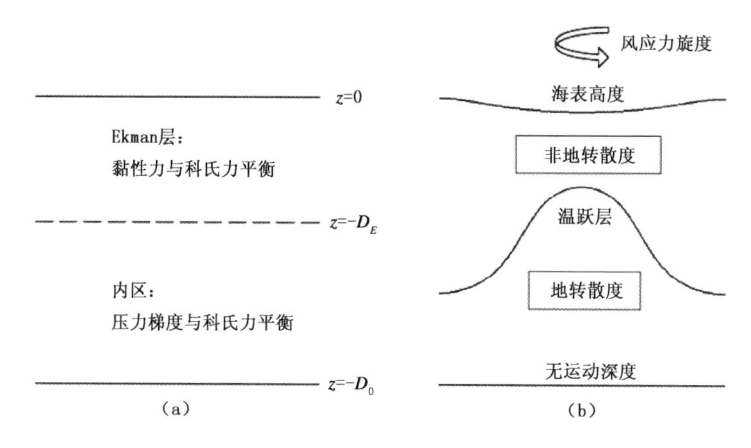

图 2.6　将风生环流层近似划分为 Ekman 层和内区的示意图。(a)是没有非局地风应力影响的情形,其中 D_E 是 Ekman 层的理论厚度;(b)是存在风应力旋度的情形,此时 Ekman 抽吸将驱动内区的地转输送

以下来研究风应力是如何通过海表边界层将动量传递给海洋内区的。考虑到海表边界层内湍流过程是主要的,暂时略去压力梯度,海表边界层就可以用纯粹的 Ekman 模型来描写:

$$A\frac{\partial^2 u}{\partial z^2}+fv=0$$
$$A\frac{\partial^2 v}{\partial z^2}-fu=0 \tag{2.15}$$

海表边界条件与 Sverdrup 模型相同,记为:

$$\left(A\frac{\partial u}{\partial z}\right)_{z=0}=\frac{1}{\rho_0}\tau_x$$
$$\left(A\frac{\partial v}{\partial z}\right)_{z=0}=\frac{1}{\rho_0}\tau_y \tag{2.15a}$$

湍流黏性使得速度随着深度的增加而减小,故还须要求:

$$(u,v)\to 0\qquad (z\to-\infty) \tag{2.15b}$$

由于略去了压力梯度项,Ekman 模型实际上是 $u(z)$,$v(z)$所满足的二阶线性常微分方程的边值问题,可以求出解析解:

$$u(z)=\frac{|\boldsymbol{\tau}|}{\rho_0\sqrt{fA}}e^{D_E^{-1}\pi z}\cos\left(D_E^{-1}\pi z+\alpha-\frac{\pi}{4}\right)$$
$$v(z)=\frac{|\boldsymbol{\tau}|}{\rho_0\sqrt{fA}}e^{D_E^{-1}\pi z}\sin\left(D_E^{-1}\pi z+\alpha-\frac{\pi}{4}\right) \tag{2.16}$$

式中,$|\boldsymbol{\tau}|$ 是风应力矢量的长度,D_E 代表 Ekman 层的厚度:

$$D_E\equiv\frac{\pi}{a}=\pi\sqrt{\frac{2A}{f}} \tag{2.17}$$

以北半球为例,Ekman 模型的解 $u(z)$,$v(z)$具有以下特征:速度矢量在海表最大,并且指

向风应力的右侧(可参看图 2.3 中的北赤道流与东北信风方向的关系);随着深度的增加,湍流黏性使得矢量长度呈指数衰减,科氏力使得矢量方向不断向右偏转。这样,速度矢量随深度的变化划出一条螺线,即 Ekman 螺线。从式(2.16)和式(2.17)看出:$u(z)$,$v(z)$,以及 D_E 都依赖于垂直湍流黏性系数 A。注意到 A 是湍流过程的一种参数化表示(见第 8 章),所以这种依赖意味着 $u(z)$,$v(z)$,以及 D_E 都与边界层湍流过程的细节有关。需要进一步说明的是,Ekman模型也同时适用于大气边界层,但是大气边界层和海洋边界层 Ekman 模型在控制方程和边界条件方面略有差别,主要反映了驱动大气和海洋 Ekman 运动的动力机制的不同,感兴趣的读者可以参看本章的【注 3】。

在 $z=-D_E$ 的深度上,Ekman 流的方向恰好与表层流的方向相反,且流速衰减为表层流的 $e^{-\pi}$ 倍(约为表层流速的 4.3%),据此可得到 Ekman 层质量输送的足够精确的近似:

$$
\begin{aligned}
M_x^E &\equiv \rho_0 \int_{-D_E}^{0} u \mathrm{d}z \cong \frac{\tau_y}{f} \\
M_y^E &\equiv \rho_0 \int_{-D_E}^{0} v \mathrm{d}z \cong \frac{-\tau_x}{f}
\end{aligned}
\tag{2.18}
$$

式中,上标 E 表示它们是 Ekman 层的质量输送,不同于由式(2.8)前两式定义的风生环流层的质量输送。由式(2.18)可以看出:Ekman 输送的方向与风应力的方向垂直,在北半球指向风应力右方,南半球指向风应力左方;Ekman 输送的强度正比于局地风应力强度,反比于科氏参数。式(2.18)不能用于赤道,显然是因为 Ekman 模型中略去了压力梯度的缘故。此外,注意到式(2.18)的右端没有出现垂直湍流黏性系数 A,说明尽管 Ekman 层的厚度 D_E 依赖于湍流过程的细节,但它的整层输送性质完全由风应力和科氏参数决定,与湍流过程的细节无关,这一点很重要。

以下将利用 Ekman 输送来分析风应力通过海表边界层将动量传递给海洋内区的机理。为此,我们先从直观上了解一下与实际风场相关的 Ekman 输送的形态。

图 2.7 是 Tomczak 和 Godfrey(2001)给出的东太平洋五个有代表性的位置上 Ekman 输送的示意图。图中 Ekman 输送的方向和大小用空心矢量表示,它们的方向是准确的——这很容易由相应的风的方向来确定(只需注意南北半球的区别);图中 Ekman 输送的大小并不是严格按式(2.18)计算的,不过在定性上是合理的。例如:在风速相当的条件下,赤道附近的Ekman输送强度远大于副热带和高纬度的 Ekman 输送强度(若严格按式(2.18)计算,二者将有量级上的差别)。虽然这只是一张示意图,我们却可以从中获得一些重要的启发。

图 2.7 中的方框 A 位于北半球信风与西风带之间,其北侧和南侧的 Ekman 输送指向方框的内部,而其东侧和西侧对于框内的质量收支几乎没有贡献,所以在 A 中将有净的质量流入(辐合),根据质量守恒将产生下降流(downwelling)。方框 B 差不多是方框 A 在南半球的镜像映射,所以同样将产生下降流(downweling)。方框 C 位于南半球西风带上最大西风的南侧,Ekman 输送是向北的,但由于西风随纬度增加而减小,北侧的 Ekman 输送强于南侧,所以 C 中有少量净的流出(辐散),将产生弱的上升流。方框 D 是跨赤道的,由于 Ekman 输送在赤道上没有定义,我们只能定性地考察穿过方框 D 南北边界的 Ekman 输送对框内质量收支的可能影响。D 所在区域的东风强度变化不大,但由于科氏参数在赤道两侧符号相反,所以 D 南北两侧 Ekman 输送是反向的,这意味着框内会有很大的净的流出(辐散),从而产生上升流

(冷水上翻),有利于赤道东太平洋冷舌的维持(参看1.3.2节)。方框 E 位于北太平洋东边界附近的信风区,那里的风沿着海岸吹向赤道,Ekman 输送是指向离开海岸方向的,所以 E 有净的流出(辐散),也将产生上升流。

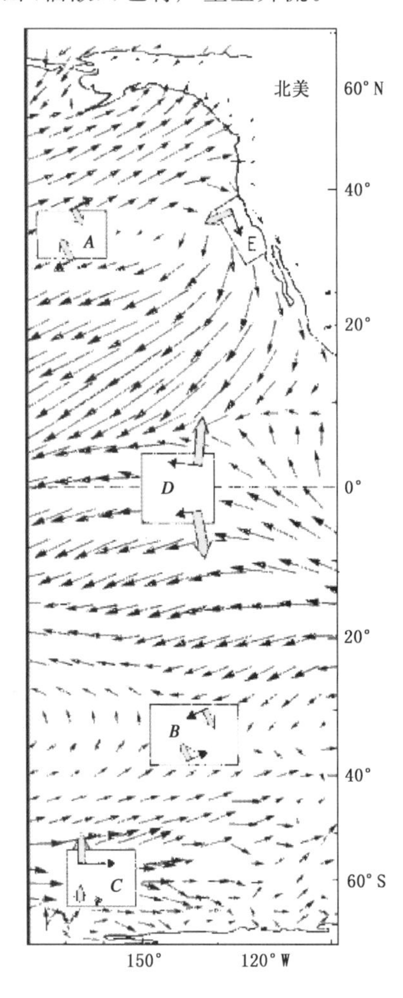

图 2.7　东太平洋 Ekman 输送和 Ekman 抽吸的示意图。其中黑色矢量给出了海面风的分布,长方框 A,B,C,D,E 是选取的5个有代表性的位置(A 和 B 分别位于北、南半球信风和西风带之间,C 位于南半球西风带南缘,D 位于赤道,E 位于副热带北美洲沿岸),在这些长方框附近的空心矢量代表由相应的风应力产生的 Ekman 输送(Tomczak et al.,2001)

从以上对图2.7的观察可知:赤道外海洋上风的空间变化可以引起 Ekman 输送的辐合或辐散,从而产生下降流或上升流。上升流引起冷水上翻,下降流使得相对暖的表层水下沉,都将导致密度层结的变化和等压面的起伏,最终形成压力梯度。本质上,海洋内区的地转洋流就是由 Ekman 输送的辐合辐散所产生的压力梯度驱动的[注4]。作为一种相对简单的解读方式,我们可以通过计算 Ekman 层底部的垂直速度来讨论这种驱动作用。

利用式(2.18)计算 Ekman 输送的散度,再将连续方程(2.7)对 Ekman 层垂直积分,注意在 $z=0$ 处 $w=0$,就可以导出 Ekman 层底部的垂直速度:

$$w_G \equiv w|_{z=-D_E} = \frac{\partial}{\partial x}\left(\frac{\tau_y}{\rho_0 f}\right) - \frac{\partial}{\partial y}\left(\frac{\tau_x}{\rho_0 f}\right) = \mathrm{curl}_z\left(\frac{\boldsymbol{\tau}}{\rho_0 f}\right) \tag{2.19}$$

这是由于 Ekman 输送的辐合、辐散而产生的垂直速度,称为"Ekman 抽吸"(Ekman pumping 或 Ekman suction),形式上定义在 Ekman 层的底部,实质上代表了风应力通过 Ekman 抽吸对内区地转洋流的驱动作用[注4]。以下将会看到这个垂直速度可以转化为内区地转流的整层散度，所以这里用 w_G 来表示。还应指出的是，虽然 Ekman 模型是局地风应力驱动的，但 Ekman 抽吸在很大程度上是风应力的空间变化引起的。

在 Ekman 层以下的海洋内区，垂直湍流黏性可以忽略，主要是压力梯度和科氏力的平衡所产生的地转流，海水运动满足位涡守恒方程：

$$\left(\frac{\partial}{\partial t}+u\frac{\partial}{\partial x}+v\frac{\partial}{\partial y}\right)(f+\zeta)=-(f+\zeta)\left(\frac{\partial u}{\partial x}+\frac{\partial v}{\partial y}\right) \tag{2.20}$$

式中，$\zeta\equiv\left(\frac{\partial v}{\partial x}-\frac{\partial u}{\partial y}\right)$ 代表相对涡度。

在西边界以外的海洋内区，定常、大尺度洋流的水平尺度大于 100 km(10^5 m)，速度一般远小于 1 m/s，所以 ζ 的量级不超过 10^{-5}，在赤道以外有 $f+\zeta\approx f$，于是，式(2.20)可以简化为行星位涡守恒方程：

$$\beta v=-f\left(\frac{\partial u}{\partial x}+\frac{\partial v}{\partial y}\right)=f\frac{\partial w}{\partial z} \tag{2.21}$$

式中，βv 是海水微团南北向移动引起的行星涡度变率，$f\frac{\partial w}{\partial z}$ 为行星涡度的垂直拉伸项，在准地转、绝热和无摩擦情况下，二者相互平衡。将式(2.21)从无运动深度($z=-D_0$)积分到 Ekman 层底($z=-D_E$)，并利用 Ekman 抽吸条件式(2.19)，可得：

$$\beta V_G\equiv\beta\int_{-D_0}^{-D_E}v\mathrm{d}z=fw_G=f\,\mathrm{curl}_z\left(\frac{\boldsymbol{\tau}}{\rho_0 f}\right) \tag{2.22}$$

式中，V_G 代表 Ekman 层以下海洋内区水体南北向的体积输送(Deser et al.，1999)。

注意到 βV_G 是内区地转散度(见 1.6 节)的垂直积分，式(2.22)意味着 Ekman 抽吸所引起的上升流(下降流)运动将转化为内区的整层辐合(辐散)。另一方面，w_G 可以看成内区厚度的垂直伸缩率，所以式(2.22)又可以解释为：内区的水体通过南北移动改变它所具有的行星涡度，以平衡 Ekman 抽吸引起的厚度变化对位涡的影响，从而保持行星位涡守恒。

将式(2.22)右端的旋度展开，经整理后得到：

$$\beta\left(\rho_0 V_G-\frac{\tau_x}{f}\right)=\mathrm{curl}_z\boldsymbol{\tau} \tag{2.23}$$

注意式(2.23)左端括弧中的第二项就是 Ekman 输送的南北分量(见式(2.18)第二式)，而第一项则是“内区”的南北向质量输送，两项之和就是风生环流层的南北向质量输送(即 Sverdrup 输送)，故式(2.23)可改写成：

$$\begin{aligned}\beta M_y&=\beta(M_y^G+M_y^E)=\mathrm{curl}_z\boldsymbol{\tau}\\ M_y^G&\equiv\int_{-D_0}^{-D_E}\rho_0 v\mathrm{d}z=\rho_0 V_G\end{aligned} \tag{2.24}$$

其中第二式是“内区”地转流的质量输送。

式(2.24)就是式(2.11)，即 Sverdrup 平衡，但两者导出的过程不同。

式(2.11)是由 Sverdrup 模型导出的风生环流层的整体(垂直积分)性质；而式(2.24)是由 Ekman 输送与内区输送之和得到的，它的导出过程揭示了风应力旋度、Ekman 抽吸与内区的地转输送之间的联系。Sverdrup 平衡将风生环流层整体的南北输送直接与风应力旋度联系起来，以北半球为例，风生环流层通过向极地(或赤道)方向的输送，将风应力旋度提供的涡度源(或汇)转化为行星涡度的增加(或减小),这是对 Sverdrup 平衡的物理意义的一种解释,是从"整体"意义上说的。另一方面,从式(2.24)的导出过程可以看出,除纬度变化的影响以外,Ekman 输送主要依赖于局地风应力,而"内区"的输送则主要依赖于反映非局地影响的风应力旋度,两者的输送方向可能并不一致;虽然如此,两者之和却能严格满足 Sverdrup 平衡,说明它们在动力学上是相互依存的。

还应当指出:由于略去了压力梯度,Ekman 输送不能用于赤道;基于同样的原因,Ekman 抽吸所决定的内区的地转输送也不能用于赤道,这反映了 Ekman 模型的局限性。不过两者之和所满足的 Sverdrup 平衡并没有这种局限性,这是因为 Ekman 输送和内区地转输送中不适用于赤道的部分恰好相互抵消了,参看式(2.23)。另一方面,Sverdrup 模型中包含了压力梯度,所以没有这个问题。

2.2.3 风应力引起的压力梯度,强迫的 Rossby 波

2.2.1 节介绍了风应力旋度与风生环流层的质量输送的关系,2.2.2 节讨论了 Ekman 抽吸与海洋内区的地转输送之间的关系,本节将讨论风应力分布与压力梯度的关系。

从 Sverdrup 模型出发,将式(2.11)代入式(2.9)第一式,可得到东西向的压力梯度:

$$\frac{\partial P}{\partial x} = \frac{f}{\beta}\mathrm{curl}_z\tau + \tau_x = \frac{f^2}{\beta}\left(\frac{1}{f}\mathrm{curl}_z\boldsymbol{\tau} + \frac{\beta}{f^2}\tau_x\right) \tag{2.25}$$

将式(2.25)右端括弧中的两项合并,并引入参考密度 ρ_0,就得到东西向压力梯度与 Ekman 抽吸的关系:

$$\frac{\partial P}{\partial x} = \frac{\rho_0 f^2}{\beta}\mathrm{curl}_z\left(\frac{\boldsymbol{\tau}}{\rho_0 f}\right) \tag{2.26}$$

这是 Sverdrup 平衡的另一种表示,也称为 Sverdrup 关系(Sverdrup relation)(Tomczak et al.,2001)。

式(2.26)左端是风生环流层垂直积分的压力梯度。在海洋内区,压力梯度是维持地转洋流所必需的,但它的垂直分布又是不均匀的:由于无运动深度上压力梯度必须为零,所以显著的压力梯度只能出现在无运动深度以上。2.1.3 节已经指出:风生环流是包括温跃层在内的上层海洋环流;温跃层往往也是密度跃层,温跃层的小扰动意味着很大的水平压力梯度。所以,风生环流层的压力梯度应当集中反映在温跃层深度的空间变化上(图 2.6b)。因此,我们可以利用 1.5.1 节的"一层半模式"将垂直积分的压力梯度转换为温跃层深度的梯度。

在"一层半模式"中(图 1.9),温跃层被抽象为活跃的上层与静止的下层之间的一个厚度为零的界面,压力梯度集中表现为这个界面的坡度。模式下层的压力梯度处处为零,所以下层中的任何一个深度都可看做无运动深度,模式上层的压力梯度不随深度变化,它是海面高度的坡度引起的,但根据热成风关系可以利用温跃层坡度来表示:

$$\frac{\partial p}{\partial x} \approx \frac{\Delta p}{\Delta x} = g\Delta\rho\,\frac{(H_B - H_A)}{x_B - x_A} \approx \rho_0 g'\,\frac{\partial H}{\partial x} \tag{2.27}$$

式中,H 是界面的深度(正值),g' 是约化重力,见式(1.19),$\Delta\rho$ 是上下层密度差。由此可估计出风生环流层垂直积分的压力梯度:

$$\frac{\partial P}{\partial x} = \int_{-D_0}^{0}\frac{\partial p}{\partial x}\mathrm{d}z \approx \rho_0 g'\overline{H}\,\frac{\partial H}{\partial x} \tag{2.28}$$

式中，$\overline{H}$ 是温跃层平均深度，导出式(2.28)时用到了下层压力梯度处处为零的特点。将式(2.28)代入式(2.26)就得到：

$$\frac{\beta g'\overline{H}}{f^2}\frac{\partial H}{\partial x}=\mathrm{curl}_z\left(\frac{\boldsymbol{\tau}}{\rho_0 f}\right) \tag{2.29}$$

这是 Sverdrup 关系在“一层半模式”中的表现形式。

式(2.29)表明 Ekman 抽吸是热带外海洋温跃层扰动的重要来源。以北半球为例，正(负)的 Ekman 抽吸会引起温跃层的抬升(下降)。假如这种 Ekman 抽吸是局地的和瞬间发生的，那么它的作用就是激发出一个初始扰动，根据 1.6 节的讨论可知，这个初始扰动将在 β 效应的作用下，以“自由的”非频散 Rossby 波的形式西传[参看式(1.25)]。一般情况下，Ekman 抽吸是空间和时间的连续函数，此时“自由的”Rossby 波将成为“强迫的”(forced)Rossby 波，在“一层半模式”中可以用一个带强迫项的波动方程来描写：

$$\frac{\partial H}{\partial t}-\frac{\beta g'\overline{H}}{f^2}\frac{\partial H}{\partial x}=-\mathrm{curl}_z\left(\frac{\boldsymbol{\tau}}{\rho_0 f}\right) \tag{2.30}$$

它与自由 Rossby 波方程式(1.25)的唯一区别是增加了与 Ekman 抽吸符号相反的右端项。

Meyers(1979)研究了观测的温跃层深度(他用 14℃ 等温线的深度代替温跃层深度)的年变化(annual variation)，并和 Ekman 抽吸强迫的 Rossby 波方程式(2.30)的解作了对比。观测的温跃层深度的最大变化之一出现在 6°N 附近，那里温跃层变动以接近非频散自由 Rossby 波的速度西传(图 2.8a)。理论解在定性方面(例如西传的速度)和观测是一致的(图 2.8c 和

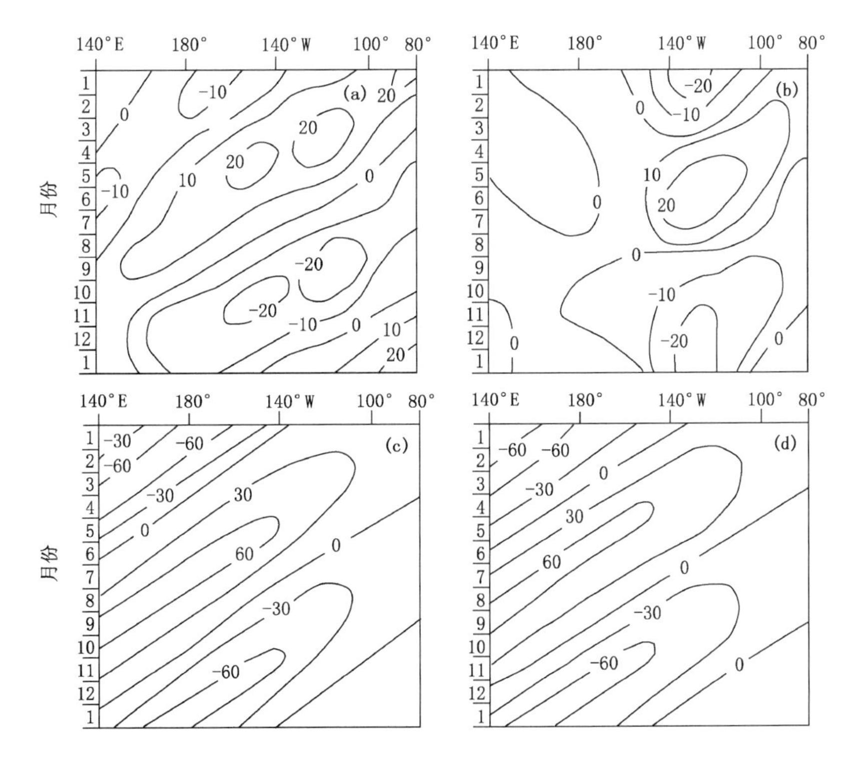

图 2.8　6°N 附近 14℃ 等温线深度距平(用来表征热带温跃层深度距平)随经度和季节的变化。(a)是观测结果；(b)(c)(d)都是理论计算结果，其中(c)(d)是由带强迫项的非频散斜压 Rossby 波方程(参看式(2.30))计算的结果，(b)是仅由 Ekman 抽吸强迫得到的结果(Meyers，1979)

图 2.8d),但温跃层变动的幅度偏大(特别是在 140°W 以西)。图 2.8b 可看作温跃层对单纯的 Ekman 抽吸的响应[即在式(2.30)中略去左端第二项后得到的解],此时温跃层扰动主要局限于 150°W 以东(那里 Ekman 抽吸的季节变动最显著)。以上对比表明:对于观测的 6°N 附近温跃层的年变化来说,与 Ekman 抽吸相关的强迫 Rossby 波理论所给出的解释更合理。

2.3　海洋中的西边界流

2.3.1　西边界流的观测事实及其气候意义

中高层的大气环流运动基本上不受侧边界的限制,例如中纬度的西风带和热带地区的东风带都能环绕地球一周,而且叠加在这些基本气流上的大尺度波动也可以沿纬圈绕地球传播一周。但是对于海洋情形就完全不一样了,在海陆交界处侧边界可以从海底一直向上伸展到海表,因此,除了南极绕极环流(ACC)之外,海洋中再没有其他能够环绕整个纬圈的环流,当然也没有任何波动可以沿着纬圈绕地球一周。海洋中侧边界的存在,一方面阻挡了海流或者波动沿纬圈的流动或者传播,另一方面却使得能量在西边界处累积,从而导致了窄而强的西边界流,这个现象称为"西向强化"(Westward intensification)。图 2.9 是海洋环流模式 LICOM 1.0 模拟的正压流函数,是风应力和热盐强迫共同作用的结果。为了看清楚西边界流及与之相关的副热带涡旋,图中只给出了北太平洋和赤道太平洋区域的正压流函数。图 2.9 与图 2.1 都显示出海洋模式中一定程度的"西向强化"现象,但又有所不同:由于前者所用的海洋模式的水平分辨率和垂直分辨率都显著地高于后者所用的模式,所以从图中不仅可以看到北太平洋的副热带涡旋,还可以清楚地看到它北侧的副极地涡旋和南侧的热带涡旋,模拟的西边界流强度也大于后者。从 2.1.2 节的分析知道,以上这些涡旋(特别是副热带涡旋)主要与风应力强迫有关。

西边界流是副热带涡旋的重要组成部分,人们通常把在北太平洋副热带西边界向北的洋流称之为"黑潮"(Kuroshio),而在北大西洋相应的西边界流被称为"湾流"(Gulf Stream)。同样,在南半球副热带也有非常显著的西边界流,南印度洋、南太平洋和南大西洋的西边界流分别是厄加勒斯海流(Agulhas Current)、东澳大利亚海流(East Australia Current)和巴西海流(Brazil Current)。上述副热带西边界流都位于大洋的西边界,宽度在 100 km 左右,最大海流速度可以到 1～2 m/s,最大深度可以达到 1000 m 左右。这些副热带西边界流把大量的热量和盐分从副热带输送到高纬度,在地球气候系统的热量平衡和水分平衡过程中起着重要的作用。以北太平洋为例,结合图 2.9 和图 1.3 可以看出,由于上层海洋温度具有西高东低的特点,位于西边界附近的黑潮将暖水向北输送,而太平洋中、东部的洋流则将冷水向南输送,所以副热带涡旋在整体上起着向中、高纬度输送热量的作用。在北大西洋,湾流的极向热量和盐分输送不仅影响北大西洋局地的气候,而且对北大西洋深层水(North Atlantic Deep Water, NADW)和大西洋经向翻转环流(Atlantic Meridional Overturning Circulation, AMOC)的形成都有重要的作用(详见第 6 章)。

2.3.2　西向强化现象的物理机制

图 2.9 中的西边界流实际上是海洋副热带涡旋的一部分,在各个大洋副热带都存在一个

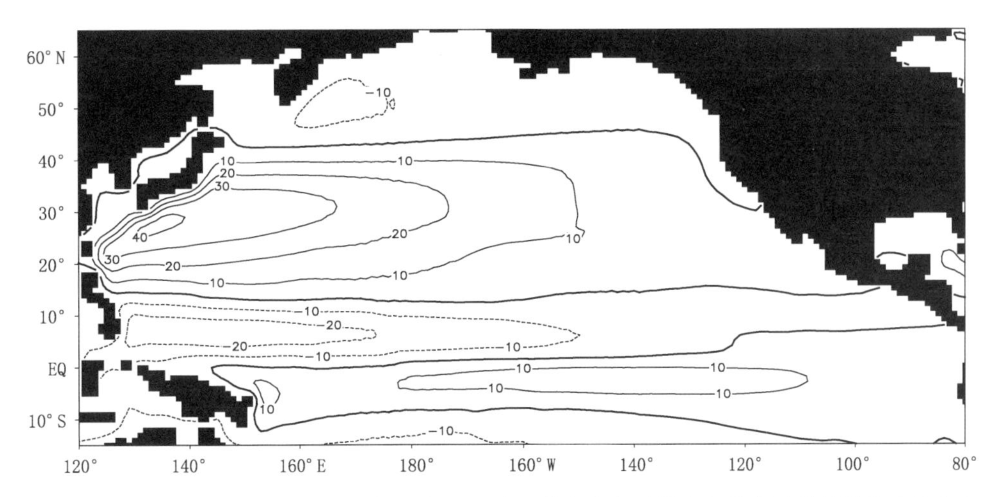

图 2.9 海洋环流模式 LICOM1.0 模拟的正压流函数在北太平洋和赤道太平洋区域的流线分布（单位：Sv，1 Sv=10^6 m^3/s），运行模式的风应力和热盐强迫取自 CORE(Griffies et al.，2009)

海盆尺度的反气旋涡旋，窄而强的西边界流向高纬度地区输送暖水，西边界之外范围宽广但很弱的洋流则向赤道输送冷水。因而上述的副热带涡旋实际上是不对称的，在西边界处流向高纬度的海水范围窄而流速大，在大洋中、东部流向赤道的海水范围广而流速小，在气候平均意义下向北和向南的海水质量是相等的。从根本上说，西向强化现象是风应力强迫的结果，在大洋内区风强迫的非频散 Rossby 波源源不断地将 Ekman 抽吸引起的扰动能量从海洋内区带到西边界流区，造成大洋西部能量的积累，这是导致强的西边界流（如北太平洋的黑潮，北大西洋的湾流等）形成、维持和变动的一个重要因子，也是风应力的非局地强迫作用的重要表现(Tomczak et al.，2001)。需要注意的是，Rossby 波西传是 β 效应引起的，因此除了西边界的存在和风应力强迫之外，β 效应也是引起西向强化现象的另外一个重要因子。

Stommel(1948)在 Sverdrup 理论基础上，在 Sverdrup 平衡方程中引入摩擦耗散项，定量地解释了西边界流的物理本质。本章 2.2 节介绍的 Sverdrup 平衡[见式(2.11)]只适用于西边界流以外的大洋内区，而在西边界流区域，由于存在强烈的耗散过程，上述平衡关系不成立。即便是在大洋内区，应用式(2.11)计算流函数的时候，从东边界开始积分和从西边界开始积分也会得到截然不同的结果(图 2.10)。如果从东边界开始积分会得到一个顺时针旋转的环流，与实际观测是一致的；否则，就会得到一个逆时针旋转的环流，与观测背道而驰。这就提出了两个问题，首先，为什么会出现边界流强化现象？其次，边界流强化为什么出现在西边界而不是东边界？

为了回答上述两个问题，Stommel(1948)在 Sverdrup 平衡方程的基础上引入了 Laplace 形式的摩擦项：

$$\beta\frac{\partial\psi}{\partial x} = \mathrm{curl}_z\boldsymbol{\tau} - r\Delta\psi \tag{2.31}$$

式中，ψ 是与 Sverdrup 输送(M_x，M_y)相对应的质量流函数，r 是摩擦系数($r > 0$)，Δ 是 Laplace 算子。上式左端第一项和右端第一项即构成了 Sverdrup 平衡，即式(2.11)，在大洋内区由于相对涡度 $\Delta\psi$ 可以忽略不计，因此，主要是 Sverdrup 平衡在起作用；但是到了西边界，摩擦力 $-r\Delta\psi$ 就在方程平衡中起到了重要作用。根据式(2.31)可以计算出在给定风应力强迫下

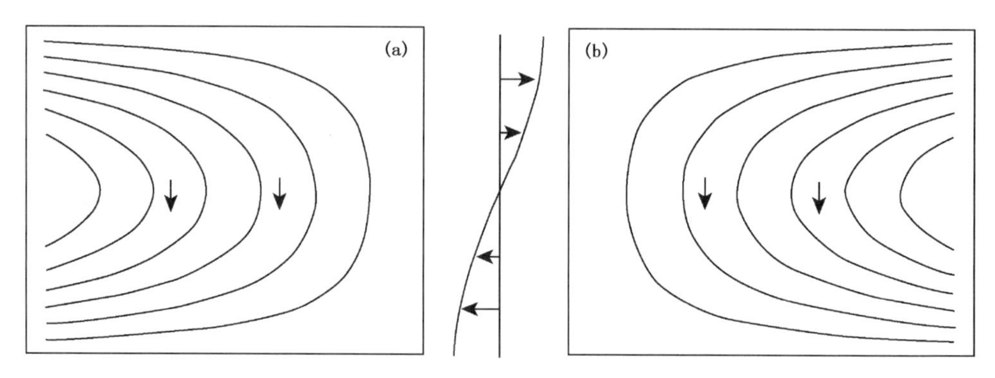

图 2.10 根据 Sverdrup 平衡关系，利用理想化的风应力计算的大洋内区流函数
(a)是从东边界开始积分得到的结果，(b)是从西边界积分的结果(Vallis,2006)

的垂直积分流函数(图 2.11)。显然，对于负的风应力旋度，北半球海洋的响应是顺时针的涡旋；对于正的风应力旋度强迫，海洋的响应则是逆时针涡旋。无论是顺时针还是逆时针旋转的涡旋，流线都在西边界处十分密集，说明在西边界处出现了边界流强化现象。如果把式(2.31)的左端设为 0，即考虑 f 平面近似，不考虑 β 效应，得到的流函数旋转方向不变，仍旧是顺(逆)时针环流对应着负(正)风应力涡度强迫，但是没有边界流强化现象，流函数的流线几乎处处均匀(图略)。另外，从式(2.31)还很容易解释为什么一定是在西边界出现强化，取整个海盆平均，则式(2.31)的左端项消失，因而变成风应力制造的涡度与摩擦力消耗的涡度相互平衡。所以对于负风应力涡度强迫，必须要求 $\Delta\psi$ 小于 0，因而必须要求海洋响应出一个顺时针的环流，即图 2.11a 的情形，所以边界流强化现象只能发生在西边界。

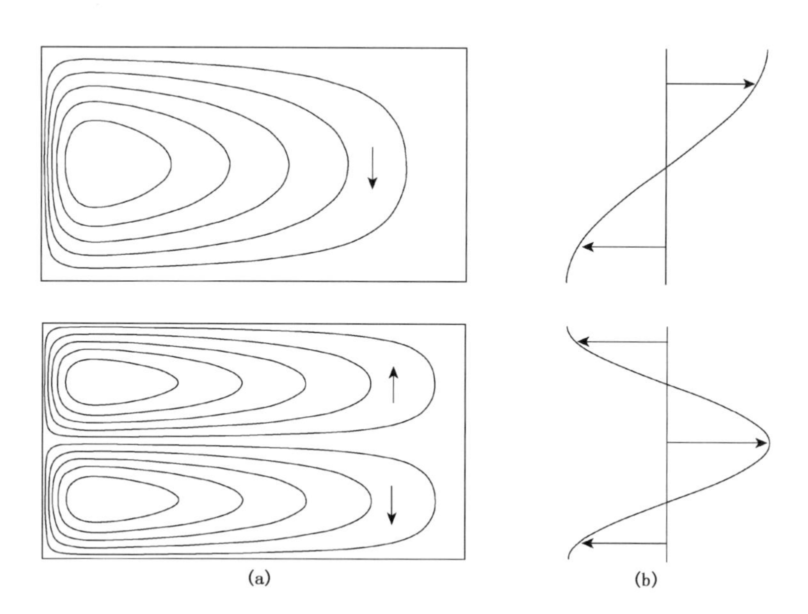

图 2.11 (a)是由 Stommel 模型估计的垂直积分流函数，
(b)是理想化的纬向风应力强迫随纬度的分布(Vallis,2006)

注释

【注 1】England(1993)的原文是:“The effective surface fluxes of heat and fresh water are implied by *restoring* the model's surface layer temperature and salinity toward the long-term mean climatology of Levitus (1982)”。这里所说的海面温度(SST)和海面盐度(Sea Surface Salinity,SSS)的“恢复”(restoring)型边界条件,以及它们与海表热通量和淡水通量的关系见第 3 章。此外,试验 II 和试验 III 所用的观测的 SST 和 SSS 都是纬圈平均值(Levitus, 1982), 试验 III 所用的观测的风应力也是纬圈平均值(Hellerman et al., 1983),所以说是“简化”的海表强迫。

【注 2】Gyre 的一般意义是“涡旋”(或环流),可以指空气和海水中任何类型的涡旋,但最常用于海洋学中,特指那些尺度非常大的涡旋,这些涡旋是由风驱动的旋转洋流系统构成的,典型的例子是副热带涡旋(subtropical gyres)。除副热带涡旋外,还有副极地涡旋(subpolar gyres)和热带涡旋(tropical gyres)等。

【注 3】大气 Ekman 模型的方程如下:

$$\begin{cases} A\dfrac{\partial^2 u}{\partial z^2} + f(v - v_g) = 0 \\ A\dfrac{\partial^2 v}{\partial z^2} + f(u - u_g) = 0 \end{cases} \tag{2.32}$$

式中,A 是湍流黏性系数,u,v 是大气边界层水平速度,u_g,v_g 是已知的地转风速,f 是科氏力参数,方程(2.32)在地面和无穷远处的边界条件分别为:

$$\begin{cases} u\,|_{z=0} = 0 \\ v\,|_{z=0} = 0 \end{cases} \tag{2.32a}$$

$$\begin{cases} u\,|_{z\to\infty} = u_g \\ v\,|_{z\to\infty} = v_g \end{cases} \tag{2.32b}$$

与海洋的 Ekman 模型式(2.15)及其边界条件式(2.15a)和式(2.15b)相比,二者主要差别有三:(1)在海洋 Ekman 模型中,地转风 u_g,v_g 可以忽略不计,但是在大气 Ekman 模型中必须考虑;(2)在 $z=0$ 处,大气 Ekman 模型采用固壁边界条件,风速为 0,但是海洋 Ekman 模型则考虑海气之间的动量输送;(3)在 $z\to\infty$ 处,海洋为无运动层,速度为 0,但是大气水平风速是地转速度。以上区别说明大气和海洋 Ekman 运动的驱动力有本质的区别,前者来自于自由大气的地转风驱动,而后者则是由海表风应力驱动。但是二者也有共同之处,即不管 Ekman 运动驱动力来自何处,其动力学特征十分类似,都表现出风速随高度指数衰减和偏转的特征,这是湍流黏性和地转偏向力共同作用的结果。

【注 4】Ekman 输送的辐合辐散必然产生压力梯度,从而驱动 Ekman 层以下海洋内区的地转流,从物理上看这是合理的。不过,为了在图 2.6 所示的风生环流层的概念模型中引进压力梯度,还须要做出一些解释。

首先,为了求解的方便,我们在建立 Ekman 模型时忽略了压力梯度,由此得出的 Ekman 输送是黏性力与科氏力平衡的结果,是纯粹的非地转流(图 2.6a)。非地转流是边界层产生辐合辐散的主要机制(图 2.6b),所以由 Ekman 输送的辐合辐散估计的压力梯度在物理上是合理的。不过,在赤道附近 Ekman 输送的定量结果是不可靠的,这是因为那里的科氏参数接近于零,忽略压力梯度必然严重高估计 Ekman 输送。

其次,Ekman 输送的辐合辐散产生的压力梯度应当存在于包括 Ekman 层和内区的整个风生环流层中,但不是均匀分布的。从第 1 章的讨论可知,这个压力梯度主要表现在海表高度和温跃层的起伏上,且大小相等、方向相反,使得无运动层上压力梯度为零。所以,当存在风应力旋度时,应当用图 2.6b 代替图 2.6a(可对照图 1.5)。

参考文献

刘海龙,俞永强,李薇,等, 2004. LASG/IAP 气候系统海洋模式(LICOM1.0)参考手册[M]//中国科学院大气物理研究所大气科学和地球流体力学数值模拟国家重点实验室(LASG)技术报告. 北京:科学出版社.

BRYAN K, 1969. A numerical method for the study of the circulation of the World Ocean[J]. J Comp Phys, 3: 347-376.

CARTON J A, GIESE B S, GRODSKY S A, 2005. Sea level rise and the warming of the oceans in the SODA ocean reanalysis[J]. J Geophys Res, 110: C09006, doi:10.1029/2004JC002817.

CARTON J A, GIESE B S, 2008. A reanalysis of ocean climate using simple ocean data assimilation (SODA) [J]. Mon Weather Rev, 136: 2999-3017.

COX M D, 1984. A primitive equation, three-dimensional model of the ocean[J]. GFDL Ocean Group Tech Rep, 1: 143.

CUNNINGHAM S A, ALDERSON S G, KING B A, et al, 2003. Transport and variability of the Antarctic Circumpolar Current in Drake Passage[J]. J Geophys Res, 108: 8084, doi:10.1029/2001JC001147.

DESER C, ALEXANDER M A, TIMLIN M S, 1999. Evidence for a wind-driven intensification of the Kuroshio Current Extension from the 1970s to the 1980s[J]. J Climate, 12: 1697-1706.

ENGLAND M H, 1993. Representing the global-scale water masses in ocean general circulation models[J]. J Phys Oceanogr, 23: 1523-1552.

GIBSON J K, KÅLLBERG P, UPPALA S, et al, 1997. ERA description[J]. ECMWF Re-Analysis Final Report Series, 1: 71.

GRIFFIES S, et al, 2009. Coordinated Ocean-ice Reference Experiments (COREs)[J]. Ocean Modelling, 26: 1-46.

HELLERMANN S, ROSENSTEIN M, 1983. Normal monthly wind stress over the World Ocean with error estimates[J]. J Phys Oceanogr, 13: 1093-1104.

LEVITUS S, 1982. Climatological Atlas of the World Ocean[M]. NOAA Prof. Paper 13, U. S. Dept. of Commerce, Washington, DC.

MEYERS G, 1979. On the annual Rossby wave in the tropical North Pacific Ocean[J]. J Phys Oceanogr, 9: 663-674.

PACANOWSKI R C, DIXON K W, ROSATI A, 1991. The GFDL Modular Ocean Model User's Guide Version 1.0[Z]. GFDL Ocean Group Tech. Rep. No. 2: 46.

PICKARD G L, EMERY W J, 1982. Descriptive Physical Ocaenography: Fourth england edition[M]. Oxford, Pergamon Press.

REID R O, 1948. The equatorial currents of the eastern Pacific as maintained by the stress of the wind[J]. Journal of Marine Research, VII, 2: 74-99.

STEWART R H, 2004. Introduction to Physical Oceanography. pdf version[M/OL]. http://www-ocean.tamu.edu/education/common/notes/PDF_files/book_pdf_files.html.

STOMMEL H, 1948. The westward intensification of wind-driven ocean currents[J]. Transactions, American Geophysical Union, 29: 202-206.

SVERDRUP H U, 1947. Wind-driven currents in a baroclinic ocean; with application to the equatorial currents of the Eastern Pacific[J]. Proceedings of the National Academy of Sciences of the United States of America, 33(11): 318-326.

TOMCZAK M, GODFREY J S, 2001. Regional Oceanography: An Introduction. pdf version 1.0[M/OL]. http://www.es.flinders.edu.au/~mattom/regoc/pdfversion.html.

VALLIS G K, 2006. Atmospheric and Oceanic Fluid Dynamics[M]. UK:Cambridge University Press.

第3章

风应力，热通量，淡水通量

海洋环流主要是由三种“外部”影响，即：风、加热和冷却，以及蒸发和降水所驱动的（所有这些影响都来源于太阳辐射）。在海洋模式中，这三种影响被参数化地表示为风应力、热通量和淡水通量，并通过海表边界条件来驱动海洋模式。

3.1 风应力

3.1.1 太平洋风应力的分布

风通过向海洋表层释放动量驱动洋流，这个过程中最重要的大气参量就是风应力，通常用矢量 $\boldsymbol{\tau}$ 表示。第1章的图1.3已经给出了热带太平洋年平均海面风的分布，图3.1进一步给出了风应力的纬向分量 τ_x 和经向分量 τ_y 的分布，并且将范围扩大到北太平洋中高纬度。第2章（2.2.1节）曾经提到：“在海洋内区，风应力的东西向分量 τ_x 是主要的”。从图3.1可以看出，除美洲西岸以及澳大利亚东岸外，热带太平洋均以东风应力为主，且在南北半球各有一个极大值。以北太平洋中部为例，10°N附近东风应力的极大值超过0.8 dyn/cm^2（dyn/cm^2 为厘米克秒制下的风应力单位，1 $dyn/cm^2=0.1\ N/m^2$），远大于当地的经向风应力强度。大体说来，在热带太平洋内区，东风切变对于风应力旋度的贡献是主要的，可以根据东风切变的特征来讨论Ekman抽吸、Sverdrup输送，以及NECC形成的机理等。此外，在图3.1上还可以看到其他一些有趣的特征。例如北太平洋热带受东风控制，中纬度受西风控制，这有利于形成海洋中的副热带涡旋（gyre）和相应的下降流；就热带东风而言，赤道是它的极小值区，而赤道中太平洋则是赤道东风的极大值区；此外，在中、东太平洋，经向风应力的分布清楚地指示出热带辐合带（ITCZ）的位置。

以上叙述中有时使用的是“风应力”，有时使用的是“风”（应理解为海面附近的风），这两个矢量在方向和强度上有密切关系。风应力（$\boldsymbol{\tau}$）常常被近似地表示为大气近地面风速的二次函数：

$$\boldsymbol{\tau}=\rho_a C_D\,|\boldsymbol{v}_a|\,\boldsymbol{v}_a \tag{3.1}$$

式中，ρ_a 是空气密度，C_D 是拖曳系数，$\boldsymbol{v}_a$ 是海面边界层的风速矢量，通常定义在距海面10 m的高度（即风速表高度：anemometer height）上。由式（3.1）可以看出，当使用年平均的观测或模拟的近地面风资料计算年平均风应力时，二者的方向相同；但是，如果年平均风应力是由较高频的风应力（例如月平均或日平均风应力）的时间平均得到的，那么它的方向将更多地受到较高频资料中强风方向的影响。这种现象在两半球西风带（特别是围绕着南极的西风带）上表

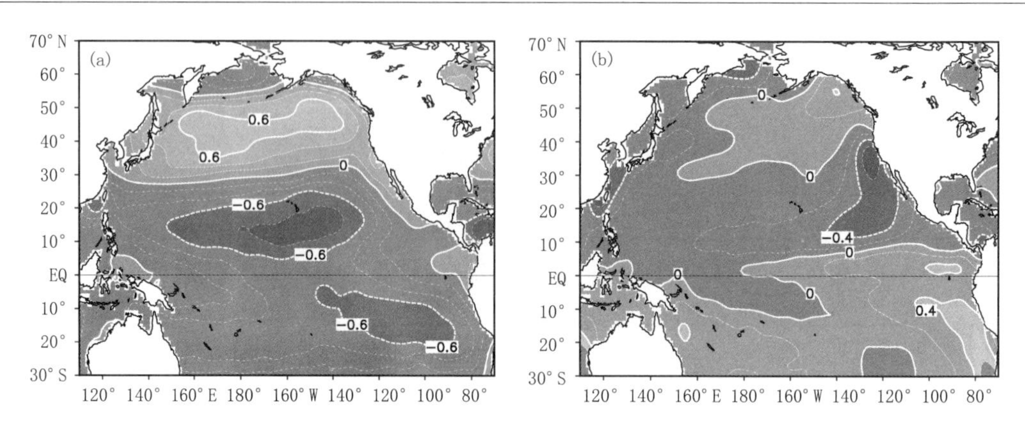

图 3.1　太平洋 30°S～70°N 范围内年平均风应力的(a)东西分量 τ_x 和(b)北南分量 τ_y
(单位:dyn/cm^2,等值线间隔:0.2;资料来源:da Silva et al., 1994)

现得最明显(Tomczak et al., 2001)。

式(3.1)是一个参数化的风应力计算公式,它的导出涉及对大气近地面风所携带的动量在垂直方向传递过程的了解和简化,其基础是“常通量层”中雷诺应力(Reynolds stress)或雷诺通量(Reynolds flux)的概念:大气行星边界层的底部存在着一个受下垫面(陆面或洋面)强烈影响的薄层,其厚度为数十米至 100 m,称为“近地层”。观测表明,近地层中动量、热量和水汽的湍流垂直通量随高度的变化很小,因此又称为“常通量层”。以下我们将通过对常通量层中的湍流垂直动量通量(即雷诺应力)的分析来引出“摩擦力”(对大气而言)或“风应力”(对海洋而言)的概念,并简单介绍风应力的参数化问题。

3.1.2　雷诺应力

观测(或模拟)的风速、温度、湿度等变量都是一定时空范围内的平均量,这些变量的脉动(湍流)部分虽然被过滤掉了,但它们对平均状态的影响是需要考虑的。以纬向风方程为例:

$$\frac{\partial u}{\partial t}=-\frac{\partial(uu)}{\partial x}-\frac{\partial(vu)}{\partial y}-\frac{\partial(wu)}{\partial z}+fv-\frac{1}{\rho_a}\frac{\partial p}{\partial x} \tag{3.2}$$

将其中的变量分解为平均部分和湍流部分:

$$u=\langle u\rangle+u',\ w=\langle w\rangle+w',\cdots \tag{3.3}$$

式中,〈·〉代表“集合”(ensemble)平均,这样就可以得到包括湍流过程作用的平均纬向风方程:

$$\frac{\partial\langle u\rangle}{\partial t}=-\frac{\partial\langle u\rangle\langle u\rangle}{\partial x}-\frac{\partial\langle v\rangle\langle u\rangle}{\partial y}-\frac{\partial\langle w\rangle\langle u\rangle}{\partial z}+f\langle v\rangle-\frac{1}{\rho_a}\frac{\partial\langle p\rangle}{\partial x}+F_u \tag{3.4}$$

其中

$$F_u=-\frac{\partial\langle u'u'\rangle}{\partial x}-\frac{\partial\langle v'u'\rangle}{\partial y}-\frac{\partial\langle w'u'\rangle}{\partial z} \tag{3.5}$$

是纬向湍流风速在三个方向上的“通量辐合”,称为“湍流黏性”,其中$\langle u'u'\rangle$、$\langle v'u'\rangle$和$\langle w'u'\rangle$乘以空气密度(ρ_a)就得到纬向湍流动量在 x,y,z 三个方向上的通量,它们具有和压力相同的量纲,称为雷诺应力。在近地层中,垂直方向的雷诺应力 $\rho_a\langle w'u'\rangle$,$\rho_a\langle w'v'\rangle$ 是主要的。

以上的纬向风方程中没有考虑分子黏性力,这是因为对于大气(以及海洋)而言,湍流黏性对于平均流的影响远大于分子黏性作用,分子黏性可以忽略不计(见第 7 章)。

3.1.3　风应力及其参数化

在大气行星边界层中，计算垂直湍流动量通量辐合[例如引入 ρ_a 以后的式(3.5)右端的第三项]所需的下边界条件就是常通量层中的雷诺应力。对大气而言，雷诺应力是摩擦力，它的反作用力就是风应力，这意味着大气由于海表摩擦作用失去的动量将被用来驱动洋流。

直接估计风应力需要常通量层的详细观测数据，这只在特定条件下才有可能。注意到雷诺应力具有速度平方的量纲，通常用海面附近平均风速的平方给出风应力 τ 的参数化形式，其比例系数就是拖曳系数 C_D：

$$
\begin{aligned}
\tau_x &\equiv -\rho_a\langle w'u'\rangle = \rho_a C_D\sqrt{u_a^2+v_a^2}\,u_a \\
\tau_y &\equiv -\rho_a\langle w'v'\rangle = \rho_a C_D\sqrt{u_a^2+v_a^2}\,v_a
\end{aligned}
\tag{3.6}
$$

式中，u_a，v_a 通常取距海面 10 m 高度上的风的分量。考虑到摩擦产生于相对运动，更严格的做法是用 u_a-u_o，v_a-v_o 取代 u_a，v_a，这里 u_o，v_o 代表表层洋流的速度分量(Zeng，1983；Fairall et al.，1996)，近年来无论是耦合模式还是单独的海洋模式在参数化海表湍流动量和热量时已经广泛使用大气和海洋之间的相对速度代替公式[式(3.6)、式(3.9)和式(3.10)]中的海表风速，并且显著地改善了模拟结果(Luo et al.，2005；Renault et al.，2016；Oerder et al.，2018)。

式(3.6)中左边的等式给出了风应力的原始定义——常通量层雷诺应力，右边的等式是风应力的参数化公式，它的导出过程涉及海面边界层的理论和方法，有兴趣的读者可参看 Large 和 Pond(1981，1982)文章的有关部分，或 da Silva 等(1994)文章的附录 A，其中给出了一个海面边界层理论的大致轮廓。

一般说来，拖曳系数 C_D 依赖于风速，粗糙度和稳定度，稳定度通常用常通量层气温和海面温度之差来表示。拖曳系数 C_D 的变化范围是 $1\times10^{-3}\sim2.5\times10^{-3}$，中间数值是 1.3×10^{-3}(Tomczak et al.，2001)。

风应力的单位是 N/m^2 或 dyn/cm^2。当采用 dyn/cm^2 单位时，热带海洋上风应力的量级为 $O(1)$。例如，对于 5 m/s 和 8 m/s 的近地面风速，相应的风应力分别约为 0.4 dyn/cm^2 和 1.0 dyn/cm^2。

较早用于海洋模式的风应力资料是 Hellerman 和 Rosenstein(1983)给出的。他们利用 1870—1976 年期间收集的约 35×10^6 个海面天气站观测资料(包括气温、海温和风速)，采用比较严格的方法加工出一套全球海洋的月平均气候风应力资料(分辨率为 $2°\times2°$)。Hellerman 和 Rosenstein 的工作至今仍有较大影响，不过现在已经有了更多的风应力资料产品，不仅有基于海面观测的风应力资料，而且有基于卫星观测的风应力资料，以及作为模式和多种观测资料相结合的“再分析”(Reanalysis)风应力资料等(本书的附录 A 给出了各种风应力资料的介绍)。在了解这些风应力产品时，风的观测是一个基本问题(Stewart，2004)。

3.2　湍流热通量和辐射热通量

3.2.1　太平洋净海表热通量的分布

第 1 章讨论了赤道太平洋冷舌区和暖池区热平衡的特点，其中涉及的一个重要变量是净

的海表热通量 $Q_{\downarrow}$，它是由净的短波辐射通量 Q_{SW}、净的长波辐射通量 Q_{LW}、潜热通量 Q_L 和感热通量 Q_S 四部分组成的：

$$Q_{\downarrow} = Q_{SW} + Q_{LW} + Q_L + Q_S \tag{3.7}$$

式中，净的短波辐射通量是到达海表的短波辐射通量扣除海表反射以后的部分，净的长波辐射通量是大气向海表放射的长波辐射通量与海表向上放射的长波辐射通量之差，这里规定向下的热通量为正。式(3.8)给出了这四种热通量的取值范围(Stewart, 2004)，其中 Q_{SW} 是显著的正值，Q_{LW}，Q_L 和 Q_S 都是负值，意味着海洋在接收短波辐射通量的同时，通过释放长波辐射通量和湍流热通量来加热大气，净的海表热通量反映的是入射通量和出射通量的差额，它的符号和大小对于海洋动力过程的性质及其强度有很好的指示作用。

$$\begin{aligned} 30\ \mathrm{W/m^2} &\leqslant Q_{SW} \leqslant 260\ \mathrm{W/m^2} \\ -60\ \mathrm{W/m^2} &\leqslant Q_{LW} \leqslant -30\ \mathrm{W/m^2} \\ -130\ \mathrm{W/m^2} &\leqslant Q_L \leqslant -10\ \mathrm{W/m^2} \\ -42\ \mathrm{W/m^2} &\leqslant Q_S \leqslant -2\ \mathrm{W/m^2} \end{aligned} \tag{3.8}$$

图 3.2 是观测分析的太平洋 30°S 以北范围内年平均净海表热通量的分布。平均说来，热带海洋(特别是赤道附近)是主要的获得热量的区域，其中又以冷舌区获得热量最多，如同第 1 章所讨论的，这反映了冷舌区海洋有很强的动力冷却作用；另一个显著获得热量的区域位于印度尼西亚海区的加里曼丹岛与巴布亚新几内亚之间，那里年平均净的向下的热通量超过 50 W/m²，表明该海区也存在很强的动力冷却作用(但其机理不同于冷舌区)。由图 3.2 还可看出：除中纬度中、东太平洋和东边界附近以外，热带外(extratropical)太平洋平均说来主要是向大气释放热量的。在西北太平洋，最强的热量释放出现在黑潮及其延伸体区域，那里海洋的动力作用是通过强大的西边界流不断地将热带海洋获得的热量向北输送，并通过海表热通量的释放加热大气。

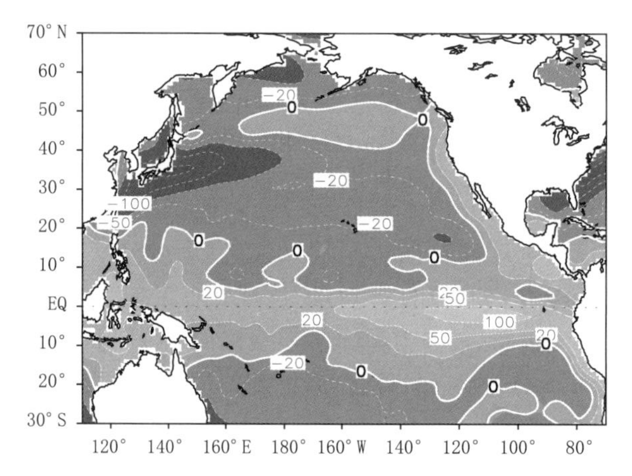

图 3.2　太平洋 30°S 以北年平均的净海表热通量(向下为正)
(资料来源：da Silva et al., 1994；单位：W/m²)

在热带海洋上，年平均的短波辐射通量通常不小于 180 W/m²，但由于云的影响，短波辐射的空间变化很大，例如：少云的冷舌区短波辐射通量可达 260 W/m²，而多云的暖池区西部的短波辐射通量只有 220 W/m²，两者相差 40 W/m²；净的长波辐射通量大约为 50 W/m²，感热通量只有10 W/m^2 左右，两者的空间变化都很小；潜热通量通常不小于100 W/m^2，但在赤道东太平洋则低于60 W/m^2。因此，在热带海洋的热平衡及其变动中，向下的短波辐射通量和向上的潜热通量的贡献是最主要的。

3.2.2 湍流热通量的参数化

潜热和感热通量都是湍流热通量，其原理和参数化方法也是基于常通量层和雷诺通量的概念。前面已经介绍了怎样将常通量层的垂直湍流动量输送转化为驱动海洋环流的风应力，类似地，常通量层热量和水分的垂直湍流输送可以造成海气之间热量和水分的交换，其中垂直湍流热量通量产生感热通量(sensible heat flux)，垂直湍流水分通量本身是质量通量，但水的相变可以释放或吸收热量，由此产生"潜热"通量(latent heat flux)。感热通量(Q_S)和潜热通量(Q_L)的定义和参数化公式如下：

$$Q_S \equiv -c_p \times \rho_a \langle w'T' \rangle = \rho_a c_p C_T |\boldsymbol{v}_a| (T_a - T_s) \tag{3.9}$$

$$Q_L \equiv -L_E \times \rho_a \langle w'q' \rangle = \rho_a L_E C_E |\boldsymbol{v}_a| (q_a - q_s(T_s)) \tag{3.10}$$

式中，ρ_a，v_a，T_a 和 q_a 分别是海面边界层内大气的密度、风速、温度和比湿，T_s 是海面温度(即SST)，$q_s(T_s)$ 是海面空气的饱和比湿，$c_p \sim 1004$ J/(kg·K)是大气的定压比热，$L_E \sim (2494 - 2.2T_a) \times 10^3$ J/kg是蒸发或凝结潜热(此处要求 T_a 按℃度量)。$C_T \sim 1.0 \times 10^{-3}$ 称为Stantan数，$C_E \sim 1.2 \times 10^{-3}$ 称为Dalton数(da Silva et al.，1994)。q_a 和 $q_s(T_s)$ 的单位都是g/g(无量纲量)。

式(3.9)和式(3.10)称为"总体公式"(bulk formulae)。其中，感热通量正比于气温与海温之差 $T_a - T_s$，意味着海面温度和感热通量之间具有负反馈作用：假定边界层气温不变，当海面温度升高时海洋损失的感热通量增加，产生降温作用；当海面温度降低时海洋损失的感热通量减少，产生升温作用。对于潜热通量，注意到当饱和比湿 $q_s(T_s)$ 增加时海洋释放的潜热通量增加，再利用饱和比湿与饱和水汽压之间的关系以及Clausius-Clapeyron方程

$$\begin{aligned} q_s &= 0.622 \frac{e_s(T)}{p} \\ e_s(T) &= 10^{\left(9.4051 - \frac{2353}{T}\right)} \end{aligned} \tag{3.11}$$

可知饱和比湿随海面温度的增加而增加，因此海面温度和潜热通量之间也具有负反馈作用。假定气温与海温之差 $T_a - T_s$ 是小量，将式(3.10)对温度做Taylor展开可得

$$Q_L(T_s) \approx Q_L(T_a) - \left.\frac{\partial Q_L}{\partial T}\right|_{T=T_a} (T_a - T_s) \tag{3.12}$$

其中

$$-\left.\frac{\partial Q_L}{\partial T}\right|_{T=T_a} = \rho_a L_E C_E |v_a| \left.\frac{\partial q_s}{\partial T}\right|_{T=T_a} \tag{3.13}$$

再利用式(3.11)就可以将上式右端表为 T_a 的函数。式(3.12)的第二项和感热通量有类似的形式，包含了海面温度和海表潜热通量之间的负反馈作用。

3.2.3 辐射热通量

气象上通常用"短波"辐射和"长波"辐射来大致区分太阳辐射和地球辐射。

短波辐射(short wave radiation)是指电磁波谱中波长在0.4～3.5 μm(1 μm$=10^{-6}$ m)的

太阳辐射。对于地球气候系统来说,最重要的短波辐射集中在可见光部分,波长范围是 0.4～0.7 μm(波长在 0.7 μm 以上的短波辐射处于“近红外”区)。可见光辐射能量可以被陆地和海洋充分吸收,是生物圈和气候系统的主要能源。长波辐射(long wave radiation)包括大气辐射和地面辐射,主要位于电磁波谱中的红外区,波长范围为 3.5～100 μm。大气辐射的能量一部分向上输送,最终成为外逸辐射进入宇宙空间;一部分向下输送,成为大气逆辐射能量,参与地面和大气之间的能量交换过程。

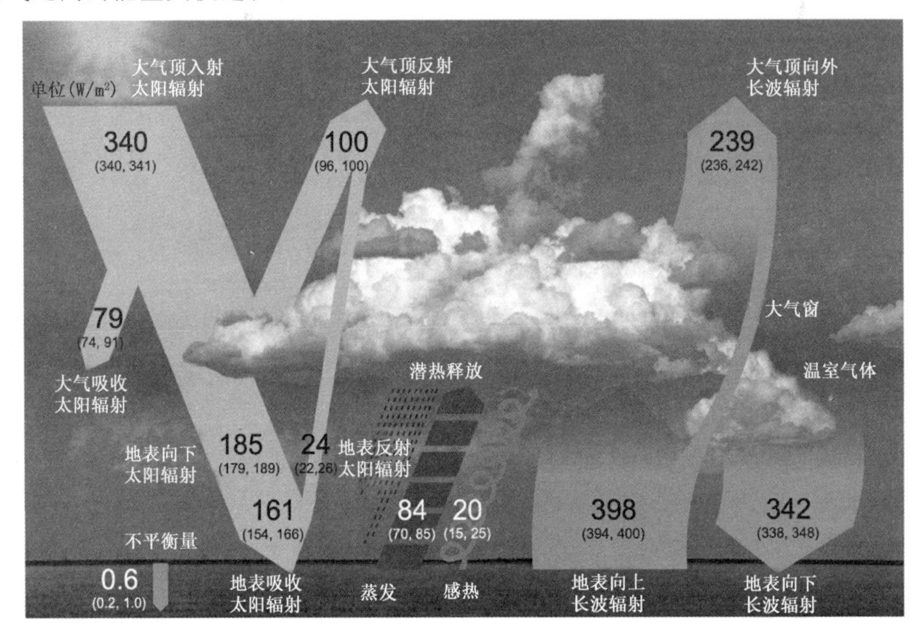

图 3.3　全球平均年平均地球能量平衡(Wild et al., 2013)

图 3.3 给出了全球平均和年平均的地球能量平衡的大致情景:来自大气顶的短波辐射通量中大约有 30%被反射回太空,20%被大气吸收,将近 50%被地面(洋面或陆面)吸收;地面向大气放射感热、潜热和长波辐射通量,其中绝大部分被大气吸收;大气可以向上、向下放射长波辐射通量,向上放射的部分最终逸出大气,向下放射的部分(逆辐射通量)和地面向上放射的长波辐射通量一起构成“净”长波辐射通量。这样就维持了大气顶和地面的能量平衡。本章主要讨论地表(海面)短波和长波辐射通量,它们在全球能量平衡中的地位非常重要;由于和大气辐射过程的密切关联,它们的计算也非常复杂。

就短波辐射来说,在大气顶入射的太阳辐射通量是纬度、季节和昼夜变化的函数,它在向下穿越大气的过程中由于云、气溶胶以及其他大气成分的反射和吸收而衰减,到达地面后又有一部分被反射回去,剩余部分才是“净”的短波辐射通量。在这一过程中,太阳倾角(inclination)和云对地面净的短波辐射的影响是最主要的。就长波辐射来说,虽然地面向上的长波辐射可以处理为单一温度(地面温度或海面温度)条件下的黑体辐射,但地面和大气之间的能量交换要复杂得多,因为其中涉及云和温室气体对长波辐射的吸收和再放射过程。以海面为例,在影响净长波辐射通量的各种因子中,水汽和云是最主要的,其影响甚至超过海面温度(Stewart, 2004)。

精确计算海表辐射通量需要在整个大气层范围内求解详细的辐射传输模式,这只有在大气环流模式或海气耦合模式中才能实现。对于单独运行的海洋模式，通常只能利用经验公式来计算海表辐射通量。

计算海表净短波辐射通量(Q_{SW})的经验公式是：

$$Q_{SW} = Q_{clear}(1-0.62C+0.0019\beta)(1-\alpha) \tag{3.14}$$

式中，Q_{clear}代表晴空条件下到达海表的短波辐射通量，它是纬度、经度和时间的函数，并且简单地考虑了大气吸收和散射的影响(Rosati et al.，1988)；式(3.14)右端第二个因子反映云的影响，其中 C 是总云量，可由观测给定，β 是正午的太阳高度角(以“度”为单位)；右端第三个因子代表海表反照率(α)的影响，主要依赖于海面类型：水面反照率 $\alpha \sim 0.1$，所以热带海洋能够吸收到达海表的短波辐射通量的 90%；高纬度海洋可能被冰雪覆盖，反照率高达 0.4～0.8。影响短波辐射通量最重要的因子是云，而云和海面温度之间存在着很强的反馈过程(见第 4 章)，式(3.14)不可能描写这种过程，这是它的局限性。

计算海表净长波辐射通量(Q_{LW})的经验公式是：

$$\begin{aligned} Q_{LW} &= -Q^* \sigma T_s^4 \\ Q^* &= \varepsilon(0.39-0.05\sqrt{e_a})(1-0.6C^2) \end{aligned} \tag{3.15}$$

式中，$\sigma = 5.67 \times 10^{-8}\ \mathrm{W/(m^2 \cdot K^4)}$是 Stefan-Boltzmann 常数，$T_s$ 是海面温度(此处要求按照 Kelvin 来度量)，Q^* 可看作是对于海面放射的黑体辐射的修正，主要考虑水汽(e_a 是水汽压)和总云量 C 对海面放射的长波辐射的削减作用，ε 是海表比辐射率(Haney，1971)。海面获得的向下的长波辐射通量强烈地依赖于云的存在，以图 3.3 所示的全球平均—年平均能量平衡为例，从大气到地面的长波辐射是 324 $\mathrm{W/m^2}$，比晴空下的数值(278 $\mathrm{W/m^2}$)大 46 $\mathrm{W/m^2}$，主要来自低云底部的黑体辐射(Wild et al.，2007)。

式(3.15)表明净的海表长波辐射通量仍然可以表示为海面温度的函数(但要受到云和水汽的影响)。假定海气温差很小，可将式(3.15)对温度在 $T=T_a$ 处做 Taylor 展开，得到

$$Q_{LW} \approx Q_{LW}(T_a) - \left.\frac{\partial Q_{LW}}{\partial T}\right|_{T=T_a}(T_a - T_s) \tag{3.16}$$

其中

$$-\left.\frac{\partial Q_{LW}}{\partial T}\right|_{T=T_a} = 4Q^* \sigma T_a^3 \tag{3.17}$$

式(3.16)的第二项可看作海气温差造成的长波辐射通量，通常 $T_s > T_a$，因此，这部分长波辐射通量也是向上的。类似于湍流热通量的情形，式(3.16)表明海面温度和长波辐射通量之间也具有负反馈作用。

长波辐射通量以及潜热和感热通量的影响主要限于海面附近很薄的一层海水，它们向海表以下的“穿透”(penetration)可以忽略。与此不同的是，短波辐射(特别是可见光的 0.4～0.6 μm 谱区)的能量可以“穿透”到海洋次表层，最大穿透深度可达 100 m 左右(图 8.12)。因此，这两类热通量对海洋加热(或冷却)的方式是不同的。

3.2.4　Haney 公式

将式(3.9)、式(3.12)和式(3.16)代入式(3.7)，并假定其中所涉及的 Taylor 展开足够精确，就得到估算净的海表热通量的 Haney 公式(Haney，1971)：

$$Q_{\downarrow} = Q + D(T_a - T_s) \tag{3.18}$$

其中

$$Q = Q_{\mathrm{SW}} + Q_{\mathrm{LW}}(T_a) + Q_{\mathrm{L}}(T_a)$$

$$D = -\left[\frac{\partial Q_{\mathrm{LW}}}{\partial T} + \frac{\partial Q_{\mathrm{L}}}{\partial T} + \frac{\partial Q_{\mathrm{S}}}{\partial T}\right]_{T=T_a} \tag{3.19}$$

从 Taylor 展开的角度看,式(3.18)右端第一项(Q)代表净海表热通量的零级近似,即海温等于气温时的海表热通量,第二项代表考虑海气温差所得到的修正项。正如前面所分析的,式(3.18)右端的第二项还包含了海面温度和海表热通量之间的反馈作用,其中系数 D 是表征反馈作用强度的因子。将式(3.18)改写为:

$$Q_{\downarrow} = D(\widetilde{T}_a - T_s) \tag{3.20}$$

其中

$$\widetilde{T}_a \equiv T_a + \frac{Q}{D} \tag{3.21}$$

称为“表观气温”[“apparent atmospheric equilibrium temperature”,见 Haney(1971)]。大部分海区的表观气温和气温差别很小,但赤道附近的表观气温明显高于气温(Haney,1971),这意味着赤道海洋有可能获得净的热通量以平衡海洋动力过程的冷却作用。

式(3.20)是“牛顿冷却”(Newton's law of cooling)型的热通量公式。当被用于驱动单独运行的海洋模式时,式中的 T_s 就是模式模拟的海面温度,这时式(3.20)也称为“梯度型”Haney 公式(Chu et al.,1998,2001)。式(3.20)中包含的负反馈机制使得模拟的海面温度不会偏离“表观气温”太远。反之,假若我们用净的海表热通量的数值来“驱动”海洋模式,那就相当于不断地向模式海洋中“注入”热量而不考虑海洋的反馈作用,这不符合实际的加热过程,很容易产生不真实的结果。

由式(3.18),式(3.19)的表达形式不难想象,如果前述的 Taylor 展开不是在气温而是在观测的海面温度处实行,那么就可以得到另一种形式的 Haney 型公式:

$$Q_{\downarrow} = Q_1 + D_1(T_s^{\mathrm{obs}} - T_s) \tag{3.22}$$

式中,上标“obs”表示观测值。Q_1 和 D_1 可类似于式(3.19)得出,稍微不同的是 Q_1 中将包含感热通量的零级近似。这时式(3.22)也称为“恢复型”Haney 公式(Chu et al.,1998, 2001)。注意“梯度型”和“恢复型”Haney 公式各有其优缺点。“梯度型”Haney 公式更适宜于反映中高纬度海气通量,而“恢复型”Haney 公式模拟的 SST 季节循环多滞后观测 1~2 个月,且 SST 季节循环的振幅会偏弱(周天军 等,2009)。

式(3.22)或它的简化形式也常常被用做单独运行的海洋模式的热力边界条件,例如海洋模式 LICOM1.0 就是这样做的(刘海龙 等,2004)。

Haney 公式是第一个有物理基础的边界条件处理方案,它比简单地把模式海温向观测值恢复的做法更合理。之后,Schopf 等(1983)、Seager 等(1995),以及 Rahmstorf 等(1995)等,都试图对 Haney 公式进行改进,目的是在计算热通量时更合理地考虑海温变化的反馈作用(周天军 等,2009)。

3.2.5 总体公式

利用近海表的大气基本变量及海面温度,根据式(3.9)和式(3.10)可直接估算出感热通量和潜热通量,式(3.9)和式(3.10)即为总体公式。将该公式作为驱动单独海洋模式的热力边界条件时,其中的海面温度取为模式模拟值。而当计算拖曳系数时,则有多种参数化方案可选(Fairall et al.,2003;Large et al.,2004),注意这些参数化方案都是基于对观测事实的统计得到的。

总体公式有效地将给定热通量强迫场的问题转化为给定近海面大气基本状况(海表面风、温度、湿度)的问题,并且由于通量的计算考虑了模式海温,从而成功地表达了与湍流热通量有关的海气反馈过程(有研究认为,这近似于耦合了一个粗略的边界层模式)。利用 LICOM 海洋模式,比较分别采用总体公式与“恢复型”Haney 公式时所模拟的热带太平洋海温平均态和年际变率,发现采用总体公式时模拟的海温年际变率与观测十分吻合,而采用“恢复型”Haney 公式时模拟的年际变率明显偏弱(王璐 等,2011)。总体公式型边界条件被越来越多地应用于单独海洋模式模拟中。

3.2.6 海洋模式和海气耦合模式的区别

Haney 公式中有两个参数(Q 和 D),从 Haney 公式的导出的过程可知,Q 和 D 是大气变量(包括边界层气温、比湿、风速,以及大气总云量)的函数:

$$\begin{aligned} Q &= Q(T_a, q_a, |v_a|, C) \\ D &= D(T_a, q_a, |v_a|, C) \end{aligned} \tag{3.23}$$

所有这些大气变量都会受到海面温度变化的影响,所以净的海表热通量本质上是海气相互作用的产物,其中包含的反馈过程(例如海面温度—云—辐射通量构成的反馈过程)比前面提到的海面温度和湍流热通量以及长波辐射通量之间的负反馈过程更复杂。

海表热通量的这种本质只有在海气耦合模式中才能充分体现,因为这时海表只是模式海洋和模式大气之间的界面(interface),海表热通量计算中涉及的所有大气和海洋变量都可以由耦合模式自身给出,不能也无须由外部给定。海气耦合模式能够描写的海气相互作用过程必然会体现在这些变量以及由它们计算的海表热通量中。此外,海气耦合模式中的辐射热通量可以由大气模式的辐射参数化过程更精确地计算,不需要再用经验公式。

和海气耦合模式不同,单独运行的海洋模式只能提供式(3.20)中的海面温度,计算中涉及的所有大气变量(气温、比湿、风速和总云量)都必须作为模式的外部变量由观测或单独运行的大气模式给出。这样,对于单独运行的海洋模式来说,海表热通量变成了模式的一个“边界条件”,其中涉及的大气变量变成了模式的一类“外强迫”(external forcing)。它只能描写海面温度的“单向”变化所引起的反馈过程,而不能描写海面温度和气温、比湿、风速以及总云量之间的相互作用,在这个意义上说,利用 Haney 型公式计算的单独海洋模式中的海表热通量,即使其中用到的大气变量是真实的(甚至包括真实的季节和年际变化),其物理本质和真实的海表热通量也是有差别的。

最后,Haney 公式是针对大气和海洋的平衡态导出的,其中用到的大气变量均不随时间改变。不过在实际应用时,常常将 Haney 公式扩展到包含时间变化的情形,例如式(3.23)中的大气变量不但可以有季节变化,甚至也可以有年际变化,这样做也能得到合理的模拟结果。当然,如果需要考察 Haney 型公式的误差,不应忘记还存在这方面的问题。

3.3 淡水通量

3.3.1 蒸发与降水之差的分布

水分交换是海气相互作用的一个重要方面,反映海气水分交换的主要指标是蒸发率与降水率之差 $E-P$,它的反号就是海洋获得的"淡水通量"(fresh water flux)。图 3.4 是 COADS 资料(da Silva et al., 1994)给出的全球海洋年平均 $E-P$ 的观测分布,从中可以看到以下特征。

(1)热带辐合带(ITCZ)和南太平洋辐合带(SPCZ)是 $E-P$ 呈显著负值的区域,意味着那里的降水远大于蒸发;(2)在两半球的副热带蒸发大于降水,故有"海洋沙漠"之称,这在大洋东部更为显著;(3)北大西洋湾流区是主要的净蒸发区之一,它的独特之处在于呈"西南—东北"走向;(4)副极地纬度降水大于蒸发,这一点北太平洋比北大西洋更明显;(5)因为极区空气很冷,水汽含量很低,所以高纬水循环强度很小,此时结冰和融化过程和海冰输送在水循环中发挥着重要作用;(6)总的来说,$E-P$ 的型式基本上是纬向的,但也有例外,如热带南太平洋西部降水超过蒸发,而东部则是蒸发超过降水;又如在北印度洋,阿拉伯海蒸发大于降水,孟加拉湾则降水大于蒸发(周天军 等,1999)。

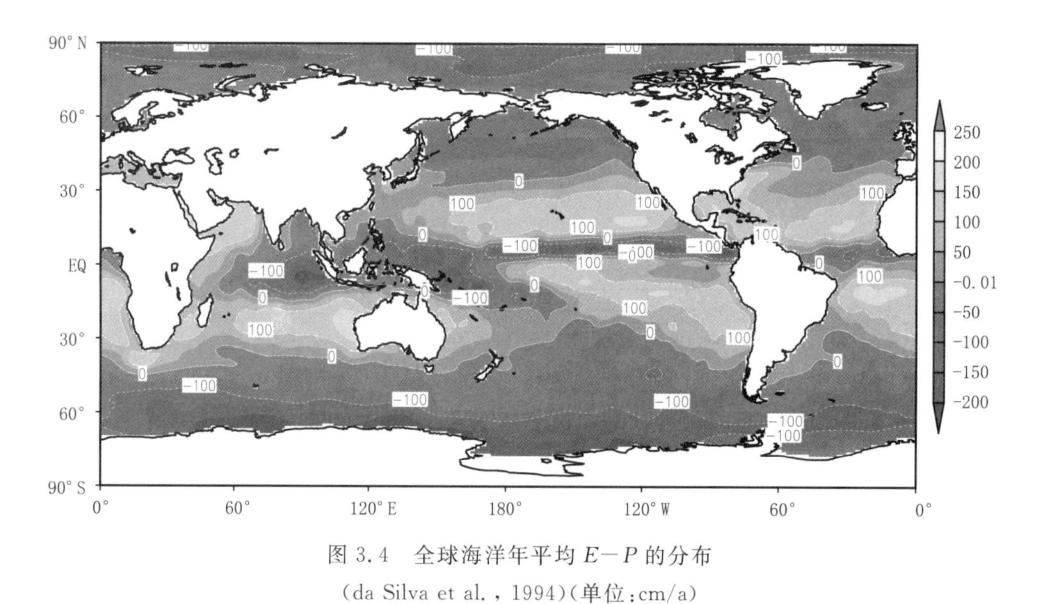

图 3.4 全球海洋年平均 $E-P$ 的分布

(da Silva et al., 1994)(单位:cm/a)

需要指出的是,大洋上观测资料的匮乏,使得准确评估全球海气间的淡水通量分布非常困难。利用各种再分析资料估算的大洋上的淡水通量彼此间差别很大(周天军,2003),原因之一是再分析资料中的水循环过程对模式有很强的依赖性。

3.3.2 海水的盐度

淡水通量对海水的"盐度"(Salinity)有重要影响。海水是含有多种无机盐类的溶液,"盐度"(S)就是海水中无机盐总体浓度的一种量度,是描述海水性质的基本变量之一。盐度的最简定义是：1 kg 海水中溶解物的总克数，单位是 g/kg(‰，或 ppt：parts per thousand)，因此，盐度和空气的比湿一样是无量纲量。不过按照上述定义去实际测量盐度是很困难的，所以现行的“盐度”是按照海水的电导率来测量和定义的，称为“Practical Salinity Scale”，其单位是“Practical Salinity Unit”(psu)，它在数量上和盐度最简定义的结果一致(Stewart，2004)。

图 3.5 给出了全球海洋年平均海面盐度的分布，其中副热带海洋是显著的高盐区，以副热带北大西洋和副热带南太平洋盐度最高，那里的最大盐度分别达到 37 psu 和 36 psu 以上；在热带，显著的低盐区出现在西太平洋—印度洋暖池区，以及热带辐合带(ITCZ)和南太平洋辐合带(SPCZ)区域。对照图 3.4 可以看出，上述高盐区和低盐区分别对应着 $E-P$ 最显著的正值区和负值区，表明海面盐度和 $E-P$ 所代表的淡水通量直接有关。一般说来，当蒸发远大于降水时，表层海水被“浓缩”(concentrated)，盐度很高；当降水远大于蒸发时，表层海水被“稀释”(diluted)，盐度较低。不过，盐度的高低并不总是能用单一的 $E-P$ 因子来解释。以北冰洋的西伯利亚沿岸区为例，那里的盐度最低值低于 30 psu，但对比图 3.4 可知，当地的 $E-P$ (尽管也是负值)却并不是最低的。事实上，那里低盐水的形成和从西伯利亚流入北冰洋的河流径流(river runoff)密切相关。这种情形也出现在印度洋的孟加拉湾北部，以及南美洲的亚马逊河河口区等地。因此，在河口附近海区的“淡水通量”不仅应当包括降水和蒸发，还应当包括河流径流(通常用 R 表示河口处的径流率)。此外，由于海冰的盐度很低，所以海冰融化和结冰过程分别可以看作淡水通量的源和汇。

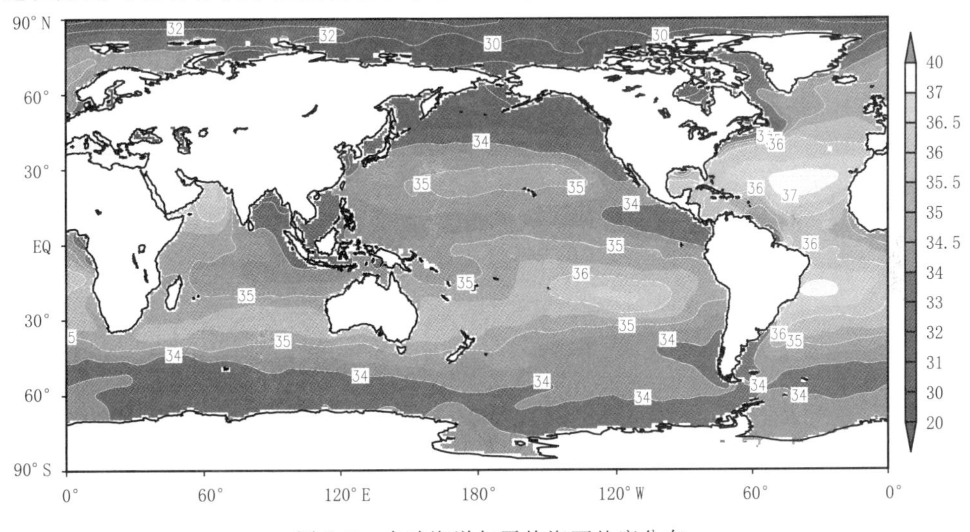

图 3.5 全球海洋年平均海面盐度分布

(单位：psu)(Conkright et al.，2002)

3.3.3 盐度方程的海表边界条件

海面盐度受到淡水通量的强烈影响：降水使海水变淡，蒸发使海水变咸。海面盐度的这种变化主要是由于淡水的损失(蒸发超过降水)或收益(降水超过蒸发)造成的，海水中的盐分并未增加或减少。不过，由于使用 Boussinesq 近似的海洋模式是体积守恒模式(见第 7 章)，所以通常将淡水通量转化为如下的“虚盐度通量”(virtual salinity flux)：

$$F_{VS} = S_0(E-P) \tag{3.24}$$

式中,S_0 是大洋的参考盐度,一般取 34.7 psu 或 35.0 psu(刘海龙 等,2004)。通常 $E-P$ 具有速度量纲,故式(3.24)形式上可解释为海表的"盐度通量"【注1】,它通过湍流混合过程影响盐度的变化。式(3.24)主要用于远离陆地和海冰的海区,否则还应当考虑径流和海冰的影响。

当使用式(3.24)作为海洋模式盐度方程的边界条件时,模式盐度的收敛速度很慢,而且容易产生状态"漂移"(drift)。因此,在海洋模式中实际应用较多的是海面盐度的"恢复"条件,即将"盐度通量"表示成:

$$F_{VS}=\frac{\Delta z_1}{\tau_S}(S^{\text{obs}}-S^1)=\mu(S^{\text{obs}}-S^1),\ \mu\equiv\frac{\Delta z_1}{\tau_S} \tag{3.25}$$

式中,S^{obs} 是观测的海面盐度,它隐含了淡水通量、陆地径流及海冰的影响,S^1 是模式表层的盐度,Δz_1 是表层厚度,τ_S 是盐度恢复的时间尺度,LICOM1.0 使用的盐度恢复条件中 τ_S 取为 90 天(刘海龙 等,2004)。注意 90 天这个恢复时间的选取是经验性的,在海洋模式的"起转"(spin-up)积分阶段,选取的盐度恢复时间通常比温度恢复时间略大些,例如 LICOM1.0 前期版本 L30T63 对温度恢复时间取 20 天、盐度恢复时间取 30 天(周天军 等,2009)。对单独的海洋模式来说,盐度的"恢复"条件是一个计算上很稳定的边界条件,它使得模式表层盐度逐步逼近观测分布,达到平衡时两者之差是一个小量。一个有趣的事实是:当一个运行良好的海洋模式达到平衡时,观测的海面盐度与模式表层盐度之差也达到和观测的 $E-P$ 相似的型式(Jin et al., 1998;刘海龙 等,2004)。

对于单独的海洋模式而言,盐度的边界条件除了上述"恢复型"条件以外,还有通量型条件、自然边界条件等,视不同的研究需要而定【注2】。

盐度的"恢复"条件在计算上的好处来源于式(3.25)中包含了模式表层盐度对"盐度通量"的局地负反馈作用,不过这和实际物理过程是不完全一致的。举例说,当某一局地的海面盐度增加时,该地的淡水通量未必立即就会增加,换言之,负反馈过程不一定立即发生【注3】。所以,当利用海气耦合模式做古气候或全球变化模拟时,就不能再使用恢复条件而应将淡水通量处理为耦合系统的内部变量。海洋模式模拟的经圈翻转环流(见第 6 章)对淡水通量极度敏感,在进行海洋一大气耦合时,如何处理淡水通量交换是海气耦合模式发展过程中最为棘手的问题之一(Zhou et al.,2000;周天军 等,2000)。

注释

【注 1】淡水通量是质量通量,它对海面盐度的影响是通过改变淡水质量实现的,所以严格说来"盐度通量"是一个物理上有些含混的概念。Huang(1993)指出,实际淡水通量(real freshwater flux)应当被规定为连续方程中垂直速度的边界条件,而海表的盐度通量则应为零,这是"自然"(natural)边界条件;在"自然"边界条件下海面盐度应当由盐分(salt)平衡来确定。

Griffies 等(2005)针对具有自由面的海洋模式讨论了实际淡水通量和虚盐度通量的区别。考虑海表附近单位水平面积上一个厚度为 h 的体积元,设其平均盐度为 S。为简单起见,只考虑来自海表的淡水通量,忽略该体积元和周围水体之间的交换,则该体积元的盐分(salt)是守恒的,即:

$$\frac{\partial(hS)}{\partial t}=h\frac{\partial S}{\partial t}+S\frac{\partial h}{\partial t}=0 \tag{3.26}$$

注意此时厚度 h 变化的唯一来源是海表淡水通量,即

$$\frac{\partial h}{\partial t}=P-E+R \tag{3.27}$$

此处已考虑了河流径流 R。由式(3.26)和式(3.27)可得盐度变化方程:

$$h\frac{\partial S}{\partial t}=-S(P-E+R) \tag{3.28}$$

若将式(3.28)右端项中的 S 取为参考盐度 S_0，就得到虚盐度通量，这也就是实际淡水通量和虚盐度通量的主要区别。当海面盐度和参考盐度差别较大时，两种方案模拟的盐度就可能出现明显的差别，图 3.6 给出了一个例子，在模式的北冰洋，虚盐度通量方案比实际淡水通量方案模拟的盐度大范围偏低，其中在欧亚大陆沿岸的最大误差可达－14 psu。

GFDL 的耦合气候模式 CM2(Delworth et al.，2006)是目前世界上少数用“实际淡水通量”取代“虚盐度通量”的模式之一。

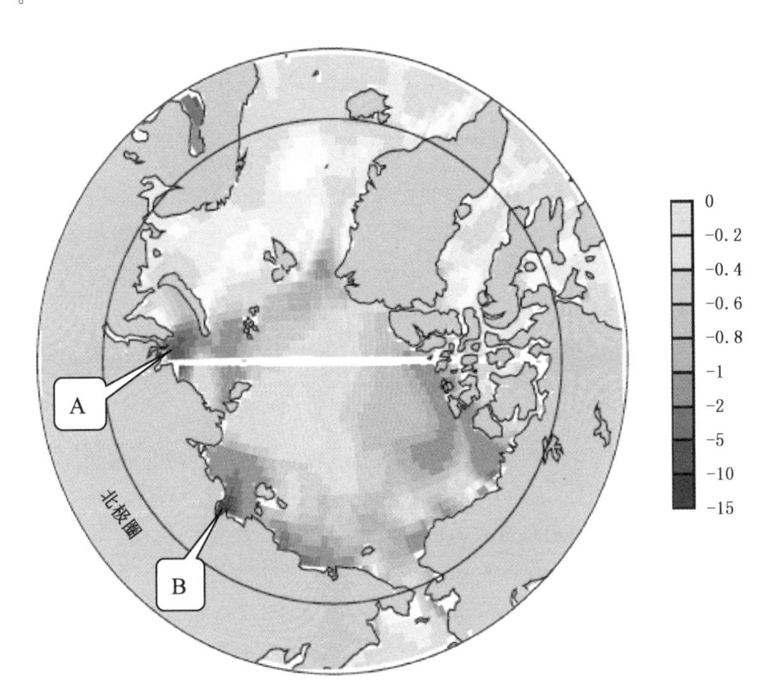

图 3.6　“虚盐度通量”试验和“实际淡水通量”试验模拟的北冰洋海面盐度之差，所用模式是 GFDL 的耦合气候模式CM2.1(Delworth et al.，2006)，这是模式积分第二年 8 月的结果(Griffies et al.，2005)。图中盐度差大多为负值，其中超过－1.0 psu 的范围仅限于欧亚大陆沿岸的河口附近，最大盐度差(超过－10 psu)出现在额毕河和叶尼塞河河口(箭头 A)以及勒拿河河口(箭头 B)

【注 2】盐度的“通量型”边界条件主要用于大洋热盐环流变率研究，关于“恢复型”和“通量型”边界条件下热盐环流的稳定性问题，参见周天军等(2009)的综述文章。

【注 3】尽管恢复条件的局地负反馈作用是不真实的，但由于它有利于保持盐度场的稳定，所以有时可以将恢复条件和“虚盐度通量”结合使用，以避免模拟的盐度分布过分偏离观测结果，此时式(3.25)中的参数 τ_S 可以取较大的数值(Gent et al.，1998)。

参考文献

刘海龙，俞永强，李薇，等，2004. LASG/IAP 气候系统海洋模式(LICOM1.0)参考手册[M]//中国科学院大气物理研究所大气科学和地球流体力学数值模拟国家重点实验室(LASG)技术报告. 北京：科学出版社.

王璐，周天军，刘海龙，等，2011. 两种热通量边界条件对热带太平洋海温模拟的影响[J]. 海洋学报，33(4)：9-18.

周天军，2003. 利用不同资料估算的全球海气间淡水交换量之比较[J]. 自然科学进展，13(9)：946-950.

周天军,张学洪,王绍武,1999. 全球水循环的海洋分量研究[J]. 气象学报,57(3):264-282.

周天军,张学洪,俞永强,2000. 气候系统模式中海气水通量交换的耦合方法[J]. 科学通报,45(19):2097-2100.

周天军,张学洪,刘海龙,2009. 大洋环流模式的温盐表面边界条件处理及其影响研究评述[J]. 地球科学进展,24(2):111-122.

CHU P C, CHEN Y, LU S, 1998. On Haney-type surface thermal boundary conditions for ocean circulation models[J]. J Phys Oceanogr, 28: 890-901.

CHU P C, CHEN Y, LU S, 2001. Evaluation of Haney-type surface thermal boundary conditions using a coupled atmosphere and ocean model[J]. Adv Atmos Sci, 18: 355-375.

CONKRIGHT M E, LOCARNINI R A, GARCIA H E, et al, 2002. World Ocean Atlas 2001: Objective Analyses, Data Statistics, and Figures, CD-ROM Documentation[Z]. National Oceanographic Data Center, Silver Spring, MD: 17.

DA SILVA A M, YOUNG C C, LEVITUS S, 1994. Atlas of Surface Marine Data 1994, Vol. 1: Algorithms and Procedures[M]. NOAA Atlas NECDIS 6, U. S. Dept. of Commerce, Washington D C.

DELWORTH T L, et al, 2006. GFDL's CM2 global coupled climate models-Part 1: Formulation and simulation characteristics[J]. J Climate, 19: 643-674.

FAIRALL C W, BRADLEY E F, ROGERS D P, et al, 1996. Bulk parameterization of air-sea fluxes for tropical ocean-global atmosphere coupled ocean-atmosphere response experiment[J]. J Geophys Res, 101 (C2): 3747-3764.

FAIRALL C W, BRADLEY E F, HARE J E, et al, 2003. Bulk parameterization of air-sea fluxes: Updates and verification for the COARE algorithm[J]. J Climate, 16:571-591.

GENT P R, BRYAN F O, DANABASOGLU G, et al, 1998. The NCAR climate system model global ocean component[J]. J Climate, 11:1287-1306.

GRIFFIES S M, GNANADESIKAN A, DIXON K W, et al, 2005. Formulation of an ocean model for global climate simulations[J]. Ocean Sci, 1: 45-79.

HANEY R L, 1971. Surface thermal boundary condition for ocean circulation models[J]. J Phys Oceanogr, 1: 241-248.

HELLERMAN S, ROSENSTEINn M, 1983. Normal monthly wind stress data over the world ocean with error estimates[J]. J Phys Oceanogr, 13: 1093-1104.

HUANG R X, 1993. Real freshwater flux as a natural boundary condition for the salinity balance and thermohaline circulation forced by evaporation and precipitation[J]. J Phys Oceanogr, 23: 2428-2446.

JIN Xingze, ZHANG Xuehong, ZHOU Tianjun, 1998. Fundamental framework and experiments of the third generation of IAP/LASG world ocean general circulation model[J]. Adv Atmos Sci, 16(2): 197-206.

LARGE W, POND S, 1981. Open ocean momentum flux measurements in moderate to strong winds[J]. J Phys Oceanogr, 11: 324-336.

LARGE W, POND S, 1982. Sensible and latent heat fluxes measurements over the ocean[J]. J Phys Oceanogr, 12: 464-482.

LARGE W, YEAGER S, 2004. Diurnal to decadal global forcing for ocean and sea-ice models: The data sets and climatologies[R]. Technical Report TN-260+STR, NCAR:105.

LUO J J, MASSON S, ROECKNER E, et al, 2005. Reducing climatology bias in an Ocean-Atmosphere CGCM with improved coupling physics[J]. Journal of Climate, 18:2344-2359.

OERDER V, COLAS F, ECHEVIN V, et al, 2018. Impacts of the mesoscale ocean-atmosphere coupling on the Peru-Chile Ocean dynamics: The current-induced wind stress modulation[J]. J Geophys Res Ocean,

123:812-833. https://doi. org/10. 1002/2017JC013294.

RAHMSTORF S, WILLEBRAND J, 1995. The role of temperature feedback in stabilizing the thermohaline circulation[J]. J Phys Oceanogr, 25: 787-805.

RENAULT L, MOLEMAKER M J, McWILLIAMS J C, et al, 2016. Modulation of wind work by oceanic current interaction with the atmosphere[J]. J Phys Oceanogr, 46:1685-1704. https://doi. org/10. 1175/JPO-D-15-0232. 1.

ROSATI A, MIYAKODA K, 1988. A general circulation model for upper ocean simulation[J]. J Phys Oceanogr, 18: 1601-1626.

SCHOPF P S, 1983. On equatorial waves and El Niño II: Effects of air-sea thermal coupling[J]. J Phys Oceanogr, 13: 1878-1893.

SEAGER R, KUSHNIR Y, CANE M A, 1995. On the heat flux boundary conditions for ocean models[J]. J Phys Oceanogr, 25: 3219-3231.

STEWART R H, 2004, Introduction to Physical Oceanography. pdf version[M/OL]. http://www-ocean. tamu. edu/education/common/notes/PDF_files/book_pdf_files. html.

TOMCZAK M, GODFREY J S, 2001. Regional Oceanography: An Introduction. pdf version 1. 0[M/OL]. http://www. es. flinders. edu. au/～mattom/regoc/pdfversion. html.

WILD M, OHMURA A, MAKOWSKI K, 2007. Impact of global dimming and brightening on global warming[J]. Geophys Res Lett, 34, L04702.

ZENG Q C, 1983. Some numerical ocean-atmosphere coupling models[Z]. Papers presented at the First International Symposium Integrated Global Ocean Monitoring, Tallinn, USSR, Oct. 2-10.

ZHOU Tianjun, ZHANG Xuehong, YU Yongqiang, et al, 2000. Response of IAP/LASG GOALS model to the coupling of air-sea freshwater exchange[J]. Adv Atmos Sci, 17(3):473-486.

第4章

云对海气相互作用的影响

4.1 云的分类和基本概念

云就是水，小的液态水滴或冰粒。形成云的基本条件是空气（上升冷却）达到饱和凝结。云滴继续上升碰并增大形成水滴。由于水滴太重、无法漂浮在空气中，将从空中降落形成雨或雪（取决于温度）。

云的基本分类是按云的形状和云高分类。平坦连续分布的云通常称为层云。云顶膨胀突起的云通常称为积云。层云和积云分别属于“层状云”和“积状云”范畴。根据云底高度由低到高，层状云又分为层云、高层云和卷层云，积状云又分为积云、高积云和卷积云。深厚的层云和积云分别被称为雨层云和积雨云，是常伴有降水的云。

由于云辐射效应对气候系统能量的重要调节作用，根据云对辐射的影响，按照云顶高度，国际卫星云气候计划（International Satellite Cloud Climatology Project，ISCCP）把云分为高云、中云、低云，再按照云的光学厚度，对云进一步分类（表 4.1）。

表 4.1　按云的辐射特性分类

云顶气压范围	光学厚度＜3.6	光学厚度：3.6～23	光学厚度＞23
云顶气压＜440 hPa	卷云	卷层云	深对流云
云顶气压：680～440 hPa	高积云	高层云	雨层云
云顶气压 ＞680 hPa	积云	层积云	层云

气候学研究中经常关注的主要云系包括：西太平洋暖池区的对流云和高云；5 个冷洋面上的低层云，包括美国西海岸、南美西海岸、南非西海岸、北非和欧洲西海岸、澳大利亚西海岸；此外，还有我国长江流域的深厚中层云。它们都有着非常不同的云辐射特征。

在讨论云的辐射作用的时候，要经常用到辐射强度、光学厚度（Optical thickness，optical depth）、辐射平衡、辐射冷却和辐射强迫等基本概念。其定义分别如下。

辐射强度：指点辐射源在单位时间内、沿给定方向单位立体角内辐射出的能量。它是一个表示辐射源在一定方向范围内发出的辐射强弱的物理量。

光学厚度：当辐射在介质中传播时，路径上两点间的光学厚度 τ，等于沿两点路径的单位截面上所有吸收和散射物质产生的总衰减。它是无量纲数。辐射强度 $I_{\lambda 0}$ 通过光学厚度 τ_λ 后衰减为 I_λ，按照比尔定律有

$$I_{\lambda} = I_{\lambda 0}\exp(-\tau_{\lambda}) \tag{4.1}$$

辐射平衡：一个物体接收与发射的辐射能量两者相等的状态。此时物体的净辐射为零，温度保持恒定。如果物体接收的辐射能大于它的发射能量，则物体要增温，反之，物体则要降温。如果一个物体的温度长期保持恒定，则说明它处在稳定的辐射平衡中，例如行星地球系统。

辐射冷却：物体因接收到的辐射小于自身放射出去的辐射而导致的温度降低现象。在夜间，地表由于辐射收入少于支出而出现辐射冷却。在近地面大气层中，由于辐射冷却经常可出现强烈的逆温。大气层中由于辐射交换结果而出现的辐射冷却现象，常用辐射冷却率来表示。

云辐射强迫(Cloud Radiation Forcing，CRF)：定义为晴天平均向外射出辐射与实际状况平均向外射出辐射之差，即该区域云的存在对辐射的影响。

$$\text{LWCRF} = F_{\text{clr}} - F \tag{4.2}$$

$$\text{SWCRF} = S(\alpha_{\text{clr}} - \alpha) \tag{4.3}$$

$$\text{Net CRF} = \text{LWCRF} + \text{SWCRF} \tag{4.4}$$

式中，F_{clr}为晴天平均向外射出长波辐射，F 为实际状况平均向外射出长波辐射。$S \cdot \alpha_{\text{clr}}$为晴天平均向外反照短波辐射，$S \cdot \alpha$ 是实际状况平均向外反照短波辐射。因此，长(短)波云辐射强迫实际上被定义为晴天平均向外射出(反照)长波(短波)辐射与实际状况平均向外射出(反照)长波(短波)辐射之差，即该区域云的存在对长波(短波)辐射的影响；净的云辐射强迫为长波云辐射强迫与短波云辐射强迫之和。注意在讨论云的辐射效应时，“辐射强迫”是经常要用到的一个基本概念。辐射强迫亦是气候模拟和预估研究中经常用到的物理量。

对云辐射强迫 CRF 的准确估算，要依赖于卫星资料。目前，使用较多的卫星资料如下[注1]。

(1)ERBE(Earth Radiation Budget Experiment)辐射资料，包含以下几组产品：S-4/S-4G，S-4N/S-4GN，S-9，S-10。其中以 S-4/S-4G 最为常用，其水平分辨率 2.5°×2.5°，时间跨度为1985年1月至1989年12月，时间间隔为月平均、日平均，包含的辐射要素为：rsdt，rsnt，rsntcs，rlnt，rlntcs 等。

(2)ISCCP FD 辐射资料(MPF)，该资料基于 ISCCP D1 云信息结合模式计算得到，时间范围为1984年1月至2007年12月共24年，水平分辨率为2.5°×2.5°，时间间隔为月平均。包含的要素包括：rlut，rlutcs，rlus，rluscs，rlds，rldscs，rsdt，rsut，rsutcs，rsus，rsuscs，rsds 等。

(3)TRMM 卫星的 CERES(Clouds and the Earth's Radiant Energy System) ES-4G 逐月辐射资料，水平分辨率 2.5°×2.5°、时间跨度1998年1月至1998年8月，时间间隔为月平均。包含的辐射要素包括：大气层顶的净辐射通量、长波辐射通量、短波辐射通量、反照率等。

4.2 云对气候系统的调节作用

地球气候系统的能量来源于太阳。地球的温度取决于入射的太阳辐射和地球大气射出的长波辐射的平衡。云反射太阳辐射起着冷却地球的作用；同时云吸收地球表面向上的长波辐射通量，并向地面发射向下的长波辐射，从而起到加热地球的作用。全球平均而言，长波云辐射强迫对地气系统的增暖作用为 31 W/m^2，而短波云辐射强迫为 −44 W/m^2。因此，云对地球大气的能量收支具有重要影响。云的形成和消亡过程，是地气系统水和能量的再分配过程。

第3章的图3.3给出了基于卫星观测资料估算的全球平均的年均地球能量平衡的大致情景。

不同种类云的辐射特性不同,因此,净的云辐射强迫也不同。卷云云顶高,而云顶温度低,能够起到截留地球表面长波辐射通量的作用而保护长波,使得大气保留较多的长波辐射。对流云除了以其较高的云顶产生较强的长波云辐射强迫外,其云体也更为深厚,对短波的反照率大,使得短波损失大。所以,在对流云和卷云盛行的西太平洋暖池区,长、短波云辐射强迫都很强,大小相当、但符号相反,故其净的云辐射强迫几乎为0。

低层云的云顶高度较低、温度较高,长波云辐射强迫较弱;但其连续的云体能很大程度地反射太阳辐射,使其具有较强的短波云辐射强迫。所以,低层云净云辐射强迫为负,以冷却地气系统为主。因此,大洋东岸的层云区都是较强的负云辐射强迫区。

4.3 云对海温的影响

云能够通过改变到达海表的净辐射通量,影响表层海温(SST),进而影响海洋过程;海温在较大程度上决定着海气界面上的热量通量和水汽通量,影响着低层大气的稳定度和水汽分布,从而影响云的发生、发展和云的种类变化,最终影响到地气系统的水循环和能量循环过程。云与海气相互作用的复杂性,在于云与海温之间复杂的反馈过程【注2】。

云与SST之间的关系因地域不同而不同。基于卫星资料的研究表明,对于存在大尺度下沉运动的区域,不管SST的强度如何,云量、云的光学厚度及短波云辐射强迫,都随着SST的升高而减少;在由大尺度环流维持的对流区域(主要是SST高于26～27℃的暖洋面区域),随着SST的改变,大尺度垂直运动将发生变化。因此,长波和短波云辐射强迫的变化与SST的变化存在很强的依赖关系。不过,长波和短波云辐射强迫彼此难以完全抵消,净云辐射强迫随着SST的升高而略有增加。在大尺度上升运动维持不变的情况下,云光学厚度随SST升高而减少,短波云辐射强迫不再受SST变化的影响;但由于大气深对流的夹卷高度(云顶高度)因SST变暖而升高,长波云辐射强迫依然随SST升高而加强。

4.4 云辐射强迫与西太平洋暖池

如图4.1所示,射出长波辐射和海面温度之间存在着某种约束关系。实际上,对流云与SST的负反馈对暖池区的SST起着维持作用。在暖池区,短波云辐射强迫的冷却作用和长波云辐射强迫的增暖作用近乎彼此抵消,令净的云辐射强迫接近零。暖池区的云辐射强迫受高云控制,那里的卷层云光学厚度很大,其云顶高度接近热带对流层顶。云顶高度对短波云辐射强迫的影响很小,但对长波云辐射强迫的影响则很大;相对于较低的暖云来说,高云的长波云辐射强迫更强,因为高云的温度低、向外释放的长波辐射较少,故具有温室效应。暖池区短波和长波云辐射强迫的彼此抵消,由热带对流层顶的高度决定。

暖池区短波和长波的辐射平衡是针对气候平均态而言的,在某些特定的年份,这种平衡将被破坏掉。例如,在1998年的强El Niño年,暖池区的净云辐射强迫表现为冷却效应(图4.2),原因在于暖池区的云的垂直结构发生了显著变化(图4.3)。在正常的年份,暖池区的辐射收支是由高云决定的，但是在 1997/1998 年的 El Niño 事件期间，热带太平洋的纬向 SST 梯度消失，这令沃克(Walker)环流崩溃、东太平洋的垂直运动增强，其结果是暖池区的平均云高度降低、东太平洋反之。暖池区的辐射收支受到中层云的控制，导致在 1998 年其净辐射强迫表现为冷却。

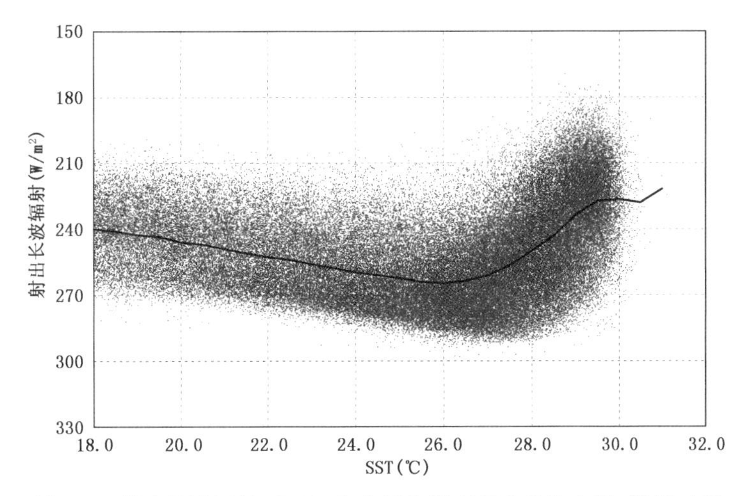

图 4.1　射出长波辐射(OLR)和表层海温(SST)的散点图，资料时段为 1985—1989 年；区域取 40°S～40°N 的全球大洋；OLR 资料来自 ISCCP，SST 资料来自 HadSST 资料集

4.5　气候模式模拟的云辐射强迫反馈

目前，气候模式被广泛地应用于理解气候变化机理、预测和预估未来气候变化的相关研究中。但是，无论是对过去气候的模拟再现，还是对未来气候变化情景的预测和预估，当前气候系统模式的结果都存在很大的不确定性。气候模式对未来气候变化情景的预估结果，取决于模式对温室气体强迫的响应的敏感度，而当前气候模式对温室气体强迫的响应敏感度，彼此相差很大。例如，参加第三阶段“国际耦合模式比较计划”(CMIP3)的 20 余个气候系统模式的气候敏感度在 2～5℃，云反馈过程的不确定性，被认为是导致上述模式结果不确定性的主要原因。因此，在气候模式的发展与完善工作中，要经常考察和评估模式对云辐射强迫的模拟能力。

云辐射强迫的模拟效果受到诸多因素的影响，其中以云量、云光学厚度和云顶高度的影响最为显著。而上述因素受大气动力环境、尤其是对流运动的控制，因此，对流活动是影响云辐射强迫模拟的重要因子。当前气候系统模式不能完美再现实际的对流活动过程，而且即使在那些对流模拟合理的区域，由于云辐射方案自身存在不确定性，使得模式不能合理再现实际的云垂直结构(如云顶高度、云的层次等)和云光学厚度分布，最终导致云辐射强迫的模拟结果存在很大的不确定性(郭准 等，2012)。

例如，研究表明，LASG/IAP GAMIL1.0，SAMIL 两个大气环流模式以及国家气候中心

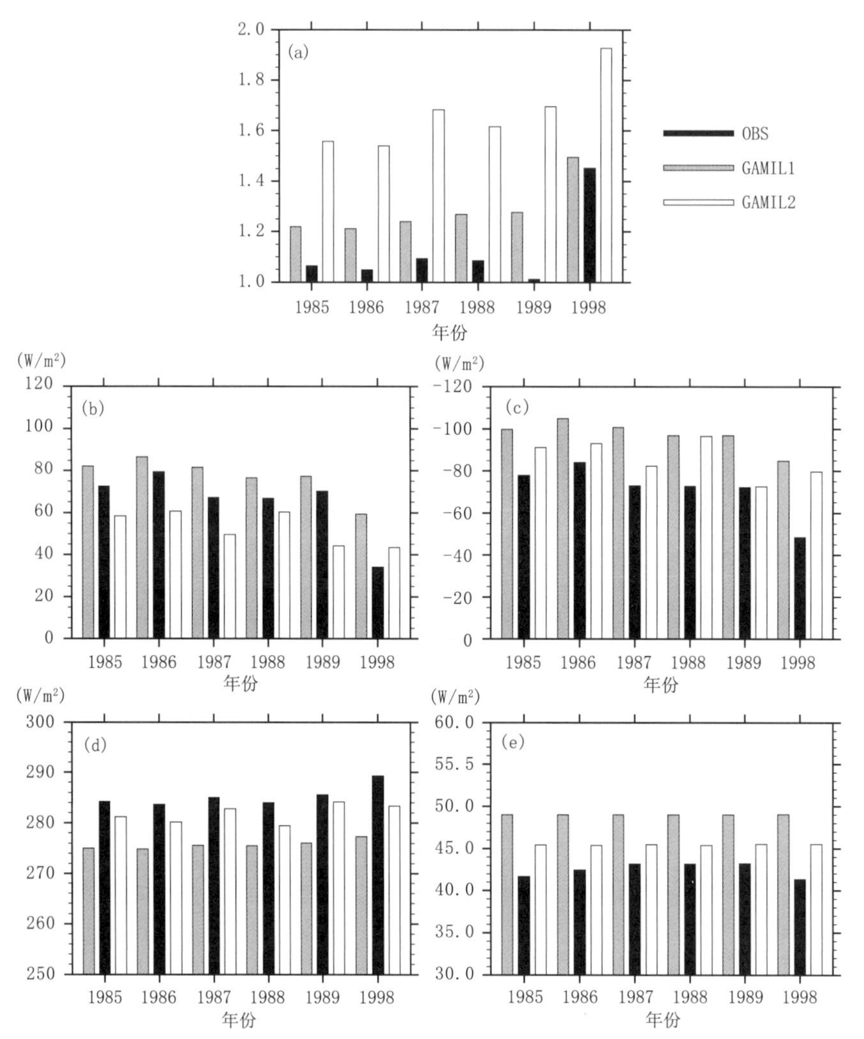

图 4.2　暖池上空 1—4 月的平均云辐射强迫。(a)短波和长波云辐射强迫的比值 $N=-$(SW CRF)/(LW CRF);(b)长波云辐射强迫 LW CRF;(c) 短波云辐射强迫 SW CRF;(d)晴空长波辐射通量;(e)晴空短波辐射通量。区域取 5°S～5°N,140°～165°E。(b)—(e)的单位为 W/m²;1985—1989 年资料来自 ERBE 逐月辐射资料,1998 年资料来自 CERES 逐月辐射资料;黑色为观测结果,灰色为大气环流模式 GAMIL1.0 和 2.0 的模拟结果(郭准 等,2012)

大气环流模式 BCC AGCM,虽然能够较为合理地模拟出与 ISCCP 卫星资料较为一致的全球平均云辐射强迫收支,但模拟的云辐射强迫的空间分布仍存在偏差,这种偏差在动力作用(以对流表示)显著的区域更为明显(郭准 等,2011)。如图 4.4 所示,模式在长、短波云辐射强迫方面的模拟偏差,主要集中在对流活动剧烈的区域(垂直运动速度 $|\omega|>20$)。一方面,这是由于各模式模拟的对流存在差异;另一方面,是由于在各模式中,云光学厚度、云量,特别是云顶高度变化对对流活动的“敏感”程度不同。而后者与模式的对流参数化的云模型,以及云辐射方案密切相关。

特定气候异常条件下的云辐射强迫变化,是考察气候模式对云辐射强迫过程模拟能力的重要指标。例如,4.4 节指出,在 1997/1998 年强 El Niño 年,气候平均情况下暖池地区长、短波云辐射强迫彼此抵消的现象不复存在。如图4.2所示，GAMIL1.0大气环流模式能够模拟出这种变化，但是其模拟的云辐射强迫值的强度偏强，这一现象在短波云辐射强迫的模拟上体现得尤为明显；相应地，净云辐射强迫对地气系统的冷却作用也较之观测偏强。

暖池区云辐射强迫的上述模拟偏差，主要源自GAMIL1.0高估了该地区的高云云量，且模拟的云垂直结构与观测相比亦存在偏差（图4.3），它们共同造成模拟的短波云辐射强迫明显偏强，而其相互补偿使得长波云辐射强迫的模拟效果略好于短波云辐射强迫，最终导致模拟的净云辐射强迫的冷却作用过强。如图4.2d和图4.2e所示，模式模拟的晴空短（长）波辐射通量过高（低），这对模拟的短波云辐射强迫、净云辐射冷却作用偏强也有影响。云垂直结构是模式发展的难点。即使在GAMIL2.0中，云垂直结构仍存在较大偏差：高云比重和平均云高度偏低（图4.3）。这也使得云辐射强迫的模拟存在较大的误差（图4.2）。

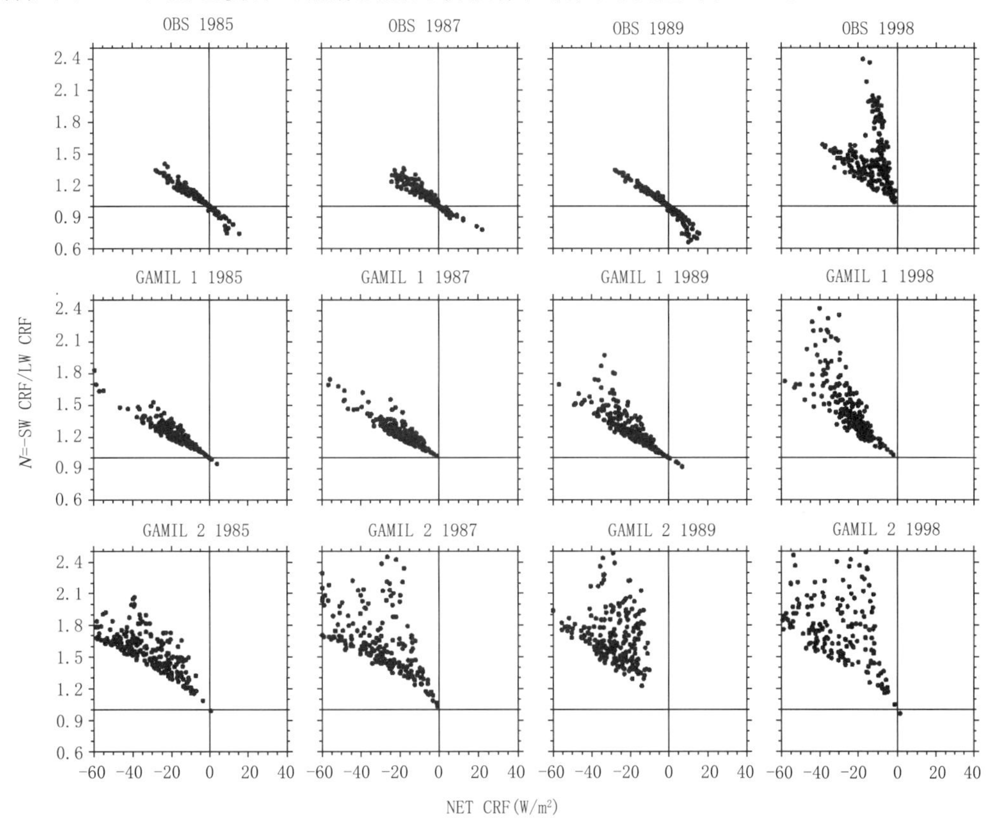

图4.3　暖池上空，云辐射强迫比率N对应Net CRF的散点分布。区域取5°S～5°N，140°～165°E。1985—1989年资料来自ERBE逐月辐射资料，1998年资料来自CERES逐月辐射资料（$N=-$SWCRF/LWCRF）（郭准 等，2012）

针对整个热带地区，检查模式云辐射强迫过程对ENSO的响应，也是检验气候模式对当前气候模拟能力的重要途径（Wu et al.，2010）。通常使用Niño指数来表征ENSO活动，利用云净辐射强迫物理量与Niño指数的回归系数，来表征云辐射强迫对ENSO型海温驱动的响应。图4.5给出了热带太平洋区域净云辐射强迫（NetCRF）对ENSO的响应。在ISCCP资料中，伴随着El Niño的发生，赤道外中、东太平洋、秘鲁及加利福尼亚沿岸NetCRF减弱、而赤道西太平洋NetCRF增强，热带太平洋其他区域NetCRF的变化则不显著（图4.5a）。对于前文用到的三个气候模式(BCC,GAMIL1.0,SAMIL),尽管三个模式能够模拟出赤道上"东正西负"的响应型,但模拟的 NetCRF 对 ENSO 响应的空间分布型和强度,均与 ISCCP 观测资料存在显著的差异,其与 ISCCP 的空间相关系数分别只有 0.21,0.10 和 0.19,在部分地区甚至存在虚假的响应中心(图 4.5b—图 4.5d)。ISCCP 观测资料所反映的响应型,与沃克环流改变所引起的赤道东、西太平洋环流变化有关,而这方面的模拟偏差,则反映了模式中的大气环流、云的相关要素对 ENSO 型 SST 强迫的响应敏感度存在偏差。

影响气候模式对云辐射强迫模拟效果的因素是多方面的,其中模式的积云对流参数化方案具有重要作用。对 IAP/LASG 大气环流模式 SAMIL 分别采用两种对流参数化方案而保持别的物理过程不变,结果模式模拟的热带云辐射强迫特征存在显著不同(Wu et al.,2011)。

以上例子多是基于大气环流模式在观测海温强迫下的积分结果。采用类似的分析方法,亦可以从云辐射强迫变化的角度来评估海气耦合模式的模拟性能(Yu et al.,2009;刘景卫 等,2011)。

从提升气候模式对云辐射强迫的模拟能力的角度,未来气候系统模式的发展,需要着重改进其对云量、云垂直结构(如云高度、云厚、云层位置等)、光学属性以及垂直运动的模拟。此外,如何从 ENSO 型海温强迫的角度,提高模式对海温强迫的响应敏感性,亦是未来模式发展中亟待加强的工作。

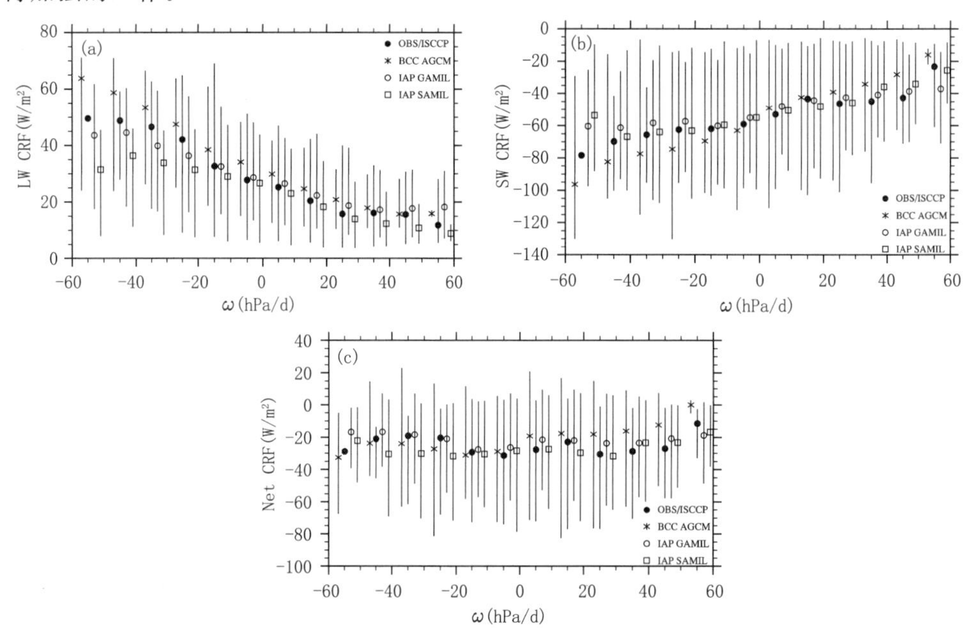

图 4.4　60°S～60°N 年平均 500 hPa 垂直速度(单位:hPa/d)与 TOA 云辐射强迫(单位:W/m^2)的对应关系:(a)LWCRF;(b)SWCRF;(c)NetCRF。图中符号代表各模式在一定垂直速度范围内的 CRF 平均值,而竖线则代表相应的 CRF 强度范围;辐射资料来自于 ISCCP_FD,垂直速度资料来自于 NCEP(郭准 等,2011)

4.6　云辐射强迫与耦合模式的"双热带辐合带"现象

在赤道东太平洋区域,秘鲁沿岸的层积云在很大程度上影响着那里的年平均 SST 的分布

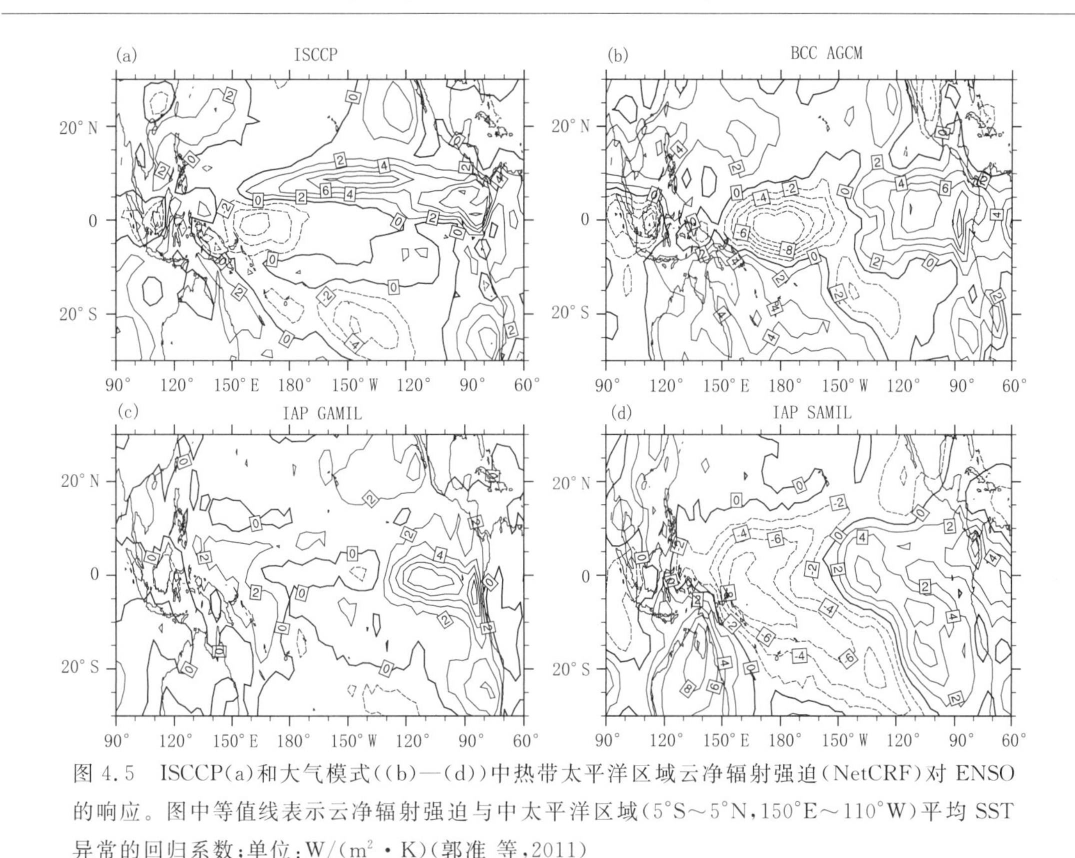

图 4.5　ISCCP(a)和大气模式((b)—(d))中热带太平洋区域云净辐射强迫(NetCRF)对 ENSO 的响应。图中等值线表示云净辐射强迫与中太平洋区域(5°S～5°N,150°E～110°W)平均 SST 异常的回归系数;单位:W/(m² · K)(郭准 等,2011)

及其季节循环。赤道东太平洋年平均气候在两个半球间不对称的重要标志,既包括秘鲁沿岸的海温冷舌以及南半球热带辐合带(ITCZ)的缺失,还包括这里独特的层积云分布。秘鲁沿岸层积云的年变化,直接影响到冷舌的位置分布。对于大气环流模式来说,秘鲁沿岸层积云模拟上的偏差,直接影响到它随后与海洋环流模式耦合时,耦合模式系统对 ITCZ 结构的模拟。

大洋东岸的层云与 SST 的正反馈过程,容易使海气耦合模式在海气交换过程中存在的误差放大,产生海气耦合模式的“气候态漂移”,出现所谓的“双热带辐合带”(double ITCZ)现象,即实际观测中位于南半球、自暖池区向东南方向伸展的“南太平洋辐合带”(SPCZ),在耦合模式中却过度东伸,从而呈现出近乎和 ITCZ 平行的结构,表现出“双热带辐合带”的特征,如图 4.6 所示。观测中(图 4.6a),主要雨带沿太平洋“热带辐合带”以及向东南方向伸展的“南太平洋辐合带”分布。以 IAP/LASG 气候系统模式的两个版本 FGOALS-s1 和 FGOALS-s2 为例,在两个耦合模式中,雨带均表现出虚假的“双热带辐合带”现象(图 4.6b、图 4.6c)。虚假的“双热带辐合带”现象是当前多数不采用“通量订正”技术的直接耦合模式的通病。

虚假的“双热带辐合带”现象的存在,使得耦合模式模拟的基本气候态与实际气候分布存在显著差异,从而限制了无“通量订正”的直接耦合模式在气候模拟、预测和预估中的应用。关于“双热带辐合带”现象成因的讨论至今已有 10 多年时间,关于“双热带辐合带”模拟偏差的改进工作亦从来未停止过。研究表明,海洋模式模拟的赤道冷舌过度西伸和大气模式模拟的东太平洋低云偏少,是导致模式在耦合后出现虚假“双热带辐合带”模态的重要原因。改进耦合模式对秘鲁沿岸层积云的模拟效果,以期正确再现其季节循环,是真实模拟 SST 的季节循环、合理刻画耦合模式中的东太平洋区域海洋-大气反馈过程的一个关键步骤(Yu et al.,1999)。

如何克服由于圈层相互作用间的正反馈过程在耦合后使得各分量模式的误差不断放大而导致的气候漂移问题,一直是耦合气候系统模式发展进程中面临的主要难题之一。对比FGOALS-s1 和 FGOALS-s2 两个版本的“双热带辐合带”偏差,可以看到尽管经过前后近 5 年的努力,但是 FGOALS-s2 较之早期版本在改进上并不显著,这从另外一个侧面说明该问题的难度。

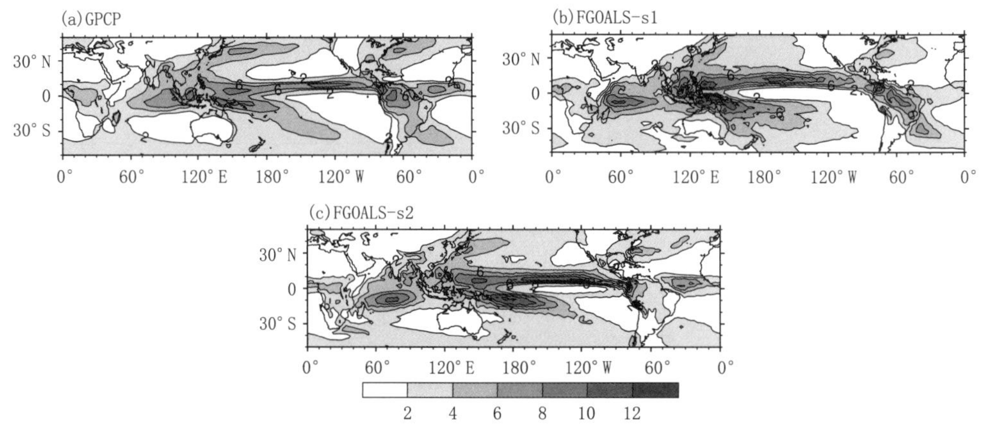

图 4.6 卫星观测降水资料(a)、耦合模式 FGOALS-s1 (b)(周天军 等,2005)和耦合模式 FGOALS-s2 (c)中的年平均降水分布。注意实际观测中的 SPCZ 在两个耦合模式中都被“拉平”而呈现出“双 ITCZ”的特征

4.7 我国长江流域独特的中层云

除上文提到的秘鲁沿岸外,我国长江流域也是层状云主要集中带。基于 ISCCP 卫星观测的分析表明,我国长江流域是全球最大的、具有中层云云顶高度(云顶气压高度在 440 hPa 和 680 hPa 之间)和较强云反照率的云量极大值分布区域。图 4.7 是基于 ISCCP 资料给出的 60°S～60°N 1991—2000 年平均的雨层云和高层云的总云量分布,长江流域的极值中心很显著。

长江流域独特的云结构,决定了其独特的云辐射强迫特征。图 4.8 分别给出根据 ERBE 资料估算的大气顶在 60°S～60°N 的短波云辐射强迫、长波云辐射强迫和净云辐射强迫。高原下游的大陆性中层云净的负云辐射强迫的强度,可以达到与东南太平洋地区冷洋面上层云净的负云辐射强迫相当的强度(图 4.8c)。这种强的冷却效应,与该地区存在的大量雨层云、高层云的辐射特性是一致的。青藏高原附近的层云具有全球最大的光学厚度,与此相对应,它在大气顶附近产生了最强的短波云辐射强迫(图 4.8a)。尽管该地区的长波云辐射强迫比冷洋面上层云的效应大两倍多(图 4.8b),净的云辐射强迫还是以短波辐射强迫起主导作用。在晴空条件下,高原东侧地区年平均的净向下辐射通量约为 40 W/m^2。实际情况平均净向下的辐射通量,在四川盆地附近可以低于−20 W/m^2。因此,云产生了大于 60 W/m^2 的辐射通量亏损(图 4.8c)。

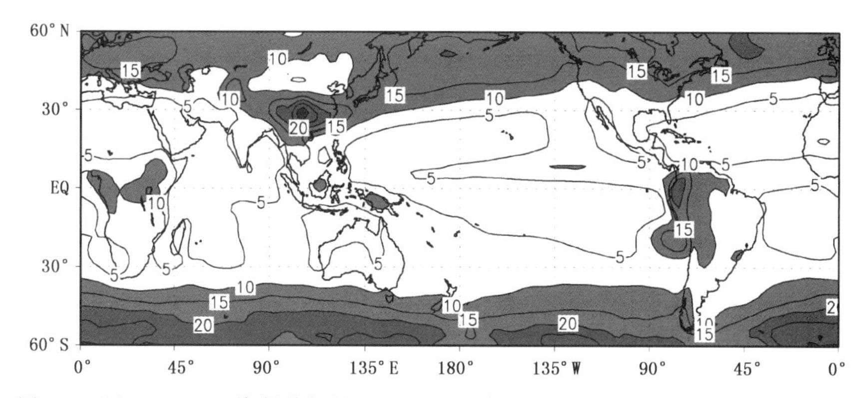

图 4.7　用 ISCCP-D2 资料分析的 1991—2000 年平均的雨层云和高层云之和的云量（单位：%，等值线间隔 5%）（Yu et al.，2004）

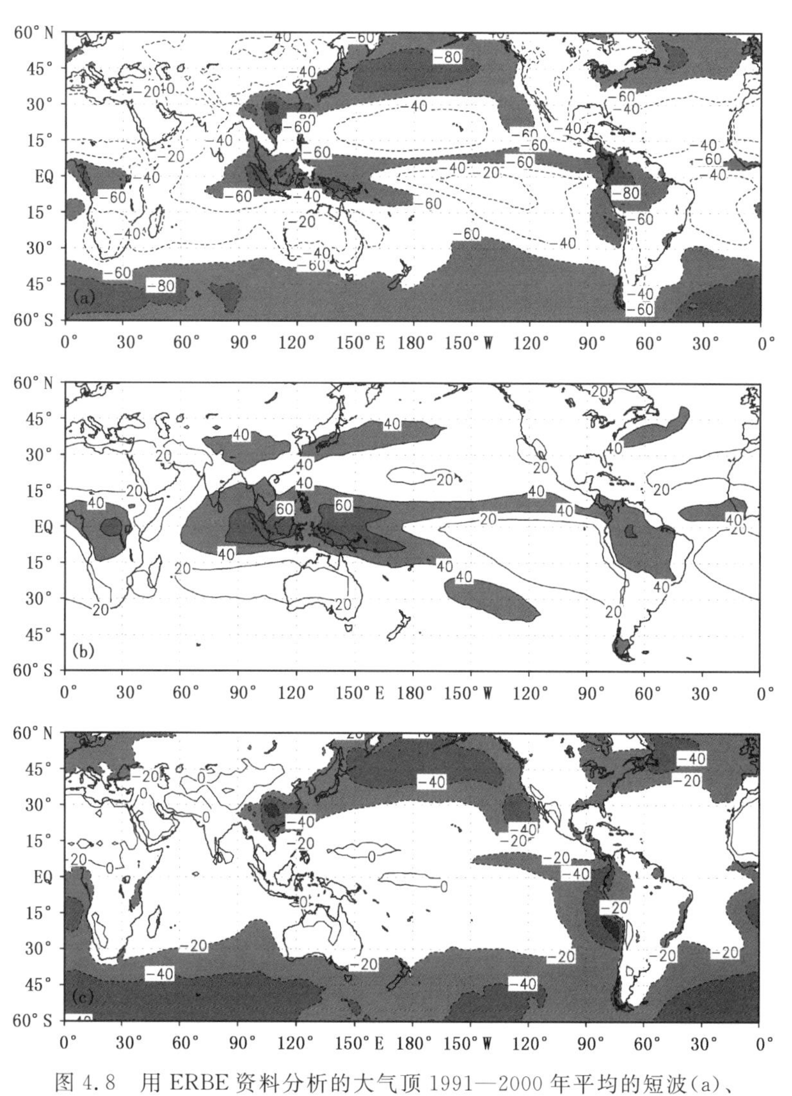

图 4.8　用 ERBE 资料分析的大气顶 1991—2000 年平均的短波(a)、长波(b)和净的(c)云辐射强迫（Yu et al.，2004）

在长江流域,短波云辐射强迫和净云辐射强迫的纬向变化与雨层云/高层云云量、光学厚度的纬向变化相当一致,它们的季节循环也十分相似。最强的短波云辐射强迫和净辐射强迫出现在四川盆地附近,且在冷季更强。我国东部中层云的强负云辐射强迫,对我国华东地区的气候有着显著的影响,它改变了局地的能量平衡。在大多数副热带地区,大气柱都是通过从大气顶获得的净辐射通量向高纬度地区输送能量。但在中国东部地区,为了补偿在大气顶辐射冷却的能量损失,大气柱不得不通过湿静力能辐合从周边大气获取能量,也就是说,副热带区域的长江流域大气是能量汇,这和副热带其他地区明显不同(Yu et al.,2004)。

长江流域独特的中层云分布及其辐射强迫特征,是检验气候模式在东亚地区性能的重要标准。对来自国际"云反馈模式比较计划"(CFMIP)的10个大气环流模式的结果进行分析(吴春强 等,2011),表明10个模式均能模拟出东亚地区冬、夏两季云量及其辐射特征的基本分布,但也存在偏差。如图4.9所示,在北半球冬季,10个CFMIP模式能够合理地再现东海沿岸的总云量大值中心,一半的模式能够较合理地模拟出四川盆地上空的大值中心,但在这两个区域模拟的总云量总体偏少且主要由中低云引起。北半球夏季,CFMIP模式能够模拟出我

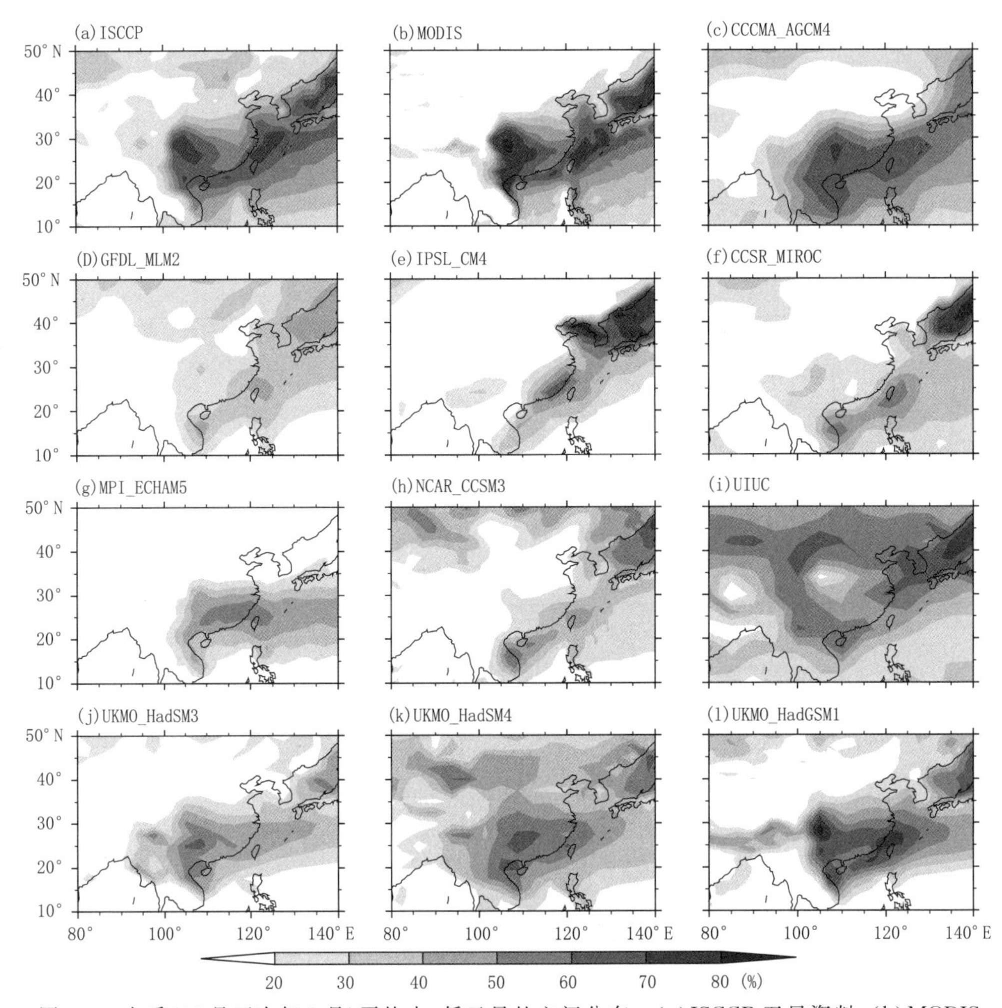

图4.9　冬季(12月至次年2月)平均中、低云量的空间分布。(a)ISCCP卫星资料,(b)MODIS卫星资料,图(c)—(l)为10个CFMIP模式结果(单位:%)(吴春强 等,2011)

国西南一直延伸至日本的带状多云区和西北太平洋的少云区，但模拟的多云区内高云偏多而中低云偏少（图略）。模拟的短波（长波）云辐射强迫的空间分布和总云量（高云量）基本一致，但模式对辐射强迫的模拟能力优于云量，原因是模式模拟的云光学厚度偏大，从而部分抵消了中低云量偏少对短波辐射强迫的影响。云辐射强迫综合了晴空和全天的辐射特征，一些模式中除云属性的偏差外，冬季陆地晴空反照率偏大亦是导致短波辐射强迫偏小的重要原因。CFMIP 模式对高原东侧中低云的模拟能力，依赖于其对垂直环流场的模拟效果（吴春强 等，2011）。

4.8　高原下游云结构的变化与年代际气候变化

东亚气候年代际变率的重要表现之一，是与全球增暖相左。青藏高原下游在过去的几十年中表现出变冷的现象，这种变冷主要集中在 3－4 月和 7－9 月两个阶段。以往围绕着该现象的研究，多限于大气环流转型方面的讨论。近期研究表明，高原下游春季的变冷，和与北大西洋涛动相关联的、来自北非地区的变冷信号的东传有联系（Yu et al.，2007）。在北大西洋涛动正位相，北大西洋和北非上空的对流层中层的西风增强，西风急流在越过青藏高原之后，对高原下游地区高云的形成起着阻碍作用，令这里高度适中、光学厚度相对较大的层云增多。而层云的增多，随后引起负的云辐射强迫，令表层温度随之变冷，这种变冷随后因正的云－温度反馈过程而加强。“大陆层状云－气候反馈”在高原下游地区变冷的增强过程中发挥着重要作用。

基于 Yu 等（2004）的工作，东亚陆地层状云的反馈机制如图 4.10 所示。其反馈过程可大致概括如下：表面温度升高时，相对湿度将降低，从而层云云量降低，进入地球系统的辐射通量增加并最终使得表面温度进一步升高；同时，表面的增暖也会减小对流层低层的稳定度，不利于层云的形成，也会导致表面的升温。另外，静力稳定度的减小可以造成与上层干空气更强的混合，使低层湿度减小，从而加强反馈过程。

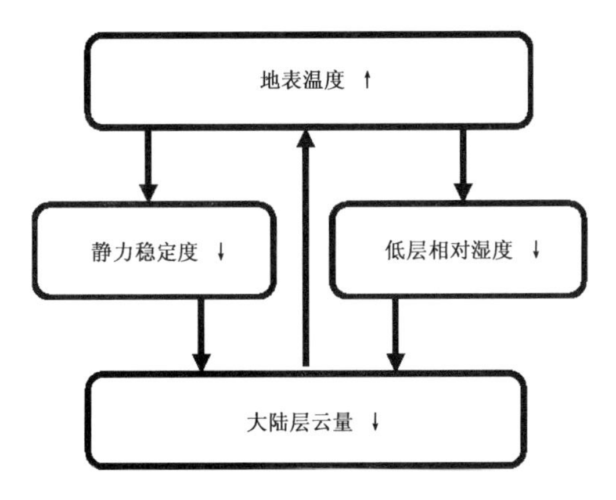

图 4.10　通过相对湿度和静力稳定度变化实现的云—地面温度正反馈示意图（Yu et al.，2004）

注释

【注 1】卫星资料辐射要素的简写规则:在 ERBE 和 ISCCP 资料中,辐射产品按照下列规则简写:r——Radiation;l——Longwave,s——Shortwave;n——Net,u——Up,d——Down;t——Top of Atmosphere,s——Surface;cs——Clear Sky)。

【注 2】气候反馈:在讨论云与海气相互作用过程的时候,要用到"气候反馈"这个概念,其具体定义是:如果气候系统对某一种气候扰动的响应产生对该扰动信号的改变(增强或减弱),不断改变气候系统的响应强度和扰动信号的强度,则称气候系统对该气候扰动有"反馈",通常把这个具体的反馈过程称为该气候扰动的"气候反馈"。如果反馈过程使得初始的扰动信号不断增强,也就是对气候系统的改变越来越大,或气候系统越来越偏离原来的平衡状态,趋向一种不稳定发展,则称为"正反馈过程"。反之,则称为"负反馈过程"。

参考文献

郭准,吴春强,周天军,等, 2011. LASG/IAP 和 BCC 大气环流模式模拟的云辐射强迫之比较[J]. 大气科学,35(4):739-752.

郭准,周天军, 2012. 新旧两个版本 GAMIL 模式对 1997/98 强 El Niño 年西太平洋暖池区独特云辐射强迫特征的数值模拟[J]. 大气科学,36(5):863-878.

刘景卫,周天军,吴春强,等, 2011. 海气耦合模式 FGOALS_gl 模拟的水汽和云辐射反馈过程[J]. 大气科学,35(3):531-546.

石广玉, 2007. 大气辐射学[M]. 北京:科学出版社.

吴春强,周天军, 2011. CFMIP 大气环流模式模拟的东亚云辐射强迫特征[J]. 气象学报,69(3):381-399.

周天军,王在志,宇如聪,等, 2005. 基于 LASG/IAP 大气环流谱模式的气候系统模式[J]. 气象学报, 63(5):702-715.

周天军,宇如聪,王在志,等, 2005. 大气环流模式 SAMIL 及其耦合模式 FGOALS_s[M]. 北京:气象出版社.

ARKING A, ZISKIN D, 1994. Relationship between clouds and sea surface temperatures in the Western Tropical Pacific[J]. J Climate,7: 988-1000.

BARKSTROM B R, 1984. The Earth Radiation Budget Experiment (ERBE)[J]. Bull Amer Meteor Soc,65: 1170-1185.

BONY S, LAU K M, SUD Y C, 1997. Sea surface temperature and large-scale circulation influences on tropical greenhouse effect and cloud radiative forcing[J]. J Climate, 10: 2055-2077.

CESS R D, ZHANG M H, et al, 2001. The influence of the 1998 El Niño upon cloud-radiation forcing over the Pacfic warm pool[J]. J Climate, 14: 2129-2137.

HARTMANN D L, OCKERT-BELL M E, MICHELSON M L, 1992. The effect of cloud type on earth's energy balance: Global analysis[J]. J Climate, 5: 1281-1304.

KIEHL J T, 1994. On the observed near cancellation between longwave and shortwave cloud forcing in tropical regions[J]. J Climate, 7: 559-565.

LI J, YU R C, ZHOU T J, et al, 2005. Why is there an early Spring cooling shift downstream of the Tibetan Plateau[J]. J Climate, 18 (22): 4660-4668.

LU R, DONG B, CESS R D, et al, 2004. The 1997/98 El Niño: A test for climate models[J]. Geophys Res Lett,31, L12216, doi:10.1029/2004GL019956.

RAMANATHAN V, CESS R D, HARRISON E F, et al, 1989. Cloud-radiative forcing and climate: Results from the earth radiation budget experiment[J]. Science, 243: 57-63.

RANDALL D A, et al, 2007. Climate models and their evaluation[M]// Solomon S, et al. Climate Change

2007: The Physical Science Basis. Cambridge University Press: 589-662.

ROSSOW W B, SCHIFFER R A, 1999. Advances in understanding clouds from ISCCP[J]. Bull Amer Meteor Soc, 80: 2261-2287.

SHUKLA J, SUD Y, 1981. Effect of cloud-radiation feedback on the climate of a general circulation model [J]. J Atmos Sci, 38: 2337-2353.

SLINGO A, PAMMENT J A, ALLAN R P, et al, 2000. Water vapor feedbacks in the ECMWF reanalyses and Hadley centre climate model[J]. J Climate, 13: 3080-3098.

SUN D Z, ZHANG T, COVEY C, et al, 2006. Radiative and dynamical feedbacks over the equatorial cold tongue: Results from nine atmospheric GCMs[J]. J Climate, 19:4059-4074.

WALISER D E, 1996. Formation and limiting mechanisms for very high sea surface temperature: Linking the dynamics and the thermodynamics[J]. J Climate, 9: 161-188.

WU C, ZHOU T, SUN D, 2010. Regime behavior in the sea surface temperature-cloud radiative forcing relationships over the Pacific cold tongue region[J]. Atmospheric and Oceanic Science Letters, 3: 271-276.

WU C, ZHOU T J, SUN D, et al, 2011. Water vapor and cloud radiative forcings over the Pacific Ocean simulated by the LASG/IAP AGCM: Sensitivity to convection schemes[J]. Adv Atmos Sci, 28(1): 80-98, doi: 10.1007/s00376-010-9205-1.

YANG H, TUNG K K, 1998. Water vapor, surface temperature, and the greenhouse effect—A statistical analysis of tropical-mean data[J]. J Climate, 11: 2686-2697.

YU J Y, MECHOSO C R, 1999. Links between annual variations of Peruvian stratocumulus clouds and of SST in eastern equatorial Pacific[J]. J Climate, 12: 3305-3318.

YU R C, WANG B, ZHOU T J, 2004. Climate effects of the deep continental stratus clouds generated by the Tibetan Plateau[J]. J Climate, 17: 2702-2713.

YU R C, ZHOU T J, 2007. Seasonality and three-dimensional structure of the interdecadal change in East Asian monsoon[J]. J Climate, 20: 5344-5355.

YU Y, SUN D, 2009. Response of ENSO and mean state of the tropical Pacific to extra-tropical cooling and warming: A study using the IAP coupled model[J]. J Climate, 22: 5902-5917.

ZHANG M H, HACK J J, KIEHL J T, et al, 1994. Diagnostic study of climate feedback processes in atmospheric general circulation models[J]. J Geophys Res, 99: 5525-5537.

第5章

中高纬度海气相互作用

5.1 大气和海洋中的深对流

海气界面上的交换是海气相互作用最基础的元素，这种交换与海洋环流和大气环流有密切关联。对流活动是促进不同层结间流体混合的重要途径。在气候平均意义上，大气和海洋中的典型深对流发生的区域不同。如图5.1a所示，在气候系统中，重要的对流过程主要发生在两处：热带大气（向上）和副极地海洋（向下）。热带大气对流的形成，是因为在暖海温上空，湿空气上升造成重力不稳定；副极地海洋对流不稳定的形成，是因为冬季海表的强烈辐射冷却和海冰盐析作用，使得海水密度骤增，造成重力不稳定。海气相互作用特征在这两个区域最为鲜明。这些存在剧烈作用的区域，彼此间有明显的区别：对于大气来说，低纬热带地区的对流层高度最高；对于海洋而言，高纬极地海域的对流深度最厚。因此，在经向上，海洋和大气剧烈活动区的位置恰好相反。在大气中，对流层顶将动力过程缓慢的平流层与动力过程较快的对流层分隔开来；在海洋中，温跃层将变化缓慢的深海与变化迅速的上层海洋分隔开来。因此，从某种意义上说，对流层之对于大气，和温跃层之对于海洋，角色非常相似。

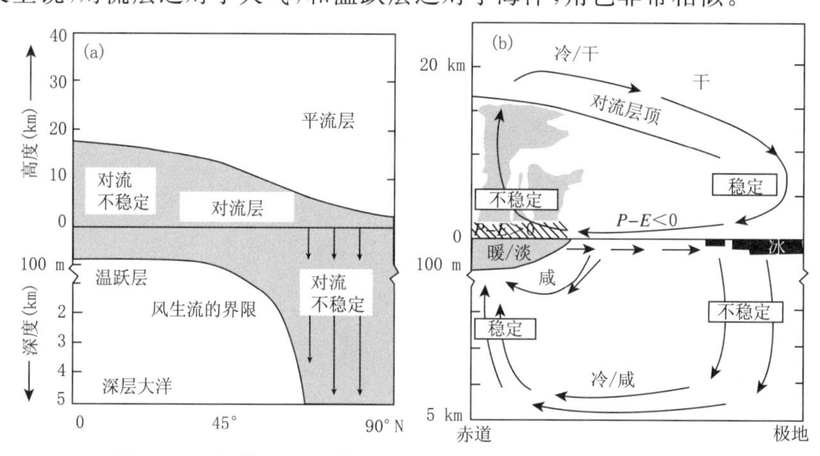

图5.1 海气快速相互作用的区域(a)和简化的全球气候系统经向环流(b)的示意图(Webster，1991)

大气对流层顶的高度，在低纬为15～17 km，在高纬则小于10 km。与大气相反，海洋温跃层的厚度，在高纬深，低纬浅（高纬度海域的温跃层有可能季节性消失，在深水形成区的情形更为复杂）。在热带海洋，温跃层可大致视为快、慢过程的分界线。在高纬海域，该分界线变得非常深，风生流受温跃层的影响较小，能够向下扩展到大洋深处，例如南极绕极环流（ACC）就可以达到大洋深处。同时，在高纬海域，受辐射冷却和盐析作用[注1]共同影响，表层海水密度增大，导致海水强对流的发生，或者说海水发生剧烈下沉。因此，对于大气和海洋各自的子系统来说，热带大气和高纬海洋的作用非常相似，都能够引起其子系统表层和深层的强烈混合，且都是由重力不稳定这一物理机制引起（周天军 等，1999）。

在实际的气候系统中，图 5.1a 的概念图形所表示的大气和海洋中的深对流情景，具有强烈的地域性特征。大气中的深对流以西太平洋暖池区最强，海洋中的深对流则主要发生在北大西洋副极地区域的拉布拉多海、伊尔明格海、南大洋的罗斯海、威德尔海等边缘海。

海洋与大气通过耦合构成的相对稳定的、经向的全球尺度的相互作用系统，可简单用图 5.1b表示。其中，箭头分别表示在大气和海洋中，位于赤道和极地之间的经向环流。形成这种经向环流的根本原因，是太阳辐射加热存在经向梯度。不过，在实际气候系统中，受地形、海洋边界、地球自转科氏力等影响，海洋和大气各自的环流型，要远比图 5.1b 复杂。

与热带大气和极地海洋的不稳定形成鲜明对比的是，热带海洋和极地大气相对稳定。在热带海洋，因为冷水在暖水下面，形成重力稳定的海洋层结，这一点从 1.4 节的纬圈平均温度分布上可以清楚地看到。同样，在极地大气，因为暖气团在冷空气上面，形成的大气层结同样重力稳定。暖 SST 和热带大气决定着对流层中上层大气的状态，与经向环流相联系；极地海洋混合层决定着深海水团的特征，与大洋经圈环流相联系。

5.2 中高纬度海气相互作用的特征

围绕着热带外和热带海温在强迫全球气候中的相对重要性，学术界曾经广有争议。大尺度海气相互作用研究的先驱人物，首推 Namias 和 Bjerknes。前者从中长期预报的角度，强调热带外大洋对大气的“强迫”作用（Namias，1963），后者从全球观点，强调热带大洋的驱动作用（Bjerknes，1969）。“热带海洋－全球大气”（TOGA）计划的实施，为 Bjerknes 的观点提供了有力的观测上的佐证。注意这里“强迫”意味着在相互作用过程中处于“主导”地位。

在赤道中、东太平洋，支配 SST 的主要是海洋动力过程，海表热通量的作用是次要的。那么在中纬度大洋，情形如何呢？关于中高纬度海气相互作用的特征，目前一般认为，尽管中纬度特定区域的海温（例如北太平洋的黑潮区和北大西洋的湾流区），在特定的季节（例如北半球冬季），能够影响随后的大气变化，但总的说来，中纬度海温对大气的强迫作用，即使存在也很弱。与之相反，热带大洋在驱动全球气候异常中的重要作用，逐渐被学术界所认同。

在许多大气环流模式试验中，常用海面温度的异常作为外部强迫，去考察大气对它的响应。这类试验以国际“大气模式比较计划”（AMIP）为代表，具体做法是利用观测的历史海温资料来驱动大气环流模式，考察模式对过去时间段主要气候变率现象的模拟能力。AMIP 试验最初关注的时间段是 1979－1999 年；随后，有关国际计划例如“气候变率与可预报性研究计划”（CLIVAR）的“20 世纪气候研究”（C20C）子计划，把 AMIP 型试验的模拟时间段延长到整个 20 世纪，检查其对 20 世纪大气环流变化的模拟能力，从而理解大气环流变化的驱动机理（Scaife et al.，2009）。

研究表明,AMIP 型的数值试验对 20 世纪的主要气候变率现象例如全球温度变化、南方涛动的变化等具有较强的模拟能力(Scaife et al.,2009),对亚澳季风(包括东亚季风、南亚季风、西北太平洋季风、澳洲季风)的年际变率现象也有很强的模拟能力,但是其对热带外气候变率现象的模拟技巧相对较低(Zhou et al.,2009)。AMIP 型试验隐含的一个假设是:在海气相互作用过程中,海洋对大气的强迫是主要的,而大气对海洋的反馈过程则可以忽略。这种假设在热带大洋是一个合理的近似,但对热带外大洋(尤其是冬季)来说则未必完全正确。

冬季热带外海洋的 SST 和大尺度大气环流存在很强的相互关联。它来自两个方面:一是热带海洋热状况的变化所引起的热带和热带外大气的相互作用,二是热带外大气环流变化对海洋的影响。观测证据显示,热带外地区大气环流异常与海温异常之间的超前相关,大于它们之间的滞后相关(Wallace et al.,1987),这为在热带外地区"海气相互作用主要表现为大气强迫海洋"这一观点提供了观测上的证据。近年来,随着观测资料、特别是海气热通量的日渐丰富,以及气候模式的日臻完善,有愈来愈多的研究工作证实了上述观点。其中 Cayan(1992)提出的判断局地海气相互作用的方法,是开展这方面研究的基础方法,5.3 节将作专门介绍。

5.3 判断局地海气相互作用是海洋强迫大气还是大气强迫海洋的方法

Cayan(1992)提出了一种判断局地海气相互作用是海洋强迫大气、还是大气强迫海洋的基本方法,其基本原理可概括如下。

表层海温(即 SST,这里用 T_S 表示)的预报方程可表示为:

$$\frac{\partial T_S}{\partial t} = \frac{Q_\downarrow}{\rho_0 c_p \Delta z_1} + R \tag{5.1}$$

式(5.1)右端第一项中的 $Q_\downarrow$ 是净的海表热通量(向下为正),第二项 R 为所有海洋动力过程(包括水平平流、垂直平流、垂直混合、水平混合和对流等)对海面温度影响的总和。净海表热通量 $Q_\downarrow$ 由向下的净短波辐射(Q_{SW})、净长波辐射(Q_{LW})、潜热(Q_L)和感热通量(Q_S)组成:

$$Q_\downarrow = Q_{SW} + Q_{LW} + Q_L + Q_S \tag{5.2}$$

注意:这里所有热通量项均定义为由大气向海洋为正(即向下为正)。

由方程(5.1)可知,净海表热通量异常直接与表层海温的倾向变化$\frac{\partial T_S}{\partial t}$相联系,向下的 $Q_\downarrow$ 异常与$\frac{\partial T_S}{\partial t}$异常的显著正相关,实质反映的是大气对海洋的强迫(向下的热通量增多,SST 呈增暖趋势)。而由感热和潜热的总体公式(3.9)和式(3.10)可知,如果 SST 异常自身和向上的感热($-Q_S$)、潜热($-Q_L$)异常呈显著正相关(或者说 SST 异常与向下的感热 Q_S、潜热 Q_L 异常呈显著负相关),则实质反映的是海洋对大气的强迫。

基于上述思路,Cayan(1992)利用观测资料,讨论了北半球中高纬度大洋的海气相互作用特征,结果发现海表湍流热通量与 SST 异常有显著联系;这种关联在不同纬度和不同季节表现出不同的特征;热带海洋和部分暖季的热带外海洋,由海洋向大气释放的潜热和感热通量异常,与 SST 本身的异常出现显著正相关,意味着潜热和感热异常主要由海洋的热状况异常决定;在冬季的热带外海洋,向上的感热和潜热通量异常和 SST 的时间倾向(而不是 SST 本身)

的异常，存在显著负相关，最强的负相关出现在北太平洋和北大西洋的20°～40°N副热带大涡所在区域，表明它们对于SST的变化具有决定作用。

此外，Cayan(1992)还估算了热通量各项的贡献，指出在冬季的热带外大洋上，由于辐射热通量处于最弱阶段，占支配地位的是湍流热通量。在30°N以北，潜热和感热同等重要；在15°～30°N，潜热的贡献是主要的；10°N以南的热带海洋，短波辐射和潜热同等重要。

Cayan(1992)的观测分析，亦为检验海气耦合模式的模拟能力，提供了一个重要的事实依据。张学洪等(1998)据此诊断了IAP/LASG海气耦合模式GOALS(Global Ocean-Atmosphere-Land System)模拟的冬季北太平洋海表热通量异常和海气相互作用的关系，从数值模拟的角度，证实冬季北太平洋的海气相互作用，主要表现为大气对海洋的强迫作用。由于GOALS模式的水平分辨率较低且采用了"通量订正"技术【注2】，其结果在"直接耦合"的"非通量订正"型模式中的适用性有待检验。李博等(2011)进一步分析了IAP/LASG非通量订正的新版本耦合模式FGOALS-s1.0(Flexible Global Ocean-Atmosphere-Land System)的200 a控制积分结果，利用模拟数据讨论了北太平洋的冬季海气相互作用特征。下面以此工作为例，介绍如何利用耦合模式的数据，采用Cayan(1992)的诊断技术，来对北太平洋的海气相互作用过程进行分析研究。

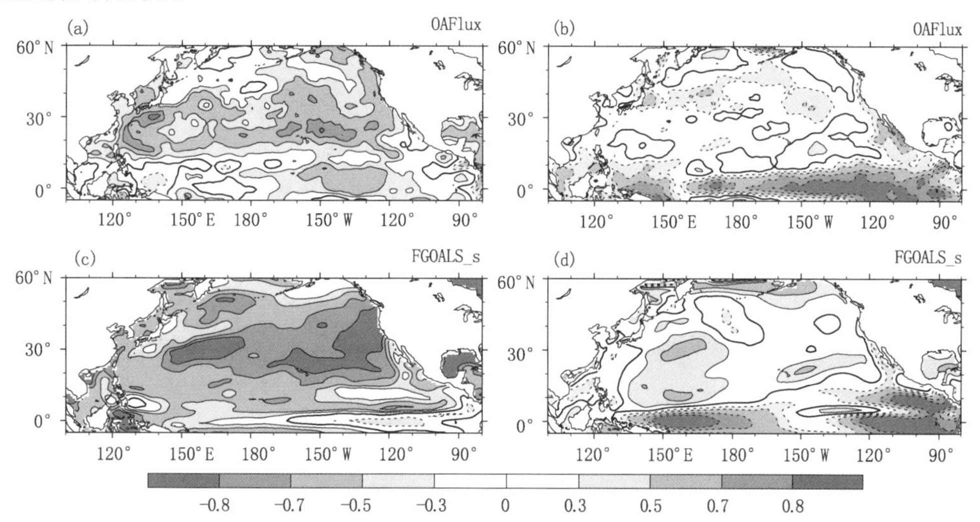

图5.2 OAFlux资料1983—2003年冬季平均的海表面潜热通量和感热通量之和同SST倾向(a)及SST本身(b)的距平相关系数；(c)和(d)分别同(a)和(b)但为FGOALS_s第151至第199模式年的结果(李博 等，2011)

在图5.2a中，在15°N以北的北太平洋上，湍流热通量之和同SST倾向之间是显著的正相关，最大相关系数达到0.8以上，意味着当海洋向大气释放的湍流热通量减少时，SST有变暖趋势。与前人的观测(Cayan，1992)、观测资料OAFlux以及GOALS的模拟结果(张学洪等，1998)相比，FGOALS-s1.0的模拟结果在两个方面是合理的：首先，热带外海洋上的相关性要高于热带海洋，这说明在热带外北太平洋上湍流热通量对于SST的变化更为重要；第二，在东太平洋的北美沿岸，存在一个相关系数的大值区，最大值在0.8以上。这是因为，虽然海盆东部的湍流热通量异常要弱于海盆西部(李博 等，2011)，但由于在这里的海洋环流的动力作用亦较弱(张学洪 等，1998)，因此，SST的异常仍然主要由湍流热通量的变化决定。

在图 5.2b 中,在 15°N 以南的热带太平洋上,湍流热通量和 SST 本身的距平呈显著负相关,最强的负相关在一0.8 以上,表明在热带太平洋,湍流热通量异常主要是由 SST 异常决定。当 SST 升高时,海洋向大气释放的潜热通量和感热通量相应增加。在热带外北太平洋上,SST 异常和湍流热通量异常的相关性不高,通过显著性检验的区域不多。FGOALS-s1.0 模拟的湍流热通量之和与 SST 距平(图 5.2d)在热带北太平洋亦呈显著负相关,与观测资料 OAFlux 的结果较为一致。

图 5.2d 与图 5.2b 的主要差别位于中纬度北太平洋。观测资料 OAFlux 在该地区相关较弱,在 40°～50°N 有一条负相关区,该地区 SST 异常决定湍流热通量的异常,局地海气相互作用中海洋的强迫占主导地位。而图 5.2d 中该地区的相关很弱,图 5.2c 中该地区的潜热通量异常和 SST 倾向异常之间存在很强的正相关,模式模拟的该地区 SST 异常由湍流热通量的异常决定,局地海气相互作用过程中大气的强迫是主要的,这与 OAFlux 结果不符,原因可能和 FGOALS-s1.0 的海洋分量模式模拟的西边界流的拐弯区位置偏北有关,原因之一是海洋模式的分辨率较低(1°)、不足以准确描述西边界流的细节特征。

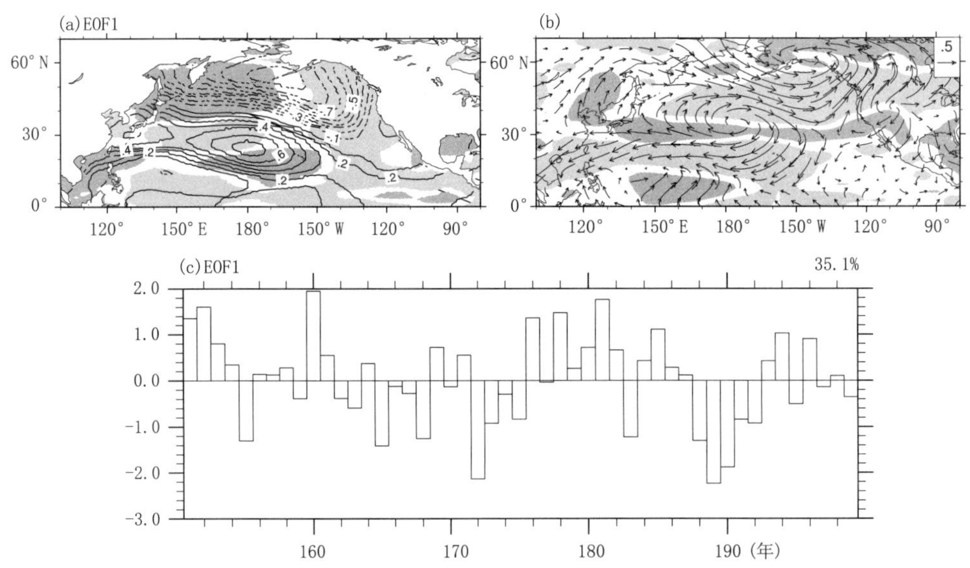

图 5.3 (a)第 151 至第 199 模式年冬季海平面气压场 EOF 分析的第一个主分量与同期海平面气压场异常(等值线)和潜热通量异常与感热通量异常之和(浅色和深色阴影分别表示绝对值在 0.1 以上的正负相关区)的相关系数分布;(b) 第一个主分量与同期表面风速(浅色和深色阴影分别表示绝对值在 0.2 以上的正负相关区)和表面风场(矢量)的相关系数分布;(c)为 EOF 分析的第一个主分量(李博 等,2011)

下面用图 5.3,说明大气环流异常是如何作用于冬季热带外北太平洋上的湍流热通量异常,即局地海气相互作用中大气是如何强迫海洋的。由图 5.3a 可见,在热带外北太平洋上,主要的正相关区位于 20°～40°N 的中纬度太平洋和东北太平洋海盆,最强的正相关系数在 0.6 以上。前一个正相关区是由于其处在异常反气旋西部的西南风中,将西南部海洋上暖湿的空气带到此处,减小海气温度和湿度差,同时异常的西南风与气候态的西北风叠加导致局地风速减小,从而海洋向大气释放的感热通量和潜热通量都减少,有利于 SST 升高。后一个正相关区位于异常气旋的东侧,地转风异常为南风,偏南风将南方海洋的暖湿空气带到此处,海气之间温度和湿度的差别减小，虽然此时表面风速是增加的，但是前者的强度更强，因此，海洋向大气释放的感热和潜热通量之和是减少的。

图5.3最主要的负相关区由鄂霍次克海向东延伸至日界线附近，最强负相关的绝对值在0.7以上。该负相关区位于异常气旋的西南部。西北地转风异常将冬季亚洲大陆上的干冷空气带到海洋上，增大了海气之间的湿度和温度差别，并且异常西北风与气候态的西北风叠加使得局地风速增大，这些都会增加海洋向大气输送的感热和潜热通量，从而令SST降低。因此，基于海气耦合模式FGOALS-s1.0模拟结果的诊断分析，很好地诠释了冬季北太平洋"大气强迫海洋"的动力和热力过程。

类似的分析方法，亦可以应用于其他气候模式性能的分析与检验研究。注意单独的海洋(大气)模式以风、热通量、淡水(海温)作为强迫，而模式结果对风、热通量、淡水(海温)没有影响，即没有反馈过程。而海气耦合模式则不同，在这类模式中各个分量之间通过耦合器交换信息，所以耦合模式中存在反馈过程。开展海气相互作用过程的研究，需要利用海气耦合的气候系统模式。

5.4　北大西洋的海气相互作用

北大西洋是开展中纬度海气相互作用研究的重点关注区域之一，这方面的研究工作国际上、特别是欧美国家开展的很多。这里依然以IAP/LASG海气耦合研究组的工作为例，介绍北大西洋海气相互作用过程的模拟研究。周天军等(2006)借助海气耦合模式，讨论了北大西洋的海气相互作用特征。分析表明，北大西洋冬季SST的主导变率模态，在经向上表现为三核型，自北而南表现为"－＋－"的带状距平型；最大距平中心位于副极地大洋、中纬度大洋的西部以及热带海域，耦合模式较为真实地再现了这一特征。与三核型SST异常相对应的大气环流型，表现为北大西洋涛动正位相，它具有显著的正压结构特征。上述三核型的SST距平主要发生在年际尺度，功率谱分析表明其具有3～4 a的谱峰；在次年代际尺度上，也存在谱峰。

分析表明，模式中三核型SST距平的产生，主要来自大气的强迫作用，伴随北大西洋涛动(NAO)【注3】增强，中纬度大洋上的西风减弱，海洋感热和潜热通量损失减少，中纬度大洋得到的净热通量增加，导致SST出现正距平；在包括拉布拉多(Labrador)海在内的副极地大洋，NAO增强、冰岛低压加深，气旋性环流增强，来自高纬度的冷空气吹过洋面，海气温差加大，大洋的感热通量损失增加，局地SST变冷。在热带地区东风增强，导致那里SST变冷。因此，在海气耦合模式中，北大西洋中纬度地区的海气相互作用，同样主要表现为大气对海洋的强迫，特别是在北半球冬季。

5.5　中纬度海气相互作用的基本特征

Kushnir等(2002)曾系统总结了中纬度海气相互作用的研究进展，归纳了我们当前对于该问题的主要认知水平。如图5.4所示，围绕着中纬度地区海温异常及与之对应的大气环流异常，无论是在北太平洋还是在北大西洋，来自观测上的分析工作，都发现存在如下特征：

(1)中纬度的SST异常表现出大范围的、海盆尺度的特征,在时间尺度上主要是低频变化;

(2)SST异常是混合良好的上层海洋热容量变化的反映,这决定了那里的表层海温距平的持续时间要长于大气;

(3)在全球大洋几乎所有地区,月和季节平均的海温距平,与紧邻其上的表层气温都存在显著的相关;

(4)在中纬度地区,月一季节平均海温距平的主要年际变率模态,都和大气环流距平的主导模态存在显著的相关关系。这种关系在冬季最强,并且在大气超前海洋一个月时表现得最为显著;

(5)在中纬度地区,负的海温距平伴有表层西风的增强;对于正的海温距平,则反之;

(6)冬季与海温异常相伴随的大气异常,在垂直方向上表现出正压特征,这和大气内部的低频变率特征相类似。

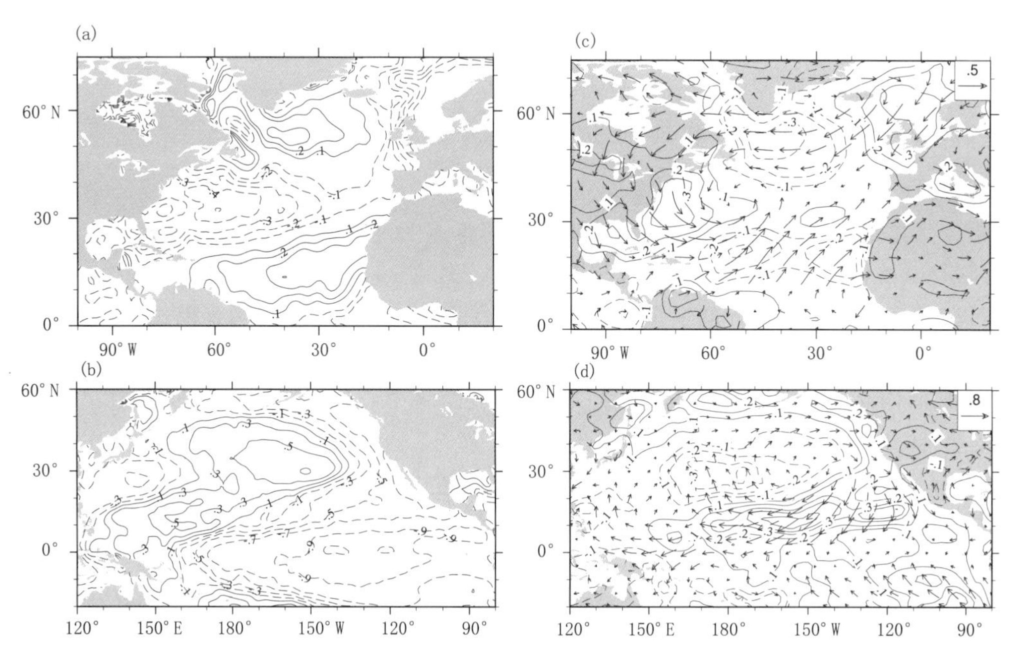

图5.4　观测的1949—1999年冬季(12月至次年3月)SST异常(单位:K)((a)、(b))、湍流热通量异常(单位:W/m², 以大气得到热量为正)和表面风场异常(单位:m/s)((c)、(d);分别以等值线和矢量表示)。海温资料来自GISST,热通量和表面风场资料来自NCEP1(Kushnir et al.,2002)

而关于中纬度地区海温变化对大气的反馈强迫作用,以及产生这种强迫的动力机制,借助初值集合模拟试验[注4],人们发现:中纬度地区的海温变化能够影响到边界层以上的大气变化,但是较之大气内部变率的幅度而言,这种响应只能算是"温和"的(moderate response)。从线性响应的角度看,大气对海温变化的响应强度,在500 hPa位势高度场上为20 m/K。此外,在决定大气响应的动力过程中,瞬变涡的作用非常重要;大气对海温变化的响应,主要叠加在内部变率模态之上;而内部变率模态,则是瞬变过程和大尺度环流相互作用的结果。由于中纬度地区的大气内部变率很强,大气对外部海温强迫的响应,归根到底由其内部动力过程来决定(Kushnir et al.,2002)。

5.6 热带海洋对热带外大洋的影响

热带海洋和中纬度海洋并非孤立的，在年际变率上，二者之间存在着密切的联系，这集中表现在热带大洋通过“大气桥”影响中纬度大洋的变化。美国普林斯顿大学“地球流体动力学实验室”(GFDL)的刘雅章(Lau N C)教授，是国际上较早提出“大气桥”概念的学者，Lau(1997)对“大气桥”原理进行了系统总结，指出赤道中东太平洋强劲的年际变率信号 El Niño 事件，能够通过引发热带外大气环流的变化，进一步影响热带外海温的变化。在这中间，“大气桥”在连接热带与热带外大洋年际变化方面发挥着重要作用。“大气桥”的发生，是通过 Hadley环流、Walker 环流、Rossby 波，以及准定常流与“storm track”的相互作用实现的。如果说在 ENSO 事件的发生和发展过程中，“局地”海气相互作用起了非常重要的作用的话，则可以认为“大气桥”强调的是“遥相关”【注5】。

“大气桥”的作用不仅仅限于北太平洋。如图 5.5 所示，赤道中太平洋的冬季平均海温，与随后的春季海温，在印度洋、热带大西洋、热带外北太平洋和南太平洋，都存在着显著的相关，这意味着这些区域的海温变化，通过“大气桥”，受到来自热带太平洋的强迫影响。IAP/LASG 海气耦合研究组亦利用耦合气候模式开展了这方面的讨论，周天军等(2004)利用海气耦合模式，证实了热带太平洋 El Niño 事件通过“大气桥”对热带印度洋年际气候变率的影响，讨论了热通量各项对印度洋洋盆尺度增暖模态(简称“海盆模态”，Basin mode)的贡献。

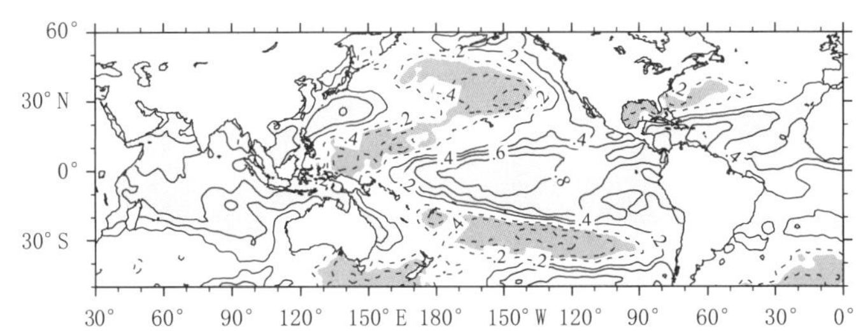

图 5.5 1950—1999 年 11 月至次年 1 月平均的 Niño3.4 指数与后期 2—4 月平均的 SST 的距平相关系数。实线和虚线分别表示正值和负值。浅色和深色阴影分别代表通过 5%显著性检验的正负相关区(Alexander et al.,2002)

北大西洋同样是研究热带强迫和中高纬度变率的重点关注区域。来自海气耦合模式和观测上的证据都表明(周天军 等,2006)，北大西洋冬季海温的主导型变率模态，即自北而南出现的“－＋－”的三核海温距平型，受到来自热带太平洋的强迫的显著影响，其正位相与赤道中东太平洋冷事件相对应。换言之，赤道太平洋暖事件的发生，在太平洋－北美沿岸激发出“太平洋－北美”(PNA)遥相关型，进而通过在北大西洋产生类似 NAO 负位相的气压距平型，削弱本来与 NAO 正位相直接联系的三核型海温距平。北大西洋三核型海温距平对热带太平洋强迫的响应，要滞后 2～3 个月的时间。

总之，围绕着联系热带太平洋和其他大洋气候变率的“大气桥”，来自观测和模拟上的研究均支持以下结论：

(1)赤道太平洋的 SST 距平与北太平洋、热带北大西洋、印度洋的海温变化，在北半球冬春季存在着显著的联系。

(2)在夏季的西北太平洋、秋季的印度洋，与 ENSO 相关联的 SST 距平同样很强劲。

(3)“大气桥”驱动 SST 距平的主要途径是表面热通量的变化，但是在北太平洋中部，Ekman输送在产生 SST 距平中的作用不容忽视，尽管具体过程尚不清楚。

(4)大气桥对热带外海洋的影响，不仅仅局限在 SST 的年际变化，它还影响到混合层【注6】的厚度、盐度、上层海洋的季节变化，以及北太平洋 SST 的低频变率。

(5)时间尺度超过 10 a 的北太平洋海温低频变率主导模态的很大一部分，受到来自热带大洋的强迫作用影响。而海洋对热带外 ENSO 响应的反馈作用则比较复杂，至少强度不强。热带太平洋以外区域的海气耦合过程，能够在一定程度上改变 PNA 区域的大气环流距平分布。但是，其作用的大小依赖于季节循环以及北太平洋区域内外的海气相互作用。

5.7 太平洋年代际振荡(PDO)和大西洋年代际振荡(AMO)

北太平洋存在 20～30 a 准周期的年代际振荡现象，被称作 PDO(Pacific Decadal Oscillation)。在 PDO 的暖位相，热带中东太平洋 SST 偏暖、中纬度北太平洋偏冷，PDO 冷位相的 SST 距平型与之相反。在过去百年中，1890—1924 年和 1947—1976 年为 PDO 冷位相，而 1925—1946 年和 1977—1997 年则为 PDO 暖位相。PDO 与 ENSO 现象在信号上有相似之处，但本质上是两种独立的现象。伴随着 PDO 的位相变化，北半球气候在许多地区亦发生转型。

关于 PDO 的形成机制，目前有争议，这些观点或认为 PDO 源于热带海气耦合系统内部、或认为 PDO 源于中纬度海气耦合系统内部、或认为是热带和中纬度相互作用形成了 PDO，其中热带不稳定海气相互作用起着信号放大作用。IAP/LASG 海气耦合研究组利用其气候系统模式 FGOALS-gl，研究了自然因子(太阳辐照度变化和火山活动)和人为因子(温室气体、硫酸盐气溶胶)对 20 世纪太平洋海温变化的相对贡献，指出在观测资料中，20 世纪太平洋 SST 变化的主导模态是全海盆尺度的振荡增暖型，其次为 PDO 振荡型。图 5.6 给出观测及不同强迫试验中 PDO 的空间分布和时间序列。模拟试验结果表明，人为因子(主要是温室气体通过影响长波辐射而改变海表热通量收支)是产生全海盆振荡增暖的主要原因，以 PDO 为代表的内部变率模态是导致 SST 年代际转型的主导因子，但自然因子和人为影响对 PDO 位相转变有一定的“调谐”作用，其中人为因子使得 20 世纪 70 年代末的 PDO 的年代际转型较之未考虑外强迫变化的“控制试验”结果滞后了 10 a 左右(董璐 等，2014)。

与 PDO 相对应，北大西洋海温亦存在年代际尺度上的振荡现象，被称为 Atlantic Multidecadal Oscillation(AMO)，具体表现为北大西洋区域平均 SST 存在 50～70 a 的变化周期，例如 1970—1984 年的北大西洋比 1950—1964 年这段时间要暖。研究指出，AMO 和美国大陆上的降水存在很强的负相关关系，在高(低)AMO 指数期间，美国中部的大部分地区降雨偏少(多)。密西西比河的流量在高 AMO 指数期间比通常要少 5%。研究还发现 AMO 和非洲撒赫勒的降水、大西洋飓风的强度，都存在很高的正相关。围绕着 AMO 的成因，目前一般认为它和大洋热盐环流的年代际变化存在关联。

需要强调的是，无论是 PDO 还是 AMO，都是检验海气耦合模式性能的重要大尺度海气相互作用现象；在其形成机制研究上，耦合模式可以有所作为。在最近的“国际耦合模式比较计划”第五和第六阶段（CMIP5 和 CMIP6），均专门设立了年代际气候预测试验，IAP/LASG 气候系统模式 FGOALS 亦进行了年代际的回报和预估试验（吴波 等，2012），其中对 PDO 和 AMO 的年代际回报和预报，是核心试验内容之一。

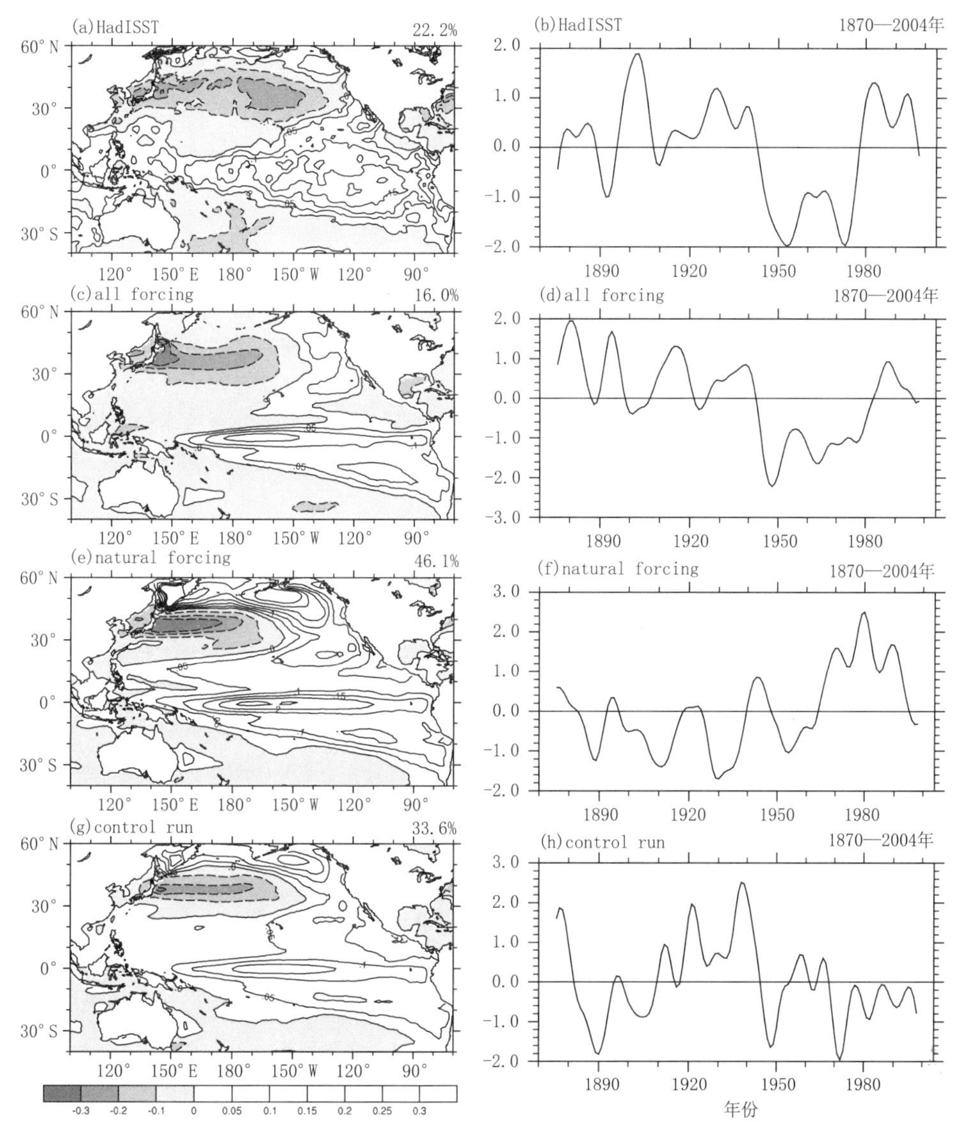

图 5.6　13 a 低通滤波后表层海温 EOF 的空间分布(a)和时间序列(b)HadISST 的第二模态，(c)和(d)是全强迫试验的第二模态，(e)和(f)是自然强迫试验的第一模态，(g)和(h)控制试验的第一模态。左列图形的阴影区为负值(董璐 等，2014)

注释

【注 1】盐析作用(brine rejection)：海冰的盐度很低，这样在由海水向海冰的转化过程中，大量的盐分就会释放出来排入海洋中，造成局地海水密度增大。这一过程被称作“盐析过程”(brine rejection)。因盐析过程造成的对流不稳定,被认为是南极大陆的罗斯海、威德尔海附近有南极底层水形成的主要原因。

【注 2】通量订正:早期的气候模式,由于模式分辨率较低、物理过程不完善,大气模式计算的海表通量(主要是热通量)存在较大偏差、不满足守恒条件,这样若直接进行大气一海洋模式耦合,则通量误差会令耦合系统的气候态逐渐偏离正常状态。为了控制上述气候漂移现象、保证耦合系统得到一个较为真实的气候态,常把大气模式存在的通量误差给扣除掉,以保证海洋模式得到的通量是正确的,这种对通量误差进行“订正”的技术,被称作“通量订正”。

【注 3】北大西洋涛动(NAO):NAO 实际上是气团的大尺度跷跷板型的协调变化,其中心分别位于冰岛低压区和亚速尔高压区。它是大西洋地区大气活动的主要模态。观测研究已经证实,NAO 对整个北大西洋地区乃至北半球气候都有重要影响。在高指数年,冰岛低压偏低,亚速尔高压偏强,中纬度西风带加强,从北美东北沿岸到大不列颠群岛直至斯堪得纳维亚半岛,风暴活动加强。在低指数年,冰岛低压和亚速尔高压都减弱,西风带偏弱,风暴路径从北美东北沿岸,移至拉布拉多海区域。受地域性影响,以前我国学者较少关注 NAO 及其变化,近年来由于发现以 NAO 为特征的中高纬度环流与东亚气候的变化存在显著关联,因此,这方面的研究进展才逐渐受到更多的关注。NAO 是检验气候模式在中高纬度性能的一个重要指标,关于海气耦合模式对 NAO 模拟效果的检验方法,见 Zhou 等 (2000)。

【注 4】初值集合模拟:利用同样的海温强迫,但大气模式的初值场不同,这样的一组试验,被称为“初值集合模拟”(ensemble);不同集合成员之间(realization)的方差,反映的是内部噪音;集合平均结果的方差,反映的是“信号”。集合模拟是利用气候模式开展气候变率研究的重要方法,目前集合技术的采用已经不仅仅限于中高纬度,即使在热带海气相互作用研究中,人们也普遍采用集合模拟技术来克服内部噪音对模拟效果的影响。集合模拟技术也被应用于海气耦合模式的数值试验中。

【注 5】“遥相关”(Bjerknes,1969):赤道 SSTA 可以通过 Hadley 环流的经向动量和热量输送,影响副热带和中纬度大气环流。

【注 6】海洋混合层:海洋混合层深度(h)可以定义为温度比表层冷 0.5℃ 的深度,即 $|T(z)-T(0)|<0.5$℃的范围 (Levitus, 1982)。海洋混合层的特点是:温度(盐度、密度)垂直变化小,平均温度 T_m 接近 SST,存在显著的季节和年际变化,温度与深度呈反相变化,受到风、冷却等作用的驱动混合,混合层与温跃层的交换主要通过夹卷过程。关于混合层动力学及其参数化可参见本书 8.3 节。

参考文献

董璐,周天军, 2014. 20 世纪太平洋海温变化中人为因子与自然因子贡献的模拟研究[J]. 海洋学报,36(3):48-60.

李博,周天军,林鹏飞,等, 2011. 冬季北太平洋海表面热通量异常和海气相互作用的耦合模式模拟[J]. 气象学报,69(1):52-63.

张学洪,俞永强,刘辉, 1998. 冬季北太平洋海表热通量异常和海气相互作用:基于一个全球海气耦合模式长期积分的诊断分析[J]. 大气科学,22(4):511-521.

周天军,王绍武,张学洪, 1999. 与气候变率有关的几个海洋学问题[J]. 应用气象学报,10(1):94-104

周天军,俞永强,宇如聪,等, 2004. 印度洋对 ENSO 事件的响应:观测与模拟[J]. 大气科学,28(3):357-373.

周天军,宇如聪,郜永琪,等, 2006a. 北大西洋年际变率的海气耦合模式模拟Ⅰ:局地海气相互作用[J]. 气象学报,64(1): 1-17.

周天军,宇如聪,郜永琪,等. 2006b. 北大西洋年际变率的海气耦合模式模拟 II:热带太平洋强迫[J]. 气象学报,64(1):18-29.

吴波,周天军,2012. IAP/LASG 气候系统模式 FGOALS_gl 预测的海表面温度年代际尺度的演变[J]. 科学通报,57:1168-1175

ALEXANDER M A, BLADE I, NEWMAN I, et al, 2002. The atmospheric bridge: The influence of ENSO teleconnections on air-sea interaction over the Global Oceans[J]. J Climate, 15:2205-2231.

BJERKNES J, 1969. Atmospheric teleconnections from the equatorial Pacific[J]. Mon Wea Rev, 97:163-172.

CAYAN D R, 1992. Latent and sensible heat flux anomalies over the northern oceans: Driving the sea surface temperature[J]. J Phys Oceanogr, 22:859-881.

FRANKIGNOUL C, 1985. Sea surface temperature anomalies, planetary waves, and air-sea feedback in the middle latitudes[J]. Rev Geophys, 23(4):357-390.

KUSHNIR Y, ROBINSON W A, BLADE I, et al, 2002. Atmospheric GCM response to extratropical SST anomalies: Synthesis and evaluation[J]. J Climate, 15:2233-2256.

LAU N C, 1997. Interactions between global SST anomalies and the midlatitude atmospheric circulation[J]. Bull Amer Meteor Soc, 78:21-33.

LEVITUS S, 1982. Climatological Atlas of the world Ocean[M]. NOAA Professional Paper No. 13, U. S. Government Printing Office, Washington D C:173.

NAMIAS J, 1963. Large-scale air-sea interactions over the North Pacific for summer 1962 through the subsequent winter[J]. J Geophys Res, 68:6171-6186.

SCAIFE A A, KUCHARSKI F, FOLLAND C K, et al, 2009. The CLIVAR C20C Project: Selected twentieth century climate events[J]. Climate Dynamics, 33:603-614, doi: 10.1007/ s00382-008-0451-1.

WALLACE J M, JIANG Q, 1987. On the observed structure of the interannual variability of the atmosphere/ ocean climate system[M]// Cattle H. Atmospheric and Oceanic Variability. Royal Meteorology Society, Bracknell, Berks: 17-43.

ZHOU T, WU B, SCAIFE A A, et al, 2009a. The CLIVAR C20C Project: Which components of the Asian-Australian Monsoon circulation variations are forced and reproducible? [J]. Climate Dyn, 33: 1051-1068, doi: 10.1007/s00382-008-0501-8.

ZHOU T, WY B, WANG B, 2009b. How well do Atmospheric General Circulation Models capture the leading modes of the interannual variability of Asian-Australian Monsoon? [J]. J Climate, 22: 1159-1173.

ZHOU T, YU R, LI Z, 2002. ENSO-dependent and ENSO-independent variability over the mid-latitude North Pacific: Observation and air-sea coupled model simulation[J]. Adv Atmos Sci, 19: 1127-1147.

ZHOU T,ZHANG X,YU R, et al, 2000. The North Atlantic oscillation simulated by version 2 and 4 of IAP/ LASG GOALS model[J]. Adv Atmos Sci, 17(4):601-616.

第6章

大洋经圈翻转环流

6.1 大洋水团

讨论大洋环流，必然涉及水团和水系。在海洋学中，源地和形成机制相近，具有相对均匀的物理、化学和生物特征及大体一致的变化趋势，而与周围海水存在明显差异的宏大水体，被定义为“水团”；绝大多数水团是一定时期内在海洋表面获得其初始特征后，在特定的海域因混合或下沉、扩散而逐渐形成的，故海表过程在水团的生成中具有重要作用。符合某一给定条件的水团的集合则被称为“水系”。海洋中存在着密度层结，最重的海水位于海底，而相对较轻的海水则位于上部。每一个水团，都有其特定的温度和盐度特征。由于表层水和深水的温差，在温带和热带要远大于在近极地海域，所以密度层结在温带和热带最为显著。

温度和盐度分布，是区分大洋特定水团特征的主要物理指标；温度－盐度廓线(T-S diagram)是常用的分析方法。大西洋、太平洋、印度洋的水团温盐特征不同；全球大洋最为重要的两个水团是北大西洋深层水(North Atlantic Deep Water, NADW)【注1】和南极底层水(Antarctic Bottom Water, AABW)【注2】，它们和大洋经圈翻转环流(Meridional Overturning Circulation)也就是热盐环流(thermohaline circulation)，存在直接的联系。

在热带和温带，有五种类型的水系，分别是：1)表层水系，限于海表至200 m深，主要位于热带温跃层或季节性温跃层以上；2)次表层水系，位于季节性温跃层之下、主温跃层之上，深度随纬度发生变化；3)中层水系，位于主温跃层之下到1500 m深处，包括低盐的南极中层水(Antarctic Intermediate Water, AAIW)和北极中层水、高盐的地中海和红海水团；4)深层水系，位于中层水之下到4000 m深的水层；5)底层水系，充溢于各大洋的近底层，主要有南极底层水和北极底层水。关于主温跃层和季节性温跃层的定义见本书第1章1.4节。

大洋主温跃层不是沿同一个等位势面分布的，在中高纬海域，它已上升至海面，因此，在中高纬海域，表层和次表层水团没有主温跃层作为其下界，它们和中层、深层乃至底层水系的某些水团相连，特别是在北大西洋区域。实际工作中为讨论方便，常以大洋主温跃层为界，把海水分为冷水系和暖水系，暖水系包括大洋中、低纬度的表层和次表层水团，冷水系包括大洋主温跃层以下的中层、深层和底层水团，以及高纬海域的表层和次表层水团。相应地，在讨论大洋环流时，世界大洋低纬度的表层、次表层水团可集合为“暖水系”环流，而大洋中、深层和高纬海域的表层、次表层水团，则集合为“冷水系”环流。大洋热盐环流属于冷水系环流。

大洋环流与大洋水团的分布有关。在两极海域，随着纬度的增高，上层海水急剧冷却，密度增大而剧烈下沉，成为大洋底层和深层水的主要源地。大洋深层水团的形成，只集中在少数相对较为封闭的地方，包括南极洲的威德尔海、罗斯海和北大西洋高纬海域等。

深层水团是世界大洋中厚度最大的水团，其体积约占全球海水的 30%，其中最为著名的是北大西洋深层水 NADW。至于印度洋和太平洋的深层水团，根据其溶解氧含量的递减规律，证实它们是源自 NADW 的“老龄水”，随南极绕极环流进入印度洋和太平洋(Broecker et al.，1985)。

大西洋与太平洋在水团、深层洋流的分布上都具有明显区别。研究大洋热盐环流，重点关注北大西洋；北大西洋的水龄要比北太平洋年轻得多；北太平洋深层水主要是高龄水。水分收支有别，使得北大西洋高纬比北太平洋要咸得多，表层海水密度大，有利于表层水下沉、发生对流，和深层的交换增强。

作为例子，图 6.1 给出观测资料揭示的气候态年平均大西洋纬向平均盐度的分布情况。在北半球，从 34.95 psu 的等值线分布，可以看到北大西洋深层水 NADW 在高纬度下沉、在 2000～3000 m 深度上向南伸展的特征。在南半球，从 34.68 psu 等值线的分布，可以看到南极底层水 AABW 自南极地区下沉、沿着大洋底层向北伸展的特征。在 60°S、1000 m 左右的深度上，可以看到盐度较低(34.4 psu)的南极中层水 AAIW 的分布。沿 30°N 在 1000 m 深度以上的高盐水团，主要来自地中海和红海水团的贡献。

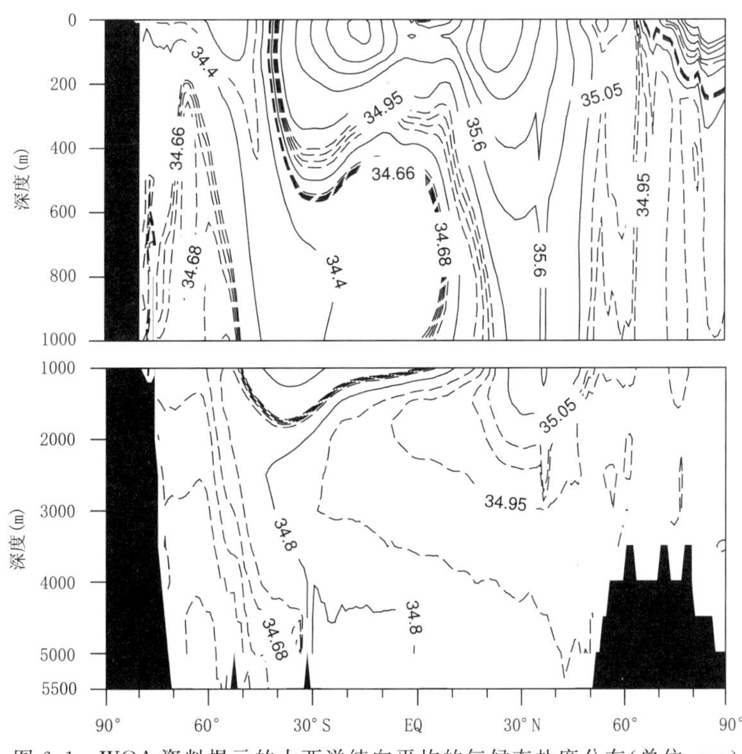

图 6.1　WOA 资料揭示的大西洋纬向平均的气候态盐度分布(单位：psu)

6.2 经圈翻转环流与大洋环流输送带

大洋环流可以大致分为风生洋流和热盐流。来自海表的风应力、热通量和淡水通量强迫是大洋环流形成的根本原因。主要受海面风的应力作用产生的海流,称作风生流(见第 2 章)。对于热盐流,它是由于海面受热冷却不均、蒸发降水不匀所产生的温度和盐度变化,导致密度分布不均匀形成的海流。因为海水的密度主要由温度和盐度决定,所以这种由密度梯度驱动的深层洋流,被称为"温盐流"(或热盐流,thermohaline circulation)。注意在实际的大洋中,很难把风生流和热盐流给一个明确的分界。基于海洋模式的数值试验亦表明,热盐环流与风生环流不能严格分开(England, 1993)。

全球风生环流可概括为:1)西风漂流,由盛行西风所驱动,流向终年向东。在南半球可环绕南极大陆一周,故称南极绕极环流(ACC)。北半球受大陆阻隔,西风漂流分为北太平洋洋流和北大西洋洋流。它们在大洋的东部均各再分支,前者包括加利福尼亚海流和阿拉斯加海流;后者包括葡萄牙海流、挪威海流和伊尔明格海流。2)西边界流,包括大西洋湾流和巴西海流、太平洋黑潮和东澳大利亚海流、印度洋厄加勒斯海流,特点是流速、厚度、流量都大,但流幅不宽。3)东边界流,包括东太平洋加利福尼亚海流和秘鲁海流、大西洋加那利海流和本格拉海流、印度洋西澳大利亚海流,都位于风生副热带反气旋式环流东部。特点是流速、厚度、流量都小,但流幅宽。4)赤道流系,包括南、北赤道流和赤道逆流。因信风不对称于地理赤道,故南、北赤道流不对称于地理赤道,赤道逆流也不在地理赤道上。

在数值模拟研究中,常利用正压流函数来辨认风生环流的主要成员(例如湾流、黑潮和南半球西风漂流等),理解南北输送整体上的平衡。

目前关于风生环流的认识已经比较清楚。相对之下,关于全球大洋热盐环流特征的认识,尚存在诸多的不确定性,原因在于大洋观测资料的欠缺。如图 6.2 所示,大洋热盐环流的主体部分,是指大西洋中强劲的"经圈翻转环流"(AMOC)【注3】,它本质上是由海水的温、盐差异导致的密度梯度驱动的密度流。因此,热盐环流是由密度梯度驱动的深层洋流,它是大洋环流输送带的主要组成部分。研究热盐环流重点关注大西洋,大西洋热盐环流包括北大西洋深层水 NADW 的南传,以及南极底层水 AABW 的北侵,表层的湾流也是其重要组成部分。关于热盐环流的定义,目前有许多种【注4】。注意在本章下面的讨论中,利用"热盐环流"来特指大西洋"经圈翻转环流"(AMOC)。

需要强调的是,图 6.2 给出的只是一个大洋环流输送带的概念图像。其优点是把复杂的科学问题用简洁的示意图形象地刻画出来,缺点是科学上的严谨性不够,部分细节尚有待推敲。实际上,在图 6.2 所示的输送带图像中,目前比较确定的只是其大西洋的"经圈翻转环流"部分,而包括印度尼西亚贯穿流(Indonesian Throughflow,见第 11 章)在内的太平洋环流,是否能够和大西洋的经圈环流一道构成一个真正"闭合的输送带",还是一个有待观测证据来验证的问题。

风生流和温盐流的作用区域有所区别,前者限于大洋的上层和中层,即在密度跃层以上,后者则主要集中在大洋深层。根据估算,全球大洋 10%的水体受风生流影响,90%的水体受热盐流影响。

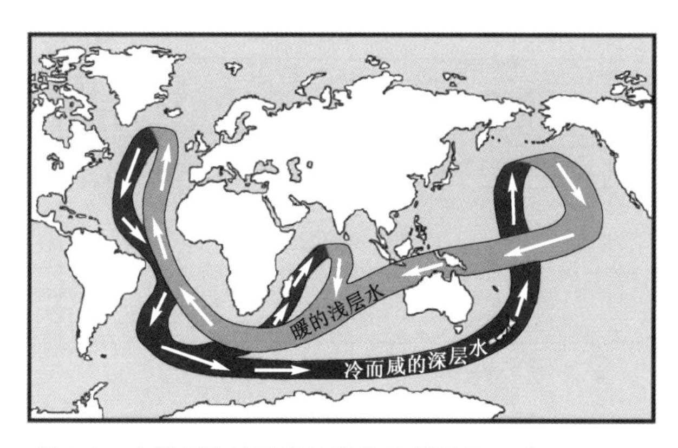

图6.2　大洋环流输送带的简化示意图(Broecker, 1991)

在实际研究工作中,一般利用“经圈流函数”来表征“经圈翻转环流”(为便于讨论,下文亦称之为“热盐环流”),较之流场,它更适合反映大洋环流的总的经向输送特征。经圈流函数的定义如下。

在体积守恒下,海水连续方程为:

$$\frac{\partial u}{\partial x}+\frac{\partial v}{\partial y}+\frac{\partial w}{\partial z}=0 \tag{6.1}$$

对于特定的洋盆(例如大西洋),将上式从西边界 x_W 到东边界 x_E 沿纬圈积分:

$$\int_{x_W}^{x_E}\left(\frac{\partial u}{\partial x}+\frac{\partial v}{\partial y}+\frac{\partial w}{\partial z}\right)\mathrm{d}x=0 \tag{6.2}$$

定义 V 和 W 如下:

$$V\equiv\int_{x_W}^{x_E}v\mathrm{d}x, W\equiv\int_{x_W}^{x_E}w\mathrm{d}x \tag{6.3}$$

因为在东、西边界处有 $u=0$,故有:

$$\frac{\partial V}{\partial y}+\frac{\partial W}{\partial z}=0 \tag{6.4}$$

定义经圈流函数 ψ,使其满足

$$V=-\frac{\partial \psi}{\partial z} \tag{6.5}$$

$$W=\frac{\partial \psi}{\partial y} \tag{6.6}$$

理论上基于式(6.5)或式(6.6)均可计算流函数。实际计算中,多利用经向速度 v 来计算 ψ。如果从西边界 x_W 到东边界 x_E 的纬向积分是对所有大洋进行的,则对应的经圈流函数,反映的是所有大洋的经向输送总量;如果纬向积分仅对某一个大洋单独进行,例如大西洋,则得到的经圈流函数反映的是大西洋的经向输送。针对大西洋的纬圈积分的经圈流函数,是用于描述大西洋“热盐环流”或者说“翻转环流”的常用变量。

作为示例,图6.3给出IAP/LASG海气耦合模式FGOALS-gl过去千年气候模拟试验模拟的大西洋经圈流函数的气候平均态分布(图6.3a)。为了刻画经圈流函数的长期变化,图6.3b还给出北大西洋经圈流函数指数(有时简称“热盐环流指数”)的千年序列,它被定义为

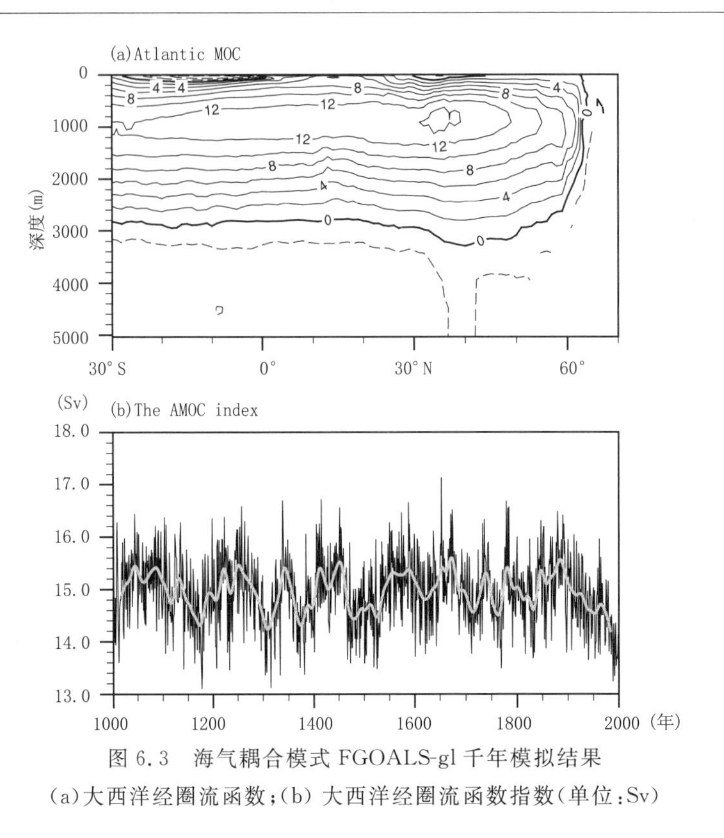

图 6.3　海气耦合模式 FGOALS-gl 千年模拟结果

(a)大西洋经圈流函数;(b) 大西洋经圈流函数指数(单位:Sv)

经圈流函数在 30°～60°N 的极大值。习惯上,还经常利用经圈流函数在 60°N 的下沉支的极大值来表征(周天军 等,2000),两种指数定义方法所揭示的经圈流函数的年代际变化特征相近。

从图 6.3 可见,模式模拟的大西洋经圈流函数气候态平均值在 15.0 Sv 左右。近年来的观测资料表明,沿着 26.5°N 断面,大西洋经圈流函数的强度在 18.5±4.9 Sv 左右(http://www.noc.soton.ac.uk/rapidmoc/),FGOALS-gl 的模拟结果较之观测偏弱,但依然在观测的偏差范围之内。在模式中,大洋经圈流函数存在很强的年代际变率,其标准差在 1.0 Sv 左右,最强和最弱年的变化幅度可以达到 2.0 Sv。关于造成该经圈翻转环流年代际变化的原因及其和大气的耦合作用,一直是国际气候变率研究领域关注的一个热点话题。

注意大西洋经圈流函数表征的是该海盆经圈翻转环流的整体输送特征,表层的向北输送主要来自湾流,它在大西洋北部的拉布拉多海等边缘海下沉、伴随有深对流活动;深层的向南输送主要表现为深层西边界流的形式;此外还有回流过程,即混合驱动的深层水向上回到表层的过程。

6.3　大洋环流的经向热输送

大洋环流影响气候的重要途径是经向热输送。对于全球气候系统而言,热带存在辐射盈余,极地则存在辐射亏损,为保持整个系统的能量平衡,在低纬与高纬之间,必须存在强的经向能量输送,这种经向能量输送过程,大洋环流承担约 50%。地球表面约 71%被海洋覆盖,全球海洋吸收的太阳辐射量约占进入地球大气顶的总太阳辐射量的 70%左右。因此,海洋尤其是热带海洋，是大气运动的重要能源。海洋所吸收太阳辐射的 85%被贮存在海洋表层(混合层)中，以潜热、长波辐射和感热交换的形式输送给大气，驱动大气运动。大气和海洋热输送的途径不同。在海洋中，由于存在侧边界，极向热输送主要通过经向环流(包括位于风生涡旋下面的较浅的埃克曼环流和深层的热盐环流)。而低纬大气的极向热输送主要通过 Hadley 环流和瞬变涡旋(周天军 等，1999)。

海洋环流通过极向热输送对气候系统产生重要影响。海洋环流把低纬的热量向高纬输送，在 30°N 附近(那里的海洋西边界流最强)通过强烈的海气热交换，把大量的热量输送给大气，再由大气环流把能量向更高纬度输送。所以，海洋经向热输送强度的变化，将对全球气候产生重要影响。海洋的极向热输送的分布随纬度不同：在 0～30°N 低纬地区，海洋输送的能量超过大气，极大值在 20°N 附近，海洋输送占 74%；在 30°N 以外的地区，大气输送的能量超过海洋，极大值在 50°N 附近。大西洋在全球大洋中是最为主要的自低纬度向高纬度的热输送器，这一点从图 6.4 给出的估算结果中可以清楚地看出。

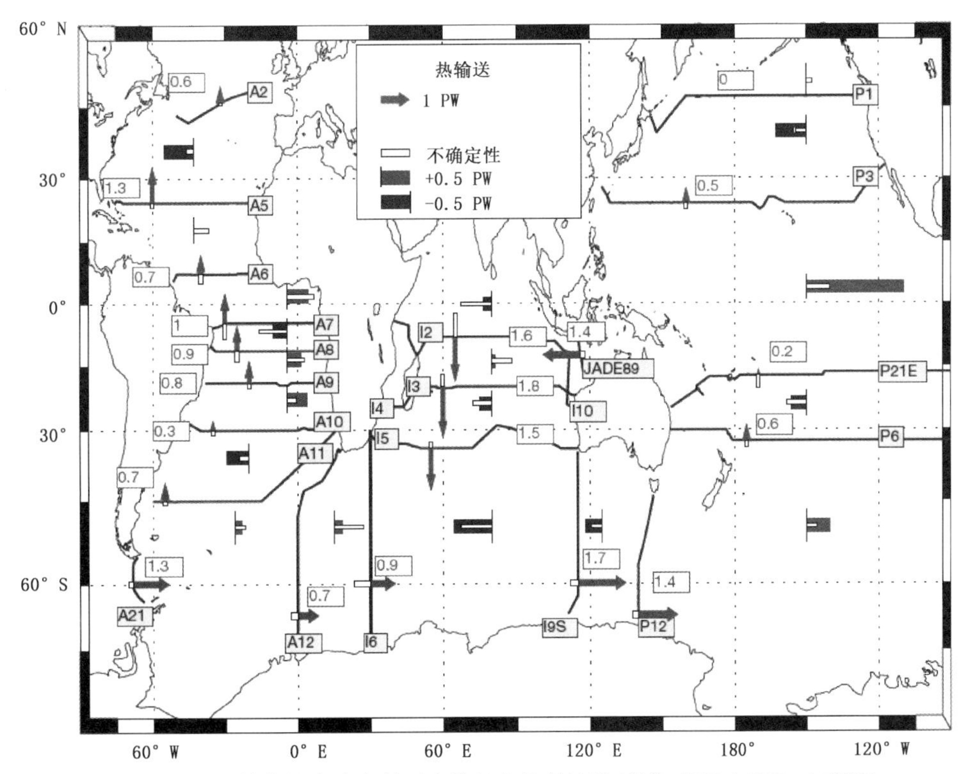

图 6.4　实际估算的全球大洋环流的经向热量输送(单位：PW，1 PW=10^{15} W)
(Ganachaud et al.，2000)

在热盐环流变率研究中，经常要用到的一个概念是经向热输送(Meridional Heat Transport，MHT，有时也称作 Poleward Heat Transport)。对于一个形状如图 6.5 所示的理想形状的海盆，其定义如下：

$$MHT = \int_0^X \int_{-H}^0 \rho_0 c_p v T \, dz dx \tag{6.7}$$

经向热输送和海表热通量存在直接的联系，可以利用海表热通量来反推经向热输送的大

小。利用第1章给出的海温的预报方程(1.1)和海表边界条件式(1.2):

$$\frac{\partial T}{\partial t}=-\frac{\partial vT}{\partial y}-\frac{\partial uT}{\partial x}-\frac{\partial wT}{\partial z}+\frac{\partial}{\partial z}\left(\kappa\frac{\partial T}{\partial z}\right) \tag{6.8}$$

$$\left(\kappa\frac{\partial T}{\partial z}\right)_{z=0}=\frac{1}{\rho_0 c_p}Q_{\downarrow} \tag{6.9}$$

在上述理想的海盆中沿东西方向和垂直方向进行积分,得到:

$$\int_0^X\int_{-H}^0\frac{\partial T}{\partial t}\mathrm{d}z\mathrm{d}x=-\int_0^X\int_{-H}^0\frac{\partial vT}{\partial y}\mathrm{d}z\mathrm{d}x+\frac{1}{\rho_0 c_p}\int_0^X Q_{\downarrow}\ \mathrm{d}x \tag{6.10}$$

对于长期气候平均情况而言,倾向项接近于零,于是有:

$$\int_0^X Q_{\downarrow}\ \mathrm{d}x=\frac{\partial}{\partial y}\int_0^X\int_{-H}^0\rho_0 c_p vT\mathrm{d}z\mathrm{d}x \tag{6.11}$$

式(6.11)可以简化表示成:

$$[Q_{\downarrow}]=\frac{\partial\langle MHT\rangle}{\partial y} \tag{6.12}$$

其中左端的方括号代表纬向积分,右端的尖括号代表在纬向断面上的积分。

上式的物理内涵是,沿着某个纬圈的海表净热通量之和,等于该纬度上总的经向热输送MHT的经向梯度。基于上述关系,经常利用海表的通量资料,来反算海洋的经向热输送。

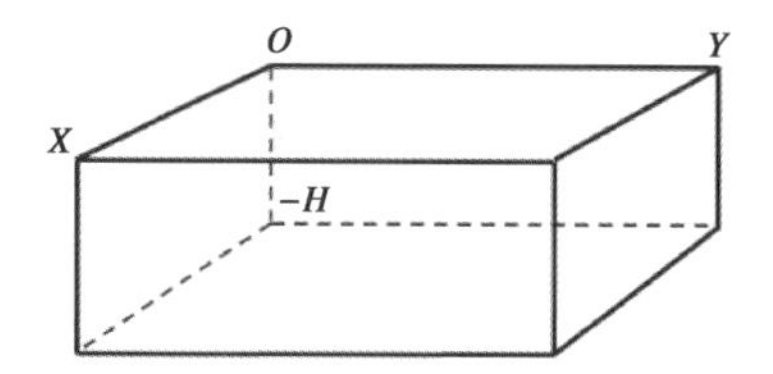

图6.5　计算经向热量输送的理想形状海盆示意图

注意大洋环流特别是大西洋经圈翻转环流的经向能量输送,是深层洋流和表层洋流共同作用的结果,具体说来上层暖水向北输送、下层冷水向南输送,西边界暖水向北输送、东边界冷水向南输送。大西洋是全球唯一的存在跨赤道的、均匀一致的净向北热量输送的大洋,原因在于那里存在包括热盐环流在内的经圈翻转环流。因此,强烈的跨赤道极向热输送,是大西洋热盐环流影响气候变化的重要途径。

热盐环流的另一重要作用是极向淡水通量输送。如第3章所述,全球大洋在中纬度海域有净蒸发(即蒸发大于降水)、而热带和高纬有净降水(即降水大于蒸发),这意味着在大洋中海盆间存在淡水输送,海洋输送淡水到净蒸发区,同时从净降水区带走淡水,从而部分地平衡海平面的高度。太平洋得到的大部分水通量(接近1 Sv)是通过太平洋的白令海峡输出的。在当前的全球大洋中,从太平洋到大西洋有淡水交换,它是全球淡水收支中的一个关键分量;基于再分析资料的跨洋盆水汽输送诊断分析,也支持上述结论(Zhou et al.,2000)。与大气中的水汽输送相比,海洋中的淡水通量大致补充了大气中的相应通量,极向河流输送要小1～2个量级,即海洋通过输送淡水而闭合了地球系统的水循环过程。

此外,热盐环流在全球碳循环中也发挥着极为重要的作用。现阶段,人类活动每年向大气排放二氧化碳大约60亿t。在这60亿t碳中,全球大洋吸收了约20亿t。大洋环流在重新分布碳上发挥着重要作用。

6.4　海气耦合模式模拟的热盐环流变率

热盐环流的变化表现出多时间尺度的特征。古气候研究领域，多关注热盐环流的平衡态转换问题及其百年尺度振荡(周天军 等，1998，2000a)。观测资料上的欠缺，使得关于热盐环流的研究，主要利用海洋环流模式和海洋—大气耦合模式来进行。利用海洋模式来进行热盐环流变率、特别是热盐环流平衡态转换研究，需要对海洋模式的海面温度和盐度边界条件做特殊处理(周天军 等，2009；王璐 等，2011)。

海气耦合模式在讨论热盐环流的变率方面发挥着更为重要的作用。在海气耦合模式中，热盐环流与大气环流在较短的时间尺度上，例如年际尺度，亦表现出相互作用的特征(周天军 等，2000b)。在较短时间尺度(从季节到年际)上，热盐环流的变化受大气环流的影响；与热盐环流相联系的大气环流变化，在北半球表现为北极涛动[北大西洋涛动(NAO)]，在南半球表现为南极涛动。大气影响热盐环流变化的途径是海表的水通量和热通量。在地质时间尺度上，海洋地形也是影响热盐环流强度的因素之一。

关于热盐环流的年际和年代际变率原因，基于海气耦合模式长期模拟积分结果的研究发现，热盐环流的强度变化和大气环流存在显著的联系(周天军，2003)。图 6.6 给出模式中大西洋区域冬季海平面气压(SLP)与年平均经圈翻转环流指数(THC)在不同滞后时间上的回归

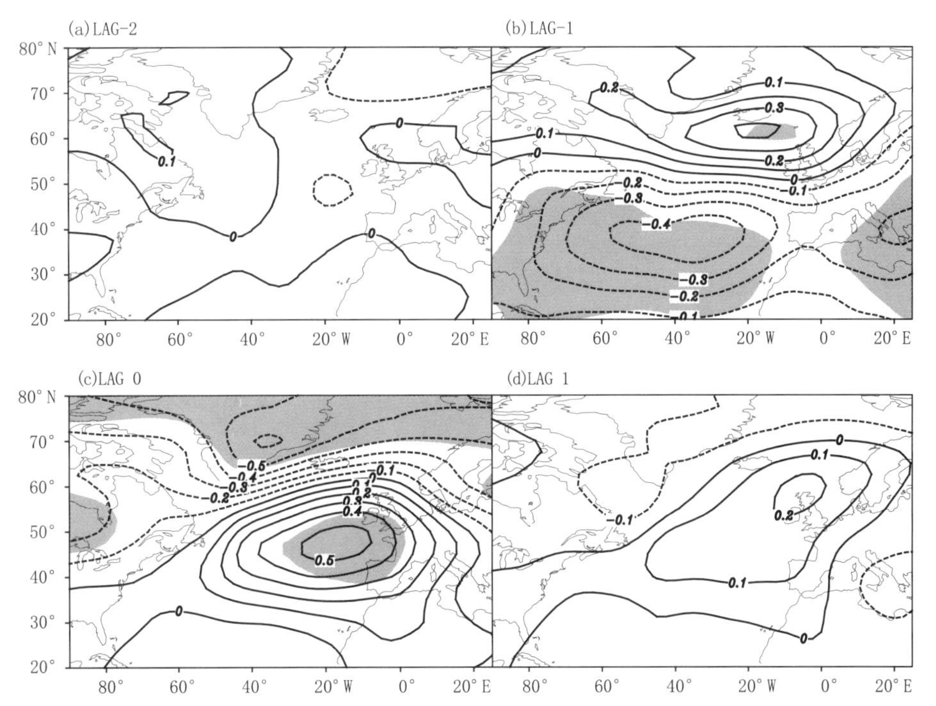

图 6.6　海气耦合模式中大西洋区域冬季平均海平面气压与年平均 THC 指数序列的超前/滞后回归系数分布。滞后－1(＋1) 表示 THC 指数达到最强之前(随后)1 a 的情况；单位是 hPa/标准偏差，等值线间隔为 0.1；(a)滞后－2 a，(b)滞后－1 a，(c)滞后 0 a，(d)滞后＋1 a；阴影区表示达到 99％的信度水平(周天军，2003a)

系数分布。在－1 a滞后，回归系数分布型呈现出NAO的负位相特征；1 a滞后，回归型则呈现出NAO的正位相特征。NAO和THC的联系，是通过边缘海的对流活动(例如拉布拉多海的对流活动)而建立的。

为确认对流活动对NAO强迫的响应是在年内尺度的，对拉布拉多海混合层深度距平和NAO指数序列做超前(滞后)回归分析，注意这里所用的资料是12月到翌年3月的逐月资料，结果如图6.7所示。在NAO活动达到最强状态之后3个月，拉布拉多海对流活动也完成了其调整过程。4个月之后，几乎看不到显著的信号。这种快速响应过程与实际观测比较吻合。观测分析发现，对流活动对水团动力过程和物理特征变化的影响，主要是通过垂直混合来实现的，而垂直混合的时间尺度是以天来计算的。因此，模式中不稳定水柱对大气强迫的快速的、近乎同时的响应不难理解。

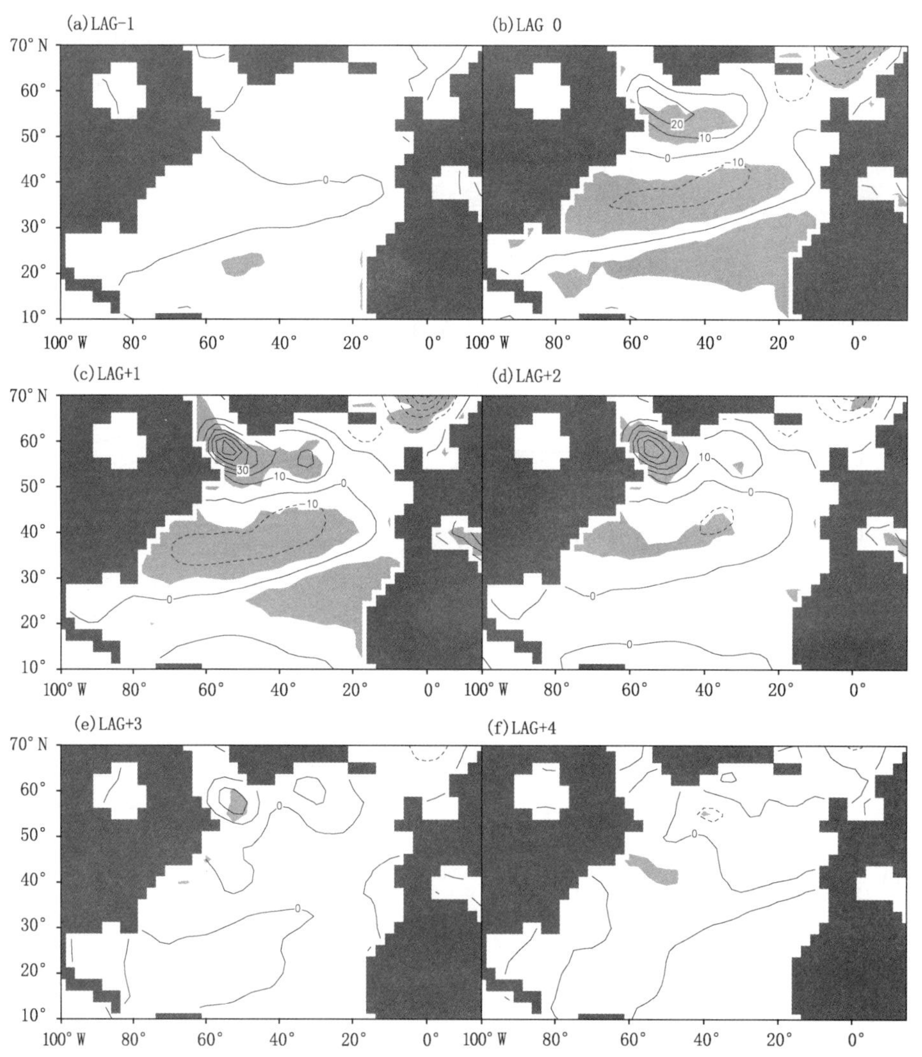

图6.7　月平均NAO指数序列与混合层厚度变化的超前/滞后回归系数分布。计算用的是10月至翌年3月的逐月资料；滞后－1(＋1)表示NAO指数达到最强之前(随后)1个月的情况；单位是m/标准偏差；(a)滞后－1月，(b)滞后0月，(c)滞后1月，(d)滞后＋2月，(e)滞后＋3月，(f)滞后＋4月；阴影区表示达到99％的信度水平(周天军，2003a)

关于NAO影响拉布拉多海对流活动的机理,诊断研究表明,在NAO活动的正位相,伴随着中纬度西风带的加强,北大西洋拉布拉多海热通量损失剧增,同时海面盐度出现正距平,二者的共同作用,令表层海水变沉、密度增大,海洋层结出现不稳定,导致深对流发生。在NAO活动达到最强劲状态之后3个月,拉布拉多海对流也达到最深。北大西洋热盐环流强度变化对拉布拉多海对流活动的响应,要滞后3 a左右。而在年际尺度上,大西洋的极向热输送变化和热盐环流的变化则基本是同步的(周天军,2003a)。

热盐环流的年际和年代际变率特征存在差异。为揭示热盐环流的多时空尺度振荡的主导性模态,利用一个全球海气耦合模式的长期模拟积分结果,对年纬向平均大西洋经圈流函数距平场做经验正交函数(EOF)分解。第一个EOF模态解释了总方差的44.4%,为直观显示该模态的空间型,根据其对应的主分量(PC1),对大于一个标准偏差的年份做经圈流函数的距平场合成(图6.8a),表现为全海盆范围的距平型,存在很强的跨赤道流动,距平极大值位于40°N附近的2000~3000 m的深度上。该空间分布和经圈流函数的平均气候态非常接近,因此它反映的是整个大西洋“输送带”的加速或“刹车”。对相应的主分量PC1做Morlet子波分解(图6.8b),主要表现为年代际尺度上的振荡,主导周期为22 a左右。

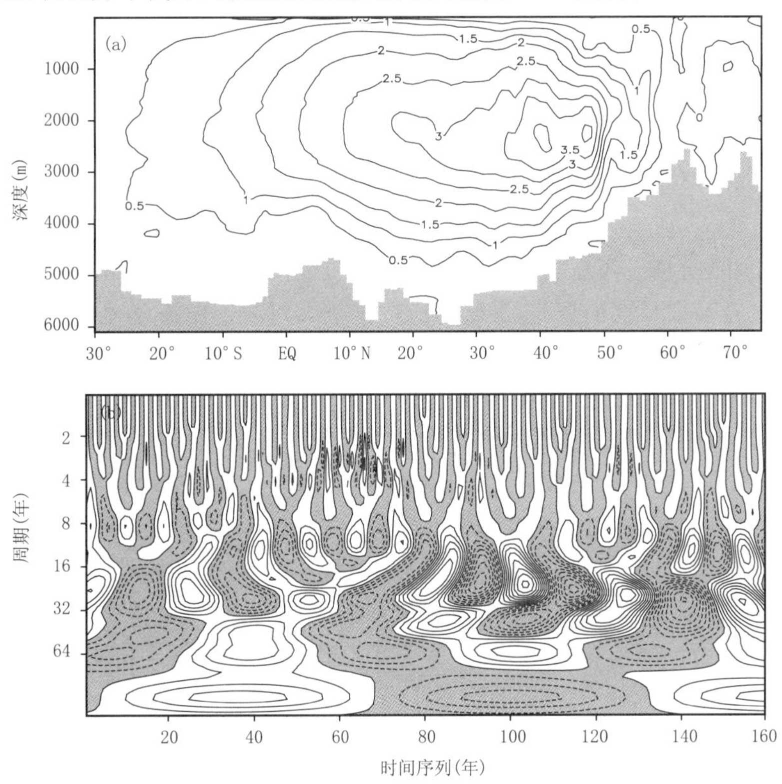

图6.8　一个海气耦合模式中热盐环流年代际变化的经圈流函数(a)及时间序列的周期分布(b)(周天军 等, 2005)

EOF分解的第二个空间模态解释了总方差的20.1%。根据标准化的主分量PC2,以大于一个标准偏差为界,同样对经圈流函数距平场做合成分析(图6.9a),其形态明显不同于经圈流函数的气候平均态,跨赤道流动弱,距平极大值位于经圈流函数的下沉支,30°N以北为正距平,以南为负距平,因此,反映的是热盐环流的局地范围调整。对PC2做Morlet子波分解

(图 6.9b),主要表现为年际尺度振荡,主导性周期为 3 a 左右。

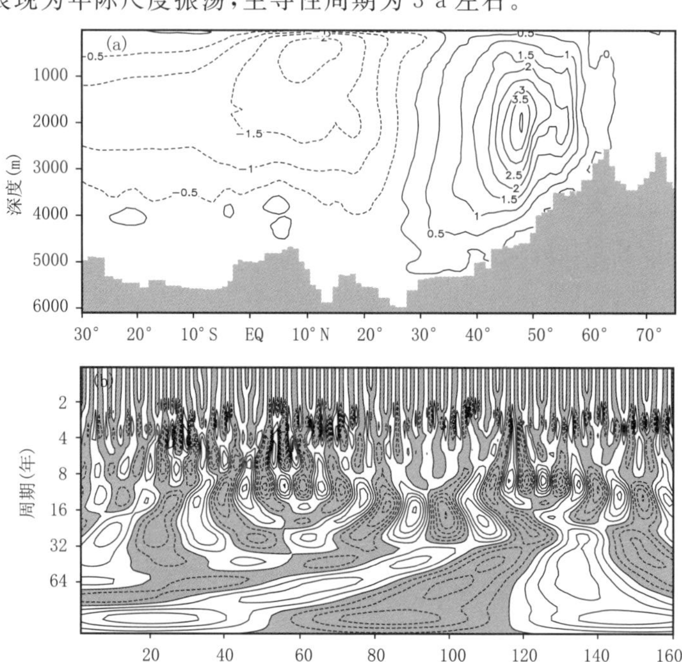

图 6.9　一个海气耦合模式中热盐环流年际变化的经圈流函数(a)及时间序列的周期分布(b)(周天军 等，2005)

基于上述分析,可见大西洋热盐环流的年代际和年际振荡,所表现出的空间特征不同。年代际振荡表现为全海盆尺度的振荡,翻转环流在整个大西洋经向海盆范围内发生一致的强度变化,跨赤道流动强;年际振荡主要表现为局地尺度的振荡,变化限于北大西洋的局部,跨赤道流动较弱。进一步的研究发现,年代际振荡伴有亚速尔高压的增强、冰岛低压的加深;年际振荡则伴有亚速尔高压的减弱。这两种海平面气压异常型都反映了北大西洋涛动活动中心的强度变化,两种变率型对应的拉布拉多海对流活动都加剧。但伴随局地尺度的热盐环流调整,北大西洋北部的伊尔明格海的对流活动减弱。蒸发异常对拉布拉多海表层盐度异常的影响较为显著(周天军 等,2005)。

年际尺度的热盐环流振荡主要是对大气强迫的被动响应,而海盆尺度热盐环流振荡的实质是反映整个输送带的强度变化,其气候意义要大于年际尺度的局地振荡。目前一个众所关心的话题,是热盐环流对全球增暖的响应,对于该问题的回答,现阶段主要依靠利用海气耦合模式进行数值模拟和预估。下文将介绍到,目前许多耦合模式中热盐环流对全球增暖的响应,实际上主要表现为局地尺度的调整,而不是“整个输送带”的减速,这使得其气候影响较为有限。

6.5　热盐环流与气候突变

地球历史上曾多次发生过气候突变。冰芯和来自海洋、湖泊的岩芯记录表明,气候系统在年代际到百年际的时间尺度上存在着很强的振荡,这些信号具有全球性特征,但在北大西洋地区最强。关于气候突变的触发机制，目前尚无定论，但热盐环流状态的变化乃至崩溃，可能是触发气候突变的重要因子之一。研究热盐环流与气候突变联系的一个很好的例子，是所谓的"新仙女木事件"(Younger Dryas event)，它是发生在大约距今11～10千年前的冷事件，反映的是上一次冰期和目前的间冰期之间的气候振动。在上次冰期结束时，气候回暖，覆盖欧洲和北美大陆的冰盖快速融化，但随后突然间，又出现一次短暂的冷期，即所谓"新仙女木冷期"，该事件在许多古气候记录中都得到反映。新仙女木冷事件在20～50 a内突然结束，导致了当前的间冰期。

关于新仙女木事件，目前最为流行的理论之一是，冰融化使得大量的淡水输送到北大西洋，结果在副极地大洋表面形成一个大的淡水帽，使海表水变淡，抑制了海洋深对流的发生，表层海水下沉中止，使得北大西洋热盐环流中断。"新仙女木事件"的信号在全球许多地方都有发现，而不仅仅是限于北大西洋。注意围绕"新仙女木事件"成因的讨论尚无定论，热盐环流的作用是其中的假说之一。

关于"新仙女木事件"究竟局限于大西洋区域还是全球现象的讨论，曾经多有争议，从南海冰后期的古温度记录看，至少相邻的苏禄海已经有3个站位发现有新仙女木事件。南海北部大约在11000年前开始出现气候短期旋回，表现为冬季海温下降2.7℃。新仙女木期的气候旋回，在南海北部主要涉及表层海水。南海南部也发现新仙女木信号，只是与南海北部相比，变化幅度较小。格陵兰冰帽冰芯的氧同位素曲线揭示，末次冰期旋回中存在一系列快速的升温事件(Dansgaard-Oeschger事件，简称"D-O事件")，每一个D-O旋回事件持续时间为500～2000 a不等，升温幅度达5～8℃；北大西洋深海沉积物中也发现末次冰期存在多次冰筏碎屑沉积记录(Heinrich事件，简称"H事件")。D-O事件与H事件关系密切，每一组D-O事件均以突然增暖开始，然后发生逐次降温事件，最后由一个H事件结束。中国的黄土研究中发现有H事件的记录，末次冰期中国黄土中极大粒度的年龄【注5】，与最后六次H事件相吻合，由于中亚风尘的传输和沉降主要由东亚冬季风控制，所以这种关系被解释为源自东亚冬季风的变化。因此，北大西洋和中国的气候变化，通过西风带的变化联系起来。该结果也表明，H事件、D-O事件具有半球性质，与高纬冷空气通过西伯利亚高压对东亚季风的影响有关。

最近的一次气候突变发生在约8200年前。但较之以前的事件，此次突变事件无论在范围还是强度上都比较弱。触发这次突变的原因，可能是北美陆上冰川融化，结果使得积累的淡水在较短时间内释放到北大西洋，从而令热盐环流减弱。

气候重建记录还显示，在大约距今4千年前，全球气候存在一次明显的变冷、变干的气候突变。来自中国的气候重建证据也支持该次事件的存在。但是围绕着其成因，目前尚没有令人信服的结论。该次事件是千年尺度气候振荡的一个冷位相，触发机制有可能是热盐环流。为了检验这一假设，Wang等(2004)进行了一组数值试验。对应热盐环流减弱，由于大西洋的自南而北的跨洋盆极向热输送减弱，所以，北大西洋的表层海温将变冷，而南大西洋的表层海温则将增暖。基于这一图像，Wang等(2004)构建了对应热盐环流减弱情形的表层海温异常分布型(图6.10)，其中北大西洋偏冷最大3℃、而南大西洋则偏暖最多2℃左右。利用这一海温异常型来强迫大气环流模式，结果所得到的温度距平和降水距平的分布型，和来自古气候重建记录的证据非常接近。其中温度的变化如图6.11所示，欧亚大陆均变冷，尤以北欧、中亚和远东地区最为显著。降水的变化，则表现为较低纬度的尼罗河流域和黄河流域的干旱化特征(图略)。有趣的是，中高纬度变冷、而较低纬度变干这一模式响应，和史料记录较为接近

(Wang et al.,2004)。

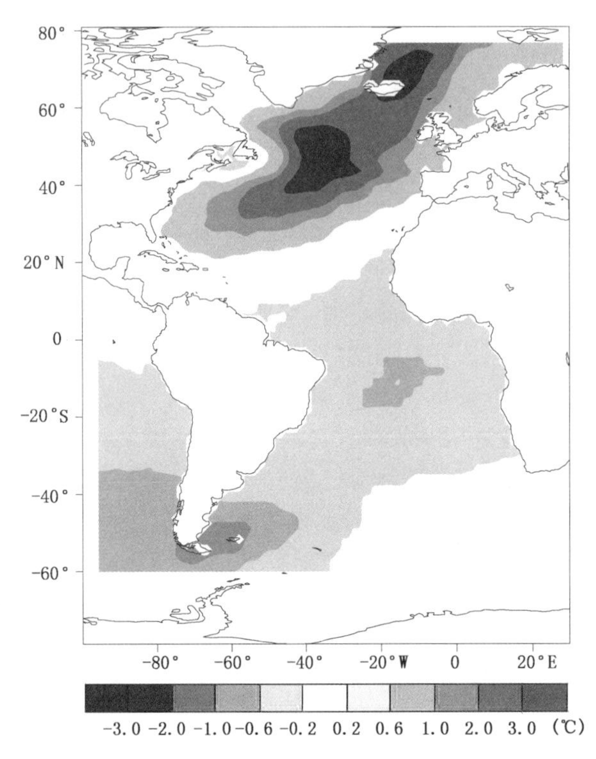

图 6.10 大西洋热盐环流减弱所对应的 SST 距平型(Wang et al.,2004)

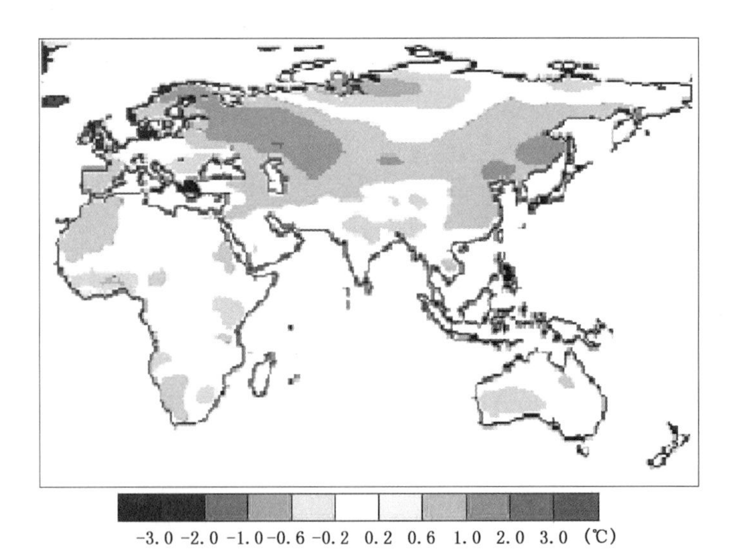

图 6.11 利用图 6.10 的 SST 距平型驱动大气环流模式所得到的年平均气温的变化(Wang et al.,2004)

6.6 全球变暖对热盐环流的影响

全球变暖形势下北大西洋热盐环流的变化为世人所关注，电影《后天》(The Day After Tomorrow)在唤醒社会关注气候变化问题的同时，却夸大了这种变化发生的可能性和气候响应。然而，关于全球变暖背景下热盐环流崩溃的可能性，我们尚难以给出可靠的判断。要回答这一问题，既需要了解驱动快速气候变化的因子，也需要了解气候系统固有的内部变率(即没有温室气体增加等外强迫的变化，单纯依靠海—陆—气—冰圈层间的相互作用，依然能够产生年代际尺度上的气候变化)。目前较为紧迫的任务，是直接测量大西洋翻转环流的强度，这是一个富有挑战性的工作，因为目前的海洋观测系统在测站数量上远不能和大气探测系统相比，海洋观测资料无论在时间还是空间分布上都极度匮乏。由英国和美国联合资助的、自2001年开始实施的“快速气候变化”(RAPID)研究计划，已经开始监测大西洋经圈翻转环流的变化(http://www.noc.soton.ac.uk/rapidmoc/)，该项目计划建立长达10 a(2004—2014年)的大西洋经圈翻转环流序列。不过，10 a多的序列，对于讨论热盐环流的年代际变化是远远不够的。因此，现阶段关于热盐环流变化的研究工作，在很大程度上依赖于气候模式。

围绕着全球变暖背景下的热盐环流变化，人们开展了大量的数值模拟研究。研究发现，人类活动导致的大气中的CO_2及其他温室气体浓度的增加，可能导致大西洋热盐环流明显减弱；更为重要的是，热盐环流平衡态的转换很快，可能在10～20 a的时间内完成。不过，数值模式在这方面的预估结果并不统一，根据IPCC第三次评估报告(IPCC TAR)，尽管大部分模式预测热盐环流将减弱，但是彼此间热盐环流变化的情形相差很大，有的模式甚至预测热盐环流将不会发生变化(Houghton et al.,2001)。2007年公布的IPCC第四次评估报告(AR4)预估的未来热盐环流变化(Solomon et al.,2007)，其结论没有超出IPCC TAR的情形(图略)。

IAP/LASG海气耦合模式也被应用到热盐环流研究中。利用IAP/LASG气候系统模式GOALS，检验了全球增暖背景下大西洋热盐环流的变化。结果表明，全球增暖令北大西洋高纬热盐环流的下沉区海温升高、海水变淡，海水密度随之降低，海水下沉减弱，其与低纬大洋间的经向密度梯度减少。当大气中CO_2浓度加倍时，热盐环流减弱8%(图6.12)。这种响应特征，从定性的角度看和目前世界上许多海气耦合模式的结果是一致的；从定量的角度比较，其变化强度要偏弱。但是，分析发现，GOALS模式中热盐环流的这种变化主要限于北大西洋(图6.12a)，是一种局地尺度的变弱，而非整个输送带的均匀一致减弱(类似图6.9所讨论的热盐环流局部变化)，它带来大西洋中高纬度极向热输送减弱最多达10%。利用德国马普气象研究所的海气耦合模式、美国普林斯顿大学/美国国家海洋大气局地球流体动力学实验室GFDL的海气耦合模式也得到了类似的结果，即海气耦合模式中热盐环流对全球增暖的响应表现为局地尺度的调整。

需要指出的是，观测数据匮乏是制约热盐环流研究的重要因素。有限的观测数据发现，北大西洋拉布拉多海的深对流活动，自20世纪70年代以来，有变弱的趋势。但是，观测证据尚不足以揭示当前大西洋热盐环流变化的真实图像。自2004年开始的大西洋经圈翻转流监测试验显示，大洋经圈翻转环流并没有呈现出显著减弱的特征(http://www.noc.soton.ac.uk/rapidmoc/)。

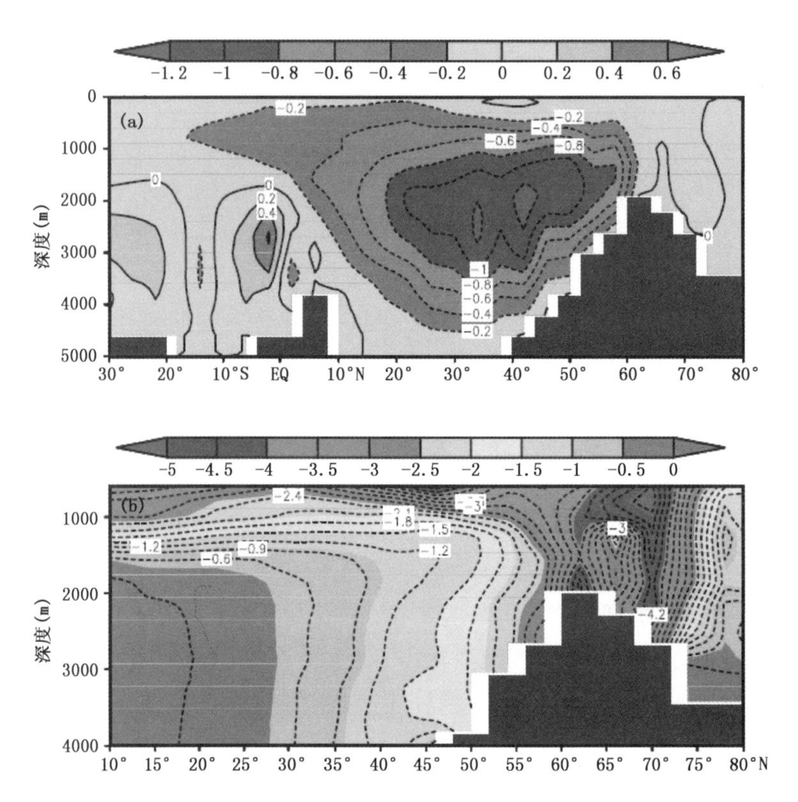

图 6.12　全球平均表层气温升高导致的大西洋纬向平均经圈流函数(单位为 Sv)的变化(a)和大西洋纬向平均海水密度(单位为 10^{-2} kg/m^3)的变化(b)(周天军 等,2005)

6.7　太平洋的经圈环流

尽管太平洋和大西洋在其各自的西边界都有很强的北向表层流,即黑潮和湾流,但是它们在高纬海域差别很大。太平洋黑潮向北延伸不远,并且其南向回流发生在近表层。在北大西洋,湾流的北向伸展很远,在高纬海域,海水首先下沉到较深的深度上,随后再转而向南流。现有观测资料可以清楚揭示这种环流差异。

北大西洋净向北的表层流强度超过 16.0 Sv,通过冷却作用,它在高纬度下沉,转变为深层水团。与大西洋相反,太平洋的净北向输送几乎为零,原因就在于北向的黑潮表层流,随后是在接近大洋表层处返回赤道的。太平洋的经圈环流尽管强度超过 20.0 Sv【注6】,但是它在垂直方向上很浅(图 6.13)。因此,研究大洋经圈翻转环流偏重大西洋有其道理。

目前关于太平洋经圈环流的讨论,偏重在热带区域。具体说来,重点关注的是太平洋“副热带一热带经圈环流”(Subtropical-Tropical meridional Cell,STC)在热带太平洋年代际气候变率中的作用。关于 STC 的动力成因及其与热带温跃层形成的联系,详见本书 1.4 节的具体介绍,这里我们重点关注其长期变化。有观测证据显示 STC 在最近几十年有减弱的趋势,结果赤道区域的上升流减弱,使得赤道中东太平洋的表层海温呈现出年代际尺度上的增暖,它是导致全球气候异常的重要强迫因子之一，亦被认为是造成 20 世纪后 50 a 全球陆地季风降水减弱的重要驱动因子(Zhou et al.，2008)。而关于 STC 为何减弱，则原因并不清楚。基于 IAP/LASG 海气耦合模式的模拟研究表明，全球温室气体增多所引起的 STC 变化幅度远比其内部变率要弱，故不是导致其年代际减弱的原因(周天军 等，2005)。

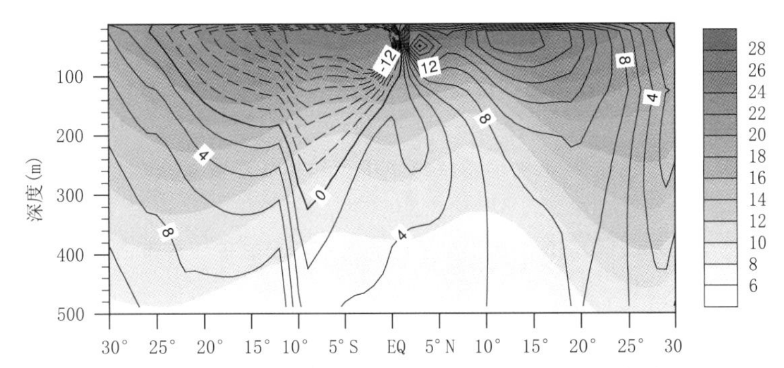

图 6.13　FGOALS-gl 模式模拟的太平洋经圈环流的气候平均态，等值线为纬向平均经圈流函数(单位：Sv)，背景为太平洋海盆纬向平均海温的分布(单位：℃)；纵坐标表示海洋深度(单位：m)(周天军 等，2005)

注　释

【注 1】北大西洋深层水(NADW)：从格陵兰海和挪威海溢出的低温、低盐的深层水，对 NADW 的形成具有重要作用。由冰岛—法罗群岛间溢出的海水，形成北大西洋东部的深层水；由格陵兰—冰岛溢出的海水，形成北大西洋西部的深层水。前者几经周折蜿蜒西行，在丹麦海峡南面与北大西洋西部深层水混合，转而向南，经拉布拉多海沿大洋西边界南流。

【注 2】南极底层水(AABW)：南极底层水 AABW 是最为著名的底层水团，它充斥于全球大洋的底部。AABW 主要在冬季形成于威德尔海和罗斯海。强冷却导致海水结冰，盐析作用令海面盐度骤增而沿南极大陆架下沉，在此期间与来自南极绕极环流的水团混合形成 AABW，后沿深海向北扩展。

【注 3】北大西洋经圈翻转环流(AMOC)：在北大西洋，湾流(Gulf)净向北的表层流强度超过 16.0 Sv，其向北伸展很远，在高纬海域释放出大量的热量，通过冷却作用，随后下沉转变为深层水团，在较深的深度上，再转而南流，这一输送过程即所谓的“大西洋经圈翻转环流”(AMOC，Atlantic Meridional Overturning Circulation)。

【注 4】关于热盐环流(thermohaline circulaton)的定义，Wunsch(2002)曾根据现有的气候和海洋文献归纳出七种不同的提法：1)质量、热量和盐分的环流；2)深海环流；3)经圈翻转环流(the meridional overturning circulation of mass)；4)全球输送带；5)海表浮力强迫驱动的环流；6)深海密度(压力)差驱动的环流；7)北大西洋净输出某种化学物质(例如元素镤)的过程。

【注 5】黄土粒度：指黄土“grain-size”，译为“颗粒大小”或“粒度”，大多数用“平均粒度”，也有的用“极大粒度”，颗粒越大表示冬季风越强。

【注 6】本书第 1 章的 1.4.5 节指出，观测中热带太平洋 STC 的垂直尺度大约几百米，其强度大约在 40～60 Sv。本章这里给出 20.0 Sv 的强度，是针对 FGOALS-gl 耦合模式的结果而言的。由于模式的分辨率较低(1°×1°)，模拟的 STC 强度相应偏弱。

参考文献

王璐，周天军，刘海龙，等，2011. 两种热通量边界条件对热带太平洋海温模拟的影响[J]. 海洋学报，33:

9-18.

周天军，2003a. 全球海气耦合模式中热盐环流对大气强迫的响应[J]. 气象学报，61(2)：164-179.

周天军，2003b. 大洋经向翻转环流的多空间尺度变率[J]. 科学通报，48(增刊2)：49-54.

周天军，Helge D，2005. 卑尔根气候模式中大西洋热盐环流年代际与年际变率的气候影响[J]. 大气科学，29(2)：167-177.

周天军，王绍武，张学洪，1998. 大洋温盐环流的稳定性及变率模拟研究进展[J]. 地球科学进展，4：334-343.

周天军，王绍武，张学洪，1999. 与气候变率有关的几个海洋学问题[J]. 应用气象学报，10(1)：94-104.

周天军，王绍武，张学洪，2000a. 大洋温盐环流与气候变率的关系研究：科学界的一个新课题[J]. 地球科学进展，15(6)：654-660.

周天军，宇如聪，刘喜迎，等，2005a. 一个气候系统模式中大洋热盐环流对全球增暖的响应[J]. 科学通报，50(3)：269-275.

周天军，俞永强，刘喜迎，等. 2005b. 全球变暖形势下的北太平洋副热带—热带浅层环流的数值模拟[J]. 自然科学进展，15(3)：367-371.

周天军，张学洪，刘海龙，2009. 大洋环流模式的温盐表面边界条件处理及其影响研究评述[J]. 地球科学进展，24(2)：111-122.

周天军，张学洪，王绍武，2000b. 大洋温盐环流与气候变率的关系研究[J]. 科学通报，45(4)：421-425.

BENTSEN M, DRANGE H, FUREVIK T, et al, 2004. Simulated variability of the Atlantic Meridional Overturning circulation[J]. Climate Dynamics, 22: 701-720.

BROECKER W S, 1991. The great ocean conveyor[J]. Oceanography, 4: 79-89.

BROECKER W S, 1997. Thermohaline circulation, the Achilles heel of our climate system: Will man-made CO_2 upset the current balance? [J]. Science, 278(28): 1582-1588.

BROECKER W S, et al, 1985. Does the ocean-atmosphere system have more than one stable mode of operation? [J]. Nature, 315: 21-25.

ENGLAND M H, 1993. Representing the global-scale water masses in ocean general circulation models[J]. J Phys Oceanogr, 23:1523-1552.

GANACHAUD A, WUNSCH C. 2000. Improved estimates of global ocean circulation, heat transport and mixing from hydrographic data[J]. Nature, 408(23):453-457.

HOUGHTON J T, DING Y, GRIGGS D J, et al, 2001. Climate Change 2001: The Scientific Basis, Contribution of Working Group I to the Third Assessment Report of the Intergovernmental Panel on Climate Change[M]. Cambridge University Press.

SOLOMON S, QIN D, MANNING M, et al, 2007. Climate Change 2007: The Physical Science Basis, Contribution of Working Group I to the Fourth Assessment Report of the Intergovernmental Panel on Climate Change[M]. Cambridge University Press.

STEWART R H, 2006. Deep circulation in the ocean[M]. Chapter 13 in Introduction to Physical Oceanography.

WANG S, ZHOU T, CAI J, et al, 2004. Abrupt climate change around 4 ka BP: Role of the thermohaline circulation as indicated by a GCM experiment[J]. Adv Atmos Sci, 21(2):291-295.

WUNSCH C, 2002. What is the thermohaline circulation? [J]. Science, 298: 1179-1181.

ZHOU T, YU R, LI H, et al, 2008. Ocean forcing to changes in global monsoon precipitation over the recent half-century[J]. J Climate, 21(15): 3833-3852.

ZHOU T, ZHANG X, WANG S, 2000. The interbasin transport of atmospheric moisture derived from NCEP/NCAR reanalysis data[J]. Acta Meteor Sinica, 14(2): 159-172.

第7章 大洋环流模式原理

7.1 引言

大洋(World Ocean)也称全球海洋(Global Ocean,见图1.1)。大洋环流模式(World Ocean General Circulation Model)也就是全球海洋模式。全球海洋模式只以实际存在的陆地为边界,而没有人为划定的边界,因而既不同于区域(Regional)海洋模式和近岸(Coastal)海洋模式,也不同于热带海洋模式。由于包括高纬度和极区海洋,大洋环流模式必须考虑海水和海冰的相互转化过程,所以一个完整的大洋环流模式应当是海洋—海冰耦合模式。

大洋环流可以用海水的七个要素——位温、盐度、密度、压力、两个水平速度分量和垂直速度——在三维空间的分布及其随时间的演变来描述。这里的"空间"指的是以陆地和海底地形(图1.1)为边界的全球海洋,"时间"主要涉及季节变化、年际变化乃至十年和百年尺度的变化。这七个要素就是大洋环流模式的基本变量,它们满足由动量方程、位温方程、盐度方程、连续性方程和状态方程组成的偏微分方程组,本质上属于黏性流体力学基本方程组(即Navier-Stokes方程组)的范畴,不过还要根据地球流体的特点进行必要的简化和修改。在海洋和大气动力学中,基于上述七个变量的微分方程组称为"原始方程组"(primitive equations)*。

原始方程组的某些高度简化的情形能够找到解析解,但完整的原始方程组只能借助于数值方法利用计算机来求解,最常用的数值方法是有限差分方法,即用有限个"网格点"(grid point)上的数值来近似描写上述七个要素的空间—时间分布,用有限差分(finite-differencing)方程组逼近原来的微分方程组。与微分方程组不同,差分方程组是代数方程组,可以编写程序在计算机上求解,从而构成描写大洋环流演变的计算机模型,也即大洋环流数值模式(numerical models of World Ocean general circulation),通常所说的大洋环流模式就是指大洋环流数值模式。

7.1.1 大洋环流模式的两种运行方式,"强迫场"概念

运行方式是大洋环流模式原理的一个重要部分。正确运行大洋环流模式首先要了解:实际的大洋环流是怎样被"驱动"的?

---

* 与原始方程组相应的模式称为原始方程模式。"原始"一词主要指的是这类模式使用了原始形式的水平动量方程,从而区别于准地转涡度方程模式。现今的海洋环流模式大多是原始方程模式。

第2章指出:“海洋和大气通过海气界面上动量、热量和淡水交换产生相互作用,构成一个耦合系统。有关海洋环流的研究最终应当在这个耦合系统的框架内实行。不过作为入门,可以暂时将海洋看作是由海表风应力、热通量和淡水通量驱动的。”在这个意义上,本章将要介绍的大洋环流模式首先应当是全球海气耦合模式的一部分,但同时又是可以单独运行的。

图7.1是海洋环流模式(以及大气环流模式)两种运行方式——耦合方式和单独运行方式——的示意图。可以看出,这两种运行方式的主要区别在于如何决定海气界面上各种通量。例如,当使用总体(bulk)公式计算海表湍流热通量时,所涉及的海洋变量是SST,大气变量是比湿、风速、气温和气压,在耦合运行方式中,它们都是耦合模式的内部变量;而在单独运行的海洋模式中,只有SST是模式内部变量,比湿、风速、气温、气压等大气变量一般取自独立于模式的观测资料,从而成为海洋模式的“外部强迫”(external forcing)。同样的分析也适用于单独运行的大气模式。了解这两种运行方式的区别是很重要的,第10章、第11章、第12章都将涉及这个问题。

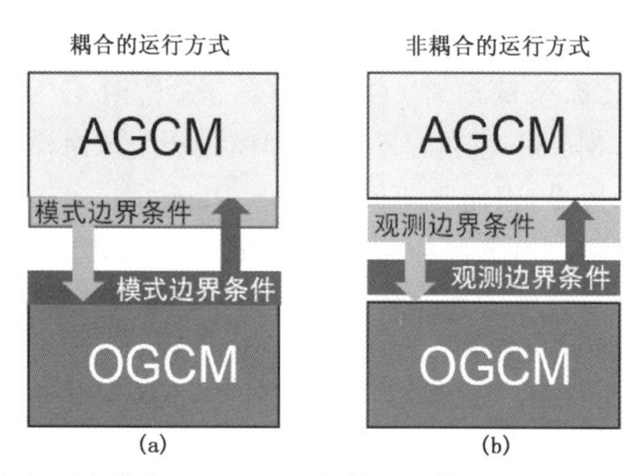

图7.1 大气环流模式(AGCM)和海洋环流模式(OGCM)两种运行方式的示意图。(a)为海气“耦合”运行方式,(b)为“单独”(非耦合)运行方式

尽管有上述区别,但就海表通量(特别是风应力和湍流热通量)的计算而言,现行的大洋环流模式和海气耦合模式所使用的公式在形式上是一样的。此外,世界上主要的气候模拟研究机构几乎都是先发展单独的大气环流模式和海洋环流模式,然后再以此为基础发展海气耦合模式——在政府间气候变化专门委员会(Intergovernmental Panel on Climate Change,IPCC)历次关于Climate Change的评估报告中可以清楚地看到这样一个模式发展的轨迹。由于以上原因,本章将主要介绍“单独的”大洋环流模式(“ocean-only model”或“ocean-alone model”),同时指出:海表“强迫场”是单独的大洋环流模式的一个重要组成部分,也是单独的大洋环流模式区别于海气耦合模式的关键所在。

大洋环流模式的海表强迫场可以由观测资料给出,也可以由单独运行的大气模式给出,这类强迫场包括:风应力,到达海表的短波辐射通量和长波辐射通量,海面风速,比湿,气温和气压,以及降水和径流等,其中短波和长波辐射通量也可利用简化的经验公式来计算(详见第3章)。

7.1.2 大洋环流模式的构建步骤,本章的内容和目的

以基于原始方程组和有限差分方法的大洋环流数值模式为例,一个比较完整的模式构建过程大致包括以下步骤。

(1)在选定的坐标系中推导原始方程组及边界条件的变换形式。

大洋环流模式的水平坐标一般是球面上的经纬度坐标,垂直坐标则有多种选择,包括z-坐标(高度坐标),“地形追随”(terrain-following)坐标,等位密度坐标,压力坐标等(Griffies,2004),原始方程组及其边界条件在不同的坐标系中具有不同的形式,所以,坐标变换是构建大洋环流模式所需要的基本功之一。

本章的主要目的是介绍模式原理,所以大部分讨论将在“笛卡儿”坐标系(x, y, z, t)中进行,但仍将考虑科氏力及其随纬度的变化。这样做是为了叙述和书写简单,所给出的结果大多不难推广到球面坐标系。

(2)确定方程组及边界条件中所需要的“参数化”方案。

“参数化”(parameterization)的一个主要来源是大洋环流模式普遍采用的“湍流黏性假定”,而湍流过程又是海气间动量、热量和质量交换的主要媒介(见第 3 章)。对于当前的大多数海洋模式来说,湍流过程是“次网格尺度”现象,只能根据观测事实和理论分析借助于模式能够分辨的大尺度变量来表示,这就是“参数化”的大致思路。参数化是海洋和大气模式研究中一个专门的领域,也是当前制约模式发展的最重要的方面。本章 7.2 节将介绍作为参数化基础的湍流黏性假定,有关参数化的理论和方法将在第 8 章专门介绍。

(3)确定分辨率(resolution)以及水平网格系统和垂直分层方案,实现大洋环流模式的区域、变量、初值和海表强迫变量的“离散化”(discretization),即:用有限个格点上的有限个时刻的变量代替连续的空间—时间变量。

空间离散化是有限差分方法的基础,其中“分辨率”对模式能力的影响最大。分辨率确定之后就形成了空间网格,模式的各个变量在网格中的位置有多种安排方法,由此发展出“网格系统”的概念,现今的海洋模式大多采用交错的网格系统。

(4)选择具有适当精度、计算稳定的空间—时间差分格式,将微分方程组转化为代数方程组,构成大洋环流数值模式。

作为数值分析的一个重要分支,有限差分方法的研究已经形成了系统的理论和大量的实用技术,其中专门针对海洋和大气的地球流体动力学计算方法也已经成为一门独立的学问。系统地介绍这些理论和技术超出了本书的范围,所以我们的做法是举例说明原始方程组差分格式的具体构造过程,并以此为线索介绍一些差分方法的基本知识。

(5)完成程序设计,使得数值模式能够在计算机上求解。

程序设计是将大洋环流数值模式转化为计算机模型的最后一步。作为“实验”手段的海洋和大气模式总是不断的修改和变动的,计算技术也是不断发展的,所以程序设计必须适应这种不断发展的状况。作为一种初步的规范做法,有兴趣的读者可参看《LASG/IAP 气候系统海洋模式(LICOM1.0)参考手册》的第 3 部分(刘海龙 等,2004)。

从以上五个主要步骤可以看出,大洋环流模式的构建是一项工程,涉及的既有原理问题,也有技术问题。限于篇幅,本章将有选择地介绍那些模式使用者经常遇到、应当有所了解的方面,并且尽可能给出一些实际例子,使读者对大洋环流模式原理有比较直观的了解,也为那些有可能从事模式设计的读者提供一些入门的知识。

本章共分 9 节,除 7.1 节(引言)外,其余各节的主要内容如下。

7.2 节将介绍和讨论大洋环流模式用到的基本近似和假定,其中 Boussinesq 近似使得质量守恒退化为体积守恒,这是海洋模式区别于大气模式的一个重要方面;然后给出

(x, y, z, t)坐标系中模式的偏微分方程组和边界条件,这是构建数值模式的基础,也是发展其他坐标(例如“地形追随”坐标)模式的基础。

7.3 节将导出描写海表高度起伏的方程,讨论纯粹由于海水的整体辐合辐散引起的海表高度变化和相关的物理过程。虽然海表高度的分布主要是那些缓变因子决定的,但表面重力波也在其中扮演着重要角色。波动方程计算稳定性理论告诉我们:表面重力波是海洋模式计算设计中一个需要特别小心处理的问题。

7.4 节将介绍两类海洋环流模式:“刚盖”近似模式和自由面模式。“刚盖”近似模式是过滤掉了表面重力波的模式,最著名的是 Bryan-Cox-Semtner 模式,它是国际上流行的模块化海洋环流模式 MOM(Modular Ocean Model)的前身,在海洋环流模式发展历史上占有重要地位。自由面模式要考虑海表面的起伏,因而包括了表面重力波。自 20 世纪 80 年代末以来自由面海洋模式获得了广泛应用,主要原因之一是算法的改进,本节将介绍求解自由面模式的“模态分解算法”的思路。

7.5—7.9 节将解析大洋环流模式原始方程组转化为差分方程组的过程。

7.5 节主要讨论数值模式的“分辨率”和“模式地理”的概念,用实例说明水平和垂直分辨率对模式海陆分布和海底地形真实程度有重要的影响。

7.6 节将基于海洋模式使用较普遍的“B-网格”,介绍模式各变量在网格系统中的位置安排;通过构造压力梯度项和水平散度项的二阶精度差分近似,引进“两点差分”和“两点平均”格式,并以它们为“元件”给出水平平流项和二阶偏微分项的差分格式。

7.7 节主要讨论海洋模式的垂直离散化问题,重点是介绍自由面模式中连续性方程的差分格式,并以总体积守恒为例说明差分格式保持微分方程组整体性质的重要性;还将给出垂直平流项和静力平衡方程的差分格式。

7.8 节介绍波动方程解的“依赖区域”概念,以及差分格式的计算稳定性的 Courant 条件。

7.9 节专门讨论“时间积分”的概念,将以一维平流方程为例介绍两种常用的时间积分方案:一个是两个时间层的“两步保形平流方案”,另一个是三个时间层的 Leap-frog(“蛙跳”)格式结合 Asselin 时间滤波的方案,主要关注数值解的“频散”和“耗散”问题。

7.2 基本近似和假定,方程组和边界条件

7.2.1 基本近似和假定

大洋环流模式的原始方程组是经过简化和修改的 Navier-Stokes 方程组,这种简化和修改是基于大尺度地球流体动力学的特点进行的。“简化”主要表现在用静力平衡近似取代了垂直加速度方程,用体积守恒的连续性方程代替了质量守恒方程,后者是 Boussinesq 近似的结果之一。Boussinesq 近似为目前大多数海洋环流模式所采用,是海洋环流模式与大气环流模式的一个重要区别。“修改”主要表现在用湍流黏性和扩散取代了分子黏性和扩散,简称“湍流黏性假定”,它是海洋(以及大气)模式中的参数化问题最主要的来源。

(1)静力平衡近似

全球海洋的平均深度约为 4000 m,大洋环流模式的水平网格距离一般为几十千米到数百

千米，因此模式所描写的现象的水平尺度远大于垂直尺度，在这种情况下，静力平衡近似总能以很高的精度成立，垂直动量方程可以简化为静力平衡方程(7.6)。

(2)Boussinesq 近似

海洋和大气的一个显著差别是：大气密度的空间和时间变化很大，而海水密度的时空变化则小得多。以垂直方向的变化为例，据 Bryan 和 Cox(1972)的统计，海表和 4000 m 水深处海水密度的中间值(最大值和最小值的平均)分别为 1025 kg/m^3 和 1046 kg/m^3，垂直变化只有 2%左右。而空气密度在海平面和 9000 m 高空处的数值分别是 1.225 kg/m^3 和 0.466 kg/m^3，垂直变化超过 60%(表 7.1)。另一方面，密度的水平变化比垂直变化小得多，以海洋为例，1°×1°分辨率的观测资料(Levitus,1982)表明表层海水的密度大致在 1021～1028 kg/m^3，水平变化幅度不到平均值的 0.4%。因此，海洋环流模式通常在连续性方程中忽略密度的个别变化，用体积守恒(式(7.5))代替质量守恒；同时将动量方程式(7.1)和式(7.2)中作为系数出现的密度取为常数；只在海水状态方程式(7.7)和静力方程式(7.6)中考虑热膨胀和盐度变化对密度的影响，以保留浮力效应，这些就构成了 Boussinesq 近似。Boussinesq 近似意味着模式海洋既是不可压缩的(就体积守恒而言)、又是可压缩的(就保留和浮力有关的密度变化而言)。体积守恒使得 z 坐标成为海洋模式垂直坐标的一种自然选择。

表 7.1　海洋密度随深度的变化(左)与大气密度随高度的变化(右)的对比。其中海洋密度为各深度层上的中间值(Bryan et al.,1972)，大气密度为“标准大气”数值(US Standard Atmosphere,1976)

z (m)	ρ (kg/m^3)	z (m)	ρ (kg/m^3)
0	1025	9000	0.466
−1000	1032	5500	0.697
−2000	1037	3000	0.909
−3000	1042	1000	1.112
−4000	1046	0	1.225

(3)湍流黏性假定

Navier-Stokes 方程组中的黏性和扩散是分子不规则运动的结果，而大洋环流模式所描写的现象的空间和时间内尺度都很大，所有变量都是一定时间和空间范围内的平均值，较小尺度的运动对大尺度运动的影响是通过“湍流黏性”(turbulent viscosity)或“湍流扩散”(turbulent diffusivity)实现的(详见第 8 章)。和湍流黏性相比，分子黏性(以及分子扩散)作用可以忽略，这就是“湍流黏性”假定。

7.2.2　原始方程组

原始方程组的主要变量有七个，即：两个水平速度分量(u,v)，位温(T)，盐度(S)，密度(ρ)，压力(p)和垂直速度(w)，在前述静力平衡近似、Boussinesq 近似和湍流黏性假定的条件下，这七个变量满足的方程组可写成：

$$\frac{\partial u}{\partial t}=-u\frac{\partial u}{\partial x}-v\frac{\partial u}{\partial y}-w\frac{\partial u}{\partial z}+fv-\frac{1}{\rho_0}\frac{\partial p}{\partial x}+F_u^x+F_u^y+F_u^z \tag{7.1}$$

$$\frac{\partial v}{\partial t}=-u\frac{\partial v}{\partial x}-v\frac{\partial v}{\partial y}-w\frac{\partial v}{\partial z}-fu-\frac{1}{\rho_0}\frac{\partial p}{\partial y}+F_v^x+F_v^y+F_v^z \tag{7.2}$$

$$\frac{\partial T}{\partial t} = -u\frac{\partial T}{\partial x} - v\frac{\partial T}{\partial y} - w\frac{\partial T}{\partial z} + F_T^x + F_T^y + F_T^z + \frac{1}{\rho_0 c_p}\frac{\partial I}{\partial z} \tag{7.3}$$

$$\frac{\partial S}{\partial t} = -u\frac{\partial S}{\partial x} - v\frac{\partial S}{\partial y} - w\frac{\partial S}{\partial z} + F_S^x + F_S^y + F_S^z \tag{7.4}$$

$$\frac{\partial u}{\partial x} + \frac{\partial v}{\partial y} + \frac{\partial w}{\partial z} = 0 \tag{7.5}$$

$$\frac{\partial p}{\partial z} = -\rho g \tag{7.6}$$

$$\rho = \rho(T, S, p) \tag{7.7}$$

其中,式(7.1)—(7.4)分别包含着水平速度、位温和盐度对时间的偏导数,称为“预报方程”(prognostic equation),式(7.5)、式(7.6)和式(7.7)不含变量的时间偏导数,称为“诊断方程”(diagnostic equation),这七个方程一起构成了大洋环流模式的“控制方程组”(governing equations)。

从第3章关于雷诺应力的讨论知道,观测和模拟的大气和海洋变量都是在一定时空范围内的平均量,这些变量的脉动(湍流)部分虽然被过滤掉了,但它们对平均量的影响仍然需要考虑。在式(7.1)—(7.4)中反映脉动量对平均量影响的一共有12项,即:

$$F_u^x \equiv -\frac{\partial\langle u'u'\rangle}{\partial x}, F_u^y \equiv -\frac{\partial\langle v'u'\rangle}{\partial y}, F_u^z \equiv -\frac{\partial\langle w'u'\rangle}{\partial z} \tag{7.8}$$

$$F_v^x \equiv -\frac{\partial\langle u'v'\rangle}{\partial x}, F_v^y \equiv -\frac{\partial\langle v'v'\rangle}{\partial y}, F_v^z \equiv -\frac{\partial\langle w'v'\rangle}{\partial z} \tag{7.9}$$

$$F_T^x \equiv -\frac{\partial\langle u'T'\rangle}{\partial x}, F_T^y \equiv -\frac{\partial\langle v'T'\rangle}{\partial y}, F_T^z \equiv -\frac{\partial\langle w'T'\rangle}{\partial z} \tag{7.10}$$

$$F_S^x \equiv -\frac{\partial\langle u'S'\rangle}{\partial x}, F_S^y \equiv -\frac{\partial\langle v'S'\rangle}{\partial y}, F_S^z \equiv -\frac{\partial\langle w'S'\rangle}{\partial z} \tag{7.11}$$

它们的导出过程与第3章导出雷诺通量的过程类似,这里暂时称之为“湍流黏性”项(对动量方程而言)和“湍流扩散”项(对位温方程和盐度方程而言)。与模式方程组中原有的七个平均变量不同,这12项涉及的是湍流的统计平均性质。由于它们的存在,式(7.1)—(7.7)现在还不能闭合,所以必须寻求它们的显式表达式,这将是第8章(海洋模式中的参数化过程)讨论的主要问题。

除此以外,式(7.3)右端最后一项还涉及描写太阳短波辐射穿透(solar penetration)的函数,$I = I(z)$,它满足边界条件:

$$I(z)\big|_{z=z_0} = Q_{SW} \tag{7.12}$$

式中,Q_{SW}是到达海表的净短波辐射通量。第3章已经提到过海水对于短波辐射具有一定的透明度(transparency),所以短波辐射能够直接加热海面以下一定的深度范围的海水。从微分方程的角度来看,短波辐射的这种加热作用是通过位温方程(7.3)的“非齐次项”直接体现的,这是它和长波辐射通量以及湍流热通量的一个重要区别。短波辐射穿透的计算涉及海水中的辐射传输过程,这个过程很复杂,在现有的海洋模式中只能用简化的经验公式来表示,相关内容也将在第8章讨论。

7.2.3　海表边界条件

海洋模式垂直范围是($-H < z < z_0$),其中 $H = H(x, y)$ 是海底深度的空间分布

(图 1.1),$z_0=z_0(x,y,t)$ 是海表高度,动量方程、位温方程和盐度方程的海表边界条件分别是:

$$-\langle w'u'\rangle|_{z=z_0}=\frac{1}{\rho_0}\tau_x$$

$$-\langle w'v'\rangle|_{z=z_0}=\frac{1}{\rho_0}\tau_y \tag{7.13}$$

$$-\langle w'T'\rangle|_{z=z_0}=\frac{1}{\rho_0 c_p}(Q_{LW}+Q_S+Q_L) \tag{7.14}$$

$$-\langle w'S'\rangle|_{z=z_0}=-\frac{S_0}{\rho_0}(P-E+R) \tag{7.15}$$

以上各式的左端是海洋的垂直湍流通量,右端项分别涉及风应力、热通量和“虚盐度通量”形式的淡水通量(详见第 3 章),注意其中的参数 $\rho_0=1029\ \mathrm{kg/m^3}$,和 $c_p=3901\ \mathrm{J/(kg\cdot K)}$分别是海水的参考密度和定压比热,而在风应力定义式(3.6)和湍流热通量定义式(3.9)和式(3.10)中出现的是大气的参考密度和定压比热。

位温方程的垂直边界条件式(7.14)右端除湍流热通量外还出现了长波辐射通量,但不包括短波辐射通量,这意味着长波辐射通量只能通过垂直湍流过程影响海洋内部(海表面以下),而不能像短波辐射那样直接影响海洋内部。如前所说,这是因为海水对长波辐射是“浑浊”(opacity)的,而对短波辐射则是相对“透明”(transparency)的。

盐度方程的垂直边界条件式(7.15)右端的淡水通量中包括了径流率 R,它主要出现在比较重要的河流的入海口处,例如北冰洋西伯利亚沿岸、北美洲与格陵兰岛之间的水域、孟加拉湾北部、南美洲东北部的亚马逊河河口等地,那里的盐度显著低于邻近海域(图 3.5)。对大洋环流模式来说,河口是“次网格”尺度的,来自河口的淡水输送只能当做“点源”来处理;不过,当使用海表盐度的“恢复”边条件时[见式(3.25)],可以认为径流的作用已经在一定程度上体现在观测的盐度场中。

海表边界条件的重要性在于:大洋环流模式最重要的源汇项都存在于海表边界条件中(海洋内部的能源如海底火山等相对于海表源汇是可以忽略的),意味着海洋环流主要是海气相互作用的结果。7.1.1 节曾针对单独的海洋环流模式强调过海表强迫场的概念,由式(7.13)—(7.15)可以看出,海表强迫场的作用正是通过海表边界条件体现的。

7.2.4 底边界条件和侧边界条件

海底边界条件有两部分,第一部分是海底地形引起的“抬升”作用,即洋流不能有垂直于地形坡度方向的分量:

$$w|_{z=-H}=-(\boldsymbol{v}\cdot\nabla H)_{z=-H} \tag{7.16}$$

式(7.16)是连续性方程的海底边界条件。

第二部分是海底的摩擦效应:

$$-\langle w'u'\rangle|_{z=-H}=\frac{1}{\rho_0}\tau_{b,x}$$

$$-\langle w'v'\rangle|_{z=-H}=\frac{1}{\rho_0}\tau_{b,y} \tag{7.17}$$

其中海底摩擦应力 $\boldsymbol{\tau}_b$ 由参数化给出,可参看刘海龙等(2004)。式(7.17)是水平动量方程的海底边界条件,其机理与海表 Ekman 层相似:海表 Ekman 层是流动的风对海表产生的摩擦力和科氏力相互平衡的结果,而海底边界层则是静止的海底对海流的摩擦力与科氏力相互平衡的结果,它们都通过垂直湍流黏性影响海水的水平运动。

全球海洋模式以陆地为侧边界(记作 Γ),速度、位温和盐度分别满足:

$$\boldsymbol{v}\big|_{\Gamma} = 0 \tag{7.18}$$

$$\left.\frac{\partial(T,S)}{\partial n}\right|_{\Gamma} = 0 \tag{7.19}$$

式(7.18)是无滑动刚壁条件,式(7.19)是"绝热"型条件。

7.3 海表高度预报方程和表面重力波

7.3.1 海表高度预报方程

(1)海表高度(Sea Surface Height——SSH)

在 Boussinesq 近似下,连续性方程退化为体积守恒方程。假定长期平均的质量源(降水和径流)、汇(蒸发)相互抵消,那么全球平均的海表高度应该保持常值(即平均海平面高度 $z=0$)。另一方面,体积守恒也意味着:对任意固定的水柱而言,如果在某一时刻存在来自周围水体的净的辐合,则该水柱所在处的海表高度将会升高,反之则会降低,这意味着海表是"自由面",海表高度(有时也称为"海表高度异常")是位置和时间的函数[①],这就是 7.2 节叙述海表边界条件时用到的函数 $z=z_0(x,y,t)$。

图 7.2 给出了 LICOM1.0(刘海龙 等,2004)模拟的全球海表高度分布,这个结果和现有的海洋资料同化给出的海表高度分布非常一致。全球最高水位出现在北太平洋西边界附近,高出平均海平面约 100 cm,最低水位出现在南极大陆附近,低于海平面 150 cm。在热带太平洋 10°N 附近有一个海表高度的低值带,那里的海表高度比南北两侧低 20 cm 左右,它反映了和 ITCZ 相联系的纬向风应力旋度所引起的温跃层梯度和相应的地转流特征(见第 2 章)。此外,在西边界附近可以看到海表高度等值线密集的现象,特别是在北太平洋西部,从地转关系可以推断那里存在着很强的西边界流。

(2)海表高度的预报方程

为了导出海表高度 $z_0(x,y,t)$ 的预报方程,对连续性方程(7.5)从海底($z=-H$)到海表($z=z_0$)作垂直积分,交换积分和微分的次序,并利用海底边界条件式(7.16)可得:

$$\frac{\partial z_0}{\partial t} = -\left(\frac{\partial U}{\partial x} + \frac{\partial V}{\partial y}\right) \tag{7.20}$$

其中

$$(U,V) = \int_{-H}^{z_0} (u,v)\,\mathrm{d}z \tag{7.21}$$

式(7.20)就是海表高度 z_0 的预报方程,U,V 是垂直积分的流速(或正压输送),海表高度的"倾向"取决于垂直积分流的散度,这是典型的波动过程的特征。波动过程必然涉及海表高

① 自由面能够描写相对于平均海表高度的"异常"的时空分布,但不能描写平均海表高度的变化(例如全球变暖过程中海平面的上升),这是因为 Boussinesq 近似决定了这类模式是体积守恒模式。

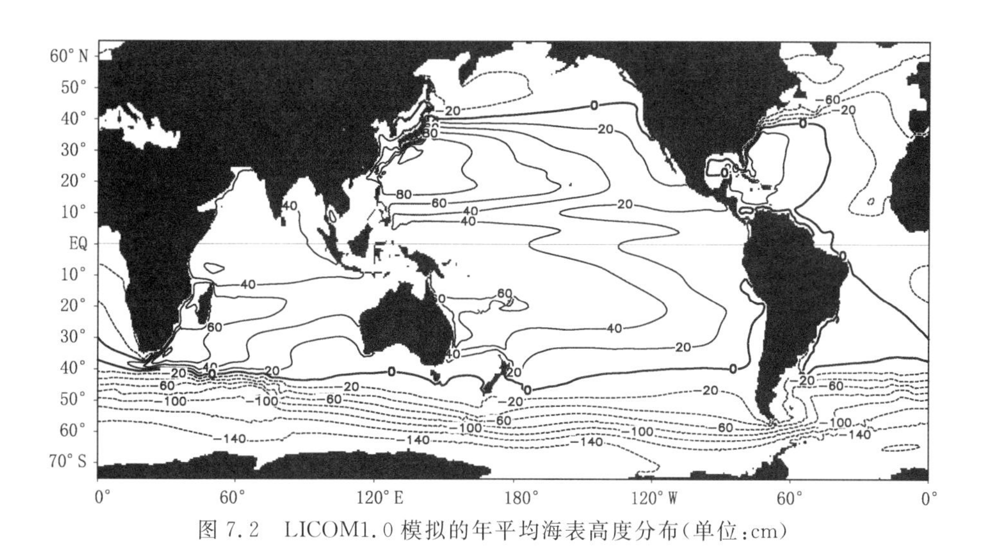

图 7.2　LICOM1.0 模拟的年平均海表高度分布(单位:cm)

度的变化对正压流的作用,考察动量方程式(7.1)和式(7.2)的压力梯度项,利用静力方程可得:

$$\begin{cases}\dfrac{\partial p}{\partial z} = -\rho g \\ p\big|_{z=0} = \rho_0 g z_0\end{cases} \tag{7.22}$$

式中,ρ_0 是海表附近的海水密度,第二式代表海表起伏引起的平均海平面($z=0$)处的压力(此处略去了海表大气压力的影响),由此可将任意深度的压力表示为:

$$p = \rho_0 g z_0 + \int_z^0 \rho g \, \mathrm{d}z \equiv \rho_0 g z_0 + p_C \tag{7.23}$$

式中,p_C 代表压力的"斜压"部分。于是完整的压力梯度项可表为:

$$\begin{aligned} -\frac{1}{\rho_0}\frac{\partial p}{\partial x} &= -g\frac{\partial z_0}{\partial x} - \frac{1}{\rho_0}\frac{\partial p_C}{\partial x} \\ -\frac{1}{\rho_0}\frac{\partial p}{\partial y} &= -g\frac{\partial z_0}{\partial y} - \frac{1}{\rho_0}\frac{\partial p_C}{\partial y} \end{aligned} \tag{7.24}$$

这样就将压力梯度分解为海表起伏引起的压力梯度和密度不均匀引起的压力梯度,前者代表压力梯度的正压部分,后者代表斜压部分。从第2章关于"风生环流层"的讨论可知,斜压压力梯度通常是反抗正压压力梯度的,这种物理图像和"一层半"模式(见第1章)所描述的情形本质上是一致的。

对动量方程式(7.1)和式(7.2)做垂直积分,利用海表和海底边界条件可得:

$$\frac{\partial U}{\partial t} = -g(H + z_0)\frac{\partial z_0}{\partial x} + fV + \frac{1}{\rho_0}(\tau_x - \tau_{b,x}) - \frac{1}{\rho_0}\int_{-H}^{z_0}\frac{\partial p_C}{\partial x}\mathrm{d}z + X \tag{7.25}$$

$$\frac{\partial V}{\partial t} = -g(H + z_0)\frac{\partial z_0}{\partial y} - fU + \frac{1}{\rho_0}(\tau_y - \tau_{b,y}) - \frac{1}{\rho_0}\int_{-H}^{z_0}\frac{\partial p_C}{\partial y}\mathrm{d}z + Y \tag{7.26}$$

其中右端第一项(正压压力梯度项)和第二项(科氏力项)将直接参与作为惯性重力波的表面波过程;第三项是源汇项,包括风应力和海底摩擦力,是由垂直黏性项的垂直积分产生的;第四项

是斜压压力梯度项的垂直积分;第五项代表水平平流项和水平黏性项对正压输送的贡献,具体表达式为:

$$
\begin{aligned}
X &\equiv -\frac{\partial}{\partial x}\int_{-H}^{z_0} uu\,\mathrm{d}z - \frac{\partial}{\partial y}\int_{-H}^{z_0} vu\,\mathrm{d}z + \int_{-H}^{z_0}(F_u^x + F_u^y)\,\mathrm{d}z \\
Y &\equiv -\frac{\partial}{\partial x}\int_{-H}^{z_0} uv\,\mathrm{d}z - \frac{\partial}{\partial y}\int_{-H}^{z_0} vv\,\mathrm{d}z + \int_{-H}^{z_0}(F_v^x + F_v^y)\,\mathrm{d}z
\end{aligned}
\tag{7.27}
$$

推导上式时用到了恒等式:

$$
\int_{-H}^{z_0}\frac{\mathrm{d}F}{\mathrm{d}t}\,\mathrm{d}z \equiv \frac{\partial}{\partial t}\int_{-H}^{z_0}F\,\mathrm{d}z + \frac{\partial}{\partial x}\int_{-H}^{z_0}uF\,\mathrm{d}z + \frac{\partial}{\partial y}\int_{-H}^{z_0}vF\,\mathrm{d}z \tag{7.28}
$$

式中,F 可以是任意一个变量(如 u,v,T,S 等)。

7.3.2 表面重力波

式(7.20)、式(7.25)和式(7.26)一起构成了描写海表起伏和正压输送过程的方程组,这是自由面海洋模式求解过程中要用到的一套基本方程组。可以看出,影响大尺度海表起伏分布的因子包括:正压和斜压的压力梯度、科氏力、风应力、海底摩擦力、非线性平流和水平黏性,其中既有缓慢的演变过程,也有各种波动过程,其中快速传播的波动过程是影响计算稳定性的关键过程。为了看清楚快速传播的波动过程,略去式(7.25)和式(7.26)右端中除正压压力梯度项以外的所有项,并假定 $H+z_0\approx\overline{H}=\text{const}$,就得到线性化的浅水波方程组:

$$
\begin{aligned}
\frac{\partial z_0}{\partial t} &= -\left(\frac{\partial U}{\partial x}+\frac{\partial V}{\partial y}\right) \\
\frac{\partial U}{\partial t} &= -g\overline{H}\,\frac{\partial z_0}{\partial x} \\
\frac{\partial V}{\partial t} &= -g\overline{H}\,\frac{\partial z_0}{\partial y}
\end{aligned}
\tag{7.29}
$$

它所描写的是表面重力波(也称为“外重力波”——external gravity waves)过程,其传播速度是:

$$
c = \pm\sqrt{g\overline{H}} \tag{7.30}
$$

海洋的平均水深是 4000 m 左右,故相应的表面重力波速度约为 200 m/s。

式(7.29)没有包括科氏力项,其解是单纯的重力波。若考虑科氏力的作用,则单纯的重力波被修改为惯性重力波。例如,当 $f=f_0$ 时可以得到:

$$
c = \pm\sqrt{g\overline{H}}\times\sqrt{1+\frac{f_0^2}{g\overline{H}(k^2+l^2)}} \tag{7.30a}
$$

式中,k 和 l 分别是 x 方向和 y 方向的波数(可参看小仓义光著《大气动力学原理》),惯性表面重力波比单纯表面重力波的传播速度更快,而且它是频散波。

以上对海表高度预报方程式(7.20)、式(7.25)和式(7.26)的分析表明,决定海表高度大尺度分布和缓慢变化的主要因子应当是风应力、平流项、黏性项和摩擦力项等慢过程;与此同时,这套方程组中还存在着快速传播的表面重力波,虽然它不是决定海表高度大尺度分布和缓慢变化的主要因子,但在地转适应过程中扮演着重要角色,它将随时随地可能发生的非地转扰动能量向四面八方迅速弥散，以维持大尺度海表高度和正压流场之间的准地转平衡。

缓慢变化的过程和快速传播的波动过程并存是海洋和大气运动中普遍存在的现象。在相应的数值模式中，前者可以用很大的时间步长来计算，而后者的时间步长则要受到波动传播速度的限制。一般说来，波动的传播速度愈快，所能允许的时间步长就愈小，这就是波动方程差分格式计算稳定性的 Courant 条件(详见 7.8.3 节)。由于海洋中表面重力波的传播速度远大于其他过程变化的时间尺度，所以如何处理表面重力波是大洋环流模式计算设计中的一个焦点问题，尤其是在 20 世纪 60 年代大洋环流模式发展的最初阶段。

7.4　“刚盖”近似模式和自由面模式

海洋和大气中的运动存在着多种空间和时间尺度的变化，所以是广谱(broad spectrum)的，当用有限差分方法求解时，按照计算稳定性的要求，积分的时间步长主要受谱系中高频部分限制，而在静力平衡条件下，海洋中最高频的运动就是表面重力波。海洋和大气中的表面波传播速度量级相同，都可以达到 $O(10^2\,\mathrm{m/s})$。大气中传播速度最快的内重力波(即表 7.2 中给出的“内波第一模态”)也可达到 $O(10^2\,\mathrm{m/s})$的量级；但对海洋来说，由于海水的可压缩性远小于大气，而海水密度远大于大气密度，所以海洋中的内重力波(internal gravity waves)的传播速度远小于表面波的传播速度，这是海洋和大气的一个重要区别(表 7.2)。此外，洋流(边界流、赤道流、内区洋流等)的速度也很小，不会显著影响计算稳定性。因此，如何处理表面波就成为海洋模式发展历史上的一个关键问题。

表 7.2　大气和海洋中现象传播速度(m/s)的对比(Bryan, 1984)

运动类型	大气	海洋
重力波		
表面波	300	200
内波第一模态	100	3
流动		
急流	150	1.5
内区流	—	0.2

7.4.1　“刚盖”近似，Bryan-Cox-Semtner 模式

20 世纪 60 年代末，在 *Journal of Computational Physics* 上相继发表了两篇关于海洋模式设计的论文，一篇是 Crowley W P 的《A Global Numerical Ocean Model》(Crowley, 1968)，另一篇是 Bryan K 的《A numerical method for the study of the circulation of the World Ocean》(Bryan, 1969)。Crowley 和 Bryan 设计方案的一个主要区别是：前者是自由面模式，允许表面重力波存在；后者是“刚盖”(rigid-lid)近似模式，滤去了表面重力波。

从方程(7.20)看出，假如强制要求正压输送过程是无辐散的，即令

$$\frac{\partial z_0}{\partial t} = -\left(\frac{\partial U}{\partial x} + \frac{\partial V}{\partial y}\right) = 0 \tag{7.31}$$

则海表高度将不随时间改变,表面波也就不可能存在。所以式(7.31)就是滤去表面波的条件,称为"刚盖"("rigid-lid")近似,类似于早期数值天气预报模式中使用的"整层无辐散"近似。

Bryan(1969)将"刚盖"近似的作用概括为:它排除了海表面变动的运动学效果,但仍保留了因海表面变动而产生的压力变动;它能够滤去惯性重力外波,但不会破坏平衡态,对低频运动也几乎没有影响。

关于"刚盖"近似模式中海表面变动引起的压力变动的分析,可参看 Pinardi 等(1995)的文章。

满足"刚盖"近似的正压输送(U,V)是无辐散的,故可以用流函数 ψ 表示:

$$U=-\frac{\partial\psi}{\partial y},\ V=\frac{\partial\psi}{\partial x} \tag{7.32}$$

将式(7.32)代入正压输送方程式(7.25)和式(7.26),取 $H+z_0\approx H$,可得到正压输送分量所满足的方程:

$$\frac{\partial}{\partial t}\left(-\frac{\partial\psi}{\partial y}\right)\approx -gH\frac{\partial z_0}{\partial x}+f\frac{\partial\psi}{\partial x}+\frac{1}{\rho_0}(\tau_x-\tau_{b,x})-\frac{1}{\rho_0}\int_{-H}^{0}\frac{\partial p_C}{\partial x}\,\mathrm{d}z+X \tag{7.33}$$

$$\frac{\partial}{\partial t}\left(\frac{\partial\psi}{\partial x}\right)\approx -gH\frac{\partial z_0}{\partial y}+f\frac{\partial\psi}{\partial y}+\frac{1}{\rho_0}(\tau_y-\tau_{b,y})-\frac{1}{\rho_0}\int_{-H}^{0}\frac{\partial p_C}{\partial y}\,\mathrm{d}z+Y \tag{7.34}$$

用 H 除上二式,做涡度运算消去 z_0,就得到正压流函数所满足的预报方程:

$$\begin{aligned}L\left(\frac{\partial\psi}{\partial t}\right)=&\left[\frac{\partial}{\partial x}\left(\frac{f}{H}\right)\frac{\partial\psi}{\partial y}-\frac{\partial}{\partial y}\left(\frac{f}{H}\right)\frac{\partial\psi}{\partial x}\right]+\\&\frac{1}{\rho_0}\left[\frac{\partial}{\partial x}\left(\frac{\tau_y-\tau_{b,y}}{H}\right)-\frac{\partial}{\partial y}\left(\frac{\tau_x-\tau_{b,x}}{H}\right)\right]-\\&\frac{1}{\rho_0}\left[\frac{\partial}{\partial x}\left(\frac{1}{H}\int_{-H}^{0}\frac{\partial p_C}{\partial y}\mathrm{d}z\right)-\frac{\partial}{\partial y}\left(\frac{1}{H}\int_{-H}^{0}\frac{\partial p_C}{\partial x}\mathrm{d}z\right)\right]+\\&\left[\frac{\partial}{\partial x}\left(\frac{Y}{H}\right)-\frac{\partial}{\partial y}\left(\frac{X}{H}\right)\right]\end{aligned} \tag{7.35}$$

其中 L 是一个椭圆型算子:

$$L\equiv\left[\frac{\partial}{\partial x}\left(\frac{1}{H}\frac{\partial}{\partial x}\right)+\frac{\partial}{\partial y}\left(\frac{1}{H}\frac{\partial}{\partial y}\right)\right] \tag{7.36}$$

式(7.35)是完整的正压涡度方程,其中右端第一项代表行星位涡平流;第二项包括风应力旋度和海底应力旋度的作用;第三项反映的是"斜压性和地形的联合效应"(Joint Effect of Baroclinicity and Relief, JEBAR),在海底地形陡峭的区域其作用不可忽略(例如在南极绕流区——可参看第2章中图2.1a);最后一项中的 X,Y 由式(7.27)给出,只与水平平流和黏性有关。

若取 H 为常数,并略去底摩擦、水平平流及黏性,就得到带有强迫项的正压涡度方程:

$$\frac{\partial}{\partial t}\Delta\psi=-\beta\frac{\partial\psi}{\partial x}+\mathrm{curl}_z\frac{\boldsymbol{\tau}}{\rho_0} \tag{7.35a}$$

不难看出,式(7.35a)的定常形式就是第2章所讨论的 Sverdrup 平衡。

由于滤去了表面波,"刚盖"近似模式的时间步长可以取得很长,但要求解一个辅助方程(7.35),这是一个关于正压流函数倾向的椭圆型方程。在20世纪60年代,椭圆型方程的迭代解法已经比较成熟,这可能是"刚盖"近似模式较早获得成功的原因之一。Bryan(1969)给出了一个印度洋北部半封闭海盆模式的计算实例，这是一个垂直方向有 6 层的模式，当水平格距为 4°时，时间步长可以取到 12 h，在当时的计算机（UNIVAC 1108）上，积分一步需要 10 s，完成一个“模式年”（model year）的积分大约需要 2 h，这是一个可以接受的计算量。但如果是一个水平格距为 4°的自由面模式，那么由于存在着快速传播的表面重力波，时间步长通常只能取到 10 min 左右，计算量比同等规模的刚盖近似模式大得多。考虑到这两类模式在计算量方面的巨大差别，再加上刚盖近似对于海洋中的低频过程几乎没有什么负面影响，所以人们在那时选择刚盖近似的海洋模式是很自然的。

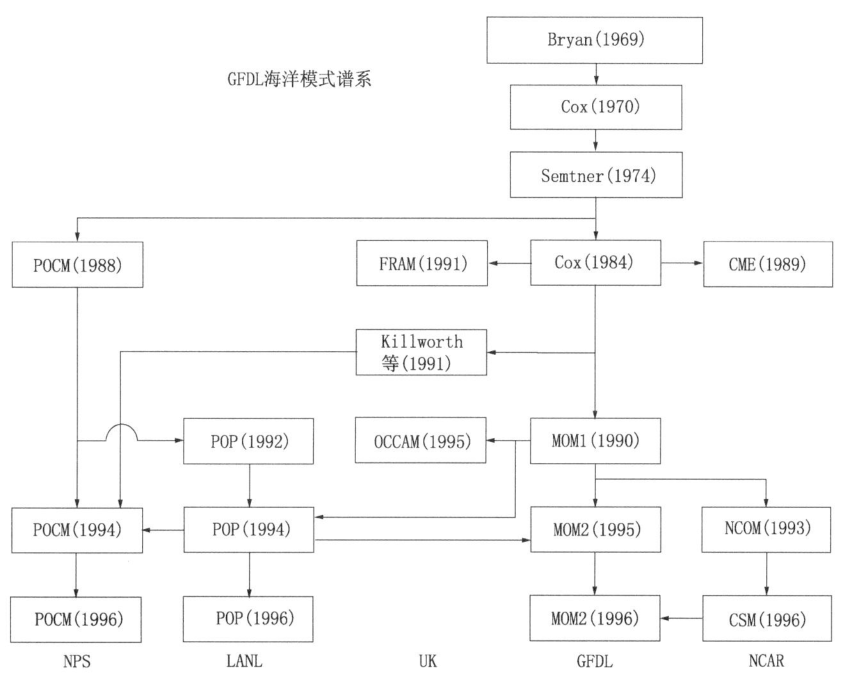

图 7.3　GFDL 海洋环流模式及其主要分支的示意图（Semtner，1997）。图中的模式是：POCM（Parallel Ocean Climate Model），POP（Parallel Ocean Program），FRAM（Fine Resolution Antarctic Model），OCCAM（Ocean Circulation and Climate Advanced Model），MOM（Modular Ocean Model），CME（Community Modelling Effort），NCOM（NCAR Community Ocean Model），CSM（Climate System Model）。这些模式所涉及的研究机构有：NPS（美国海军研究生院），LANL（美国洛斯-阿拉莫斯国家实验室），GFDL（美国地球流体动力学实验室），NCAR（美国国家大气研究中心），以及 National Oceanography Centre，Southampton（英国南安普顿国家海洋中心）等

从 20 世纪 60 年代末至今，基于 Bryan（1969）的设计所建立的 GFDL（Geophysical Fluid Dynamics Laboratory）海洋模式得到了充分的发展、推广和应用。而且，由于它的高度开放性，GFDL 模式在世界上大尺度海洋环流和气候数值模拟领域长期处于主导地位（图 7.3）。早期的 GFDL 海洋模式也称为“Bryan-Cox-Semtner”模式；在此基础上，GFDL 在 20 世纪 90 年代推出了 MOM（Modular Ocean Model）（Pacanowski et al.，1991；Griffies et al.，2004），MOM 是一个模块化海洋模式，有多种选项，其中也包括“刚盖”近似模式和自由面模式的不同选择。基于 Bryan-Cox-Semtner 框架的自由面模式最早是由 Killworth 等（1991）提出的。

“刚盖”近似模式的局限性之一在于不能直接预报海表高度的空间分布和时间演变,因而不太适用于海表高度资料的同化(Pinardi et al.,1995)。卫星测量的海表高度对于制作海洋预报和构建海洋同化资料非常重要,这是发展自由面海洋模式的理由之一。

发展自由表面海洋模式的另一个理由是进行潮汐研究,这方面的一个著名例子是 Blumberg 和 Mellor(1987)发展的 POM(Princeton Ocean Model)。POM 不仅是一个广泛用于近海环流研究的自由面海洋模式,它针对表面波的处理所采用的时间积分方法也被成功地用于大洋环流的自由面模式。

7.4.2 自由面模式的模态分解算法

如前所述,最早的自由面海洋模式是 Crowley(1968)提出的,他设计的是一个 6 层准全球模式,水平格距是 $5^\circ \times 5^\circ$,虽然模式的整体设计思路非常缜密,但对表面波没有做特别的处理。为了保证计算稳定,模式的时间步长统一取成 10 min,这对当时的计算机能力是一个严峻的挑战。

自由面大洋环流模式的实际应用是 20 世纪 80 年代末之后的事情,这一方面是由于计算机能力的增长,另一方面也得益于针对多时间尺度过程的算法的发展。以下将基于 Blumberg 和 Mellor(1987)的工作来介绍“模态分解方法”(Mode Splitting Technique)的大致思路。

结合表 7.2 和波动方程差分格式的计算稳定性条件式(7.8.3 节)可知,对于任何一个具有确定的水平格距的模式,表面波过程所允许的时间步长(记为 Δt_B)必定远小于其他过程所允许的时间步长(不妨成取内重力波第一模态所允许的时间步长,记为 Δt_C),即:$\Delta t_B \ll \Delta t_C$。若令 $N = \dfrac{\Delta t_C}{\Delta t_B}$,则 N 的量级为 $10^1 \sim 10^2$。因此,减少自由面模式计算量的一个出路是将“表面波模态”(external mode)从模式中“分离”出来,用小步长 Δt_B 积分,而对描写垂直结构的“内波模态”(internal mode)用大步长 Δt_C 积分,并在积分过程中始终保持两者的“相互作用”,这就是“模态分解算法”。由于表面波涉及的是正压过程,内波涉及的是斜压过程,所以这种方法也称为“正压和斜压分解算法”。注意正压过程是二维的,所以尽管由于时间步长 Δt_B 很小,需要积分的次数很多,但计算量并不很大。

假定所有的模式变量(u, v, T, S, ρ, p, w,z_0)在“当前时刻”的值均已得到,考虑如何计算“下一时刻”的变量值,这是一个“一步预报”的问题,预报的长度就是内重力波能够允许的时间步长 Δt_C。作为原理的解释,以下只给出变量 u, v, z_0 的“一步预报”方法。

第一步,从当前时刻出发,用时间步长 Δt_C 将完全的动量方程式(7.1)和式(7.2)积分一步,得到下一时刻 u,v 的预估值 u^*,v^*。这样得到的 u^*,v^* 中既包含斜压分量,也包含正压分量。

第二步,由于第一步积分的时间步长 Δt_C 远大于正压过程所能允许的时间步长 Δt_B,所以预估值 u^*,v^* 中的正压部分包含了能够引起计算不稳定的误差。为避免这部分误差的积累,将 u^*,v^* 中的正压分量扣除,只保留斜压分量 u',v':

$$
\begin{aligned}
u' &= u^* - \bar{u} \\
v' &= v^* - \bar{v}
\end{aligned}
\tag{7.37}
$$

其中

$$\bar{u} = \frac{1}{H + z_0} \int_{-H}^{z_0} u^* \, \mathrm{d}z$$

$$\bar{v} = \frac{1}{H + z_0} \int_{-H}^{z_0} v^* \, \mathrm{d}z \tag{7.38}$$

就是预估值 u^*，v^* 中的正压分量。

第三步，为了得到正压分量的比较精确的“预报”，回到“当前时刻”，用表面波过程所允许的时间步长 Δt_B 将正压模态方程式(7.20)、式(7.25)和式(7.26)：

$$\frac{\partial z_0}{\partial t} = -\left(\frac{\partial U}{\partial x} + \frac{\partial V}{\partial y}\right)$$

$$\frac{\partial U}{\partial t} = -g(H + z_0)\frac{\partial z_0}{\partial x} + fV + \frac{1}{\rho_0}(\tau_x - \tau_{b,x}) - \frac{1}{\rho_0}\int_{-H}^{z_0} \frac{\partial p_C}{\partial x} \mathrm{d}z + X$$

$$\frac{\partial V}{\partial t} = -g(H + z_0)\frac{\partial z_0}{\partial y} - fU + \frac{1}{\rho_0}(\tau_y - \tau_{b,y}) - \frac{1}{\rho_0}\int_{-H}^{z_0} \frac{\partial p_C}{\partial y} \mathrm{d}z + Y$$

积分 N 步(总的时间跨度为 Δt_C)，得到“下一时刻”的海表高度 z_0 以及正压输送量 U，V；再由 U，V 计算出正压速度分量，与第二步得到的斜压速度分量 u'，v' 相加，得到“下一时刻”的速度：

$$u = u' + \frac{U}{H + z_0}$$

$$v = v' + \frac{V}{H + z_0} \tag{7.39}$$

和 u^*，v^* 相比，u，v 中的正压分量的误差得到了控制，因此这种方法有利于在长时期积分过程中保持计算稳定性。另外，上述做法中保持了正压模态和斜压模态的相互作用，有利于缓解模态分解方法带来的解的分离倾向。

以上方法的第三步对正压模态采用了小时间步长多次积分的做法，但并非其中涉及的所有各项都必须反复计算。事实上，从式(7.25)和式(7.26)可以看出，右端前两项是直接参与惯性表面重力波过程的，所以每前进一个 Δt_B 都必须更新；而其余三项分别代表风应力和底摩擦、斜压压力梯度项，以及水平平流和黏性项对正压模态的贡献。相对于表面波而言，这些项都是缓变的，在正压模态积分过程中可以保持不变，待到“下一时刻”的 u，v，T，S 等变量全部得到后再更新，这样就可以大大节省正压模态积分的计算量。此外，还可以从 X，Y 所包含的水平黏性项的垂直积分中分离出正压黏性项，和 U，V 同时更新，这样做有利于保持 U，V 的光滑性(Killworth et al.，1991)。

实施自由面模式的关键是正压模态的处理，除上述模态分解算法外，Dukowicz 和 Smith (1994)还提出了一种求解正压模态的“隐式”(implicit)方法，可以取较大的时间步长，从而提高正压过程的计算效率。这种方法是 POP(Parallel Ocean Program)模式处理自由面计算的选项之一(Smith et al.，1992)。

7.5　分辨率,模式地理

7.2—7.4 节主要讨论的是与大洋环流模式微分方程组有关的问题,从本节开始将介绍如何将微分方程组化为有限差分方程组,以便最终实现大洋环流数值模式的问题。有限差分方法是目前大洋环流数值模式使用的最主要的方法,大致的做法是:用一套三维的"网格点"(grid point)代替连续的三维空间,用一串分离的"时刻"代替连续变化的时间,用变量在这些格点和时刻上的数值代替原来的连续变量,用有限差分代替微分,从而将微分方程组转换为能够数值求解的差分方程组,这个过程称为"离散化"(discretization),它既包括空间、时间和变量的离散化,也包括微分方程的离散化。离散化过程是有限差分方法的基础,不仅有许多技术层面的问题,也会涉及物理和数学的原理。

离散化过程的第一步就是确定模式的"分辨率"。

7.5.1　分辨率

"格距"(grid spacing,grid size)是决定模式精度的最重要的参数之一,也称为"分辨率"(resolution),分为水平分辨率和垂直分辨率,两者应当是互相匹配的。球面坐标系的水平分辨率用 $\Delta\varphi$(纬度 φ 方向的格距)和 $\Delta\lambda$(经度 λ 方向的格距)表示。以 LICOM1.0 为例,它采用的是经度—纬度坐标,水平分辨率是 $\Delta\varphi=\Delta\lambda=0.5°$,在经纬度坐标系中看来是"等距"的。但是,它们的地理长度分别是 $\Delta y=a\Delta\varphi$(南北方向的格距,其中 a 代表地球半径)和 $\Delta x=a\cos\varphi\Delta\lambda$(东西方向的格距),所以实际上只在南北方向是等距的,分辨率 $\Delta y\approx50$ km,而在东西方向是不等距的,分辨率 Δx 随纬度变化,在赤道附近约为 50 km,在 60°N 和 60°S 处减小到 25 km,而且随着纬度的增加变得愈来愈小。Δx 随纬度变化的因子 $\cos\varphi$ 称为"地图放大因子",当 $\varphi\to\pm\pi/2$ 时 $\cos\varphi\to0$,因而 $\Delta x\to0$,这将严重限制模式的时间步长。极点的存在是球面网格系统在计算上的一个难点,目前虽然已经提出了一些解决办法,但仍值得进一步探索。不过在以下的讨论中我们将假定 Δx 和 Δy 是两个常数。

海洋模式的垂直分辨率通常用模式的总层数来表示,例如 LICOM1.0 是一个 30 层模式,能描写的最大深度是 5600 m。与水平方向不同,海洋模式在垂直方向通常采用不等距分层,仍以 LICOM1.0 为例,上层 300 m 有 12 层,每层的厚度是 25 m,300～1100 m 有 8 层,层厚从 27 m 逐渐增加到 220 m,而 1100～5600 m 只有 10 层,层厚从 270 m 逐渐增加到 560 m(刘海龙 等,2004)。也就是说,LICOM1.0 的上层 1000 m 占了总层数的 2/3,这是因为那里的温跃层是海洋最活跃的部分,需要用较多的层次来描写,而 1000 m 以下的深层海洋相对不活跃,温度垂直梯度很小,只需用较少的层次来描写。所以海洋模式的"垂直格距"Δz_k(下标 $k=1,2,\cdots,K$ 代表从海表算起的各层的编号,K 是模式的最大层数)一般说来是随深度变化的。不过在以下的讨论中将只考虑等距垂直分层的情形,这是因为不等距分层问题可以通过坐标变换引入类似于"地图放大因子"的参数来解决(张学洪 等,1988)。

7.5.2　模式地理

空间离散化过程必然涉及海陆分布和海底地形,实际的海陆分布和海底地形将被一个三维的网格点集合所取代，从而形成“模式地理”(model geography)。实际的海陆分布和海底地形是非常复杂的，而“模式地理”只是实际情形的某种近似，其保真程度强烈地依赖于模式的空间分辨率，尤其是在那些存在着尺度相对较小的内海、海湾、半岛、岛屿、海峡和通道的区域。

图7.4给出了一个水平分辨率为$\Delta\varphi=4°$，$\Delta\lambda=5°$(简称“4°×5°”)的海陆分布，所用的原始地形资料的分辨率是0.5°×0.5°，每个4°×5°的模式网格元内包含着80个原始地形资料。判断一个网格元是海洋还是陆地的方法是“少数服从多数”：如果该网格元内的原始资料中海洋点的个数超过40，该网格元就被认定为海洋，否则认定为陆地。

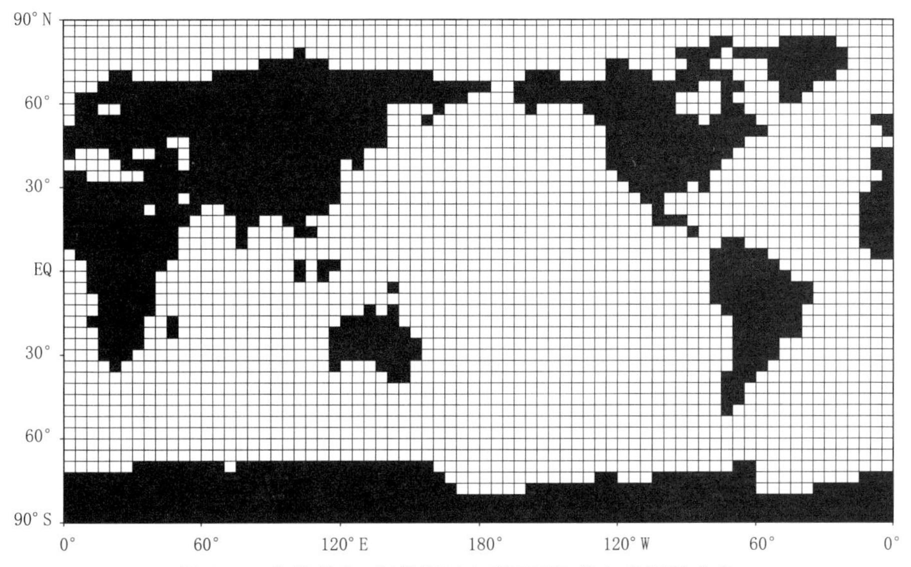

图7.4　分辨率为4°(纬度)× 5°(经度)的全球海陆分布

不过，图7.4所示的海陆分布还不能直接用于模式，因为其中有不少“死水区”需要逐一修改。典型“死水区”的例子是那些四周被陆地包围的孤立的海洋格点，这些格点可以通过海表与大气交换热量，但却不能通过洋流将从海表获得的净热量带走(或者从海洋的其他部分获得热量来补偿海表热量的净损失)，长时间积分结果会出现异常的增温或降温，导致计算溢出。这类问题称为“周界违规”(perimeter violations)，MOM(Module Ocean Model)的参考手册(Pacanowski, 1996)中列出了各种“周界违规”的情形和相应的修改办法。

从图7.4可以看出，4°×5°模式能够勾勒出比较真实的海盆尺度的海陆分布，但对比图1.1不难发现“模式地理”中有不少缺失的甚至被歪曲的地方，其中最重要的是连接西太平洋和印度洋的印度尼西亚海区(Indonesian Seas)，这从图7.5可以看得更清楚。

为了进一步说明分辨率的重要性，图7.5给出了四种不同分辨率描写的部分印度尼西亚海区(15°S～3°N，115°～135°E)的海陆分布。印度尼西亚海区是连接西太平洋和印度洋的关键区域，印度尼西亚贯穿流(Indonesian Throughflow，ITF)先穿过该区域中的Makasar Strait(望加锡海峡，位于加里曼丹岛和苏拉威西岛之间)进入爪哇海，然后再穿过南侧岛链中的Lombok海峡和Ombai海峡等狭窄的通道进入印度洋(详见第11章)。

Makasar海峡的东西向宽度约为2°(北端最窄处只有1°)，在5′和10′分辨率的图上分别约有20个和10个海洋格点，可以较好地描写穿过该海峡的输送；在0.5°的分辨率的图上最多

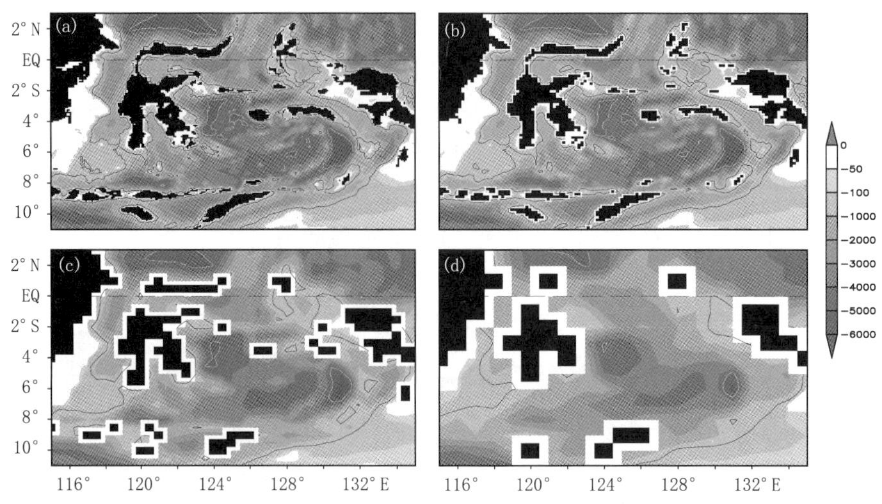

图 7.5　四种分辨率描写的部分印度尼西亚海区(11°S～3°N,115°～135°E)的海陆分布:5′×5′(a),10′×10′(b),0.5°×0.5°(c),1°×1°(d),其中黑色等值线是 500 m 等深线,白色等值线是 5000 m 等深线

有 3 个海洋格点(北端最窄处只有一个海洋格点),需要人为拓宽;而在 1°分辨率的图上,Makasar 海峡中的海洋格点更少,已经不适合于描写印度尼西亚贯穿流。至于爪哇海南侧岛链上的狭窄通道,无论是在 0.5°还是在 1°分辨率的图上都成了很宽阔的通道,这将影响 ITF 的模拟效果。

在一个 4°×5°分辨率的模式中,西太平洋与印度洋之间是一片非常开阔的水域,中间只有两个孤立的岛屿表示印度尼西亚,印度尼西亚海区的复杂的海陆分布完全不见了(图 7.4)。在 20 世纪 80—90 年代发展的大气和海洋环流模式中,4°×5°曾经是一个比较流行的分辨率。可以想象,这种粗分辨率海洋模式只能描写太平洋和印度洋在热带地区的连通性,而不可能正确描写印度尼西亚贯穿流。不仅如此,4°×5°分辨率的海洋模式甚至还会损失许多尺度并不很小的海陆分布特征,图 7.6 是一个 20 层 4°×5°分辨率模式给出的 40°N 断面上东亚—太平洋—北美洲—大西洋—西欧的海陆分布和海底地形,可以看出:它能模拟海盆尺度的特征,大西洋洋中脊在图中也有反映,主要问题之一是它甚至不能正确描写像日本列岛这样南北长而东西窄的海陆分布,致使日本海(图 7.6 中位于 130°～140°E 的部分)与西北太平洋直接连通。

以上用了较大篇幅说明“模式地理”强烈依赖于分辨率,因而有必要不断提高海洋模式的水平和垂直分辨率。实际上分辨率对于海洋模式的重要性还有很多方面的表现,例如:我们已经知道赤道流系的成员具有带状分布的特点,东西长而南北窄,而且东向流和西向流呈交错分布,这正是许多模式在赤道附近采用南北方向加密网格的原因;又如:黑潮、湾流等西边界流都具有流速很大而宽度很窄(约 100 km)的特点,因此描写西边界流通常要求分辨率非常高,目前世界上已经有了利用水平分辨率为 0.1°×0.1°的海洋模式的模拟结果,但如此高的分辨率对于计算机和相关学科来说是一个巨大的挑战。

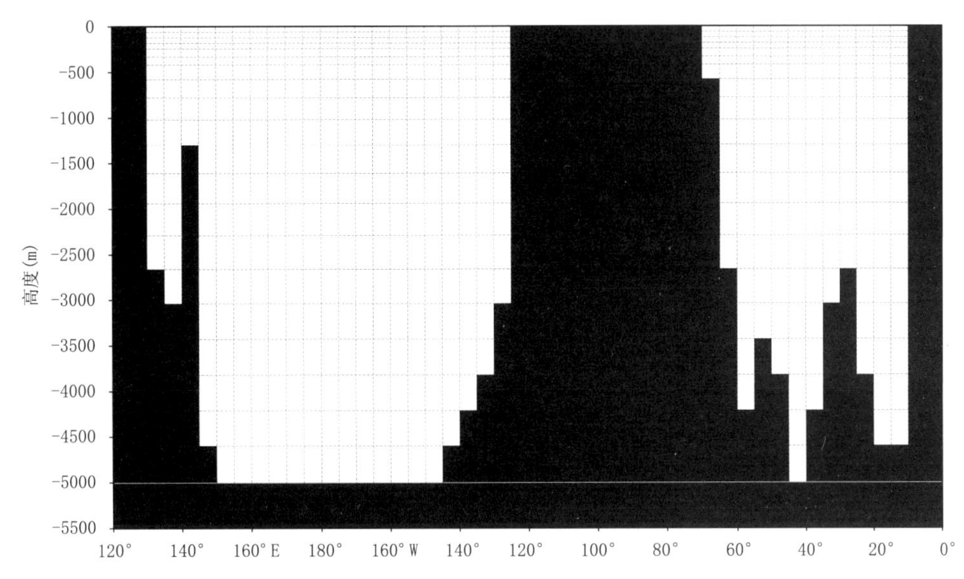

图7.6　一个20层4°×5°模式描写的40°N断面上太平洋—北美—大西洋的海陆分布和地形

7.6　水平网格系统,"两点格式"

7.6.1　B-网格

分辨率决定之后,模式的各个变量在网格中的安排(variable arrangement)仍然可以有多种选择。具有确定分辨率的网格与一定的变量安排方式相结合,就构成了"网格系统"。网格系统的概念最初是Arakawa和Lamb(1977)在构造大气模式的差分格式时提出来的。以水平方向的网格系统为例,早期的大气模式将所有的变量都放在同一个网格点上,相应的网格系统称为"A-网格"(A-grid)。以后,在分析重力波频散性质的基础上,开始将水平速度分量(u,v)和其他与压力及垂直速度有关的变量(T,S,ρ,p,w,z_0)安排在网格的不同位置上,从而形成了"交错的"(staggered)网格系统,包括B-网格,C-网格,D-网格和E-网格(Arakawa et al.,1977)。目前海洋模式使用最多的是B-网格,其次是C-网格。以下我们将以$x-y$平面上的B-网格为例介绍模式变量的交错分布。

为简单起见假定海洋的水平范围是$x-y$平面上一个矩形区域R:($0\leqslant x\leqslant X$,$0\leqslant y\leqslant Y$),其中$x=0$和$x=X$分别是区域的西边界和东边界,$y=0$和$y=Y$分别是区域的南边界和北边界,在上述边界上均满足无滑动条件式(7.18)。将$x\in[0, X]$划分为I等分,$y\in[0, Y]$划分为J等分(I和J是两个正整数),于是矩形R被划分成$J\times I$个小矩形,这就构成了一套水平网格,它的分辨率是$\Delta x\times\Delta y$,其中$\Delta x=X/I$是x方向的格距,$\Delta y=Y/J$是y方向的格距。

为了实现变量的交错分布,定义以下两组网格点$\{x_i, y_j\}$和$\{x_{i+1/2}, y_{j+1/2}\}$,其中

$$\begin{cases} x_i \equiv \left(i - \dfrac{1}{2}\right) \times \Delta x, & i = 1,2,\cdots,I \\ y_j \equiv \left(j - \dfrac{1}{2}\right) \times \Delta y, & j = 1,2,\cdots,J \end{cases} \tag{7.40a}$$

$$\begin{cases} x_{i+1/2} \equiv i \times \Delta x, & i = 0,1,2,\cdots,I \\ y_{j+1/2} \equiv j \times \Delta y, & j = 0,1,2,\cdots,J \end{cases} \tag{7.40b}$$

所以 $x_{1/2}=0$ 和 $x_{I+1/2}=X$ 分别是西边界点和东边界点，$y_{1/2}=0$ 和 $y_{J+1/2}=Y$ 分别是南边界点和北边界点。这样，区域 R 上连续变化的$(x,\ y)$就可以用离散化的格点$\{x_i,\ y_j\}$和$\{x_{i+1/2},\ y_{j+1/2}\}$来替代。为简单计，我们用$(i,j)$表示格点$(x_i,\ y_j)$，称之为"整点"，用$(i+1/2,j+1/2)$表示格点$(x_{i+1/2},\ y_{j+1/2})$，称之为"半点"。

在 B-网格(图 7.7)中，海洋模式的变量被分为两组，其中标量(也包括垂直速度)定义在"整点"上，而水平速度的两个分量则定义在"半点"上：

$$\begin{cases} F_{i,j} \equiv F(x_i, y_j), & F = T, S, \rho, p, z_0, w \\ G_{i+1/2,j+1/2} \equiv G(x_{i+1/2}, y_{j+1/2}), & G = u, v \end{cases} \tag{7.41}$$

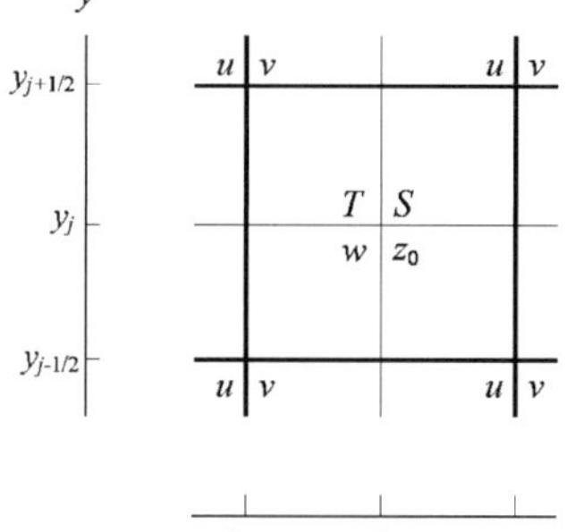

图 7.7　$x-y$ 平面上 B-网格中变量安排的示意图，图中没有给出压力 p 和密度 ρ，由状态方程和静力平衡方程可知，它们应该与 T 和 S 一样都放在 B-网格的"整点"上

从图 7.7 可以看出，B-网格实际上是由两套具有相同分辨率($\Delta x \times \Delta y$)的网格交错叠加而成的：一套是图中的粗实线构成的网格，水平速度 u,v 在相应的网格点(可称为"V-格点")上取值；另一套是图中的细实线构成的网格，位温 T、盐度 S、密度 ρ、压力 p、海表高度 z_0 和垂直速度 w 在相应的网格点(可称为"P-格点"①)上取值。每套网格中由 4 个相邻的格点围成的矩形区域称为一个"网格元"，分别称为"V-网格元"和"P-网格元"。可以看出，P-格点正好位于 V-网格元的中心，而 V-格点则位于 P-网格元中心。

网格区域的边界完全由 V-格点组成，离散形式的"无滑动"边界条件可表为：

$$\begin{aligned} G_{1/2,j+1/2} = G_{I+1/2,j+1/2} = 0, \quad j = 0,1,2,\cdots,J \\ G_{i+1/2,1/2} = G_{i+1/2,J+1/2} = 0, \quad i = 0,1,2,\cdots,I \end{aligned} \tag{7.42}$$

式中，G 代表 u 或 v；式(7.42)第一式是东西向边界条件，第二式是南北向边界条件。

① 此处的"P"代表压力，这样命名是因为 P-格点上的变量如位温、盐度、密度、压力以及海表高度等最终是通过压力梯度影响 V-格点变量的。"P-格点"也可以称为"T-格点"(刘海龙 等，2004)。

7.6.2 水平压力梯度项和散度项的差分格式

定义网格系统是为了构造差分格式，以便将微分方程组化为可以数值求解的代数方程组。为此需要知道：微分方程组的哪些项需要用差分近似替代，这些项之间有什么联系？

将原始方程式(7.1)—(7.7)写成以下“浓缩”的形式：

$$\begin{aligned}
&\frac{\mathrm{d}u}{\mathrm{d}t} = fv - \frac{1}{\rho_o}\frac{\partial p}{\partial x} + F_u & &\frac{\partial u}{\partial x} + \frac{\partial v}{\partial y} + \frac{\partial w}{\partial z} = 0 \\
&\frac{\mathrm{d}v}{\mathrm{d}t} = - fu - \frac{1}{\rho_o}\frac{\partial p}{\partial y} + F_v & &\frac{\partial p}{\partial z} = - \rho g \\
&\frac{\mathrm{d}T}{\mathrm{d}t} = F_T + \frac{1}{\rho_o c_p}\frac{\partial I}{\partial z} & &\rho = \rho(T,S,p) \\
&\frac{\mathrm{d}S}{\mathrm{d}t} = F_S & &
\end{aligned} \tag{7.43}$$

其中

$$\begin{aligned}
\frac{\mathrm{d}a}{\mathrm{d}t} &= \frac{\partial a}{\partial t} + u\frac{\partial a}{\partial x} + v\frac{\partial a}{\partial y} + w\frac{\partial a}{\partial z} \\
&\equiv \frac{\partial a}{\partial t} - L(a) \qquad (a = u,v,T,S)
\end{aligned} \tag{7.44}$$

$$L(a) \equiv - u\frac{\partial a}{\partial x} - v\frac{\partial a}{\partial y} - w\frac{\partial a}{\partial z}$$

这里 $L(a)$ 是三维平流算子。另外，湍流黏性项 F_u，F_v 和湍流扩散项 F_T，F_S 经过参数化后一般可化为 u，v，T，S 的二阶偏微分的形式(见第 8 章)。

方程组(7.43)左侧的四个方程都是含有时间微分的“预报”方程，用来“预报”水平速度(u,v)、位温 T 和盐度 S 的时空演变；方程组(7.43)右侧的三个方程是不含时间微分的“诊断”方程，用来计算垂直速度 w、压力 p 和密度 ρ，它们的时空演变是由预报变量的时空演变“诊断”出来的，例如 w 可通过连续性方程由 u，v 的辐合辐散来计算，p 可通过静力平衡方程由 ρ 来计算，而 ρ 则可通过状态方程由 T，S 来计算。将原始方程组分为预报方程和诊断方程，弄清楚预报变量和诊断变量的联系和相关的物理过程，这对于构建数值模式至少有两方面的好处：1)有助于确定合理的计算流程；2)发现计算结果有误时便于根据物理和逻辑的联系进行排查。

方程组(7.43)中所有的微分项都需要用差分近似来替代，其中涉及时间微分的是局地变化项，涉及水平微分的是水平平流、压力梯度和水平散度项，涉及垂直微分的是垂直方向的平流、散度和压力梯度项。上述各项涉及的都是时间和空间变量的一阶微分，但参数化之后的湍流黏性和湍流扩散项将涉及空间变量的二阶微分，这些项都需要用差分近似来替代。动量方程中的科氏力项和状态方程中出现的密度、位温和盐度均不涉及微分，所以不需要差分，但出于计算精度的考虑，适当的空间平均是必不可少的。短波辐射穿透项是用参数化方法计算的(见第 8 章)。

从图 7.7 中的变量分布可以看出，在 B-网格上构造方程组(7.43)的差分格式有以下方便之处。

(1)由位温 T 和盐度 S 计算密度 ρ 的状态方程是一个代数方程，不涉及微分运算；由 ρ 计

算压力 p 的静力平衡方程是一个垂直方向的微分方程，不涉及水平微分运算，所以将它们放在同一套水平网格点(即 P-格点)上是合适的。

(2)水平速度的两个分量 u,v 之间可以通过科氏力产生相互作用，不过这种相互作用是“局地”的，所以将它们放在同一套水平网格点(即 V-格点)上也是合适的。

(3)位温 T 和盐度 S 对水平速度的影响是通过压力梯度项实现的，所以压力梯度项应该在 V-格点上计算；另一方面，速度场影响位温和盐度的一个重要方面是通过散度实现的，所以散度项应该在 P-格点上计算。压力梯度项和水平散度项的交错分布与 B-网格中变量的交错分布是协调一致的，可以很方便地写出它们的差分近似：

$$\left(\frac{1}{\rho_0}\frac{\partial p}{\partial x}\right)_{i+1/2,j+1/2} \approx \frac{1}{\rho_0}\frac{1}{\Delta x}\left[\frac{p_{i+1,j+1}+p_{i+1,j}}{2}-\frac{p_{i,j+1}+p_{i,j}}{2}\right]$$

$$\left(\frac{1}{\rho_0}\frac{\partial p}{\partial y}\right)_{i+1/2,j+1/2} \approx \frac{1}{\rho_0}\frac{1}{\Delta y}\left[\frac{p_{i+1,j+1}+p_{i,j+1}}{2}-\frac{p_{i+1,j}+p_{i,j}}{2}\right] \quad (7.45)$$

和

$$\begin{aligned} D_{i,j} &\equiv \left(\frac{\partial u}{\partial x}+\frac{\partial v}{\partial y}\right)_{i,j} \\ &\approx \frac{1}{\Delta x}\left[\frac{u_{i+1/2,j+1/2}+u_{i+1/2,j-1/2}}{2}-\frac{u_{i-1/2,j+1/2}+u_{i-1/2,j-1/2}}{2}\right]+ \\ &\quad \frac{1}{\Delta y}\left[\frac{v_{i+1/2,j+1/2}+v_{i-1/2,j+1/2}}{2}-\frac{v_{i+1/2,j-1/2}+v_{i-1/2,j-1/2}}{2}\right] \end{aligned} \quad (7.46)$$

式中，D 代表水平散度。

式(7.45)和式(7.46)中的“≈”表示右端的差分格式能以一定的精度逼近左端的偏导数，利用 Taylor 展开可知，它们的逼近误差的量级皆为 $O(\Delta x^2)+O(\Delta y^2)$，亦即这些差分格式都具有二阶精度，这是因为：一方面，以上计算中所涉及的平均和差分运算都是针对“中心”点进行的，截断误差具有二阶精度；另一方面，x 和 y 方向格点都是等距离分布的，保证了二阶精度在整体上的一致性。

压力梯度项和水平散度项是重力波传播过程中的两个主要角色，再加上科氏力就构成了能够频散的惯性重力波过程，所以有关网格系统的研究常常借助于对惯性重力波方程组的分析来进行(Arakawa et al.,1977)。

从以上分析的思路可知：将海表高度 z_0 和垂直速度 w 放在 P-格点上也是合适的，这是因为 $\partial z_0/\partial t$ 和 w 都取决于水平散度，而 z_0 对水平速度的影响是通过正压压力梯度实现的。将 w 放在 P-格点上可以很方便地计算位温和盐度的垂直平流，但在计算水平速度的垂直平流时则须先将它插值到 V-格点上。

除以上模式变量外，海表强迫场涉及的各种变量(如风应力，风速、比湿、气温、气压、云量、降水率等)的离散形式也要按照 P-格点和 V-格点加以区分：标量放在 P-格点，矢量放在 V-格点。

7.6.3 “两点格式”及其应用

式(7.45)和式(7.46)给出了水平压力梯度项和散度项的具有二阶精度的差分格式，不难看出，它们都是由一些只涉及两个相邻格点的简单运算组合而成的。为了使差分格式的表示更加简洁，我们来定义一类两点差分和平均运算。

以 x 方向为例，设$\{F_i\}(i=1, 2, \cdots, I)$是一组"整点"上的离散变量，$\{G_{i+1/2}\}(i=0, 1, \cdots, I)$是一组"半点"上的离散变量，定义：

$$\begin{aligned}(\Delta_x F)_{i+1/2} &\equiv F_{i+1} - F_i,\ i = 1,2,\cdots,I-1 \\ (\overline{F}^x)_{i+1/2} &\equiv \frac{F_{i+1}+F_i}{2},\ i = 1,2,\cdots,I-1\end{aligned} \tag{7.47a}$$

和

$$\begin{aligned}(\Delta_x G)_i &\equiv G_{i+1/2} - G_{i-1/2},\ i = 1,2,\cdots,I \\ (\overline{G}^x)_i &\equiv \frac{G_{i+1/2}+G_{i-1/2}}{2},\ i = 1,2,\cdots,I\end{aligned} \tag{7.47b}$$

利用 Taylor 展开有：

$$\begin{aligned}&\frac{1}{\Delta x}(\Delta_x F)_{i+1/2} = \left(\frac{\partial F}{\partial x}\right)_{i+1/2} + O(\Delta x^2),\ \frac{1}{\Delta x}(\Delta_x G)_i = \left(\frac{\partial G}{\partial x}\right)_i + O(\Delta x^2) \\ &(\overline{F}^x)_{i+1/2} = F_{i+1/2} + O(\Delta x^2),\ (\overline{G}^x)_i = G_i + O(\Delta x^2)\end{aligned} \tag{7.48}$$

这表明：对于 x 方向两个相邻网格点的"中点"来说，利用式(7.47)定义的两点差分和平均可以构成该点的一阶导数和变量本身的具有二阶精度的近似。类似地可定义 y 方向和 z 方向的两点差分和平均运算，并且利用它们构成 y 方向和 z 方向两个相邻网格点"中点"的导数和变量本身的具有二阶精度的近似。以上做法可简称为"中点规则"，在等距离分布的网格系统中，"中点规则"是构造具有二阶精度差分格式的保证。

式(7.47a)是利用"整点"离散变量计算"半点"偏微分和变量本身数值的格式，式(7.47b)是利用"半点"离散变量计算"整点"微分和变量本身数值的格式，利用它们可以将式(7.45)和式(7.46)分别表示成：

$$\begin{aligned}\left(\frac{1}{\rho_0}\frac{\partial p}{\partial x}\right)_{i+1/2,j+1/2} &\approx \frac{1}{\rho_0}\frac{1}{\Delta x}(\Delta_x \overline{p}^y)_{i+1/2,j+1/2} \\ \left(\frac{1}{\rho_0}\frac{\partial p}{\partial y}\right)_{i+1/2,j+1/2} &\approx \frac{1}{\rho_0}\frac{1}{\Delta y}(\Delta_y \overline{p}^x)_{i+1/2,j+1/2}\end{aligned} \tag{7.45a}$$

和

$$D_{i,j} \approx \frac{1}{\Delta x}(\Delta_x \overline{u}^y)_{i,j} + \frac{1}{\Delta y}(\Delta_y \overline{v}^x)_{i,j} \tag{7.46a}$$

它们比式(7.45)和式(7.46)形式上简洁得多，而且其中包含的差分和平均运算一目了然，很容易根据"中点规则"判断出格式是具有二阶精度的。

为叙述简单起见，以下称由式(7.47a)和式(7.47b)定义的两个相邻格点的差分和平均运算为"两点格式"，它们是构造具有二阶精度的复杂差分格式的基本元件。

(1)水平平流项的差分格式

利用"两点格式"可以很方便地构造水平平流项的具有二阶精度的差分格式，以 u-动量方程和位温方程中的水平平流项为例，可得到：

$$\begin{aligned}&\left(u\frac{\partial u}{\partial x} + v\frac{\partial u}{\partial y}\right)_{i+\frac{1}{2},j+\frac{1}{2}} \\ &\approx \left[\frac{1}{\Delta x}(\overline{\overline{u}^x \Delta_x u}^x) + \frac{1}{\Delta y}(\overline{\overline{v}^y \Delta_y u}^y)\right]_{i+\frac{1}{2},j+\frac{1}{2}}\end{aligned} \tag{7.49}$$

和

$$\left(u\frac{\partial T}{\partial x}+v\frac{\partial T}{\partial y}\right)_{i,j}\approx\left[\frac{1}{\Delta x}(\overline{\overline{u}^{y}\Delta_{x}T}^{x})+\frac{1}{\Delta y}(\overline{\overline{v}^{x}\Delta_{y}T}^{y})\right]_{i,j}\tag{7.50}$$

与式(7.45a)和式(7.46a)不同的是,式(7.49)和式(7.50)中出现了两次平均运算,对照图7.7不难看出这样做是为了满足"中点规则";此外,式(7.49)和式(7.50)中的平均运算也有所不同,前者是同一方向(x 或 y)的两次平均,后者是两个不同方向(先 y 后 x,或先 x 后 y)的平均,这是因为动量(速度)平流须在"半点"上计算,而位温平流须在"整点"上计算,采用不同方向平均运算的目的也是为了满足"中点规则"。

(2)二阶微分项的差分格式

7.6.2节已经提到,参数化之后的湍流黏性和湍流扩散项将涉及空间变量的二阶微分,容易想到:只需反复运用"两点格式"就可以构造出二阶微分的差分格式。以 u-动量方程在 x 方向和 y 方向的二阶偏微分为例,可将它们分别写成:

$$\begin{aligned}\left(\frac{\partial^2 u}{\partial x^2}\right)_{i+\frac{1}{2},j+\frac{1}{2}}&=\left[\frac{\partial}{\partial x}\left(\frac{\partial u}{\partial x}\right)\right]_{i+\frac{1}{2},j+\frac{1}{2}}\\&\approx\frac{1}{\Delta x^2}[\Delta_x(\Delta_x u)]_{i+\frac{1}{2},j+\frac{1}{2}}\end{aligned}\tag{7.51}$$

$$\begin{aligned}\left(\frac{\partial^2 u}{\partial y^2}\right)_{i+\frac{1}{2},j+\frac{1}{2}}&=\left[\frac{\partial}{\partial y}\left(\frac{\partial u}{\partial y}\right)\right]_{i+\frac{1}{2},j+\frac{1}{2}}\\&\approx\frac{1}{\Delta y^2}[\Delta_y(\Delta_y u)]_{i+\frac{1}{2},j+\frac{1}{2}}\end{aligned}\tag{7.52}$$

不难看出式(7.51)和式(7.52)分别是 u 在 x 方向和 y 方向的二阶偏导数的具有二阶精度的三点差分格式,两式相加即可得到 u 的拉普拉斯算子 Δu 的具有二阶精度的五点差分格式。有时为了得到更光滑的结果,还可以对式(7.51)和式(7.52)分别沿 y 方向和 x 方向做两次两点平均,从而得到 Δu 的一个九点格式:

$$\begin{aligned}(\Delta u)_{i+\frac{1}{2},j+\frac{1}{2}}&\equiv\left(\frac{\partial^2 u}{\partial x^2}+\frac{\partial^2 u}{\partial y^2}\right)_{i+\frac{1}{2},j+\frac{1}{2}}\\&\approx\left\{\frac{1}{\Delta x^2}\left[\overline{\Delta_x(\Delta_x\overline{u}^{y})}^{y}\right]+\frac{1}{\Delta y^2}\left[\overline{\Delta_y(\Delta_y\overline{u}^{x})}^{x}\right]\right\}_{i+\frac{1}{2},j+\frac{1}{2}}\end{aligned}\tag{7.53}$$

7.7 垂直离散化,连续方程的差分格式

7.7.1 垂直离散化,"内层"连续方程的差分格式

7.6节介绍的是水平方向的离散化问题,所以只给出了离散变量的两个水平下标,例如"整点"变量 $F_{i,j}$,"半点"变量 $G_{i+1/2,j+1/2}$ 等。实际的离散化是在三维空间中施行的,所以除海表高度 z_0 和海表强迫变量外,模式的离散变量一般应该有三个下标,例如 $F_{i,j,k}$,$G_{i+1/2,j+1/2,k}$ 等,其中第三个下标 k 表示该变量的垂直坐标是 $z=z_k$。习惯上,海洋模式的垂直分层是按照从上向下的顺序排列的,所以 k 是随深度增加的,与 z 坐标的正方向相反。以一个 K 层模式(图7.8)为例,$k=1$ 代表表层,$k=K$ 代表底层。与水平方向的交错分布类似,离散变量在垂直方向上也可以是交错分布的,所以第三个下标既可以是整数 k,也可以是半整数 $k-1/2$ 和 $k+1/2$。整数 k 指示的是第 k 层(layer)中心面的位置,半整数 $k-1/2$ 和 $k+1/2$ 分别指示的

是第 k 层的上、下界面(level)的位置,特别,垂直下标“1/2”指示的是海表面 $z=z_0(x,y,t)$,这意味着模式表层($k=1$)有一个“活动的”上边界,因而那里的差分格式将不同于模式内层($k>1$),需要特别处理。

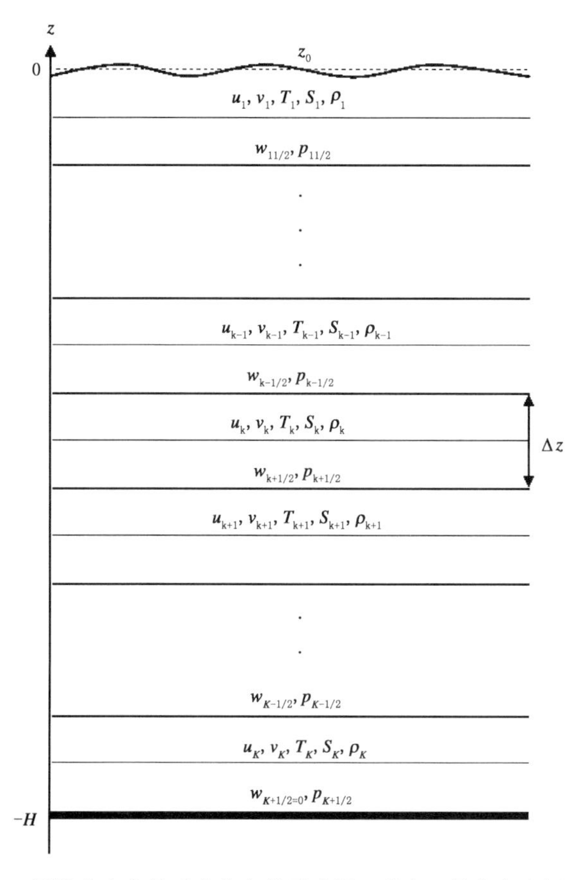

图 7.8　一个 K 层模式中变量垂直分布的示意图。其中 z 是高度坐标,$z=0$ 是平均海表面高度,波状线表示海表面高度的小振幅涨落 $z_0=z_0(x,y,t)$;模式在垂直方向是等距的,层厚为 Δz;变量 u, v, T, S, ρ 放在每层(layer)的中心,下标为整数;w, p 放在各层之间的界面上,下标为半整数,下标“1/2”代表海表($z=z_0$);第 K 层是模式的底层;为简化讨论起见,这里假定了底边界垂直速度 $w_{K+1/2}=0$

图 7.8 是一个等距的 K 层模式中变量分布的示意图,其中从上到下各层(layers)的编号依次为 $k=1, 2, \cdots, K$,各层的厚度都是 Δz。图中粗实线代表两个相邻的层之间的界面,细实线代表各层的中心面(levels)。关于变量在垂直方向的安排,普遍采取的做法是:将水平速度 u,v,位温 T,盐度 S 和密度 ρ 放在每层的中心面上,而将垂直速度 w 和压力 p 放在各层之间的界面上,这种变量的交错安排很适合于垂直速度和压力的计算。

考虑一个水柱“内部”的层,相应的连续性方程差分格式可以写成:

$$\begin{cases} \dfrac{w_{k-1/2}-w_{k+1/2}}{\Delta z}=-D_k \quad (2 \leqslant k \leqslant K) \\ w_{K+1/2}=0 \end{cases} \tag{7.54}$$

式中,D_k 代表该层的水平散度,其差分格式已由式(7.46a)给出,由于垂直速度和散度都在

P-格点上计算，所以这里略去了水平方向的下标(i,j)。式(7.54)的第二式是海底边界条件，为了简化讨论起见这里假定海底是平坦的，垂直速度为零。

类似于式(7.47)可定义z方向的“两点格式”，从而将式(7.54)改写成：

$$\begin{cases}\frac{1}{\Delta z}(\Delta_z w)_k = -D_k \quad (2 \leqslant k \leqslant K)\\ w_{K+1/2} = 0\end{cases} \tag{7.54a}$$

式(7.54)只适用于海洋“内层”$(k \leqslant 2)$，这是因为模式表层$(k=1)$的连续性方程涉及了海表垂直速度，必须考虑海表高度z_0的变化，以下我们来讨论这个问题。

7.7.2 海表高度预报方程的差分格式，总体积守恒

在模式表层$(k=1)$，差分形式的连续性方程(7.54)需要修改为：

$$\frac{w_{1/2} - w_{1+1/2}}{\Delta z + z_0} \approx -D_1 \tag{7.55}$$

式中，$w_{1/2}$代表海表面处的垂直速度，按定义其微分形式为：

$$w_{1/2} \equiv \frac{\mathrm{d}z_0}{\mathrm{d}t} = \frac{\partial z_0}{\partial t} + u_0\frac{\partial z_0}{\partial x} + v_0\frac{\partial z_0}{\partial y} \tag{7.56}$$

式中，u_0，v_0表示海表面处流速的两个分量。

注意式(7.56)中含有$\frac{\partial z_0}{\partial t}$，所以求解$w_{1/2}$必将涉及海表高度预报方程式(7.20)的差分近似。为了说明求解方法的原理，我们来讨论一个简化的二维空间问题：假定所有变量均不随y改变，只考虑变量在(x,z,t)中的变化，于是水平散度项和连续性方程的差分格式可简化为：

$$D_{i,k} = \frac{1}{\Delta x}(\Delta_x u)_{i,k} \tag{7.46b}$$

$$\begin{cases}\frac{1}{\Delta z}(\Delta_z w)_{i,k} = -\frac{1}{\Delta x}(\Delta_x u)_{i,k} \quad (2 \leqslant k \leqslant K)\\ w_{i,K+1/2} = 0\end{cases} \tag{7.54b}$$

$$w_{i,1/2} = w_{i,1+1/2} - (\Delta z + z_0)_i \times \frac{1}{\Delta x}(\Delta_x u)_{i,1} \tag{7.55b}$$

以上方程中，离散变量(u,w,z_0)的第一个下标指出了它们在x方向的位置，第二个下标指出了它们在z轴负方向上的位置。图7.9给出了模式表层$(k=1)$中的变量分布。

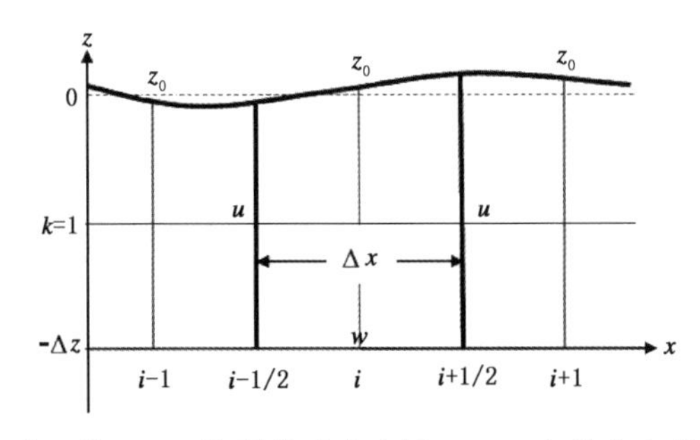

图7.9 一个二维(x,z)海洋模式中表层$(k=1)$变量分布的示意图。其中海表$(z=z_0)$对应着$k=1/2$；$z=-\Delta z$是表层与第二层$(k=2)$之间的界面，对应着$k=1+1/2$

将式(7.54b)乘以 Δz 后对 k 求和，得到：

$$w_{i,1+1/2}=-\frac{1}{\Delta x}\Delta_x\left(\sum_{k=K}^{2}u_{i,k}\times\Delta z\right) \tag{7.57}$$

不难看出，式(7.57)右端正是 $-\frac{\partial}{\partial x}\int_{-H}^{-\Delta z}u\,\mathrm{d}z$ 的差分近似，可用来替换式(7.55b)右端第一项，由此可以推测式(7.55b)右端第二项应当包含表层垂直积分流速的散度。为了证明这件事，我们先引进一个“两点格式”的性质：

$$(F\Delta_x G)_i\equiv\Delta_x(\overline{F}^x G)_i-(\overline{G\Delta_x F}^x)_i \tag{7.58}$$

式中，F 是定义在“整点”上的离散变量，G 是定义在“半点”上的离散变量。式(7.58)实际上是微分关系式：

$$F\frac{\partial G}{\partial x}\equiv\frac{\partial(FG)}{\partial x}-G\frac{\partial F}{\partial x} \tag{7.58a}$$

在差分情形下的表现，很容易利用“两点格式”的定义式(7.47a)和式(7.47b)来直接验证。事实上，“两点格式”能够在一定意义上保持包括式(7.58a)在内的若干微分和积分运算的性质(曾庆存 等，1987)。

回到式(7.55b)右端第二项的处理，利用式(7.58)立刻得到：

$$\begin{aligned}&-(\Delta z+z_0)_i\times\frac{1}{\Delta x}(\Delta_x u)_{i,1}\\&=-\frac{1}{\Delta x}\Delta_x[\overline{(\Delta z+z_0)}^x u]_{i,1}+\frac{1}{\Delta x}[\overline{u\Delta_x z_0}^x]_{i,1}\end{aligned} \tag{7.59}$$

将式(7.57)和式(7.59)代入式(7.55b)右端，注意其中有两项可以合成海表高度预报方程式(7.20)的差分近似，就得到：

$$w_{i,1/2}=\left(\frac{\partial z_0}{\partial t}\right)_i+[\overline{u\Delta_x z_0}^x]_{i,1} \tag{7.60}$$

其中，

$$\left(\frac{\partial z_0}{\partial t}\right)_i=-\frac{1}{\Delta x}\Delta_x\{\sum_{k=K}^{1}u\times\Delta z\}_{i,k}-\frac{1}{\Delta x}\Delta_x\{u\times(\overline{z_0}^x)\}_{i,1} \tag{7.61}$$

事实上式(7.61)即是海表高度预报方程式(7.20)在二维情形下的离散近似，可以改写成：

$$\begin{aligned}\left(\frac{\partial z_0}{\partial t}\right)_i&=-\frac{1}{\Delta x}\Delta_x\{\sum_{k=K}^{1}u\times(\Delta z+\delta_{1,k}\overline{z_0}^x)\}_{i,k}\\&\approx-\left(\frac{\partial}{\partial x}\int_{-H}^{z_0}u\,\mathrm{d}z\right)_i\equiv-\left(\frac{\partial U}{\partial x}\right)_i\end{aligned} \tag{7.61a}$$

式中，$\delta_{1,k}$ 是 Kronecker 记号。

式(7.60)是海表垂直速度式(7.56)在二维(x,z)情形下的差分近似，其中用到的海表面流速 u_0，v_0 已被模式表层($k=1$)的流速所代替。

式(7.54)、式(7.60)和式(7.61)一起就构成了二维情形下连续性方程的差分格式。

将式(7.61)乘以 Δx 后对 i 求和可得：

$$\begin{aligned}\sum_{i=1}^{I}\left(\frac{\partial z_0}{\partial t}\right)_i\times\Delta x=&-\sum_{k=K}^{1}(u_{I+1/2,k}-u_{1/2,k})\times\Delta z-\\&[u_{I+1/2,1}\times(\overline{z_0}^x)_{I+1/2}-u_{1/2,1}\times(\overline{z_0}^x)_{1/2}]=0\end{aligned} \tag{7.62}$$

这是二维体积守恒性质$\dfrac{\partial}{\partial t}\displaystyle\int_0^X z_0\,\mathrm{d}x = 0$在差分情况下的表现。式(7.62)的证明主要用到的是x方向的刚壁边界条件,所以其中虽然涉及$\overline{z_0}^x$在边界上如何取值的问题,但无关紧要。

式(7.62)表明连续方程的空间差分格式虽然存在计算误差[例如式(7.48)所显示的二阶截断误差],但并未因此而产生虚假的源汇,所以在整体上能够保持微分方程组的体积(质量)守恒性质。差分格式应当尽可能地保持微分方程的整体性质,这是构造空间差分格式的一个重要原则,而"两点格式"作为构造复杂差分格式的基本元件,特别有利于这类整体性质的保持。限于篇幅,本书不拟详细介绍这方面的问题,有兴趣的读者可参看曾庆存和张学洪(1987)的文章。

以式(7.54)、式(7.60)和式(7.61)为基础,不难写出三维情形下连续方程的差分格式(略)。

7.7.3 其他垂直差分问题

(1)垂直平流项的差分格式

7.6.3节以u-速度分量和位温T为例,给出了水平平流项的差分格式,分别见式(7.49)和式(7.50),相应的垂直平流项的差分格式可写成:

$$\left(w\frac{\partial u}{\partial z}\right)_{i+\frac{1}{2},j+\frac{1}{2},k} \approx \left[\frac{1}{\Delta z}\left(\overline{\overline{w}^{xy}\,\Delta_z u}^{z}\right)\right]_{i+\frac{1}{2},j+\frac{1}{2},k} \tag{7.63}$$

和

$$\left(w\frac{\partial T}{\partial z}\right)_{i,j,k} \approx \left[\frac{1}{\Delta z}\left(\overline{w\Delta_z T}^{z}\right)\right]_{i,j,k} \tag{7.64}$$

式(7.63)中出现的$\overline{w}^{xy}$表示先做x方向的两点平均再做y方向的两点平均,这是因为在B-网格中w是"整点"变量而u是"半点"变量的缘故。另一方面,由于w和T都是"整点"变量,所以式(7.64)中无须此种平均。

注意式(7.63)和式(7.64)右端中都出现了形如$(\overline{G\Delta_z F}^{z})_k$的项,其中$F$代表$u$或$T$,$G$代表$\overline{w}^{xy}$或$w$,下标$k$代表垂直方向的第$k$层。这一项的计算要用到$(\Delta_z F)_{k-1/2}$和$(\Delta_z F)_{k+1/2}$,所以在表层($k=1$)须特别处理,例如可假定海表面($z=z_0$)到表层中心($z=-\Delta z/2$)之间受边界层混合过程影响,$F$是垂直均匀的,于是有$(\Delta_z F)_{k=1/2}=0$。在底层($k=K$)是没有问题的,因为有底边界条件$w_{K+1/2}=0$。

许多海洋模式采用的是"地形追随"坐标(例如LICOM采用的是η-坐标,详见刘海龙 等,2004),其中海表面和海底都被变换为坐标平面,相应的"垂直速度"为零,所以在模式表层和底层的垂直平流计算都不会有困难。

(2)静力平衡方程的差分格式

压力p由静力平衡方程来计算,略去水平下标(i,j),相应的差分格式可写成:

$$\begin{cases} \dfrac{p_{k-1/2}-p_{k+1/2}}{\Delta z} = -g\rho_k \quad (k=2,\cdots,K) \\ \dfrac{p_{1/2}-p_{1+1/2}}{\Delta z+z_0} = -g\rho_1 \\ p_{1/2} = p_{as} \end{cases} \tag{7.65}$$

式中，密度 ρ_k 是通过海水状态方程由 T_k 和 S_k 计算的，$p_{1/2}$ 代表海表($z=z_0$)的压力，式(7.65)第三式表明 $p_{1/2}$ 应当等于海表的大气压力 p_{as}。

在 $|z_0| \ll \Delta z$ 的条件下，利用 Taylor 展开可将式(7.65)第二式改写成

$$\frac{p_{1/2}-p_{1+1/2}}{\Delta z} \approx -\left(1-\frac{z_0}{\Delta z}\right)g\rho_1 \tag{7.66}$$

利用“两点格式”可将式(7.65)和式(7.66)合并写成：

$$\begin{cases} \dfrac{1}{\Delta z}(\Delta_z p)_k = -\left(1-\delta_{1,k}\dfrac{z_0}{\Delta z}\right)g\rho_k \quad (k=1,2,\cdots,K) \\ p_{1/2} = p_{as} \end{cases} \tag{7.65a}$$

式中，$\delta_{1,k}$ 是 Kronecker 记号，与之相关的项表示因海表起伏产生的压力。式(7.65a)与 7.3 节讨论表面波过程时采用的静力方程和边界条件式(7.22)本质上是一样的，所不同的只是考虑了海表面大气压力的影响。

7.8　波动方程计算稳定性概念

前两节介绍了空间差分格式的设计方法，7.9 节将介绍时间差分格式的设计方法，这样就可以将原始方程组(7.43)化成差分方程组，实现数值求解。实现数值求解的关键之一是求解过程中计算误差是否可控，这就是差分格式的计算稳定性问题，本节将集中讨论这个问题。

7.8.1　一维波动方程，d'Alembert 公式

以描述表面重力波的方程组(7.29)为例，其中(U,V)是垂直积分的水平流速，若用垂直平均的水平流速(u, v)代替(U, V)，则方程组(7.29)变为：

$$\begin{aligned} \frac{\partial z_0}{\partial t} &= -\overline{H}\left(\frac{\partial u}{\partial x}+\frac{\partial v}{\partial y}\right) \\ \frac{\partial u}{\partial t} &= -g\frac{\partial z_0}{\partial x} \\ \frac{\partial v}{\partial t} &= -g\frac{\partial z_0}{\partial y} \end{aligned} \tag{7.67}$$

这是一个典型的二维浅水波方程组。为了揭示波动方程数值解对差分格式的要求，我们来讨论更简单的一维问题：

$$\begin{aligned} \frac{\partial u}{\partial t} &= -g\frac{\partial z_0}{\partial x} \\ \frac{\partial z_0}{\partial t} &= -\overline{H}\frac{\partial u}{\partial x} \end{aligned} \tag{7.68}$$

其中，$u=u(x,t)$，$z_0=z_0(x, t)$。消去 z_0，得到

$$\frac{\partial^2 u}{\partial t^2} = c^2\frac{\partial^2 u}{\partial x^2}, \quad c^2 \equiv g\overline{H} \tag{7.69}$$

它可以化为两个联立的一阶波动方程，再化成特征形式求解(程心一，1984)。略去细节，以下我们直接考虑一阶波动方程：

$$\frac{\partial u}{\partial t}=\pm c\frac{\partial u}{\partial x} \tag{7.70}$$

它们分别描写向西和向东传播的行波(travelling waves)。

考虑一般的向西传播的行波方程:

$$\frac{\partial u}{\partial t}=c\frac{\partial u}{\partial x},\quad c>0 \tag{7.71}$$

若 $c=(g\overline{H})^{1/2}$,则式(7.71)的解代表西传的重力波,当 $\overline{H}$ 是真实的平均水深时,这就是表面波,当 $\overline{H}$ 是对应某一垂直模态的"等效水深"时是内重力波(例如赤道 Kelvin 波);若 c 的大小和大尺度涡旋的移速相当,则式(7.71)也可用来描写 Rossby 波。总之,式(7.71)是描写海洋中现象传播过程的最简单的方程。

式(7.71)的解可以由简化的达朗贝尔(d'Alembert)公式给出:

$$\begin{aligned}u&=f(x+ct)\\ u\big|_{t=0}&=f(x)\end{aligned} \tag{7.72}$$

式中,$f(x)$ 可看作初始扰动。式(7.72)意味着,由这个初始扰动所激发的波动将以相速度 c 向西传播,且在西传过程中波形保持不变。因此,对任意指定的(x,t),$u(x,t)$ 的值必定等于某个初始扰动值,这个初始扰动值的位置可以沿着"特征线"

$$x+ct=\text{const} \tag{7.73}$$

的逆时间方向被"追溯"到——这就是图 7.10a 中 x 轴上的点 $x=x_0$。

以上结论是基于单向传播的一维波动方程(7.71)得出的。若考虑方程(7.69)所描写的双向传播的波动,则对任意指定的(x,t),$u(x,t)$ 取决于有限区间$(x-ct,\ x+ct)$上的初始扰动及其增长率:

$$u(x,t)=\frac{f(x+ct)+f(x-ct)}{2}+\frac{1}{2c}\int_{x-ct}^{x+ct}g(\zeta)\mathrm{d}\zeta \tag{7.74}$$

其中

$$f(x)\equiv u\big|_{t=0},\ g(x)\equiv\frac{\partial u}{\partial t}\bigg|_{t=0} \tag{7.75}$$

式(7.74)和式(7.75)是"弦振动"类型方程解的 d'Alembert 公式,此时的解 $u(x,t)$不仅依赖于初始位移,而且依赖于初始速度;依赖的范围也扩大到区间$(x-ct,\ x+ct)$,称为解的"依赖区间"。

"依赖区间"(或"依赖区域")的概念对于正确设计波动方程的差分格式非常重要。

7.8.2　Courant-Friedrichs-Lewy 条件

考察一维波动方程(7.71)的一类最简单的差分近似。首先将空间(x)和时间(t)离散化,设 x 方向的格距为 Δx,t 方向的时间步长为 Δt,定义:

$$\begin{aligned}&u_j^n\rightarrow u(x_j,t^n),\\ &x_j\equiv j\times\Delta x,\ j=0,\pm1,\pm2,\pm3,\cdots\\ &t^n\equiv n\times\Delta t,\ n=0,1,2,3,\cdots\end{aligned} \tag{7.76}$$

式中,"→"表示近似解。为避免讨论边界影响,x 的定义域已设为$(-\infty,+\infty)$。

用"向前"差分代替 $\partial u/\partial t$,用"单向"(指沿 x 方向"向前"或"向后")差分代替 $\partial u/\partial x$,可得

到式(7.71)的两种差分格式。

(1)“顺风”(downstream)格式

对于西传的波动而言,“顺风”方向是指 x 减小的方向,故若用 x 方向的“向后”差分代替 $\partial u/\partial x$,就得到“顺风”格式:

$$\frac{u_j^{n+1}-u_j^n}{\Delta t}=c\,\frac{u_j^n-u_{j-1}^n}{\Delta x},\quad c>0$$

$$\Rightarrow u_j^{n+1}=u_j^n+\alpha(u_j^n-u_{j-1}^n),\quad \alpha\equiv\frac{c\Delta t}{\Delta x}\tag{7.77}$$

式中,α 是一个无量纲量,它正比于 Δt,反比于 Δx;当 Δx 固定不变时,α 完全由 Δt 决定。

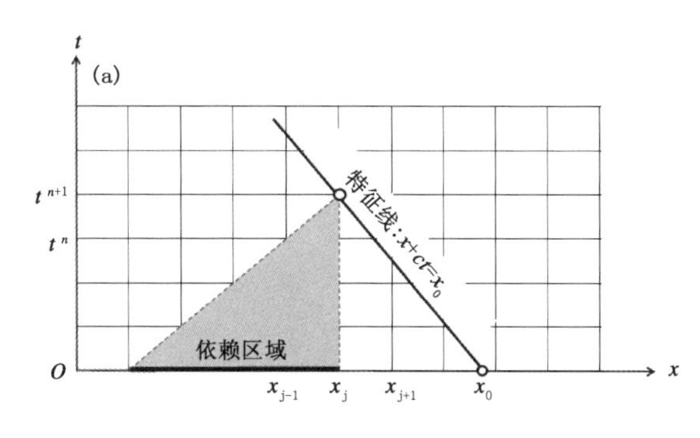

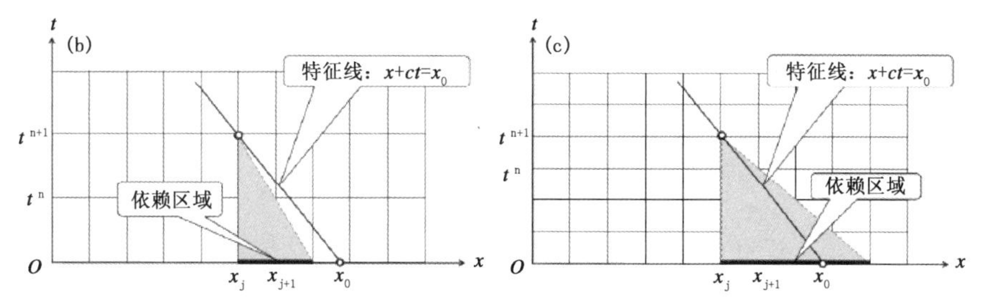

图 7.10　(a)“顺风”(downstream)格式示意图;(b)$\alpha>1$ 时和(c)$\alpha<1$ 时的“迎风”(upstream)格式示意图

图 7.10a 是“顺风”格式的解与初值关系的示意图,可以看出,如果从点(x_j, t^{n+1})逆时间方向追溯,则差分方程(7.77)解的“依赖区域”就是图中灰色三角形的底边,它和微分方程(7.71)的特征线所指示的初始扰动位置($x=x_0$)互不相干,这表明差分方程(7.77)的解不可能收敛到微分方程(7.71)的解。上述特点与 α 无关,也就是说,无论怎样减小时间步长,差分方程的解都不可能收敛到微分方程的解,所以“顺风”格式是绝对不可取的。

(2)“迎风”(upstream)格式

用 x 方向的“向前”差分代替 $\partial u/\partial x$,就得到“迎风”格式:

$$\frac{u_j^{n+1}-u_j^n}{\Delta t}=c\,\frac{u_{j+1}^n-u_j^n}{\Delta x},\quad c>0$$

$$\Rightarrow u_j^{n+1}=u_j^n+\alpha(u_{j+1}^n-u_j^n),\quad \alpha\equiv\frac{c\Delta t}{\Delta x}\tag{7.78}$$

图 7.10b 和图 7.10c 是“迎风”格式的解与初值关系的示意图,其中图 7.10b 和图 7.10c 的格距 Δx 相同,但由于时间步长 Δt 较大,使得图 7.10b 满足 $\alpha>1$ 而图 7.10c 满足 $\alpha<1$。由图 7.10b 可以看出,当 $\alpha>1$ 时,差分方程(7.78)解的“依赖区域”仍与初始扰动位置($x=x_0$)

互不相干,所以此时差分方程的 解仍不可能收敛到微分方程的解。

若 $\alpha \leqslant 1$,即:

$$c\frac{\Delta t}{\Delta x} \leqslant 1 \tag{7.79}$$

则差分方程(7.78)解的"依赖区域"如图 7.10c 所示,此时特征线所指示的初始扰动位置位于差分方程解的依赖区域内,因此差分方程的解有可能收敛到微分方程的解。

式(7.79)称为 Courant-Friedrichs-Lewy 条件(简称"CFL 条件"),它是差分方程的解收敛于相应的微分方程解的必要条件。CFL 条件给出了构造差分格式的一个物理原则:差分方程解的依赖区域一定要包含微分方程解的依赖区域。

7.8.3 计算稳定性概念

我们来讨论"迎风"格式式(7.78)解的误差增长情况。

式(7.78)是齐次线性方程,因此也是误差满足的方程,可用分离变量法求解。将解在x方向表为 Fourier 级数,考察波数为 m 的误差分量:

$$u_j^0 = T(0)\mathrm{e}^{imx_j},$$
$$u_j^n = T(n)\mathrm{e}^{imx_j},(n = 1,2,3,\cdots) \tag{7.80}$$

代入式(7.78)可得:

$$T(n) = G^n T(0),(n = 1,2,3,\cdots)$$
$$G \equiv 1 + \frac{c\Delta t}{\Delta x}(\mathrm{e}^{im\Delta x} - 1) = 1 + \alpha(\mathrm{e}^{im\Delta x} - 1) \tag{7.81}$$

复数 G 称为"过渡因子",它的"模"的平方是:

$$|G|^2 = 1 - 2\alpha(1-\alpha)(1-\cos m\Delta x) \tag{7.82}$$

注意到 m 可以是任意波数,可以证明 G 的模不超过 1 的充分必要条件是:

$$\alpha \equiv c\frac{\Delta t}{\Delta x} \leqslant 1 \tag{7.83}$$

此时"迎风"格式式(7.78)解的误差不会增长,计算是稳定的。式(7.83)就是计算稳定性条件,称为 Courant 条件。由于式(7.83)和式(7.79)相同,所以对波动方程的"迎风"格式而言,Courant条件和 CFL 条件是同一的。

式(7.83)表明:稳定的"迎风"差分格式的时间步长的上界反比于波动传播速度、正比于空间网格的尺度,这个原则适用于许多"条件稳定"的差分格式。一般说来,对于包含快波的高分辨率模式,时间步长必须足够小才能保证计算稳定。

7.9 时间积分方案

7.9.1 "时间积分"过程

7.6 节和 7.7 节以 B-网格为例,利用"两点格式"给出了压力梯度项、散度项、平流项、连续性方程,以及静力平衡方程的空间差分格式,据此可以将原始方程组(7.43)中的"预报方程"写成空间离散、时间连续的形式,以 u-动量方程为例,可得到:

$$\left(\frac{\partial u}{\partial t}\right)_{i+1/2,j+1/2,k}=\left[L(u)+fv-\frac{1}{\rho_o}\frac{\partial p}{\partial x}+F_u\right]_{i+1/2,j+1/2,k} \tag{7.84}$$

上式右端的方括号代表差分形式的平流项、科氏力项、压力梯度项，以及水平和垂直湍流黏性项。假定已经得到某一时刻（记为 $t=t^n$）所有变量和海表强迫量的空间分布，通过计算式(7.84)（以及其他预报量方程）的右端项就可以得到该时刻所有预报变量的局地变化数值；将局地变化项转换为离散的时间差分格式（虽然局地变化项只是变量对时间的一阶偏导数，但下面将会看到时间差分格式还是可以有多种选择的），就可以“外推”出下一时刻（记为 $t=t^{n+1}$）预报变量的空间分布，由诊断方程又可计算出下一时刻的诊断变量分布；如此循环往复地进行下去，就可以实现对大洋环流的季节变化、年际变化、乃至十年和百年尺度变化的模拟。

以上描述的计算过程就是“时间积分”过程，这个过程是一步一步地进行的，每一步的长度称为“时间步长”（可用 Δt 表示，见图7.11）。为了利用大洋环流模式进行气候研究，首先要将模式在适当的外强迫下积分到“平衡态”（例如合理而且稳定的温度和盐度分布，以及相应的水平和垂直环流等），这个过程往往长达数百年乃至上千年。即使模式的时间步长可以取到1 h，那么完成一个100 a的模拟也需要进行将近一百万步的积分。在这样长的时间积分过程中，误差的发生是不可避免的，人们可以做的只能是限制误差的增长，使得物理上重要的信号不致被严重“污染”。因此，时间积分方法的研究是非常重要的。

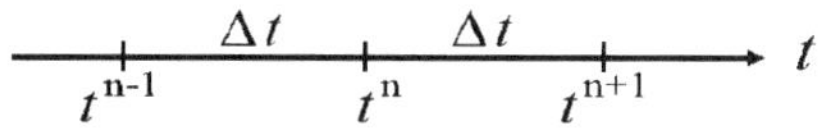

t^{n-1}　Δt　t^{n}　Δt　t^{n+1}　t

图7.11　时间变量(t)离散化示意图

7.3节和7.4节在介绍表面重力波和自由面海洋模式时提到了计算稳定性的概念，7.8节介绍了波动方程差分格式计算稳定性的Courant条件。从7.8节的讨论可以看出，差分解的性质是由空间差分格式和时间差分格式共同决定的（典型的例子之一是“迎风”格式以及相关的“依赖区域”的概念），所以，选择合适的时间积分方法，实际上是一个如何将时间差分和空间差分进行合理“搭配”的问题。

为了便于对海洋（或大气）环流模式的时间积分方法进行理论分析和试验检验，常常需要建立一些简单模型，为此我们以方程式(7.84)为例做一些定性讨论。

式(7.84)的右端各项对应着不同时间尺度的过程。其中，平流项和局地变化项合起来就是“个别变化”（见式(7.44)），在拉格朗日框架下代表质点的移动速度，所以单纯的平流过程是缓慢的移动过程；科氏力和压力梯度处于准平衡状态，在 β-效应的作用下，这种准平衡状态以大尺度Rossby波的方式传播，也属于慢过程；压力梯度和散度的变化使得重力波传播，一般说来重力波是快过程，在维持准地转平衡中有不可忽视的作用，其中表面重力波的传播速度特别快，对计算稳定性影响最大；最后，湍流黏性项产生耗散过程，参数化之后常常化为“扩散”项的形式，与前面几类过程有本质的区别。

以上讨论表明，式(7.84)中包含的主要过程是平流、波动和扩散；其中平流过程是非线性的，但如果引进一个定常的“基本流”将其线性化，那么平流过程和波动过程是相似的。所以，我们可以提出两类简单模型：平流模型和扩散模型，以下将主要讨论平流模型的时间—空间差分格式，但7.9.4节将提到扩散模型差分格式的问题。

线性化的一维平流方程可以写成：

$$\frac{\partial u}{\partial t}+U\frac{\partial u}{\partial x}=0 \tag{7.85}$$

其中常数 $U>0$ 代表自西向东的基本流的速度，式(7.85)与波动方程式(7.71)在形式上是类似的，不过这里描写的是基本流引起的输送过程。以下将介绍式(7.85)的两类常用的时间积分方法，主要关注的是：在计算稳定的条件下差分格式的频散和耗散问题。

7.9.2　两步保形平流方案

(1)迎风格式的单调性和强耗散性

考虑平流方程式(7.85)的两个时间层的差分格式，仿照式(7.78)可直接写出满足Courant条件的“迎风”格式

$$u_j^{n+1}=(1-\alpha)u_j^n+\alpha u_{j-1}^n \tag{7.86}$$

$$\alpha\equiv U\frac{\Delta t}{\Delta x}\leqslant 1 \tag{7.87}$$

这个格式是计算稳定的；不仅如此，它还具有保持解的“单调性”的优点。

两个时间层的显式差分格式可以一般地表为：

$$u_j^{n+1}=\sum_k c_k u_{j+k}^n,\ k=0,\pm 1,\cdots \tag{7.88}$$

式中，$\{c_k,\ k=0,\pm1,\cdots\}$ 是一组常系数。所谓“保持单调性”是指：若序列 $\{u_j^n,\ j=0,\pm1,\cdots\}$ 是单调的，则 $\{u_j^{n+1},\ j=0,\pm1,\cdots\}$ 也是单调的，换言之，只要初值($n=0$)序列是单调的，那么由式(7.88)给出的序列在此后任何时刻都将是单调的。可以证明，差分格式式(7.88)保持单调性的充要条件是：

$$c_k\geqslant 0, k=0,\pm 1,\cdots \tag{7.89}$$

由此可知，满足 Courant 条件的迎风格式是单调格式。

不过，一般情形下平流方程的初值并不是“全局”单调的，而是存在若干个极值点，它们将整个序列划分为若干段，从而表现出“分段单调”的特点(图 7.12)。在这种情况下，只要满足系数非负条件式(7.89)，序列的极值点个数就不会随时间(由上标 n 表示)增加，从图 7.12 可以大致看出这个特点，其中的关键是：下一时刻的序列总是由上一时刻序列通过相邻两点的“内插”得到的。由于极值点的个数和“波数”是相互对应的，所以“单调”格式排除了数值解发

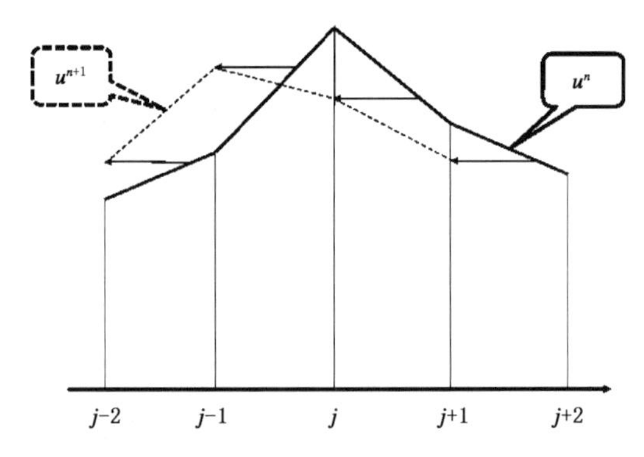

图 7.12　波动方程计算稳定的“迎风”格式在两个相邻时间层上解的关联示意图。其中实线代表 n 时刻在格点 $j-2,j-1,j,j+1,j+2$ 上的解；虚线代表 $n+1$ 时刻在格点 $j-2,j-1,j,j+1$ 上的解；箭头给出了两者的关联

生“频散”(dispersion)的可能性。

从图 7.12 还可以看出，迎风格式解的极值必定是随时间衰减的，表明迎风格式有很强的耗散(dissipation)，这和迎风格式只具有一阶精度有关。因此，海洋模式积分过程中很少单独、多次地使用迎风格式。

(2)Lax-Wendroff 格式

对平流方程式(7.85)在 $n+1$ 时刻的解作如下的 Taylor 展开：

$$\begin{aligned} u_j^{n+1} &\approx u_j^n + \Delta t\left(\frac{\partial u}{\partial t}\right)^n + \frac{\Delta t^2}{2}\left(\frac{\partial^2 u}{\partial t^2}\right)^n \\ &= u_j^n - U\Delta t\left(\frac{\partial u}{\partial x}\right)^n + \frac{U^2\Delta t^2}{2}\left(\frac{\partial^2 u}{\partial x^2}\right)^n \\ &\approx u_j^n - \frac{U\Delta t}{2\Delta x}(u_{j+1}^n - u_{j-1}^n) + \frac{U^2\Delta t^2}{2\Delta x^2}(u_{j+1}^n - 2u_j^n + u_{j-1}^n) \end{aligned} \tag{7.90}$$

可得到具有二阶精度的 Lax-Wendroff 格式

$$\begin{aligned} u_j^{n+1} &= (1-\alpha^2)u_j^n - \frac{\alpha}{2}(1-\alpha)u_{j+1}^n + \frac{\alpha}{2}(1+\alpha)u_{j-1}^n \\ \alpha &\equiv \frac{U\Delta t}{\Delta x} \leqslant 1 \end{aligned} \tag{7.91}$$

满足 Courant 条件的 Lax-Wendroff 格式也是计算稳定的，由于它具有二阶精度，所以耗散很小。不过，观察式(7.91)右端三项的系数可知 Lax-Wendroff 格式不是单调格式，因而数值解会发生频散。

(3)两步保形平流格式(TSPAS)

迎风格式具有单调性(非频散)和强耗散性；Lax-Wendroff 格式精度高、耗散小，但它不是单调格式，数值解会发生频散。单调性和高精度有利于保持解的形状，而频散和耗散则不利于保持解的形状。

为了保留迎风格式和 Lax-Wendroff 格式各自的优点、抑制它们的缺点，Yu(1994)提出了一种“两步保形平流方案”(Two-step Shape-Preserving Advection Scheme，TSPAS)，以形如式(7.85)的一维平流方程为例，TSPAS 的大致思路如下。

第一步，从当前时刻出发，先用 Lax-Wendroff 格式积分一步，得到下一时刻 F 的“试探”值 F^*，以便判断哪些格点上“保形”性有可能被破坏，这里“保形”性的判据是该格点上 F^* 的数值不超出当前时刻相邻三个格点上 F^* 的取值范围。为了捕捉到一些潜在的非保形格点，“试探”步的时间步长可稍大于标准时间步长。

第二步，利用“试探”值 F^*，构造一种 Lax-Wendroff 格式和迎风格式混合使用的方案，积分一步计算出下一时刻的 F 值，其中迎风格式只用于那些“保形”性有可能被破坏的格点，这种有针对性地抑制解的频散的做法，有可能将强耗散控制在最小范围。

有关方程(7.85)的迎风格式、Lax-Wendroff 格式，以及如何实现根据“保形”原则自动选择这两种格式的细节，可参看宇如聪的文章(Yu，1994)。图 7.13 给出了理想初值条件下三种方案计算结果的比较，证实使用 TSPAS 方案能够达到预期的效果。

7.9.3　Leap-frog 格式和 Asselin 滤波

Lax-Wendroff 格式是只有两个时间层的二阶精度格式。更容易构造的二阶精度格式是

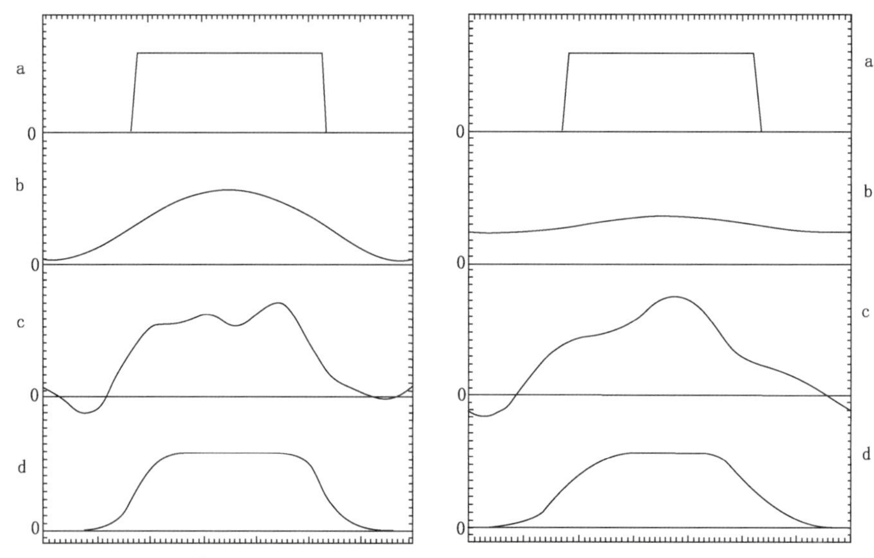

图 7.13 具有理想初值和周期边界条件的一维线性平流方程(u 为正常数)三种计算格式的比较,其中 a 是初值,b,c,d 分别是用“迎风”格式,Lax-Wendroff 格式,TSPAS 格式计算的结果,左边和右边分别给出了积分 2000 步和 10000 步后解的形状(Yu, 1994)

三个时间层(图 7.11)的 Leap-frog(蛙跳)格式,仍以一维平流方程(7.85)为例,其计算稳定性的 Leap-frog 格式是:

$$u_j^{n+1} = u_j^{n-1} - \alpha(u_{j+1}^n - u_{j-1}^n)$$
$$\alpha \equiv \frac{U\Delta t}{\Delta x} < 1 \tag{7.92}$$

式(7.92)是在空间和时间上都具有二阶精度的计算稳定的格式,由于精度高且特别简单,Leap-frog 格式是海洋和大气模式中最常用的差分格式之一。

不过,Leap-frog 格式是不能单独使用的,这是因为它有三个时间层,用分离变量法可以证明式(7.92)有两个独立的波动解,其中一个对应着微分方程(7.85)的解,称为“物理模态”(physical mode),另一个是与微分方程无关的解,称为“计算模态”(computational mode)。计算模态通常表现为高频的“噪音”,若不加控制会使得物理模态受到严重“污染”。

有一些方法可以抑制计算模态,其中之一是 Asselin(1972)时间滤波方案:

$$\tilde{u}_j^n = u_j^n + \frac{\nu}{2}(u_j^{n+1} - 2u_j^n + \tilde{u}_j^{n-1}) \tag{7.93}$$

式中,$0<\nu<1$ 是一个可调参数,ν 愈大滤波作用愈强。式(7.93)左端的 $\tilde{u}_j^n$ 代表滤波后的当前时刻变量值,右端是由三个相邻时刻的变量组成的滤波算子,其中 $\tilde{u}_j^{n-1}$ 是滤波后的过去时刻变量值。适当选取参数 ν 的数值,对每一步时间积分的结果都实行 Asselin 滤波,可以有效地阻尼高频的计算模态(也包括部分物理模态中的高频部分),使数值解变得比较光滑。

作为例子,图 7.14 给出了一个 96 h 的数值天气预报结果。所用的模式是一个极射赤面投影坐标下的北半球三层原始方程大气模式,在 60°N 处的格距是 381 km,采用三个时间层的半隐式(semi-implicit)时间积分方案,其中的平流过程用 leap-frog 方案积分,时间步长是1 h。模式所用的时间滤波方案中的系数 ν 是随时间改变的:0～36 h,ν=0.86;36～48 h,ν=0.5;48～60 h,ν=0.2;60 h 以后 ν=0。ν 值在前 36 h 取得很大,48 h 以后迅速减小,主要目的是阻尼积分开始时因初值不协调而激发出来的高频波动。比较图 7.14a 和图 7.14b 可以看出，这种时间滤波方案的效果是明显的：基本上消除了散度场的"噪音"（其中边界附近的噪音几乎完全消失），而保留下来的散度场也比较光滑，这表明被消除的散度场"噪音"对应的是快速传播的波动，其中既包括计算模态，也包括不适当的外重力波，以及内重力波中的高频部分。

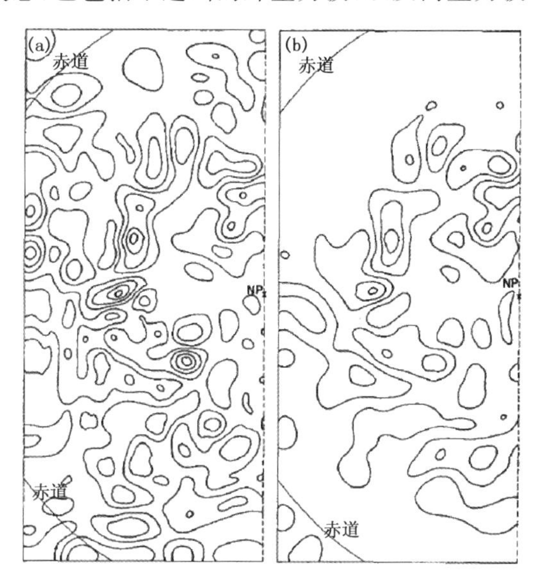

图 7.14　一个三层大气原始方程模式 96 小时预报的 500 hPa 散度场，其中(a)是没有做过滤波的结果，(b)是做过滤波的结果(Asselin，1972)

7.4.2 节介绍的自由面海洋模式的模态分解算法一般也是基于 Leap-frog 时间积分方案实现的，因此也要和 Asselin 滤波联合使用。

7.9.4　扩散方程的三个时间层的格式

7.6.2 节曾经提到：湍流黏性项 F_u，F_v 和湍流扩散项 F_T，F_S 经过参数化后一般可化为 u，v，T，S 的二阶偏导数，可以利用热传导方程来讨论相关的差分格式构造问题：

$$\frac{\partial u}{\partial t} = \kappa \frac{\partial^2 u}{\partial x^2} \tag{7.94}$$

式中，κ 是常数的湍流扩散系数。

当存在三个时间层时，式(7.94)的时间中心差分格式

$$\frac{u_j^{n+1} - u_j^{n-1}}{2\Delta t} = \kappa \frac{u_{j+1}^n - 2u_j^n + u_{j-1}^n}{\Delta x^2} \tag{7.95}$$

无论时间步长如何缩短都是计算不稳定的。解决这个问题有两个办法：1)将式(7.95)右端的变量都换成 $n-1$ 时刻；2)将式(7.95)右端的变量都换成 $n-1$ 时刻和 $n+1$ 时刻的平均，此时必须求解一组联立方程，称为"隐式"(implicit)解法，可以取较大的时间步长。

参考文献

程心一，1984. 计算流体动力学—偏微分方程的数值解法[M]. 北京：科学出版社.
刘海龙，俞永强，李薇，等，2004. LASG/IAP 气候系统海洋模式(LICOM1.0)参考手册[M]//中国科学院大

气物理研究所大气科学和地球流体力学数值模拟国家重点实验室(LASG)技术报告. 北京:科学出版社.
小仓义光，1981. 大气动力学原理[M]. 黄荣辉译. 北京:科学出版社.
曾庆存,张学洪,1987. 球面斜压大气原始方程模式保持总有效能量守恒的差分格式[J]. 大气科学,11(2):121-142.
张学洪,曾庆存,1988. 大洋环流数值模式的计算设计[J]. 大气科学(特刊):149-165.
ARAKAWA A, LAMB V R, 1977. Computational design of the basic dynamical processes of the UCLA general circulation model[J]. Methods in Computational Physics, 17: 174-265.
ASSELIN R, 1972. Frequency filter for time integrations[J]. Monthly Weather Review, 100: 487-490.
BLUMBERG A F, MELLOR G L, 1987. A description of a three-dimensional coastal ocean circulation model [M]// Norman S Heaps. Three Dimensional Coastal Ocean Models. American Geophysical Union, Washington D C.
BRYAN K, 1969. A numerical method for the study of the circulation of the world ocean[J]. Journal of Computational Physics, 4: 347-376.
BRYAN K, 1984. Accelarating the convergence to equilibrium of ocean-climate models[J]. Journal of Physical Oceanography, 14: 666-673.
BRYAN K, COX M D, 1972. An approximate equation of state for numerical models of ocean circulation[J]. Journal of Physical Oceanography, 2: 510-514.
CROWLEY W P, 1968. A global numerical ocean model[J]. J Comp Phys, 3: 111-147.
DUKOWICZ J K, SMITH R D, 1994. Implicit free-surface for the Bryan-Cox-Semtner ocean model[J]. J Geophys Res, 99: 7991.
GRIFFIES S M, 2004. Fundamentals of Ocean Climate Models[M]. Princeton: Princeton University Press.
GRIFFIES S M, HARRISON M J, PACANOWSKI R C, et al, 2004. A Technical Guide to MOM4[M]. Princeton: NOAA/Geophysical Fluid Dynamics Laboratory: 337.
KILLWORTH P D, STAINFORTH D, WEBB D J, et al, 1991. The development of a free-surface Bryan-Cox-Semtner ocean model[J]. J Phys Oceanogr, 21: 1333.
LEVITUS S, 1982. Climatological Atlas of the World Ocean[M]. NOAA Professional Paper No. 13, Washington D C: US Government Printing Office: 173.
PACANOWSKI R C, 1996. MOM2 Documentation, User's Guide, and Reference Manual, GFDL Ocean Technical Report 3. 2[R].
PACANOWSKI R C, DIXON K, ROSATI A, 1991. The GFDL Modular Ocean Model Users Guide No. 1 [R]. GFDL Ocean Group Technical Report No. 2, NOAA/Geophysical Fluid Dynamics Laboratory. Princeton N J.
PINARDI N, ROSATI A, PACANOWSKI R C, 1995. The sea surface pressure formulation of rigid lid models, Implications for altimetric data assimilation studies[J]. J Mar Sys, 6: 109-119.
SEMTNER A J, 1997. Introduction to "a numerical method for the study of the circulation of the World Ocean"[J]. Journal of Computational Physics, 135: 149-153.
SMITH R D, DUKOWICZ J K, MALONE R C, 1992. Parallel ocean general circulation modeling[J]. Physica D Amsterdam, 60: 38.
U S Standard Atmosphere, 1976. U S Standard Atmosphere[R]. U. S. Government Printing Office. Washington D. C.
YU R C, 1994. A two-step shape-preserving advection scheme[J]. Adv Atmos Sci, 11: 479-490.

第8章 海洋模式的物理参数化

8.1 引言

我们通常将数值模式分为动力框架和物理过程两部分，前者是第7章介绍的内容，包括网格配置、差分算法、积分方案等，而后者则是本章要讨论的内容。

在数值模拟中，不考虑某一物理过程细节，使用已知变量的简化函数表示这个过程，叫做"参数化"(parameterization)(Baum, 2001)。简化函数可以是有物理依据的，也可以是根据数据拟合得到。参数化最经典的例子是模式中对雷诺应力(如$\overline{u'v'}$)的处理：仿照分子黏性的处理方法，将雷诺应力表示的湍流动量输送过程参数化成平均量梯度和黏性系数乘积。

从海洋模式基本方程组看，需要参数化的过程主要包括：动量(示踪物)方程中的黏性(扩散)项，包括水平和垂直两个方向；高纬度的深对流过程；太阳短波辐射穿透项；海表湍流通量等。在这一章中我们将主要介绍前三部分内容，最后一部分在第3章中进行了详细讨论，在此就不重复。第一部分内容我们将主要讨论相对比较复杂的示踪物方程的扩散过程，将针对黏性项的讨论放在8.5节中。

海温的分布特征与海洋中的物理过程紧密联系。图1.6为多年平均的纬向平均海温。最上层垂直温度梯度小，通常称为"混合层"，主要是海表强迫引起的强混合导致的；在热带和副热带海域，混合层下垂直温度梯度较大的区域称为"温跃层"，这一层结构主要是垂直混合过程和上升流平衡的结果，而且中尺度涡输送过程也是决定温跃层分布的关键过程之一；在高纬度，海温从海表到海底分布比较均匀，这种分布与深对流过程有关。在气候模式中，这些温度分布特征的模拟都需要参数化过程参与，需要对所描述的物理过程有深入的理解。

参数化过程对模式结果非常重要，是决定模式性能的重要方面。Haidvogel和Beckmann(1999)对海洋模式中的参数化过程有以下阐述："参数化过程引入一方面是由于我们对具体的海洋物理过程的认识存在局限(如湍流过程)，计算能力的不足也是使用参数化的一个重要原因(如太阳短波穿透)。参数化手段的运用给数值模拟带来了一定的误差和不确定性，从而对模拟结果会产生重要影响。了解模拟结果对参数化的敏感性和潜在的问题，是正确使用模式的前提。"因此，在模式发展过程中不仅要考虑动力框架中的问题，对物理过程也不应忽视。

本章根据LICOM的主要物理参数化过程以及我们的研究兴趣，对海洋模式中的物理参数化过程进行简要介绍。在8.2节中首先介绍一些基本概念；8.3节和8.4节介绍了海洋模式中最主要的垂直和水平方向的扩散过程；8.5节介绍了水平黏性方案，最后介绍了深对流过程和太阳短波穿透的参数化方法。由于作者知识范围和本书篇幅限制,无法包括所有海洋中的物理过程,潮汐、海浪、内波以及次中尺度涡过程的参数化在此均未涉及。

8.2 基本概念

海洋模式的物理过程参数化涉及内容广泛,为了更好地理解物理过程及其参数化方案,本节将本章涉及的基本概念汇总在一起,其中部分章节参照了 Stewart(2004)书中的内容。

8.2.1 分辨率和次网格尺度

第 7 章详细介绍了模式分辨率的概念。在构建一个海洋环流模式时,需要将模式基本方程在选定的网格系统中离散化,然后才能利用差分方法进行数值求解。分辨率是指网格系统的网格距,网格距越小,模式分辨率越高,模式计算精度也越高,但对计算机资源的要求也就越高。

受到计算能力的限制,模式中的网格点数是有限的,不可能分辨出海洋中所有的运动形式。这些网格分辨不了的运动形式就称为"次网格过程",而相对应的运动尺度就是"次网格尺度"。

在现有的气候系统模式中,海洋模式的水平分辨率在 100 km 左右,海洋中尺度涡、内波等过程就是所谓的次网格过程,这些次网格过程都需要参数化来表示。分辨率不同,次网格尺度的含义也不同,当海洋模式的水平分辨率提高到 10 km 时,虽然可以分辨中尺度涡,但锋面、对流等过程仍然需要参数化。

8.2.2 分子运动和湍流

就物质属性而言,海水最基本的粒子为分子,而分子运动产生了分子黏性(扩散)。海洋中,分子黏性系数和分子运动黏性系数分别为 10^{-3} Pa·s 和 10^{-6} m^2/s,而分子运动引起的温度和盐度的扩散系数分别为 10^{-7} m^2/s 和 10^{-9} m^2/s。分子黏性只有在边界几毫米以内才是重要的,对海洋内部的海流和示踪物扩散的贡献可以忽略。但是,分子黏性和扩散的效应不能完全忽略,如海洋中动量、能量、热量和涡度等的耗散、海表面的驱动等过程,最终都是通过分子过程实现的。

在分子边界层之外的区域,对物质或物质属性输运起重要作用的是湍流过程,如在海表 Ekman 层中以及西边界流区域。衡量流体湍流强弱通常采用雷诺数,其定义为非线性项和分子黏性项的比值,表达式为

$$Re = \frac{U\dfrac{U}{L}}{\gamma\dfrac{U}{L^2}} = \frac{UL}{\gamma}$$

式中,U 表示海洋的特征速度尺度,L 表示海洋的特征长度尺度,γ 为分子运动黏性系数。海洋的特征速度 U 为 0.1 m/s,而特征长度 L 为 10^6 m,分子运动黏性系数 γ 取 10^{-6} m^2/s,粗略估计海洋的雷诺数为 10^{11},远大于临界雷诺数 1000。这说明海洋内部湍流过程非常重要,湍流过程也是海洋模式重要的次网格过程之一。

8.2.3 雷诺平均和雷诺平均方程

变量可以分解为平均与扰动部分，平均表征大尺度运动，而扰动则表征湍流运动。湍流运动可以视为随机的运动，平均可以平滑掉随机扰动，又能保存大尺度变量的变化规律。这种平均也被称为“雷诺平均”。

以下用动量方程为例，讨论雷诺平均的具体应用。对于动量方程中的速度，我们可以将三维流速分解为平均和扰动之和

$$u = \bar{u} + u'；\ v = \bar{v} + v'；\ w = \bar{w} + w' \tag{8.1}$$

式中，$\bar{u} = \frac{1}{T}\int_0^T u\mathrm{d}t$ 或 $\bar{u} = \frac{1}{X}\int_0^X u\mathrm{d}x$，即表示雷诺平均，可以是时间和空间的平均。扰动量有两个重要的性质：一是扰动量的平均为 0；二是扰动量也满足三维无辐散方程。

纬向动量方程的平流项写成如下形式

$$ADV_x = -u\frac{\partial u}{\partial x} - v\frac{\partial u}{\partial y} - w\frac{\partial u}{\partial z} \tag{8.2}$$

将式(8.1)代入式(8.2)，即可在方程中引入湍流对雷诺平均的影响，对于动量方程即为雷诺应力的散度。下面以平流项的$\overline{u\frac{\partial u}{\partial x}}$为例，简述具体推导过程。

$$\begin{aligned}\overline{u\frac{\partial u}{\partial x}} &= \overline{(\bar{u}+u')\frac{\partial(\bar{u}+u')}{\partial x}} \\ &= \overline{\bar{u}\frac{\partial \bar{u}}{\partial x}} + \overline{\bar{u}\frac{\partial u'}{\partial x}} + \overline{u'\frac{\partial \bar{u}}{\partial x}} + \overline{u'\frac{\partial u'}{\partial x}} \\ &= \overline{\bar{u}\frac{\partial \bar{u}}{\partial x}} + \overline{u'\frac{\partial u'}{\partial x}} \\ &= \overline{\bar{u}\frac{\partial \bar{u}}{\partial x}} + \overline{\frac{\partial u'u'}{\partial x}} - \overline{u'\frac{\partial u'}{\partial x}}\end{aligned} \tag{8.3}$$

对$\overline{v\frac{\partial u}{\partial y}}$和$\overline{w\frac{\partial u}{\partial z}}$推导是类似的。由于小扰动量也满足连续方程，即

$$\frac{\partial u'}{\partial x} + \frac{\partial v'}{\partial y} + \frac{\partial w'}{\partial z} = 0 \tag{8.4}$$

由式(8.4)可知，当考虑完整的平流项式(8.2)时，式(8.3)右边第三项将被抵消，于是得到

$$\overline{ADV_x} = -\bar{u}\frac{\partial \bar{u}}{\partial x} - \bar{v}\frac{\partial \bar{u}}{\partial y} - \bar{w}\frac{\partial \bar{u}}{\partial z} - \frac{\partial \overline{u'u'}}{\partial x} - \frac{\partial \overline{u'v'}}{\partial y} - \frac{\partial \overline{u'w'}}{\partial z} \tag{8.5}$$

令 $\tau_{xx} = -\rho\overline{u'u'}$；$\tau_{yx} = -\rho\overline{u'v'}$；$\tau_{zx} = -\rho\overline{u'w'}$，即为雷诺应力。

对比式(8.2)和式(8.5)，我们发现引入雷诺平均后纬向平流项多出了三项，相应的经向和垂直方向的方程也各多出三项。最终，可以得到一组雷诺平均量的方程，即所谓“雷诺平均方程”。如将雷诺平均方法引入示踪物方程，则会出现示踪物的湍流输送项(即$-\rho\overline{u'T'}$这样的形式)，也会得到相应的示踪物雷诺平均方程。

8.2.4 方程闭合

在引入扰动变量之前，海洋模式的基本方程组包括纬向和经向两个方向的动量方程、静力平衡方程、温度和盐度方程、状态方程和连续方程，而变量包括 u，v，w，T，S，p 和 ρ，方程和

变量数均为 7 个，方程组闭合。但在雷诺平均方程中除了雷诺平均量之外，还包括了 9 个雷诺应力项(其中 6 个是独立的)和 6 个示踪物的湍流输送项，原来的方程数远小于未知变量数，因此需要找到合适的方法解决方程闭合问题。方程组闭合问题也是湍流研究的重要问题之一。最简单的方法是忽略全部的湍流输送项，这称为零阶近似。

利用混合长理论，将湍流输送项表示成雷诺平均量的梯度和黏性(扩散)系数的乘积，是闭合雷诺平均方程常用的方法之一。由于此方法可以将湍流输送项(即二阶矩项)全部表示成雷诺平均量的形式，也被称为一阶闭合方法。这里将混合长理论简单阐述如下。

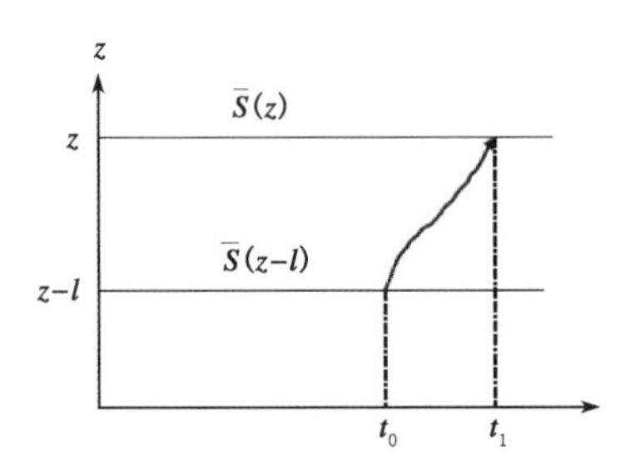

图 8.1　混合长理论示意图

图 8.1 中 S 为流体的某一性质，流体微团在 t_0 时刻从 $z-l$ 的位置出发，t_1 时刻到达 z，微团的性质也由 $\overline{S}(z-l)$ 变成为 $\overline{S}(z)$，变化量为 $s'=\overline{S}(z-l)-\overline{S}(z)$。对流体微团在 $z-l$ 位置的属性 $\overline{S}(z-l)$ 做 Taylor 展开，得

$$\overline{S}(z-l)=\overline{S}(z)-\frac{l}{1!}\frac{\partial\overline{S}}{\partial z}+\frac{l^2}{2!}\frac{\partial^2\overline{S}}{\partial z^2}+\cdots$$

略去高阶项，得

$$s'\approx -l\frac{\partial\overline{S}}{\partial z} \tag{8.6}$$

式中，l 即为混合长，可以理解为湍流涡旋所携带某种属性能够保持不变的距离。将式(8.6)代入雷诺应力的表达式，进而可以导出雷诺应力与平均速度梯度成正比的关系式，

$$\tau_{zx}=-\rho\overline{u'w'}=\rho l^2\left|\frac{\partial\overline{w}}{\partial z}\right|\frac{\partial\overline{u}}{\partial z}=\rho A_z\frac{\partial\overline{u}}{\partial z} \tag{8.7}$$

这个表达式中 $\overline{u}$ 为平均纬向速度，A_z 为涡动黏性系数。经过这样的处理后，方程闭合，所需额外处理的就是黏性(扩散)系数。

引入雷诺平均量和扰动量之和的形式后，除了雷诺平均方程之外，还可以得到扰动量及其二阶矩的预报方程。用原方程和雷诺平均方程求差，可以推得扰动量方程，用扰动量方程和可以导出二阶矩预报方程，或者称为扰动协方差预报方程。例如，用扰动量 u' 和 v' 分别乘以 v' 和 u' 的扰动方程，并将两个方程相加，可得到一个如下形式的二阶矩预报方程：

$$\begin{aligned}&\frac{\partial\overline{u'v'}}{\partial t}+\overline{u}\frac{\partial\overline{u'v'}}{\partial x}+\overline{v}\frac{\partial\overline{u'v'}}{\partial y}+\overline{w}\frac{\partial\overline{u'v'}}{\partial z}+\\&\overline{u'v'}\frac{\partial\overline{u}}{\partial x}+\overline{v'v'}\frac{\partial\overline{u}}{\partial x}+\overline{w'v'}\frac{\partial\overline{u}}{\partial x}+\overline{u'u'}\frac{\partial\overline{v}}{\partial x}+\overline{v'u'}\frac{\partial\overline{v}}{\partial y}+\overline{w'u'}\frac{\partial\overline{v}}{\partial z}+\\&\frac{\partial\overline{u'v'u'}}{\partial x}+\frac{\partial\overline{u'v'v'}}{\partial y}+\frac{\partial\overline{u'v'w'}}{\partial z}\\&=-\frac{1}{\rho_0}\overline{\left(v'\frac{\partial p'}{\partial x}+u'\frac{\partial p'}{\partial y}\right)}+f(\overline{v'v'}-\overline{u'u'})-2\nu\overline{\left(\frac{\partial u'}{\partial x}\frac{\partial v'}{\partial x}+\frac{\partial u'}{\partial y}\frac{\partial v'}{\partial y}+\frac{\partial u'}{\partial z}\frac{\partial v'}{\partial z}\right)}\end{aligned} \tag{8.8}$$

此方程包括二阶矩的时间变化项(等号左侧第 1 项)、二阶矩的平均平流项(等号左侧第 2—4 项)、切变产生项(等号左侧第 5—10 项)、三阶项(等号左侧第 11—13 项)、压力-应力相关项(等号右侧第 1 项)、旋转再分配项(等号右侧第 2 项)和分子耗散项(等号右侧第 3 项)。考虑三个方向的速度分量,独立的动量二阶矩方程共有 6 个。同理,可以推出 9 个示踪物相关方程,包括温度、盐度的湍流输送方程(如$\overline{u'T'}$,$\overline{u'S'}$)和 $\overline{T'^2}$,$\overline{S'^2}$,$\overline{T'S'}$的方程。

除了以上的 15 个二阶矩方程,扰动动能方程(TKE)和扰动动能耗散率方程也是经常用到的方程。由于这两个方程在系统能量串级中的物理意义非常清晰,因此也是闭合方程组的重要方程。TKE 方程是用扰动量 u',v'和 w'分别乘以 u',v'和 w'的扰动方程得到的,表达式可以简写为:

$$\frac{\partial}{\partial t}\left(\frac{\overline{u'u'}+\overline{v'v'}+\overline{w'w'}}{2}\right)=BPL+MP+TR-\varepsilon \tag{8.9}$$

其中

$$BPL\equiv\overline{w'\theta'}(g/\theta_0)$$

$$MP\equiv-\overline{u'w'}\frac{\partial\bar{u}}{\partial z}-\overline{v'w'}\frac{\partial\bar{v}}{\partial z} \tag{8.10}$$

分别表示平均流的位能和 TKE 之间的转换,以及平均流的动能与 TKE 之间的转换,TR 表示输送和压力对 TKE 的再分配,ε 表示 TKE 的耗散。

根据二阶矩方程将方程组闭合,就是二阶闭合。但我们发现二阶矩方程不仅数量多,而且形式复杂,更重要的是在二阶矩方程中出现了三阶矩,因此,闭合方程并不是引入二阶矩后的直接结果,还需要根据已知的二阶矩和平均量对二阶矩方程进行简化。二阶矩方程的代数化(algebraization)是简化方法之一,应用局地平衡的假设,将二阶矩方程时间变化项和平流项忽略,使得二阶矩方程变为一组代数方程,并使方程组闭合。大气、海洋中一些重要的边界层方案都是采用了这种方法,如 Mellor 和 Yamada(1974)、Canuto 等(2001)。虽然每个人对于方程的具体处理不尽相同,但是代数化最终都可以得到二阶矩和平均量的简单关系,如:

$$\overline{u'w'}=-c_\mu\frac{k^2}{\varepsilon}\frac{\partial\bar{u}}{\partial z}$$

$$\overline{w'T'}=-c'_\mu\frac{k^2}{\varepsilon}\frac{\partial\bar{T}}{\partial z}$$

而湍流黏性和扩散系数为:

$$\nu_t=-c_\mu\frac{k^2}{\varepsilon} \tag{8.11a}$$

$$\nu'_t=-c'_\mu\frac{k^2}{\varepsilon} \tag{8.11b}$$

式中,$c_\mu(c'_\mu)$即为无量纲的结构函数,所有的二阶矩的信息都在结构函数中。不同的模型也采用了不同的形式,但结构函数与流体的切变和浮力频率有关。k 和 ε 分别为湍流动能和湍流耗散率。

在前面二阶闭合的结果中,湍流黏性和扩散系数式(8.11)除了与结构函数有关,还是湍流动能和湍流耗散的函数,因此也必须计算出这两个量。计算湍流动能和湍流耗散通常采用的方法是"两公式模式",即通过湍流动能(k)方程和湍流耗散(ε)方程或 kL(L 为宏观长度尺度)方程计算出 k 和 ε,分别对应着 $k-\varepsilon$ 模式或者 $k-kL$ 模式。

以上二阶矩闭合方法是根据Burchard(2002)的书里内容总结的,只挑选了必要的公式,目的是介绍高阶闭合方法的基本思路,详细公式推导请参看此书以及相关文献。

8.2.5　静力不稳定、Richardson数和双扩散

当密度大的水体位于密度小的水体之上时,会产生静力不稳定。这种现象主要是由浮力通量所导致的流体浮力变化产生的。这里的浮力通量也就是密度通量,是热通量和淡水通量对海水密度影响的综合结果。衡量静力稳定性主要采用浮力频率N,即流体元垂直方向的移动引起的振荡频率。其表达式为:

$$N^2 \equiv gE \tag{8.12}$$

其中

$$E = -\frac{1}{\rho}\left[\left(\frac{\mathrm{d}\rho}{\mathrm{d}z}\right)_{\text{water}} - \left(\frac{\mathrm{d}\rho}{\mathrm{d}z}\right)_{\text{parcel}}\right] \approx -\frac{1}{\rho}\left(\frac{\mathrm{d}\rho}{\mathrm{d}z}\right)_{\text{water}} \tag{8.13}$$

$E>0$为稳定;$E=0$为中性;$E<0$为不稳定。这里由于海水的可压缩性很小,因此,对于流体块的密度随高度变化可以忽略,这是海洋和大气的一个重要区别。

动力不稳定则是由速度切变引起的。Richardson数Ri用来衡量动力不稳定和静力不稳定的相对重要性,表示为浮力对湍流的抑制作用和切变产生湍流之间的比值,公式为

$$Ri = \frac{gE}{\left(\frac{\partial u}{\partial z}\right)^2 + \left(\frac{\partial v}{\partial z}\right)^2} \tag{8.14}$$

海洋中存在着一种特殊的不稳定机制,是由于海水的分子热扩散比盐度扩散快100倍造成的,称为"双扩散"。考虑稳定层结,当温度高而咸的水体位于冷而淡的水体之上时,由于双扩散使得在两种水体的界面上形成一层冷而咸的水。这层水要比其下的水密度大,由此产生静力不稳定导致混合。这种情况下,在界面下会形成手指大小的对流区,因此也称为"盐指"(salt fingers)。双扩散过程是海冰区域和海洋内部等区域的一种重要混合机制。

8.3　穿越等密度面的混合——上混合层和温跃层参数化方案

由于重力作用和海水分层,海洋中穿越等密度面的混合要远小于沿等密度面的混合(Iselin,1939;Montgomery,1940),在研究中也常把二者分开研究。本节将讨论穿越等密度面混合的参数化,沿着等密度面的混合将在下一节讨论。中低纬度海洋的等密度面接近水平,穿越等密度面混合也常被称为"垂直混合",尤其是在z坐标海洋模式中。

通过有限的观测事实和间接的估计,人们认识到海洋不同区域混合强度和形成机制是不同的。图1.7给出了中纬度海洋水平平均的海温垂直变化。在冬季,上层海洋由于风和浮力通量等外部强迫引起强烈的湍流运动,因此,海温垂直变化小、混合比较均匀。温跃层中混合弱,温度垂直梯度较大。Munk(1966)采用对流—扩散方程对主温跃层(1000 m附近)垂直混合系数进行了估计,得到这一区域的垂直混合系数约为$1.3\times10^{-4}\ \mathrm{m^2/s}$,这成为海洋模式垂直混合系数选取的重要依据。在温跃层区域内波破碎、流的切变和双扩散是产生垂直混合的主要机制。在温跃层以下的深海区域混合比温跃层强,但分布复杂,特别在海底附近。Polzin等(1997)在巴西海盆的直接观测也表明了海底可能存在较强的垂直混合,而且水平分布不均匀

(图 8.2)。在海底地形比较光滑的区域混合弱,海底地形粗糙的区域混合强,这是内潮和海底地形相互作用的结果。

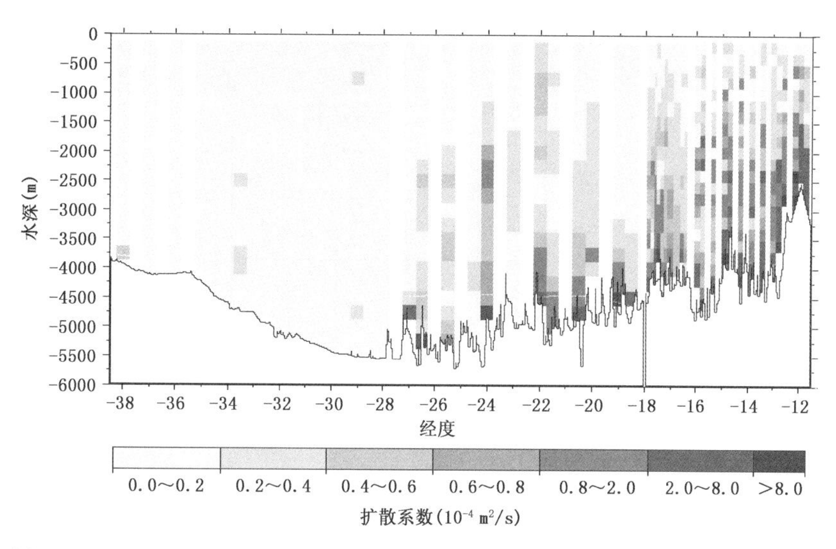

图 8.2　观测的巴西海盆的垂直混合系数(实线是地形轮廓)(Polzin et al., 1997)

穿越等密度面的混合过程由于强度较小,常被大家忽视。但穿越等密度面的混合除了前面所展示的,对海水温度等特征的垂直分层非常重要之外,也是驱动海洋环流的重要物理过程。我们知道,高纬度的深对流过程减少了水柱的位能,当这些水在低纬度上翻时必须克服重力增加其位能,而穿越等密度面的混合过程能够增加水柱的位能,使得整个环流闭合(Marotzke et al., 1999)。

海洋混合发生的空间尺度远小于海洋环流模式的网格距,混合过程在模式中的效应需要通过已知的、可分辨的过程表述出来,也就是需要参数化。已有的气候数值试验研究工作表明,模式结果对垂直混合参数化十分敏感。Bryan(1987)利用 Bryan 和 Lewis(1979)的方法研究了垂直混合系数大小和平均环流以及热输送之间的关系,发现模式的经圈环流和经向热输送对垂直扩散系数非常敏感。Harrison 和 Hallberg(2008)在 GFDL(Geophysical Fluid Dynamics Laboratory)的海洋模式中引入 Gregg 等(2003)提出的随纬度变化的垂直混合方案,通过对比发现,引入此方案后可以有效减少模式在热带和副热带温跃层的模拟偏差,并对与热带温跃层密切联系的 ENSO 现象也有显著影响。因此,穿越等密度面的混合参数化是全球海洋环流模式中重要的参数化过程之一。

本节接下来的两部分将分别讨论海洋上边界层和海洋内部的穿越等密度面混合参数化过程,本章将不涉及海底边界层的内容。

8.3.1　上边界层参数化

在海洋上边界层,由风搅拌和浮力损失导致温度和盐度充分混合,垂直梯度非常小,因此海洋上边界层也称为混合层。混合层深度通常根据 de Boyer Montégut 等(2004)的定义,以 10 m 处的海温或密度为参考,温度低于 10 m 温度 0.2℃或者密度高于 10 m 密度 0.03 kg/m³ 的深度即为混合层深度。实际应用中也常采用一些简单的定义,比如将比海表面温度(SST)

低 0.5℃的等温面深度作为混合层深度。中、低纬度典型的混合层深度在 10～200 m，高纬度部分对流发生区域混合层较深，可超过 200 m(图 8.3)。

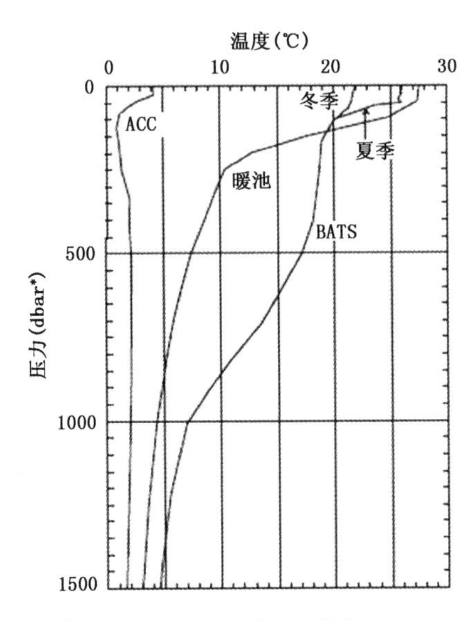

图 8.3 开洋面典型的温度廓线，其中 ACC(南极绕极流，Antarctic Circumpolar Current)位于 62°S，170°E(高纬度)；暖池(Warm Pool)位于 9.5°N，176.3°E(低纬度)；BATS 位于 31.8°N，64.1°W(中纬度)(Stewart，2004)

由于海表面风和海表热通量的变化，混合层不仅有日变化，而且存在季节变化(图 8.4)。一般情况下，混合层在夏季变浅，而冬季变深。在中纬度，混合层季节变化和第 1 章提到的季节温跃层是紧密联系在一起的：在夏季由于海表面风弱、太阳辐射强，混合层得到浮力通量，混合层变浅，而混合层下的温跃层也同时变浅；到了冬季，强风和大量的失热使得混合层加深，温跃层也同时变深(图 1.7)。中纬度的季节温跃层深度的变化范围与混合层是一致的，在 20～200 m。

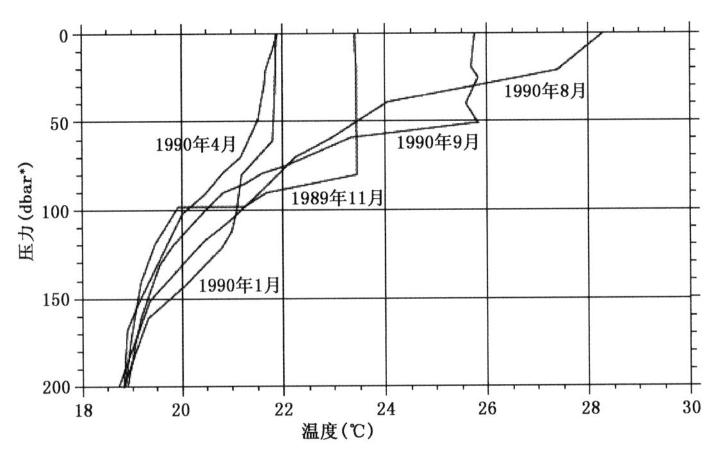

图 8.4 31.8°N，64.1°W 处温度廓线的季节变化(Stewart，2004)

* 1 dbar=10^{-1} bar=10 kPa。

如前所述，海表风搅拌和浮力通量是混合层湍流混合的主要机制，除此之外，流速切变、非局地作用、波浪破碎等过程也对混合层的混合有贡献。

Large(1999)将海洋上混合层模式分成两类。一是整体混合层方案，该方案假设混合层是充分混合的，即混合层中速度、温度、盐度在垂直方向是均匀的，而混合层与海表和深层之间温度、盐度和速度是不连续的，主要的方案有 Niller 和 Krause(1977)方案。二是连续垂直混合方案。连续混合层方案应用了一阶(混合长理论)或高阶湍流闭合的方法，能够描述混合层的垂直结构。主要的方案有 Pacanowski 和 Philander(1981)、Large 等(1994)、Mellor 和 Yamada(1982)和 Canuto 等(2001)，前两个是一阶闭合方案，而后面两个是二阶或更高阶闭合方案。

对比两类方案，整体方案的优点在于计算量小，但存在不能刻画垂直结构、没有考虑非局地作用、在等密度坐标中实现困难等缺点。而连续型方案能够描述混合层中的垂直结构，部分方案也考虑了非局地作用，但与整体方案相比计算量显著增加。本节主要介绍 Niller 和 Kraus(1977)的整体混合层方案，Pacanowski 和 Philander(1981)的依赖于 Richardson 数的垂直混合方案和 Large 等(1994)的 KPP 方案(K-Profile Parameterization)。

(1)Niller 和 Kraus(1977)整体混合层方案

混合层内的温盐混合均匀，在关注其整体特征的时候可以将混合层作为整体来处理。将动量和温盐方程在混合层内垂直积分，将混合层平均的温度和盐度变化归结为上下边界的外强迫和混合层深度变化的影响，并通过一系列对上、下边界湍流通量的假定，得到一维的混合层模式。整体混合层方案相对简单，但对于我们理解混合层的特征是有帮助的。这一部分的内容主要参考了 Niller 和 Kraus(1977)和青岛海洋大学海洋系编写的《海洋上混合层动力学讲座》(青岛海洋大学海洋系，1988)。

海洋上层变量的垂直梯度远大于水平梯度，决定变量局地变化的主要是垂直方向的过程，为了突出重点、简化问题，通常将雷诺平均原始方程组简化为垂向的一维形式：

$$\frac{\partial \boldsymbol{v}}{\partial t} + f\boldsymbol{k} \times \boldsymbol{v} + \frac{\partial \overline{w'\boldsymbol{v}'}}{\partial z} = 0 \tag{8.15}$$

$$\frac{\partial T}{\partial t} + \frac{\partial \overline{w'T'}}{\partial z} = -\frac{1}{\rho_0 c_p}\frac{\partial I}{\partial z} \tag{8.16}$$

$$\frac{\partial S}{\partial t} + \frac{\partial \overline{w'S'}}{\partial z} = 0 \tag{8.17}$$

式中，$\boldsymbol{v}$，T 和 S 为雷诺平均的水平流速、温度和盐度。$()'$表示为扰动量，w'为扰动垂直速度。这里由于连续方程的不可压缩条件，平均垂直运动为 0，也就是说垂直方向仅有湍流输送。f 为科氏力参数、$\boldsymbol{k}$ 为垂向单位向量，ρ_0 和 c_p 为海水密度和定压比热。I 为短波辐射的垂直分布，即本章最后一节讨论的太阳短波辐射穿透过程。本节采用了单 e 指数方案 $I(z)=I_0 e^{\frac{z}{r}}$ 描述短波在混合层中的分布。I_0 为海表净短波辐射(扣除反射部分)，r 为太阳短波辐射的 e 折深度，随海水浑浊程度变化。注意，这里 z 在海面以下小于 0。

由温盐方程可以导出浮力方程

$$\frac{\partial b}{\partial t} + \frac{\partial \overline{w'b'}}{\partial z} = -\frac{g\alpha}{\rho_0 c_p}\frac{\partial I}{\partial z} \tag{8.18}$$

式中，b 和 b'分别为浮力的雷诺平均量和扰动量，浮力的定义为

$$b = -g\frac{\rho - \rho_r}{\rho_r} \approx g[\alpha(T - T_r) - \beta(S - S_r)]$$

式中,g 为重力加速度,下标 r 表示参考量,α 和 β 分别为热膨胀系数和盐度收缩系数。

这组方程闭合需要对湍流通量参数化。根据混合层内流速、温度和盐度垂直均匀的假定,可以对式(8.15)—(8.18)进行垂直积分。垂直积分后,湍流通量散度项变为湍流通量在上、下边界的边界条件之差,如何得到湍流通量的边界值是下面重点讨论的问题。

对于上边界,就是大气和海洋之间的动量、热量、淡水和浮力通量,在第 3 章曾做过详细讨论。由于下边界平均垂直速度为 0(不可压缩流体的连续方程得到),混合层和深层的交换主要是通过湍流过程,这里称为“夹卷”。夹卷存在两种可能的过程,一种是随着湍流过程的活跃,将混合层以下的水卷入混合层,混合层随之加深,称为“卷入”;另一种是湍流减弱,在混合层底部耗散,混合层随之变浅,称为“卷出”。卷入过程将混合层下的水带入混合层,能够影响混合层中的变量,而卷出过程对混合层中的变量并无影响。因此,湍流通量的下边界条件可以写为

$$\overline{w'X'}\,|_{z=-h} + We(X_m - X_b) = 0$$

这里 X 可以为温度、盐度和浮力,下标 m 和 b 分别表示混合层平均和混合层底,We 为夹卷速度。按照上面的讨论,夹卷速度定义为混合层厚度的变化率,而且卷入和卷出情况是不一样的,具体形式如下:

当 $\dfrac{\mathrm{d}h}{\mathrm{d}t}>0$ 时,$We=\dfrac{\mathrm{d}h}{\mathrm{d}t}$

当 $\dfrac{\mathrm{d}h}{\mathrm{d}t}\leqslant 0$ 时,$We=0$

其中 h 代表混合层深度。

考虑以上的边界条件,式(8.15)—(8.18)垂直积分可以写为

$$\frac{\partial \bar{\boldsymbol{v}}}{\partial t} + f\boldsymbol{k}\times\bar{\boldsymbol{v}} = \frac{\boldsymbol{\tau}_0}{\rho_0 h} - \frac{\boldsymbol{\tau}_b}{\rho_0 h} \tag{8.19}$$

$$\frac{\partial T_m}{\partial t} = -\frac{We(T_m - T_b)}{h} - \frac{1}{\rho_0 c_p h}(Q_0 - I_0 \mathrm{e}^{-\frac{h}{r}}) \tag{8.20}$$

$$\frac{\partial S_m}{\partial t} = -\frac{We(S_m - S_b)}{h} + \frac{S_m}{\rho_0 h}(E_0 - P_0) \tag{8.21}$$

$$\frac{\partial b_m}{\partial t} = -\frac{We(b_m - b_b)}{h} - \frac{B_0}{h} - \frac{g\alpha}{\rho_0 c_p h}(1 - \mathrm{e}^{-\frac{h}{r}}) \tag{8.22}$$

式中,$\boldsymbol{\tau}_0$ 和 $\boldsymbol{\tau}_b$ 分别为海表风应力和混合层底摩擦应力,Q_0 为净海表热通量,E_0 和 P_0 为海表蒸发和降水。B_0 的表达式为

$$B_0 = g(\alpha\,\overline{w'T'}\,|_{z=0} - \beta\,\overline{w'S'}\,|_{z=0}) = \frac{g}{\rho_0}\left[\frac{\alpha}{c_p}(Q_0 - I_0) - \beta S_0(P_0 - E_0)\right]$$

为了使方程闭合,还需要混合层深度 h 的方程。h 方程是由湍流动能方程的垂直积分得到的,其中涉及复杂的物理过程及参数化处理,详见 Niller 和 Kraus(1977)的文章。这里只给出一个简化形式:

$$We(C_i - S\,\overline{\boldsymbol{v}^2}) = 2m(u^*)^2 + \frac{1}{2}h[(1+n)B_0 - (1-n)\,|B_0|\,] + J_0(h - 2r) \tag{8.23}$$

式中,C_i 是混合层下边界长重力波的波速,$\bar{\boldsymbol{v}}$为平均速度,u^* 为摩擦速度,$J_0=\dfrac{g\alpha}{\rho_0 c_p}I_0$,$m$、$n$ 和 S 均为可调参数。这里左手第一项表示夹卷和混合所需的位能,第二项为由于穿越混合层底的

混合所减小的平均运动动能。右手三项分别表示风做功输入的能量、海表浮力通量产生的有效位能，以及太阳短波辐射穿透对有效位能的贡献。

至此，式(8.19)—(8.23)闭合并构成了混合层 $\boldsymbol{v}, T_m, S_m, b_m$ 和 h 的预报方程。

(2)依赖于 Richardson 数的垂直混合方案(Pacanowski et al.,1981)

在赤道上，除了表层存在垂直温度分布比较均一的区域之外，在温跃层下也存在一个温度分布相对比较均匀的区域(图 1.8)。赤道附近的观测发现，在混合层和温跃层以下垂直混合较强，而在温跃层内垂直混合相对较弱。这种温度和垂直混合的分布形式，主要是由赤道潜流的速度切变造成的。

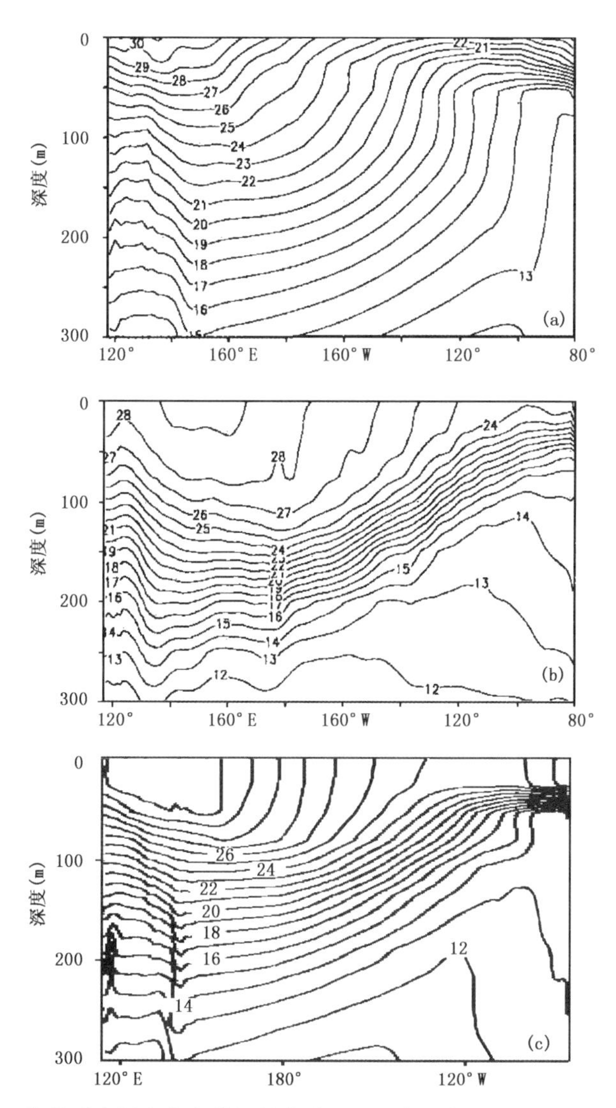

图 8.5　(a) 常数垂直混合方案模拟的赤道上的温度分布；(b) Levitus 观测的结果；(c) 为引入 PP 方案后模式模拟的沿赤道的温度(Jin et al.,1999)

根据海温和垂直混合的特点，Pacanowski 和 Philander(1981)引入了一个依赖于 Richardson数的垂直混合方案(简称“PP 方案”)，来描述赤道太平洋热带温跃层的垂直混合分

布。Richardson 数[见式(8.14)]可表示为:

$$Ri = \frac{g}{\rho_0} \frac{\partial \rho_{\text{pot}} / \partial z}{[(\partial u / \partial z)^2 + (\partial v / \partial z)^2]} \tag{8.24}$$

式中,ρ_{pot}为位密度,g 为重力加速度,u,v 为流速。垂直湍流黏性系数直接受到平均洋流切变的影响,具体表示为:

当 $Ri<0$ 时,黏性系数取最大值 $A_{v0}=5.0\times10^{-3}\ \text{m}^2/\text{s}$;

当 $Ri>0$ 时,黏性系数取 $$A_{mv}=\frac{A_{v0}}{(1+5Ri)^2}+A_m^b \tag{8.25}$$

这里最大黏性系数 $A_{v0}=5.0\times10^{-3}\ \text{m}^2/\text{s}$,背景垂直黏性系数 $A_m^b=1.0\times10^{-4}\ \text{m}^2/\text{s}$。此外,方案规定第一层的垂直黏性系数不得小于 $1.0\times10^{-3}\ \text{m}^2/\text{s}$。根据式(8.24)和式(8.25),当海流切变大时,Richardson 数变小,垂直混合系数变大,反之垂直混合系数变小。

LICOM 的前期版本 L30T63(Jin et al.,1999)使用 PP 垂直混合方案用来改善热带温跃层的模拟。在引入 PP 方案后,赤道温跃层和赤道潜流的模拟得到很大的改善。图 8.5a 和图 8.5b分别为常系数方案模拟的赤道太平洋温跃层和 Levitus 观测的结果。常系数方案模拟的赤道太平洋温跃层分散,而且温跃层以下温度梯度又偏大。在引入 PP 方案后(图 8.5c),温跃层模拟得到显著改善,而且模拟的赤道纬向流也显著增强(图略)。

PP 方案形式比较简单、实现容易,因此,被广泛使用在海洋环流模式中。但值得注意的是,PP 方案主要适用于热带,特别是在环流切变比较强的区域,通常在中高纬度不适用。PP 方案中的参数,也需要根据不同情况进行调试。

(3) KPP(K-Profile Parameterization)非局地混合方案(Large et al.,1994)

KPP 方案是气候模式中常用方案之一,基本原理也是将湍流通量表示为混合系数与平均量梯度的形式,因此,也是一个一阶闭合方案。与其他一阶方案不同,KPP 方案考虑了混合层中的非局地作用。因为在试验中人们发现,在对流发生时海洋上混合层中湍流通量并不是由于顺梯度扩散引起的。

图 8.6 是在强对流条件下上层海洋浮力和浮力湍流通量的廓线。图中 d 为垂直坐标,h 为混合层深度,d/h 为标准化的垂直坐标。当 d/h 在 0.2~0.8 时,虽然浮力通量的量值较大,但是浮力(实线)的垂直梯度却接近于 0,这表示顺梯度扩散假设并不成立,而非局地作用非常重要。因此,Large 等(1994)在顺梯度扩散中引入了非局地项,混合层中的湍流通量表达式如下(这里以温度为例):

$$\overline{w'T'}(d) = -\kappa\left(\frac{\partial \overline{T}}{\partial z} - \gamma\right)$$

式中,κ 为垂直扩散系数,γ 为非局地项。κ 的取值也是非局地的,依赖于混合层厚度、不稳定层的深度和海表强迫。当不稳定导致对流发生时,γ 可以导致逆梯度的输送。

垂直扩散系数的表达式为:

$$\kappa(\sigma) = hw(\sigma)G(\sigma)$$

式中,$\sigma=z/h$ 为标准化的垂直坐标,$w(\sigma)$为速度尺度,$G(\sigma)$为"型函数"(shape function)。型函数采用 3 次多项式 $G(\sigma)=a_0+a_1\sigma+a_2\sigma^2+a_3\sigma^3$,通过 4 个系数可以控制垂直混合和在上下边界的垂直微分。由于湍流通量不能通过海表,所以这里 $a_0=0$。而速度尺度的一般表达式为

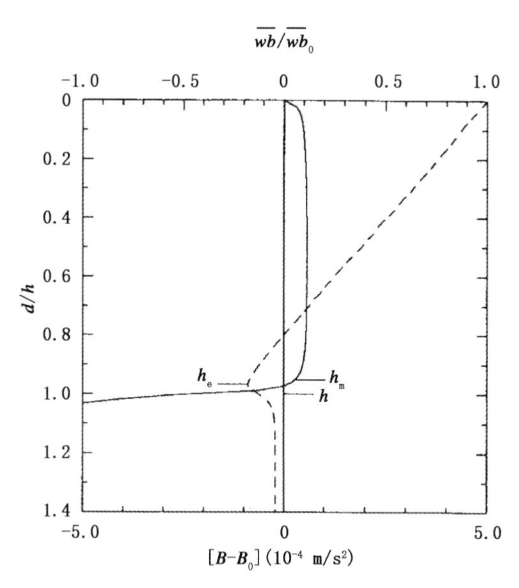

图 8.6　在单一对流强迫下，上层海洋中浮力(10^{-4} m/s^2，实线，其数值由底部的刻度给出)和浮力湍流通量(虚线，其数值由顶部的刻度给出)分布的示意图，浮力通量经过海表通量的标准化，而浮力则扣除了海表的值；图中 h_e 为夹卷深度，h_m 为混合层深度(Large et al.，1994)

$$w(\sigma)=\frac{ku^*}{\varphi(\varepsilon h/L)}, \varepsilon<\sigma<1, \zeta<0$$

$$w(\sigma)=\frac{ku^*}{\varphi(\sigma h/L)}, \text{其他}$$

式中，ε 为标准化的表层深度，L 为 Monin-Obukhov 长度，$\zeta=d/L$ 为稳定性参数，$k=0.4$ 为 von Karman 系数，u^* 为摩擦速度。

对于稳定的情况，非局地项为 0。而当不稳定时，温度的非局地项为

$$\gamma=C\frac{(\overline{wT_0}+\overline{wT_R})}{w(\sigma)h}$$

式中，C 为常数，分子上的两项分别是海表热通量和太阳短波穿透加热对非局地热输送的贡献。

上面主要介绍了 KPP 方案混合层的处理方式，但 KPP 方案不仅限于上层海洋，还包含了混合层下混合的处理方式，因此 KPP 是一整套混合处理方法的统称。

8.3.2　海洋内部参数化

在离开边界层后，海洋内区的垂直混合减弱，温跃层中强温度垂直梯度也从另一个侧面说明了这一点。海洋内区混合不受海表强迫的直接影响，主要是内波破碎、流切变和双扩散等过程的影响。海洋内部的垂直扩散直接观测很少，直到近期才出现，如前面图 8.2 展示的 Polzin 等(1997)的结果。Munk(1966)采用对流—扩散方程，估算了温跃层中混合的大小，这也成为海洋模式选择垂直扩散系数的重要依据。因此，我们首先要介绍 Munk(1966)对温跃层内垂直混合系数的估计。这里部分描述主要参考 Stewart 的书(Stewart，2004)。

在观测中 Munk 发现，温跃层在全球的大洋中是普遍存在的，而且季节温跃层之下的主温

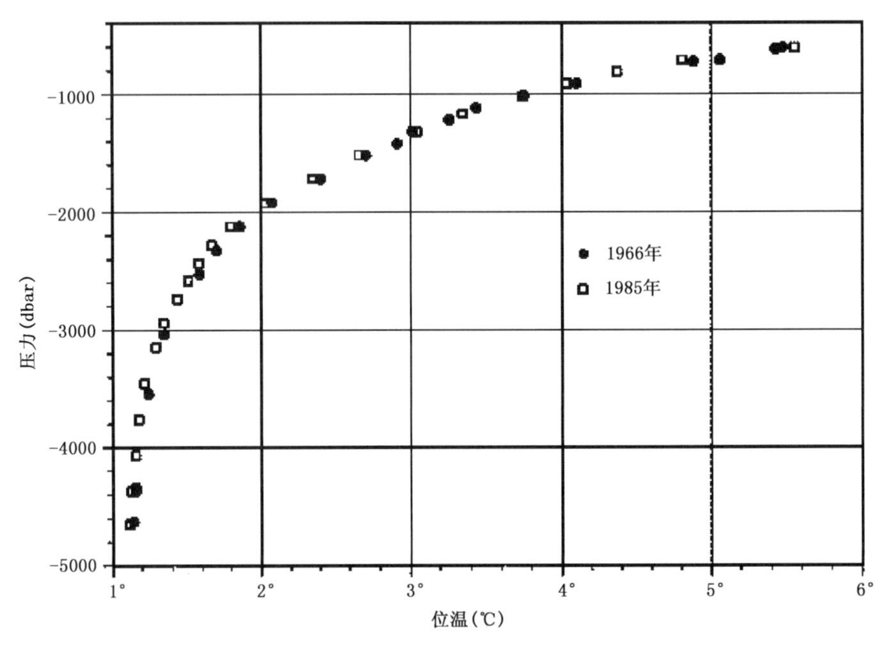

图 8.7 北太平洋 24.7°N,161.4°W 附近观测的位温随深度的变化,黑点是 1966 年由 Yaquina 观测的,方框是 1985 年由 Thompson 观测的(Stewart,2004)

跃层在年代际尺度上几乎没有变化(图 8.7),因此,主温跃层也被称为永久性温跃层。穿越等密度面的混合使温跃层不断加深,而平均流的垂直热量输送将冷水向上输送,这两个过程平衡才能得到稳定的温跃层结构。

根据以上的观测事实,Munk(1966)省略了位温方程中的外源和时间变化,得到了对流—扩散方程:

$$W\frac{\partial T}{\partial z}=\kappa\frac{\partial^2 T}{\partial z^2} \tag{8.26}$$

式中,W 是平均上升流,κ 为垂直扩散系数,位温 T 随深度变化。式(8.26)就是本书 1.4.5 节讨论主温跃层维持机理时用到的式(1.13),这里用来估计垂直扩散系数。由式(8.26)解得 T 的垂直分布

$$T(z)=T_0\mathrm{e}^{\left(\frac{W}{\kappa}z\right)} \tag{8.27}$$

式中,T_0 是温跃层顶部附近的海温。观察图 8.7,我们发现深层海温的垂直变化接近 e 指数的形状。通过观测的海温垂直分布,可以得到 κ 和 W 比值。Munk 利用观测的 ^{14}C 的垂直分布,推算出平均上升速度 $W=1.2$ cm/d,并由此最终得到主温跃层的平均垂直扩散系数为 1.3×10^{-4} m^2/s。

海洋模式中海洋内部的混合方案主要是一阶闭合形式,需要解决的主要问题就是如何确定垂直扩散系数。早期的海洋模式中,海洋内部垂直扩散系数就是使用了 Munk(1966)估算的结果。但是,在观测中发现海洋内部的垂直混合在垂直方向不均匀,如 Gregg(1977)发现在热带温跃层中的垂直混合要比主温跃层更弱。因此,在海洋环流模式中也把热带温跃层中的垂直混合系数减小,根据 Rooth 和 Ostlund(1972)的观测取 0.3×10^{-4} m^2/s。

根据有限的观测,Bryan 和 Lewis(1979)构造了一个垂直分布的垂直混合用于海洋模式,

其表达式如下：

$$\kappa(z) = 10^4\{0.8 + (1.05/\pi)\tan^{-1}[4.5\times10^{-3}(z-2500)]\}$$

此方案是海洋模式垂直混合参数化最基本的方案，至今还在使用，但具体实现时系数略有差异。

海洋内部的垂直混合不仅有垂直变化，而且存在随纬度的分布。Gregg 等(2003)通过观测发现，内波破碎产生的耗散和混合向赤道迅速减小，在相同的内波条件下，赤道处垂直混合的值不到中纬度的 10％(图 8.8)。他们据此拟合出一个纬度和垂直分层的函数：

$$L(\theta,N) = \frac{f\cosh^{-1}(N/f)}{f_{30}\cosh^{-1}(N_0/f_{30})}$$

式中，θ 和 N 为纬度和浮力频率，f 为科氏力参数，下标 30 表示纬度 30°时的取值，N_0 表示标准层结。这一观测结果现在已经逐渐在模式中开始应用，Harrison 和 Hallberg (2008) 在 GFDL 的海洋模式中引入了此方案，通过对比发现，引入此方案后可以有效减少模式在热带和副热带温跃层的模拟偏差，并对与热带温跃层密切联系的 ENSO 现象也有显著影响。

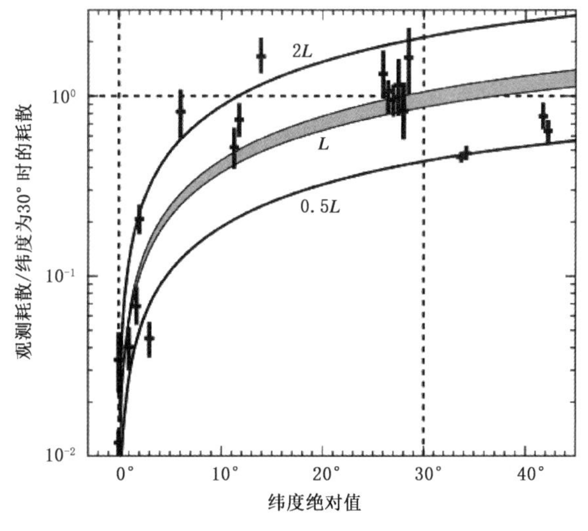

图 8.8　观测的内波破碎耗散率随纬度的变化(点)，耗散率参照南北纬 30°的结果进行了标准化(Gregg et al.，2003)

对于海洋内部垂直混合参数化也有从其物理机制角度提出的参数化方案，如 McComas 和 Muller(1981)、Henyey 等(1986)和 Polzin 等(1995)都从内波破碎的角度提出各种参数化方法。但是，这类方法在海洋环流模式中还较少应用，效果也有待于系统验证。

8.4　沿等密度面扩散的参数化方案——R82 方案和 GM90 方案

从 Bryan(1969)第一个 z 坐标海洋环流模式开始，模式中普遍采用 Laplace 型水平扩散闭合温度和盐度方程。方程中的扩散项可以模拟次网格尺度过程，同时也是模式数值稳定的需要。但研究发现，海洋中的扩散主要是沿着等密度面进行的，而且要比穿越等密度面的混合大很多(Iselin,1939;Montgomery,1940)。因此,Laplace 型扩散在等密度面和 z 坐标相交的地方会过分夸大穿越等密度面的混合,造成模拟的大西洋翻转环流和向极热量输送偏弱。这种效应由 Veronis(1975)最先指出,也称为"Veronis 效应"。如何合理地描述沿着等密度面的扩散,如何修正 z 坐标海洋环流模式中被夸大的穿越等密度面扩散,一直是 z 坐标海洋环流模式发展的重要科学问题。本节将讨论沿等密度面扩散的参数化方案。

要解决次网格参数化问题,需要找到更好的闭合大尺度环流方程的方法,替代简单的Laplace型扩散方案。从能量串级角度看,海洋中的动能是从大尺度向中尺度涡旋、湍流等逐步传递,并最终通过分子运动耗散。海洋中尺度涡的空间尺度在 100 km 左右,而海洋环流模式分辨率多在 100 km 左右,因此,中尺度涡是模式次网格参数化的主要对象。从这种意义上理解,沿着等密度面混合参数化的核心是如何利用大尺度运动表述中尺度涡对大尺度运动的作用。因此,沿等密度面扩散的参数化方案也被称为"中尺度涡参数化"。

由于海洋的 Rossby 变形半径要比大气的小,海洋的中尺度涡相当于大气中的天气尺度运动。观测表明,中尺度涡是海洋中的重要运动形式,中尺度涡旋的动能约占海洋总动能的90%。中尺度涡形成的主要机制是斜压不稳定,因此,能够刻画有效位能和动能之间的转换过程是对中尺度涡参数化的基本要求。

在问题提出初期,人们首先想到的是旋转等密度面坐标扩散张量的方法,Redi(1982)推导出了将等密度坐标的对称扩散张量转换到 z 坐标上的完整公式,即 R82 方案。Cox(1987)在 GFDL 海洋环流模式 MOM 中使用"小坡度近似"应用了这个方法。虽然这一方法的应用可以有效地减小扩散系数、改进模式模拟结果,但是并不能完全去掉 z 坐标的扩散。Gent 和 McWilliams(1990)提出了一种参数化的方法,在等密度面坐标厚度方程中,引入了中尺度涡涡动通量的影响,并采用了等密度面坡度来参数化通量本身,这就是所谓的 GM90 方案。在 Gent 等(1995)的文章中引入了"涡致速度"的概念,将 GM90 方案表达成了平流输送的形式,使其物理本质更容易理解。

Danabasoglu 等(1994)将 GM90 参数化应用在 MOM 中,发现 GM90 与 R82 方案结合不仅可以完全替代原来的 Laplace 形式的水平扩散,而且模拟的结果有全面改进,主要表现在主温跃层结构、经向热量输送和对流发生区等方面。Griffies(1998)利用示踪物的扩散张量,将 R82 和 GM90 统一起来。现在,沿等密度面扩散方案已经成为不能分辨中尺度涡的 z 坐标海洋环流模式必须引入的参数化方案。

本节内容首先是根据 Redi(1982)、Gent 等(1995)、Griffies(1998)和 Vallis(2006)介绍沿等密度面扩散方案基本原理和物理本质,其后参考 Danabasoglu 等(1994)、Jin 等(1999)和 Gent(2011)的结果展示其对模拟结果的改进,最后参照 Gent(2011)简要讨论方案中的不确定性和近期的发展。

8.4.1 原理

正如引言中所述,沿着等密度面的混合方案包括了两个部分:一部分是 Redi(1982)提出的旋转对称扩散张量,另一部分是 Gent 和 McWilliams(1990)提出的涡旋导致的平流项。Griffies(1998)利用旋转扩散张量,将这两部分统一起来。本节 GM90 公式推导主要根据 Gent 等(1995)的文章,并综合了 Redi(1982)的内容,最后简要介绍 Griffies(1998)的方法,来帮助理解其物理意义。

(1)等密度面方程组

采用不可压缩、Boussinesq 近似和绝热三个假定后，由密度方程和连续方程推导出等密度面厚度方程

$$\frac{\partial h_\rho}{\partial t} + \nabla_\rho \cdot (h_\rho \boldsymbol{u}) = 0 \tag{8.28}$$

式中，h_ρ 是密度面的高度，∇_ρ 表示等密度面上的散度，ρ 是密度，$\boldsymbol{u}$ 是等密度面上的流矢量，而 $h_\rho = \frac{\partial h}{\partial \rho}$。等密度面上的示踪物守恒方程可以写为：

$$\frac{\partial h_\rho \tau}{\partial t} + \nabla_\rho \cdot (h_\rho \boldsymbol{u} \tau) = 0 \tag{8.29}$$

式中，τ 为示踪物。按照雷诺应力导出的方法，以上方程中的变量可以分解为大尺度分量和扰动(或涡旋)分量。将分解后的变量代入式(8.28)和式(8.29)，通过整理得到雷诺平均的厚度方程和示踪物方程：

$$\frac{\partial \bar{h}_\rho}{\partial t} + \nabla_\rho \cdot (\bar{h}_\rho \bar{\boldsymbol{u}}) + \nabla_\rho \cdot (\overline{h'_\rho \boldsymbol{u}'}) = 0 \tag{8.30}$$

$$\frac{\partial \bar{\tau}}{\partial t} + \bar{\boldsymbol{u}} \cdot \nabla_\rho \bar{\tau} + \frac{\overline{h'_\rho \boldsymbol{u}'}}{\bar{h}_\rho} \cdot \nabla_\rho \bar{\tau} = -\nabla_\rho \cdot [\overline{(hu)'\tau'}]/\bar{h}_\rho \tag{8.31}$$

式(8.31)左端第三项和右端项中出现了涡动量乘积形式，表示了涡动对大尺度平均运动的效应。前者相当于平流效应，而后者是扩散效应。假定穿越等密度面的混合要远小于沿着等密度面的混合，式(8.31)中的右手项可以参数化成沿着等密度面的 Fickian 扩散形式。

定义有效输送速度 $\boldsymbol{U} = \bar{\boldsymbol{u}} + \frac{\overline{h'_\rho \boldsymbol{u}'}}{\bar{h}_\rho} = \bar{\boldsymbol{u}} + u^*$，$u^*$ 即“涡致速度”(eddy-induced velocity)，因此，整理式(8.30)和式(8.31)，并省略了上划线可得

$$\frac{\partial h_\rho}{\partial t} + \nabla_\rho \cdot (h_\rho \boldsymbol{U}) = 0 \tag{8.32}$$

$$\frac{\partial \tau}{\partial t} + \boldsymbol{U} \cdot \nabla_\rho \tau = \nabla_\rho \cdot (\mu h_\rho \nabla_\rho \tau)/h_\rho \tag{8.33}$$

式中，μ 为沿着等密度面的扩散系数。由于缺乏观测，沿等密度面的扩散系数通常取常数，量值在 $10^3\ \mathrm{m^2/s}$ 左右。

(2)坐标转换

示踪物方程(8.33)还需进一步转换到 z 坐标上。在等密度面坐标中输送是沿着等密度面的，在穿越等密度面方向没有输送，而在 z 坐标中由于坐标面相交则产生了垂向的输送。因此，z 坐标下的全导数表达式为

$$\frac{D^*}{Dt} \equiv \frac{\partial}{\partial t} + \boldsymbol{U} \cdot \nabla_2 + W \frac{\partial}{\partial z} \tag{8.34}$$

式中，$(\boldsymbol{U}, W)$ 是三维的有效输送速度，分别定义为 $\boldsymbol{U} = \boldsymbol{u} + \boldsymbol{u}^*$ 和 $W = w + w^*$，并同样满足不可压缩条件的连续方程，即

$$\nabla_2 \cdot \boldsymbol{U} + \frac{\partial W}{\partial z} = \nabla_2 \cdot \boldsymbol{u}^* + \frac{\partial w^*}{\partial z} = 0 \tag{8.35}$$

z 坐标下的密度守恒方程可以表达为

$$\frac{D^* \rho}{Dt} = \frac{\partial \rho}{\partial t} + \boldsymbol{U} \cdot \nabla_2 \rho + W \frac{\partial \rho}{\partial z} = 0 \tag{8.36}$$

式(8.33)中另一项需要坐标转换的是右端项,经过两次旋转可以将等密度坐标转换到 z 坐标上,完整的推导见 Redi(1982),最终表达式为

$$R(\mu,\tau)=\nabla_3\cdot(\mu\boldsymbol{K}\nabla_3\tau) \tag{8.37}$$

式中,$\boldsymbol{K}$ 为张量,表达式为 $\boldsymbol{K}=\begin{pmatrix}1 & 0 & -\dfrac{\rho_x}{\rho_z}\\ 0 & 1 & -\dfrac{\rho_y}{\rho_z}\\ -\dfrac{\rho_x}{\rho_z} & -\dfrac{\rho_y}{\rho_z} & -\dfrac{(\rho_x^2+\rho_y^2)}{\rho_z^2}\end{pmatrix}$,注意这里假设等密度面坡度很小,忽略了坡度的二次项。由此,最终转换后的 z 坐标下的示踪物(τ)方程可以写成:

$$\frac{D^*\tau}{Dt}=R(\mu,\tau) \tag{8.38}$$

这里注意一点,如果式(8.38)中示踪物为位温,而密度仅决定于温度时,则上式右端项 R 为 0。也就是说,当等密度面和等温面平行的时候,温度守恒方程中的扩散张量坐标变化对方程没有作用。

在边界上涡动通量应该为 0,因此,垂直于边界的涡致速度为 0,涡动输送的边界条件可表示为

$$(\boldsymbol{U}+W\boldsymbol{k})\cdot\boldsymbol{n}=(\boldsymbol{u}^*+w^*\boldsymbol{k})\cdot\boldsymbol{n}=0 \tag{8.39}$$

观察连续方程(8.35)、密度方程(8.36)、示踪物方程(8.38)和边界条件(8.39),我们发现这组方程与普通的绝热、Boussinesq 近似和不可压缩条件下的方程形式上基本一致,但是多了涡致速度项,而且扩散项考虑了 Redi(1982)的坐标转换。

(3)涡致速度

至此还有一个问题没有解决,就是如何参数化涡致速度($\boldsymbol{u}^*$,w^*)。通常涡致速度也被参数化成等密度面坡度的函数,常用的是 Gent 和 McWilliams(1990)提出的形式

$$\boldsymbol{u}^*=\left[-\left(k\frac{\rho_x}{\rho_z}\right)_z,-\left(k\frac{\rho_y}{\rho_z}\right)_z\right] \tag{8.40}$$

$$w^*=\left(k\frac{\rho_x}{\rho_z}\right)_x+\left(k\frac{\rho_y}{\rho_z}\right)_y \tag{8.41}$$

式中,k 为“厚度扩散系数”,k 通常也取常数,取值与 μ 接近,也在 $10^3\ \mathrm{m^2/s}$ 左右。这一方案是根据等密度面坐标中等密度面厚度沿梯度扩散的过程,这也是“厚度扩散系数”这一名词的由来。

这种形式可以模仿中尺度涡的位能向动能的转换过程。z 坐标下位能($g\rho z$)方程为

$$\frac{D^*(g\rho z)}{Dt}=\nabla\cdot\left[g\rho k\left(-\frac{\nabla\rho}{\rho_z}\right)\right]+g\rho w+gk\frac{\nabla\rho\cdot\nabla\rho}{\rho_z} \tag{8.42}$$

由于垂直边界的等密度面坡度为 0,而且 k 在海表和海底都为 0,保证了式(8.42)右端第一项在封闭区域内积分为 0,这样区域平均的位能通过右端第二项和第三项转换为动能。前者是传统的位能和动能转换的机制,而后者可以认为是用来模拟斜压不稳定的效应。

(4)偏斜通量

以上给出了完整的沿等密度面扩散的参数化方案,推导和解释可以看出涡动对大尺度运

动的作用可以分为扩散效应和平流效应，Griffies(1998)指出涡动平流部分和反对称扩散张量在特定的情况下是等价的，这样将 GM90 和 R82 统一了起来。反对称扩散张量对应的输送通量与示踪物梯度垂直，因此，也称为“偏斜通量”(skew flux)。

式(8.31)的右端项即为湍流扩散项，在前面的参数化中只保留了湍流扩散的对称部分，如式(8.33)右端的形式。考虑更一般的形式，式(8.31)右端项可以写为

$$-\nabla\cdot\boldsymbol{F}=\nabla\cdot(\boldsymbol{K}\nabla\tau) \tag{8.43}$$

式中，$\boldsymbol{K}$ 即为湍流扩散张量，而右端即为顺梯度扩散形式。在对扩散张量的研究中发现，扩散张量可以分解为对称($\boldsymbol{S}$)和反对称($\boldsymbol{A}$)两部分的和，而偏斜通量即为 $\boldsymbol{F}_{sk}=-\boldsymbol{A}\nabla\tau$。

偏斜通量有两个重要的性质：一是偏斜通量与示踪物梯度垂直，这一点用偏斜通量点乘示踪物梯度很容易得到；二是偏斜通量不仅可以保证在边界无通量条件下示踪物守恒，而且保证示踪物的变化(即二阶矩)也守恒，也就是说偏斜通量对示踪物的变化不扩散。同时人们发现，无辐散流也能满足第二条性质。因此，通过构造特定的无散流，可将二者等价起来。

首先来看无散流的平流通量对示踪物的贡献，

$$\nabla\cdot\boldsymbol{F}_{ad}=\nabla\cdot(\boldsymbol{v}\tau)=\boldsymbol{v}\cdot\nabla\tau \tag{8.44}$$

式中，$\boldsymbol{v}$ 为任意无辐散流场。而偏斜通量的散度可以写为

$$\nabla\cdot\boldsymbol{F}_{sk}=-\nabla\cdot(\boldsymbol{A}\nabla\tau)=-\nabla\boldsymbol{A}\cdot\nabla\tau=-\nabla\cdot(\tau\nabla\boldsymbol{A}) \tag{8.45}$$

如果 $\boldsymbol{v}=-\nabla\boldsymbol{A}$，则式(8.44)和式(8.45)相等，也就是说无辐散平流通量的散度与扩散张量的偏斜通量的散度相等。注意，二者仅是散度相等，两个通量的大小、方向都可以不相等。基于此关系，前面几节中提到的涡致速度只要满足无辐散条件，就可以表达为特定的反对称扩散张量的形式，从而将 R82 和 GM90 的工作统一成为一个扩散张量。GM90 方案反对称扩散张量的具体表达式请参见 Griffies(1998)。

8.4.2　结果

第一个完整引入 R82 和 GM90 方案的结果发表在 1994 年(Danabasoglu et al.，1994)，但文章主要比较了 GM90 方案引入前后的差异，1999 年引入 LICOM 的前期版本 L30T63 也参照这一结果引入了两个方案(Jin et al.，1999)。GM90 的引入使得模式在去除模式原有水平扩散情况下依然稳定积分上千年，最大程度上减小了 z 坐标模式中的“Veronis 效应”。

图 8.9 是观测、原模式和引入沿等密度面混合方案后 L30T63 模拟的纬向平均的海温(Jin et al.，1999)。对比观测，L30T63 在引入沿等密度面混合方案之前主温跃层(4℃等温线)达到了 2000 m，远比观测 1000 m 要深，导致这种偏差的原因主要是“Veronis 效应”，也就是虚假的穿越等密度面的扩散造成的。而引入 R82 和 GM90 方案后，主温跃层深度基本与观测一致，误差显著减小。同时，可以看到整个温跃层的形态也都更接近观测。温跃层的改进使得 1000 m 以下变冷，加大了垂直温度梯度，这也使得模拟的向极热量输送在北太平洋和北大西洋显著增加，更接近观测(图略)。

“Veronis 效应”的另一个方面体现在经圈流函数的模拟上，模拟的北大西洋翻转环流弱，并且使其中心范围集中在 45°N 以北，即所谓“短路”(图 8.10a)。图 8.10b 和图 8.10c 是 Danabasoglu 等(1994)的结果，在引入 GM90 方案之后，平均环流的经圈翻转流函数显著增强，北大西洋翻转环流核心也较之前向南扩展至 15°N 附近(图 8.10b)。

引入 GM90 方案后的另一个显著变化是总环流输送(包括平均输送和涡致输送)中南大

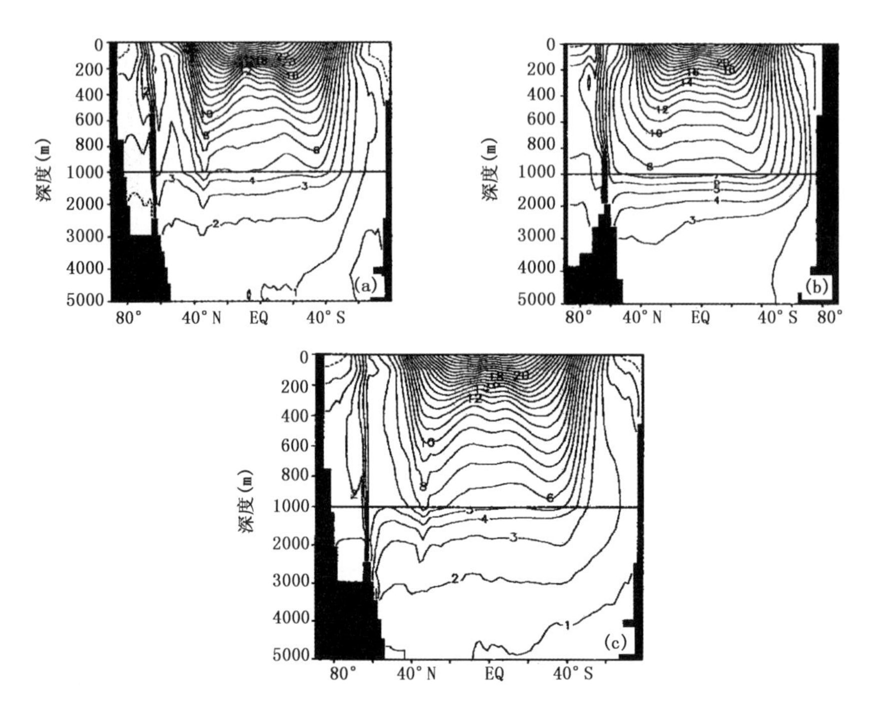

图 8.9　(a)观测、(b)原模式和(c)引入 GM90 后 L30T63 模拟的纬向平均的海温(单位:℃)(Jin et al.,1999)

洋的整层存在的顺时针环流(即 Deacon Cell)消失了(图 8.10c)。与此相适应,GM90 的引入也导致了南半球向极热量输送减小,海表热通量减弱(图略)。在引入 GM90 之前,Deacon Cell 可以将表层靠近南极的冷水向北输送到 45°S 附近,导致在 45°S 附近容易形成静力不稳定,引发对流。图 8.11a 是引入 GM90 之前模式发生对流的频率,发现在两半球高纬度海洋发生对流的区域很广,而观测中对流仅发生在拉布拉多海、威德尔海、罗斯海等地区。在引入 GM90 方案后,总流速中的 Deacon Cell 几乎消失,与之相对应的表层冷水向北输送也消失了,从而使得模式模拟的对流与观测类似,仅发生在很少的几个区域内(图 8.11b)。

综上所述,沿等密度面扩散方案的应用使得 z 坐标海洋模式的模拟结果有了显著的改善,基本消除了"Veronis 效应",温跃层、经圈流函数、对流区域和经向热量输送的模拟都更接近观测。与此同时,海洋模式的改进也使得气候系统模式的模拟有了本质改善,极大地减小了模式的气候漂移,并能够进行较长时间的稳定积分。因此,现在气候系统模式中,R82 和 GM90 方案已经成为 z 坐标模式必须包括的参数化方案。

8.4.3　GM90 方案的物理图像

R82 和 GM90 是沿等密度面的扩散方案的两部分,从形式上看前者主要是扩散过程,而后者的物理过程如何进行,似乎比较难以理解。Vallis(2006)形象地解释了涡致输送和扩散的区别。

中尺度涡的生成是斜压不稳定的产物,因此,初始状态需要密度分层结构。首先,由 3×3 的矩阵给定了一个初始密度场来刻画 $y-z$ 平面上二维的分布

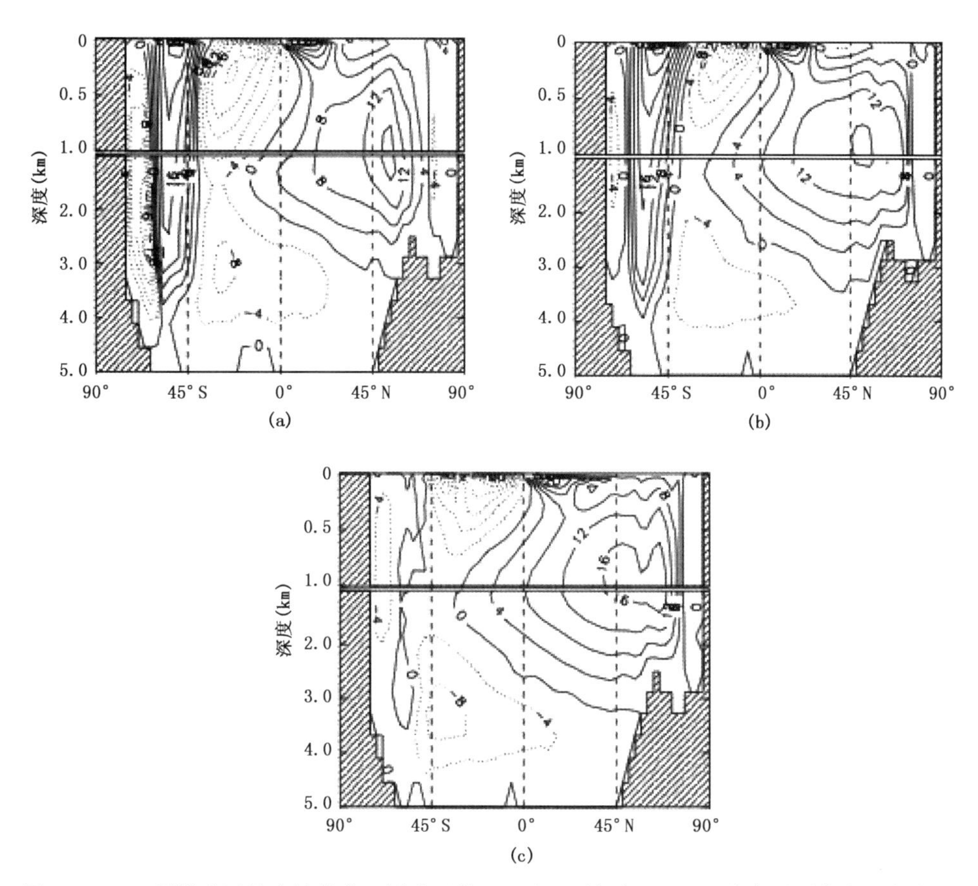

图 8.10　(a)原模式平均流计算的经圈流函数,(b)和(c)是引入 GM90 方案后平均流和考虑涡致流速所计算的经圈流函数(单位:Sv)(Danabasoglu et al.,1994)

$$\rho_{\text{init}} = \begin{pmatrix} 2 & 1 & 1 \\ 3 & 2 & 1 \\ 3 & 3 & 2 \end{pmatrix}$$

这个分层中的等密度面是从左上到右下倾斜的,由此产生的示踪物的梯度是和等密度面垂直,并指向右上方,而偏斜通量则是沿着等密度面指向左上方。如果发生水平混合,分层变为水平均匀的形式,

$$\rho_{\text{hm}} = \begin{pmatrix} 1.33 & 1.33 & 1.33 \\ 2 & 2 & 2 \\ 2.66 & 2.66 & 2.66 \end{pmatrix}$$

而如果发生三维混合,分层变为全场均匀的形式,

$$\rho_{\text{hvm}} = \begin{pmatrix} 2 & 2 & 2 \\ 2 & 2 & 2 \\ 2 & 2 & 2 \end{pmatrix}$$

以上这两种形式都无法保证密度的守恒,同时密度的变化显著减小了,而位能增加了。

而 GM90 的涡致输送或者偏斜扩散由于不影响密度变化,因此会保持等密度面的梯度,但是会旋转等密度面,减小等密度面的坡度。当等密度面坡度不存在时,GM90 输送消失,最

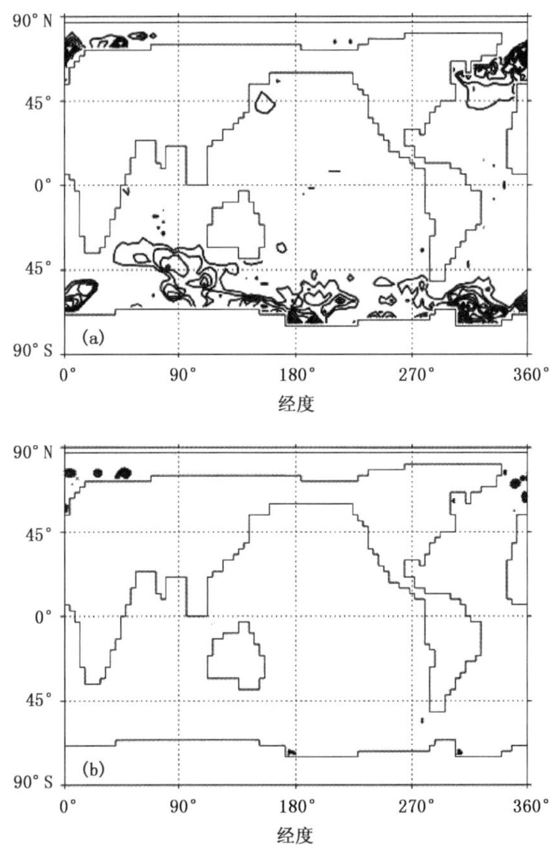

图 8.11　(a)原模式和(b)引入 GM90 方案后模式模拟的对流发生率(单位:%)(Danabasoglu et al.,1994)

终形式为

$$\rho_{GM}=\begin{pmatrix}1&1&1\\2&2&2\\3&3&3\end{pmatrix}。$$

GM90 保持了密度的变化,减小了有效位能。因此,涡致输送被看成是一种搅拌作用,而不是混合。

8.4.4　不确定性

沿等密度面扩散方案对海洋环流模式结果的改进是显著的,但这并不说明方案本身不存在问题,特别是 GM90 方案。GM90 方案的问题主要有两个方面。

一是混合层中 GM90 的处理。GM90 是在绝热的条件下推导出来的,而海洋上混合层是非绝热的。早期的处理是限制混合层内等密度面的坡度,但是这样会带来虚假的穿越等密度面的混合,因此如何使混合层内 GM90 的表达更有物理意义,一直是改进 GM90 的重要方向。Ferrari 等(2008)提出了一个更有物理意义的方案,他们假定在混合层中涡致速度是水平的,而且没有垂直切变。此外,在混合层中的扩散既有沿着等密度面的,也有水平的,而且在混合层和深层之间引入了一个过渡层。

二是 GM90 方案中厚度混合系数(k)的选取。在应用 GM90 方案时，通常取 GM90 建议的常数。但中尺度涡分布是非常不均匀的，因此，引入 k 的水平和垂直分布非常必要。Visbeck 等(1997)提出了一个二维计算方案，在该方案中，k 为长度尺度的平方除以时间尺度。近期，Farreira 等(2005)以及 Eden 和 Greatbatch(2008)也提出了不同的计算混合系数的方案。

GM90 方案已经是用于气候研究的海洋模式中的重要参数化方案之一，但是随着模式分辨率的提高，GM90 方案的效应会逐步减弱。现在有一种观点是，当模式可以分辨中尺度涡时 GM90 方案可以去除，但是也存在不同的看法，这些假设都需要进一步试验验证。

8.5　水平黏性方案

黏性是流体的重要性质，流体内摩擦以及对边界的附着都是黏性的体现。特别是内摩擦作用，是运动传递的重要驱动力。从能量角度看，黏性耗散流体的机械能，并使得一部分机械能不可逆地转变为热能。这里不考虑分子的黏性，而着重讨论湍流黏性。

在海洋中，黏性在西边界处起到了平衡 Rossby 波能量积累的作用，而且可以通过影响洋流的切变对垂直混合产生作用。在海洋模式中，除了以上的作用之外，水平黏性还起到了保证计算格式稳定的作用。这里介绍两个方案：常系数方案和非常系数方案，主要内容参考 MOM3 手册(Pacanowski et al.，2000)。

8.5.1　常系数 Laplacian 和 Biharmonic 方案及其尺度选择性

Laplacian 方案在直角坐标中的表达式：

$$F_x \approx A\left(\frac{\partial^2 U}{\partial x^2}+\frac{\partial^2 U}{\partial y^2}\right) \equiv A\Delta U \tag{8.46}$$

式中，黏性系数 A 取为常数，水平方向各向同性。模式的分辨率不同，A 的取值也应有变化，分辨率越高湍流黏性系数越小。按照经验，中等分辨率的模式(0.5°～2°)水平黏性系数取值在 $10^3 \sim 10^5\ \mathrm{m^2/s}$。

Biharmonic 方案的表达式：

$$F_x \approx B\left(\frac{\partial^4 U}{\partial x^4}+\frac{\partial^4 U}{\partial y^4}\right) \equiv B\Delta^2 U \tag{8.47}$$

黏性系数 B 取值在 $-10^{11}\,\mathrm{m^4/s}$ 左右。调和方案的优点除了形式简单外，尺度选择性是重要的特点，即对可分辨尺度耗散较小，而对次网格尺度耗散大。

类似于 7.9.4 节，我们可以借助一维“热传导”型的方程

$$\frac{\partial \psi}{\partial t} = A\frac{\partial^2 \psi}{\partial x^2} \tag{8.48}$$

来考察 Laplace 形式的水平黏性，式中 ψ 代表 u 或 v，A 是黏性系数。

记 $x_j \equiv j\times\Delta(j=0,\pm1,\pm2,\cdots)$ (这里 Δ 是 x 方向的格距)，将 x 方向离散化，相应的空间离散变量记作 $\psi_j \equiv \psi(x_j,t)(j=0,\pm1,\pm2,\cdots)$ 。设方程有 $\psi_j = c(t)\mathrm{e}^{ikx_j}$ 形式的解(其中振幅 $c(t)$ 是时间的连续函数，k 是角波数)，容易得到

$$\left(\frac{\partial^2 \psi}{\partial x^2}\right)_j \approx \frac{\psi_{j+1}-2\psi_j+\psi_{j-1}}{\Delta^2} = -\left[\frac{\sin(k\Delta/2)}{(\Delta/2)}\right]^2 \cdot \psi_j \tag{8.49}$$

代入方程(8.48)可解出振幅 $c(t)=c_0\mathrm{e}^{-t/\tau}$，其中，$c_0$ 代表 $t=0$ 时刻的振幅，

$$\tau = A^{-1}\left[\frac{\sin(k\Delta/2)}{\Delta/2}\right]^{-2} = A^{-1}\left[\frac{\sin(\pi/n)}{\Delta/2}\right]^{-2},\ n=2,3,\cdots \tag{8.50}$$

是 ψ 的 e 折时间尺度，故 τ^{-1} 可用来表征 ψ 的衰减速率。

式(8.50)中的 n 为无量纲波长(即实际波长与格距 Δ 之比)。由于两倍格距是离散情形下的最短波长，故 $n\geqslant 2$。由式(8.50)看出，τ^{-1} 随 n 的增加而减小，说明波长愈长衰减愈慢，而两倍格距波长($n=2$，或 $k=\pi/\Delta$)的分量具有最大衰减速率 $\tau^{-1}=A/(\Delta/2)^2$，即对两倍格距波长的耗散最强。这种性质可称为 Laplace 型黏性方案的"尺度选择性"。

类似地，利用方程

$$\frac{\partial\psi}{\partial t} = B\frac{\partial^2}{\partial x^2}\left(\frac{\partial^2\psi}{\partial x^2}\right) \tag{8.51}$$

可以考察 Biharmonic 形式的水平黏性，这里 B 是相应的黏性系数。利用式(8.49)立即得到

$$\left[\frac{\partial^2}{\partial x^2}\left(\frac{\partial^2\psi}{\partial x^2}\right)\right]_j \approx \left[\frac{\sin(k\Delta/2)}{(\Delta/2)}\right]^4\cdot\psi_j \tag{8.52}$$

此时 ψ 的 e 折时间尺度为

$$\tau = |B^{-1}|\left[\frac{\sin(k\Delta/2)}{(\Delta/2)}\right]^{-4} = |B^{-1}|\left[\frac{\sin(\pi/n)}{(\Delta/2)}\right]^{-4},\ n=2,3,\cdots \tag{8.53}$$

为了比较两种水平黏性方案，分别用式(8.50)和式(8.53)代入振幅表达式，得到

$$\left.\begin{aligned} c_L(t,n) &= c_0\exp\left[-t\frac{A}{(\Delta/2)^2}\sin^2(\pi/n)\right],\\ c_B(t,n) &= c_0\exp\left[-t\frac{|B|}{(\Delta/2)^4}\sin^4(\pi/n)\right],\end{aligned}\right\} n=2,3,\cdots \tag{8.54}$$

式中，下标 L 和 B 分别代表"Laplace"和"Biharmonic"。

作为例子，取 $\Delta=50$ km，$A=2.0\times10^3$ m^2/s，$B=-1.25\times10^{12}$ m^2/s，利用式(8.54)可以计算出任意波长分量振幅随时间的变化(图 8.12)。在上述参数条件下，两种黏性方案对两倍格距分量的 e 折时间尺度相同(约为 3.6 天)，所以图 8.12 只给出了 $n=$ 4, 8, 16, 24, 32 的

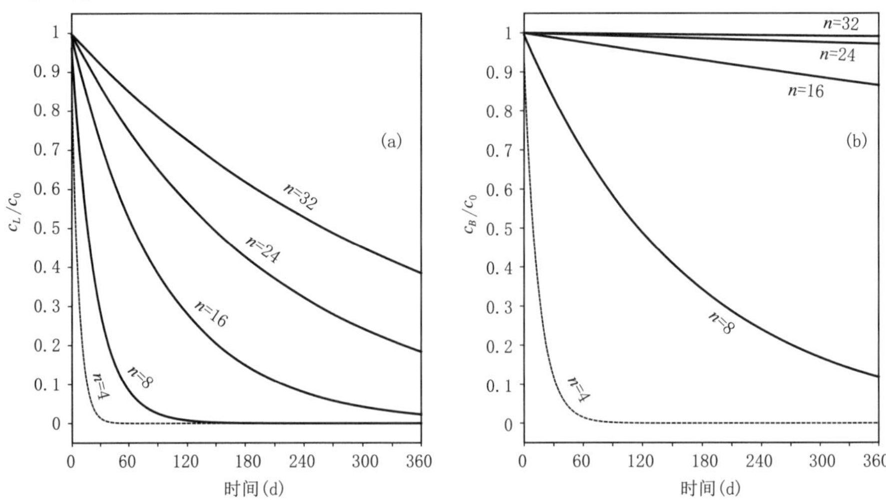

图 8.12 因黏性产生的 ψ 的不同波长分量(用格距数 n 表示)振幅随时间的变化，图中纵坐标表示振幅与其初值之比，(a) Laplacian 黏性，(b) Biharmonic 黏性

$c_L(t,n)/c_0$ 和 $c_B(t,n)/c_0$ 随时间的变化，从图中可以很清楚地看出两种黏性方案的尺度选择性，以 Laplace 方案为例，8 倍格距分量的 e 折时间尺度不到一个月，而 32 倍格距分量的 e 折时间尺度超过了一年；Biharmonic 黏性方案的尺度选择性更强：它对两倍格距分量的衰减速率与 Laplace 方案相同，但对波长在 16 倍格距以上的运动几乎没有什么影响。

在实际应用中，Biharmonic 方案可以较好地体现部分中尺度涡谱，因此涡分辨模式多使用 Biharmonic 方案。值得注意的是，如果最小波长与 Rossby 变形半径接近时，容易导致对中尺度涡耗散过强。水平扩散还有更高阶的形式，但是海洋中较少应用。

8.5.2　非常系数方案

实际大洋中，水平黏性系数取为常数显然不是合理的。一是在西边界流区需要较大黏性系数。二是球坐标下随着纬度增高网格距减小，高纬度需要更小的黏性系数。

非常系数方案包括一些简单方案，如在高纬度将黏性系数减小，黏性系数与网格距的 3 次方成正比等。Smagorinsky(1963)提出了一种方案，表达式如下：

$$
\begin{aligned}
A &= (C\Delta/\pi)^2\,|D| \\
D^2 &= D_T^2 + D_S^2 \\
D_T &= \frac{\partial u}{\partial x} - \frac{\partial v}{\partial y},D_s = \frac{\partial u}{\partial y} + \frac{\partial v}{\partial x}
\end{aligned}
\tag{8.55}
$$

式中，C 为无量纲参数，Δ 为局地网格距，D_T 是保持面元大小不变情况下面元横向伸长纵向缩短或横向缩短纵向伸长所造成的形变，可称为拉伸形变，D_S 为切形变。从方程看，黏性系数在水平切变大的区域较大，如接近边界处，而在海洋内区小。由于黏性系数与网格距平方成正比，在网格距小的区域黏性系数也小。

水平黏性方案也有一些发展，如 Wajsowicz(1993)提出了一个同时满足耗散机械能和角动量守恒方案；Large 等(2001)考虑了水平黏性各向异性的特点，数值试验表明各向异性方案对赤道环流的模拟有一定改进。

8.6　其他物理过程

8.6.1　开洋面深对流参数化一对流调整

开洋面深对流是深水形成的重要过程，也是形成热盐环流的重要环节(见本书第 6 章)。海洋中深对流仅在高纬度很小范围内出现，如拉布拉多海和格陵兰海北部以及威德尔海南部。由于上层海水冷却、海冰盐析等过程，导致静力不稳定发生，从而引发深对流。这是一个直观的理解，但是观测中发现深对流的结构、发生和发展的过程十分复杂。深对流发生的空间尺度小于 1 km，这是气候模式远无法分辨的。

在模式中，处理深对流过程采用所谓“对流调整方案”。基本原理是逐层判断邻近层次的静力稳定性，如果本层比下一层密度大，就将这两层的温度和盐度充分混合(即取平均)，这样的过程可以认为是瞬间发生的。通常在每次温盐积分后做一次，消除模式中的静力不稳定。另一种方案是采用增大垂直混合系数的方法消除静力不稳定。

LICOM 中采用的是对流调整方案，具体方案来自 MOM2(Pacanowski，1995)，是在

Marotzke(1991)方案的基础上发展。具体步骤如下:

(1)顺序计算水柱中每一个网格元的位密度,相邻网格采用相同压力参考面;

(2)比较所有的位密度对,查找不稳定;

(3)混合最上面的不稳定对;

(4)检查下面的一层,如果这一层的位密度比混合后的位密度小,就把这三层混合起来,并继续按照这种方法处理更多层,直到达到稳定;

(5)检查混合部分之上的一层,看是否有不稳定出现。如果有不稳定出现,重复步骤(3);如果没有,继续查找混合部分之下的各层,若找到不稳定部分,则重复步骤(3)。

8.6.2 短波辐射穿透参数化方案

太阳短波辐射到达海面,除了10%左右被反射,约90%的能量被海洋吸收。海洋对太阳短波的吸收不仅限于表面,太阳辐射可以穿透海水,加热深层。太阳对深层的加热可以减弱上层海洋的稳定性,易于混合加强。图8.13是不同波长的太阳光穿透纯海水的深度。波长在0.4~0.6 μm的可见光可以到达100 m,红外波段的光线的穿透深度大都小于1 cm。

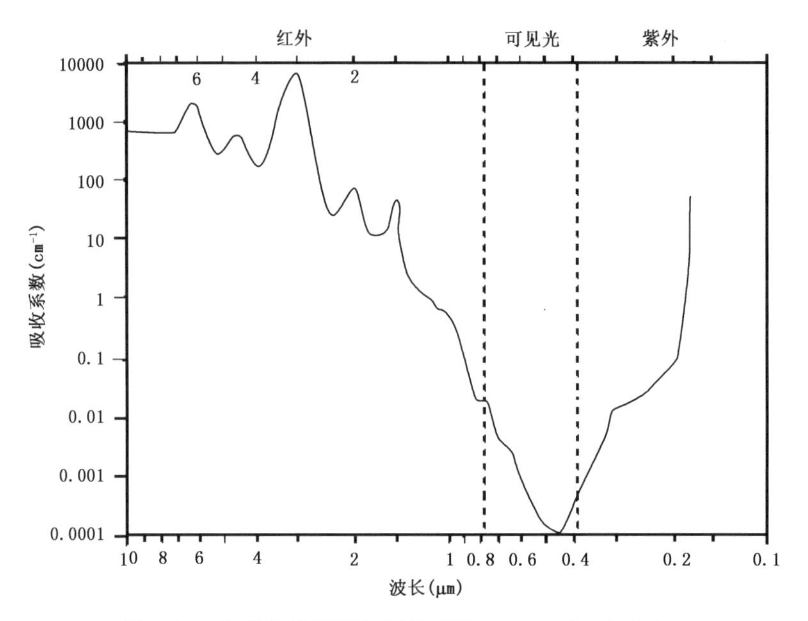

图8.13 海洋的典型吸收系数(Thomas et al.,1999)

早期海洋模式中,将短波辐射都用来加热表层,这在某种程度上减弱了上层的混合。现在通常采用双e指数的形式描述短波穿透,两个e指数分别描述快速衰减的红外波段和穿透较深的可见光——紫外波段。常用的方案主要有两个:Paulson和Simpson(1977)和Ohlmann(2003)方案。

(1)Paulson和Simpson(1977)方案

Paulson和Simpson(1977)是广泛使用的方案,用双e指数表示短波辐射随深度的变化,公式如下:

$$S_w = I(z) = I_0 \left[A_1 e^{-\frac{z}{B_1}} + A_2 e^{-\frac{z}{B_2}} \right] \tag{8.56}$$

式中，S_w 和 I_0 分别为穿透的短波辐射和海表的净太阳辐射（扣除反射部分），A 和 B 分别为比例系数和 e 折穿透深度。根据 Jerlov（1968）中对海水浑浊度的分类，假设大洋海水的光学性质为 I 类，4 个系数分别取 $A_1=0.58$，$A_2=1-A_1=0.42$，$B_1=0.35$ m，$B_2=23.0$ m。这意味着红外频段的能量占总能量的 58%，这一部分能量的 e 折深度为 0.35 m；可见光—紫外波段的能量占 42%，e 折深度为 23.0 m。

（2）Ohlmann（2003）方案

开洋面上海水对短波辐射的吸收在很大程度上受海洋上层浮游植物的影响，浮游植物阻碍了太阳短波辐射向深层的穿透，改变了太阳短波辐射的垂直分布，将更多的短波辐射用于表层的加热。浮游植物的生物量一般用海水中叶绿素 a 浓度表示，而通过卫星观测的水色资料可以反演出全球二维的叶绿素浓度分布，这使得在全球模式中考虑浮游植物对太阳短波辐射的影响成为可能。较为常用的是 Ohlmann（2003）方案，此方案也采用双指数形式，但短波吸收的比例系数和穿透的 e 折深度都是叶绿素浓度（chl）的函数，公式如下：

$$S_w = I(z) = I_0\left[A_1(chl)\mathrm{e}^{-\frac{z}{B_1(chl)}} + A_2(chl)\mathrm{e}^{-\frac{z}{B_2(chl)}}\right] \tag{8.57}$$

对于叶绿素含量大的海域，穿透系数 B 更小，红外吸收系数 A_1 越大，短波吸收系数 A_2 越小。具体数值请参见 Ohlmann（2003）。

对比 Paulson 和 Simpson（1977）的方案，Ohlmann（2003）方案的优势在于太阳短波穿透有连续水平分布和时间变化，更符合真实的物理过程。但是，Ohlmann（2003）方案仅考虑了叶绿素浓度的水平变化，浮游植物的垂直分布尚未考虑。

根据以上的公式，在叶绿素浓度高的地方由于更多的热量保留在了表层，SST 应该升高。但是，叶绿素浓度大的区域往往也是上升流比较强的区域，冷平流加强有时反而会使得 SST 降低，如 Lin 等（2007）所展示的结果。因此，考虑浮游生物对 SST 的影响时，还需要同时考虑海洋动力学过程。

参考文献

青岛海洋大学海洋系，1988. 海洋上混合层动力学讲座[Z]. 青岛：青岛海洋大学.

BAUM S K, 2001. Glossary of Physical Oceanography and Related Disciplines[Z/OL]. http://stommel.tamu.edu/~baum/paleo/ocean/ocean.html.

BRYAN F, 1987. Parameter sensitivity of primitive equation ocean general circulation models[J]. J Phys Oceanogr, 17: 970-985.

BRYAN K, 1969. A numerical method for the study of the circulation of the world ocean[J]. Journal of Computational Physics, 4: 347-376.

BRYAN K, Lewis L, 1979. A water mass model of the world ocean[J]. J Geophys Res, 84: 2503-2517.

BURCHARD H, 2002. Applied Turbulence Modelling in Marine Waters[M]. Berlin: Springer-Verlag.

CANUTO V, HOWARD A, CHENG Y, et al, 2001. Ocean turbulence. Part I: One-point closure model—Momentum and heat vertical diffusivities[J]. J Phys Oceanogr, 31: 1413-1426.

COX M D, 1987. Isopycnal diffusion in a z-coordinate model[J]. Ocean Modelling, 74(1987): 1-5.

DANABASOGLU G, McWILLIAMS J C, GENT P, 1994. The role of mesoscale tracer transports in the global ocean circulation[J]. Science, 264: 1123.

DE BOYER MONTEGUT C B, MADEC G, FISCHER A S, et al, 2004. Mixed layer depth over the global ocean: An examination of profile data and a profile-based climatology[J]. J Geophys Res, 109, doi:10.

1029/ 2004JC002378.

EDEN C, GREATBATCH R J, 2008. Towards a mesoscale eddy closure[J]. Ocean Model, 20: 233-239.

FERRARI R, McWILLIAMS J C, CANUTO V M, et al, 2008. Parameterization of eddy fluxes near oceanic boundaries[J]. J Climate, 21: 2770-2789.

FERREIRA D, MARSHALL J, HEIMBACH P, 2005. Estimating eddy stresses by fitting dynamics to observations using a residual-mean ocean circulation model and its adjoint[J]. J Phys Oceanogr, 35: 1891-1910.

GENT P R, 2011. The Gent-McWilliams parameterization: 20/20 hindsight[J]. Ocean Modell, 39: 2-9.

GENT P R, McWILLIAMS J C, 1990. Isopycnal mixing in ocean circulation models[J]. J Phys Oceanogr, 20: 150-155.

GENT P R, WILLEBRAND J, McDOUGALL T J, et al, 1995. Parameterizing eddy-induced tracer transports in ocean circulation models[J]. J Phys Oceanogr, 25: 463-474.

GREGG M C, 1977. Variations in the intensity of small-scale mixing in the main thermocline[J]. J Phys Oceanogr, 7: 436-454.

GREGG M, SANFORD T, WINKEL D, 2003. Reduced mixing from the breaking of internal waves in equatorial waters[J]. Nature, 422: 513-515.

GRIFFIES S M, 1998. The Gent-Mcwilliams skew flux[J]. J Phys Oceanogr, 28: 831-841.

HAIDVOGEL D, BECKMANN A, 1999. Numerical Ocean Circulation Modeling[M]. Imperial College Press.

HARRISON M J, HALLBERG R W, 2008. Pacific subtropical cell response to reduced equatorial dissipation [J]. J Phys Oceanogr, 38: 1894-1912.

HENYEY F S, WRIGHT J, FLATT ÉS M, 1986. Energy and action flow through the internal wave field: An eikonal approach[J]. J Geophys Res, 91: 8487-8495.

ISELIN C O, 1939. The influence of vertical and lateral turbulence on the characteristics of the waters at mid-depths[J]. Eos Trans AGU, 20: 414-417.

JERLOV N G, 1968. Optical Oceanography[M]. Elsevier Press.

JIN X Z, ZHANG X H, ZHOU T J, 1999. Fundamental framework and experiments of the third generation of IAP/LASG world ocean general circulation model[J]. Adv Atmos Sci, 16: 197-215.

LARGE G W, 1999. Modelling and parameterizing the ocean planetary boundary layer[M]// Chassignet E P and Verron J. Ocean Modeling and Parameterization. Dordrecht: Kluwer Academic Publishers: 81-120.

LARGE W G, DANABASOGLU G, McWILLIAMS J C, et al, 2001. Equatorial circulation of a global ocean climate model with anisotropic horizontal viscosity[J]. J Phys Oceanogr, 31: 518-536.

LARGE W G, McWILLIAMS J C, DONEY S C, 1994. Oceanic vertical mixing: A review and a model with a nonlocal boundary layer parameterization[J]. Rev Geophys, 32: 363-404.

LIN P F, LIU H L, ZHANG X H, 2007. Sensitivity of the upper ocean temperature and circulation in the equatorial Pacific to solar radiation penetration due to phytoplankton[J]. Adv Atmos Sci, 24: 765-780.

MAROTZKE J, 1991. Influence of convective adjustment on the stability of the thermohaline circulation[J]. J Phys Oceanogr, 21: 903-907.

MAROTZKE J, SCOTT J, 1999. Convective mixing and the thermohaline circulation[J]. J Phys Oceanogr, 29: 2962-2970.

MCCOMAS C H, MULLER P, 1981. The dynamic balance of internal waves[J]. J Phys Oceanogr, 11: 970-986.

MELLOR G L, YAMADA T, 1974. A hierarchy of turbulence closure models for planetary boundary layers

[J]. J Atmos Sci, 31: 1791-1806.

MELLOR G L, YAMADA T, 1982. Development of a turbulence closure model for geophysical fluid problems[J]. Rev Geophys, 20(4): 851-875, doi:10.1029/RG020i004p00851.

MONTGOMERY R B, 1940. The present evidence on the importance of lateral mixing processes in the ocean [J]. Bull Amer Meteor Soc, 21: 87-94.

MUNK W, 1966. Abyssal recipes[J]. Deep-Sea Res, 13: 707-730.

NIILER P P, KRAUS E B, 1977. One-dimensional models of the upper ocean[M]// Kraus E B. Modelling and Prediction of the Upper Layers of the Ocean. Pergamon Press Oxford: 143-172.

OHLMANN J C, 2003. Ocean radiant heating in climate models[J]. J Climate, 16: 1337-1351.

PACANOWSKI R, PHILANDER S, 1981. Parameterization of vertical mixing in numerical models of tropical oceans[J]. J Phys Oceanogr, 11: 1443-1451.

PACANOWSKI R C, 1995. MOM 2 documentation: Users guide and reference manual, Version 1.0. GFDL Ocean Group Technical Report No. 3[R]. New Jersey: Geophysical Fluid Dynamics Laboratory, Princeton .

PACANOWSKI R C, GRIFFIES S M, 2000. MOM 3.0 Manual, Tech. Rep. 4[M]. Princeton New Jersey: Geophysical Fluid Dynamics Laboratory.

PAULSON C A, SIMPSON J J, 1977. Irradiance measurements in the upper ocean[J]. J Phys Oceanogr, 7: 952-956.

POLZIN K, TOOLE J, SCHMITT R, 1995. Finescale parameterizations of turbulent dissipation[J]. J Phys Oceanogr, 25: 306-328.

POLZIN K, TOOLE J, LEDWELL J, et al, 1997. Spatial variability of turbulent mixing in the abyssal ocean [J]. Science, 276: 93-96.

REDI M H, 1982. Oceanic isopycnal mixing by coordinate rotation[J]. J Phys Oceanogr, 12: 1154-1158.

ROOTH C G, OSTLUND H G, 1972. Penetration of tritium into the Atlantic thermocline[J]. Deep-Sea Res, 19: 481-492.

SMAGORINSKY J, 1963. General circulation experiments with the primitive equations[J]. Mon Wea Rev, 91: 99-164.

STEWART R H, 2004. Introduction to Physical Oceanography. pdf version[M/OL]. http://oceanworld.tamu.edu/home/course_book.htm.

THOMAS G, STAMNES K, 1999. Radiative Transfer in the Atmosphere and Ocean[M]. Cambridge U K: Cambridge University Press.

VALLIS G, 2006. Atmospheric and Oceanic Fluid Dynamics: Fundamentals and Large-scale Circulation[M]. Cambridge U K: Cambridge University Press.

VERONIS G, 1975. The role of models in tracer studies[J]. Numerical Models of Ocean Circulation, Nat Acad Sci: 133-146.

VISBECK M, MARSHALL J, HAINE T, et al, 1997. On the specification of eddy transfer coefficients in coarse-resolution ocean circulation models[J]. J Phys Oceanogr 27: 381-402.

WAJSOWICZ R C, 1993. A consistent formulation of the anisotropic stress tensor for use in models of the large-scale ocean circulation[J]. J Comput Phys, 105: 333-338.

第9章

海冰及其数值模拟

9.1 引言

9.1.1 海面温度方程中的相变过程

本章将进入一个与高纬度海洋及海气相互作用有关的话题。与中、低纬度海洋不同，高纬度海洋表面可能被海冰覆盖。由于海冰的出现是海面温度(SST)降低的结果，所以有必要重新考察海洋模式中海面温度的预报方程。

假定模式表层的厚度是 Δz_1，将位温方程(7.3)对表层做垂直积分，利用海表边界条件式(7.12)和式(7.14)，可以将海面温度(即海洋模式的 SST)的预报方程写成：

$$\frac{\partial T}{\partial t} = \cdots + \frac{1}{\rho_0 c_p \Delta z_1}[Q_{SW} + (Q_L + Q_S + Q_{LW})] - \frac{1}{\rho_0 c_p \Delta z_1}[I + \rho_0 c_p \langle w'T' \rangle]_{z=-\Delta z_1} \tag{9.1}$$

式中，右端第一个方括弧中的第一项 Q_{SW} 代表净的入射短波辐射通量，是海洋唯一的热源，其余三项 Q_L，Q_S，Q_{LW} 分别是"向下的"潜热、感热和净的长波辐射通量，在没有海冰覆盖的情况下这三项都是负值，所以是海洋的冷源。第二个方括弧中的两项分别是表层底部向下穿透的短波辐射通量和垂直扩散通量，对于海洋表层而言，它们也是冷却项。

从第3章的讨论可知，Q_L，Q_S 和 Q_{LW} 都和海面气温与 SST 之差有关，海气温差愈大，海洋失去的热量愈多。在热带海区，由于海气温差很小，所以海洋失去的热量较少，海温变化的幅度也较小。而在冬季的高纬度海区，表面气温常常可低至零下几十摄氏度，假如海水表面是裸露的，那么海表通过释放长波辐射、潜热和感热通量会失去大量的热量；同时，由于冬季高纬度海区到达海表的短波辐射通量很小，结果将出现海洋表层热量长时间"入不敷出"的情形，导致 SST 持续降低。当 SST 降低到冰点温度以下时，海水就会结冰，海冰的形成隔断了海洋和大气的直接联系，大大减少了海洋失去的热量，使得冰下的海水温度仍能维持在冰点以上。到了夏季，随着大气温度的升高海冰会融化，海洋和大气之间又恢复到直接联系的状态。所以，研究高纬度的海气相互作用，必须考虑海水—海冰之间的"相变"过程，海面温度方程式(9.1)没有包括这个相变过程，因而不适用于高纬度海洋。

解决这个问题的办法是：在海洋模式中增加一个海冰模式，将高纬度海面温度的变化与海冰的生消联系起来，在这个意义上说，海冰模式是全球海洋模式不可分割的一部分。或者，海冰作为气候系统中冰雪圈(cryosphere)的一部分,也可以单独构成模式,并通过"冰—水"和"冰—气"之间的界面分别与海洋和大气联系,构成"大气—海冰—海洋"耦合模式。

还应指出,以上在分析海面温度预报方程式(9.1)时,暂时略去了包括海面温度平流项和水平扩散项在内的海洋动力过程。从第 1 章的讨论可知,在热带海洋,海洋动力过程是维持海表热平衡的一个重要因子。在高纬度海洋,温度平流对于海冰的形成与否也有重要的影响,典型的例子北大西洋高纬度东西两岸海冰的显著差异。此外,洋流所产生的应力还是支配海冰运动的主要外力之一。

9.1.2 盐度对海冰的影响

海水含有大量的盐分,因此,海水结冰的过程与淡水结冰的过程有很大的不同。要了解这种不同,有两个参量是必须注意的:一个是冰点温度,另一个是海水达到最大密度时的温度(简称"最大密度温度"),它们都与盐度有关(图 9.1)。纯的淡水(盐度为零)的冰点温度是 0℃,最大密度温度是 4℃。所以,淡水在从 4℃降温到 0℃的过程中层结会愈来愈稳定,结冰过程比较平稳,容易形成大范围较均匀分布的冰。

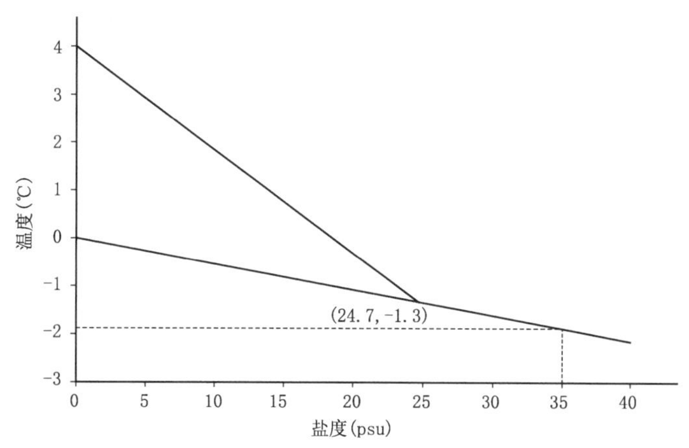

图 9.1 海水冰点温度及最大密度温度与盐度的关系,其中通过(0, 0)点的直线反映的是冰点温度随盐度的变化,通过(0, 4)点的直线反映的是最大密度温度随盐度的变化

海水的冰点温度和最大密度温度都随盐度的增加而降低(图 9.1)。当盐度小于 24.7 psu 时,最大密度温度高于冰点温度,这种情形与纯淡水的情形类似,降温过程是层结稳定的;当盐度等于 24.7 psu 时,最大密度温度与冰点温度相同,为−1.3℃;当盐度大于 24.7 psu 时,海水在达到冰点温度之前的降温过程中密度是增加的,将引起重力不稳定。海水的平均盐度约为 35 psu(更准确的估计值是 34.7 psu)(Stewart,2004),相应的冰点温度是−1.88℃。所以海水在结冰之前的降温过程中一直处于层结不稳定状态,由此引起的对流会将较暖和较轻的次表层水带到海表,延缓结冰的过程,只有相当深的一层海水充分冷却后才能开始结冰。由于海水结冰的过程总是伴随着活跃的对流过程,所以海冰的分布是不均匀的,常常是各种尺度的浮冰块(floe)与无冰水面(open water)共存。此外,海冰的厚度也有很大的空间变化。

海水变成海冰要经历一个结晶的过程,在这个过程中盐分作为"杂质"被或多或少地排出,这种现象称为"盐析"(brine rejection)。结冰过程排出的盐分提高了冰下海水的盐度,有利于产生层结不稳定。盐析的程度与海水结冰的速度有关,结冰的速度愈慢,排出的盐分就愈多;反之,结冰的速度愈快,保留在冰中的盐分就愈多。所以,虽然海冰的含盐量一般远低于海水,但并不是纯粹的淡水冰。据估计,新生成的海冰盐度为12～15 psu,一年冰为4～5 psu,多年冰的顶部几乎不含盐分,但底部仍有2～3 psu的盐度(Washington et al.,1991)。

海冰中的盐分存留在许多小的"卤水泡"(brine pockets)中,这些卤水泡被冰晶所包围。卤水泡有两个特点。第一,由于密度较大,卤水会沿着冰的缝隙下沉,与下面的海水混合。结冰过程愈慢,渗出的卤水就愈多,海冰的盐度也就愈低;结冰过程愈迅速,渗出的卤水就愈少,海冰的盐度也就愈高。对多年冰来说,由于反复地经历融化和再冻结的过程,所以其盐度远低于新冰和一年冰(刘改有,1989)。第二,由于含盐,卤水泡的冰点很低,能够以液态存在于海冰中,这就减少了结冰(融冰)过程释放(吸收)的潜热,起到了某种"缓冲"作用。正因为如此,在热力学海冰模式中,有必要以参数化的形式来描写卤水泡的作用(见9.3节)。

9.1.3　海冰术语

这里只介绍大尺度海冰数值模拟中涉及的术语,其中大部分术语的解释引自Weeks和Hibler(2010)。

海冰(sea ice):海水冻结所生成的咸水冰(区别于像陆冰和湖冰那样的淡水冰)。海冰主要由淡水冰晶、卤水泡和气泡组成,所以含有盐分,但海冰的盐度比海水低得多。

流冰群(pack ice):流冰群是相对于固定冰(fast ice)而言的。固定冰主要是指依附于海岸、几乎没有水平运动的海冰;而流冰群则是由各种尺度(几十米到几千米甚至更大)的浮冰块(floe)聚集而成、且在动力和热力作用下不断运动和变化的。流冰群是大尺度海冰模式模拟的主要对象。

初始冰 或 新成冰(new ice):刚开始形成的海冰的统称。海冰刚开始形成时并不是块状的,而是呈针状(frazil)、脂状(grease)、糊状(slush)或海绵状(shuga)。这个阶段的海冰很薄(厚度不超过10 cm),也很脆弱。大尺度海冰模式不能模拟初始冰的真实状况,一般都先规定一个初始冰的最小厚度,例如:CICE模式(Hunke et al.,2010)中规定海冰最小厚度是1 cm。

初期冰 或 薄冰(young ice):厚度在10～30 cm的海冰。大致说来初期冰是指处于初始冰到一年冰转换阶段的海冰,厚度在15 cm以下的初期冰又称为灰冰(grey ice),15 cm以上的则称为灰—白冰(grey-white ice)。30 cm是一个具有特征意义的厚度,有时也将厚度在30 cm以下的海冰统称为初期冰。初期冰也称为薄冰,但"薄冰"的厚度范围并没有非常严格的界定。

一年冰(first year ice):由初期冰发展起来的、成长期不超过一个冬季(生存期不超过一年)的海冰。一年冰的厚度在30 cm以上,最厚可达3 m,按厚度不同又可分为薄冰(厚度范围30～70 cm)、中等冰(厚度范围70～120 cm)和厚冰(厚度超过120 cm)。

多年冰(old ice):与一年冰不同,至少能度过一个夏季融冰期的海冰统称为多年冰。有时也会将多年冰区分为两年冰(second year ice)和两年以上的冰(multi-year ice),前者只能度过一个夏季融冰期,后者因其最大厚度在3 m以上,至少可以度过两个夏季融冰期。在夏季融冰期,多年冰的表面会形成大量的融水坑(puddle)和融池(melt pond)。如前所说,历经反复融化和冻结之后的多年冰的表层几乎不含盐分。

密集度(concentration):单位面积海洋中海冰面积所占的份额,通常用分数来表示。例如,密集度10/10是各种浮冰块冻结成一体的情形(compact ice),7/10～8/10是密集浮冰

(close pack ice),4/10～6/10是稀疏浮冰(open pack ice),1/10～3/10是"甚稀疏浮冰"(very open pack ice)等。

水道(lead):狭义的水道是指海冰中狭长的无冰水面。大尺度海冰模式中的"水道"是指一个网格元内所有无冰水面的总和,这种广义的水道是海洋向大气释放感热和水汽的主要通道。

冰间湖或冰穴(polynya):宽度不超过5 km的被海冰包围的区域,由无冰水面和薄冰(比周围海冰薄得多)组成。大尺度海冰模式无法区分冰间湖和水道,故将冰间湖也视为水道。

无冰水面(open water):原意是指大面积的可自由通航的区域,这里主要指海冰区中那些密集度小于1/10的部分。

重叠(rafting):一片冰叠压到另一片冰上的变形过程。在初始冰和初期冰中最常出现。重叠作用可以增加海冰厚度,是海冰发展初期达到0.4～0.6 m厚的主要动力机制。超过这一厚度,辐合冰块更可能成脊而不是重叠。

成脊(ridging):海冰因挤压而隆起成为"冰脊"(pressure ridge)的变形过程。北极冰脊多呈长的线状特征,而南极冰脊多呈点状特征。

雪冰(snow ice):由淹没到海水下的雪再冻结而形成于冰块上表面的一层冰。

9.2 海冰在气候系统中的作用

9.2.1 观测海冰的气候特征

(1)海冰观测方法

100多年前,人们就开始利用海岸站和船只对海冰进行测量,目前仍在进行。海岸站测量是定点观测,而船只测量多是航线观测。这两种方法都可以得到海冰的密集度、厚度和流速特征,但它们的局限性也是显然的。

二次世界大战以后,航空器和卫星观测发展起来。近30多年来,随着星载仪器和观测方法的进步,卫星遥感观测数据得到越来越多的使用。最早投入使用的卫星观测是可见光和近红外通道观测(如AVHRR: Advanced Very High Resolution Radiometer),可以得到海冰大尺度的结构和运动特征。由于这种方法受天气状况影响很大,后来开始采用微波通道,出现了被动微波遥感系统,接收从地表和大气发射的微波辐射,在此基础上反演出数据。如SMMR(Scanning Multichannel Microwave Radiometer),从1978年开始提供数据直到1987年,之后被SSM/I(Special Sensor Microwave Imager)所取代。被动微波观测具有较粗的分辨率(典型为30 km),更适用于大尺度和全球观测,而不适合区域和局地观测。于是原用于空中预警的主动微波遥感技术,如侧视雷达(Side Looking Radar,SLR)和合成孔径雷达(Synthetic Aperture Radar,SAR)开始用于海冰观测以提供细节信息。此外,散射计(scatterometer)也已用于海冰观测并得到令人鼓舞的结果。

随着潜水艇的投入使用,利用声呐可以从水下观测海冰厚度。此外,利用漂移冰站(drifting ice station)可以观测海冰的移动等信息。

(2)观测海冰的气候特征

海冰的季节变化:北半球海冰变化范围为 9～16 百万 km²,一般 2—3 月海冰最多,8—9 月海冰最少(图 9.2a,图 9.2b)。南半球海冰变化范围一般为 3.5～19 百万 km²。南极海冰比北极海冰有更大的季节变化(图 9.2c,图 9.2d),这与二者所处区域的地理特点有关。如前所述,南极多年冰以两年冰为主,多年冰主要分布在西威德尔海(沿海岸的其他区域只有零星分布)。

北半球海冰长期变化的基本特征:最近几十年海冰面积在减少,其中夏季减少得最多,冬季减少得最少。海冰减少是与全球增暖相联系的。

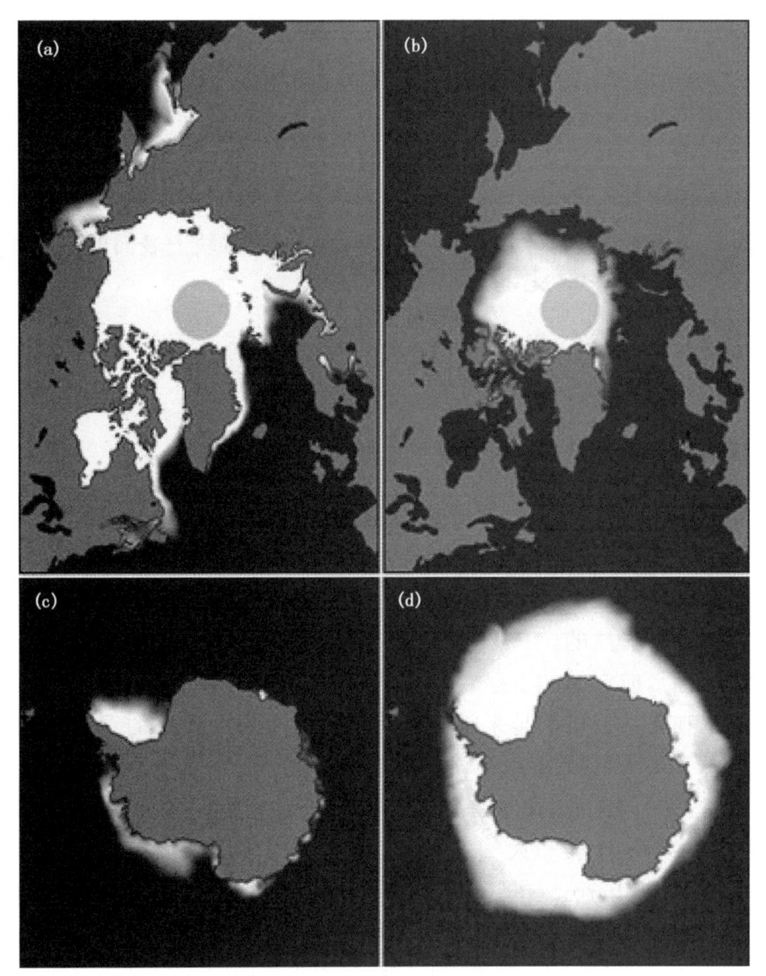

图 9.2 基于卫星观测的 3 月(a)(c)和 9 月(b)(d)北半球(a)(b)和南半球(c)(d)海冰的气候分布
(来源:http://nsidc.org/cryosphere/seaice/characteristics/difference.html)

图 9.3 给出了北冰洋海冰流的主要特征:靠近加拿大一侧的波弗特海地区的海冰流呈顺时针旋转,称为波弗特涡(Beaufort gyre)。此外,还存在着从欧亚大陆一侧穿越北极中心区沿格陵兰岛东侧流向大西洋方向的海冰流,称为穿极漂流(Transpolar Drift)。

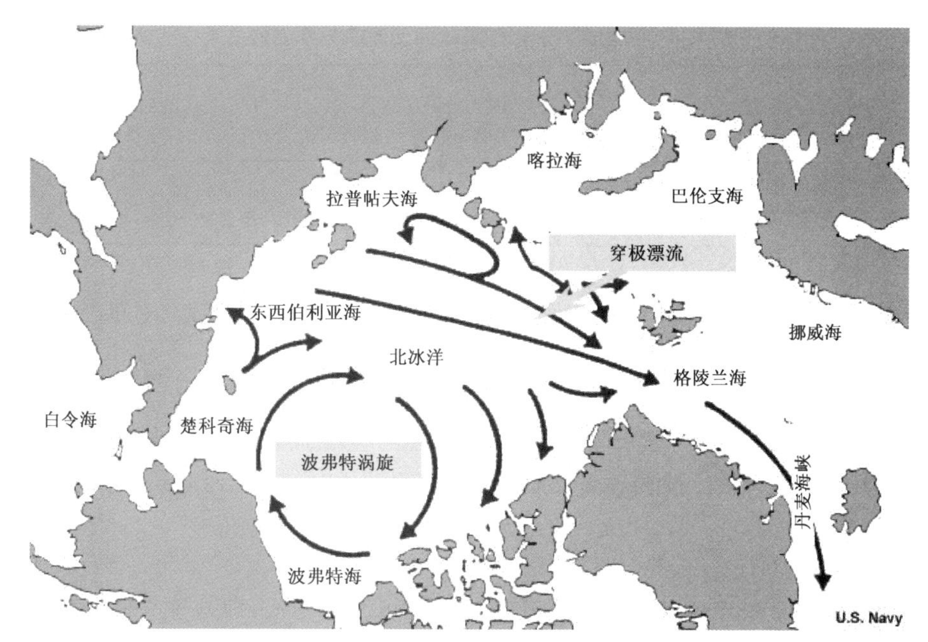

图 9.3　长期平均的北冰洋海冰环流示意图，长期的海冰环流与主要的洋流系统是一致的，其中包括波弗特涡旋(Beaufort gyre)和穿极漂流(Transpolar Drift)(来源：http://www.meted.ucar.edu/oceans/arctic_metoc/lesson_8_seaice.htm#page_1.2.0)

9.2.2　海冰在气候系统中的作用

海冰对气候系统的影响主要表现在以下几个方面。1)由于反照率高，海冰使地球表面吸收的太阳辐射减少，所以对全球能量平衡有重要影响。这种效应参与了著名的海冰—反照率正反馈机制。2)海冰热传导率比较低，在海水和大气间起隔热层的作用。由于它的存在，使得海水表面和冰表面的温度相差很大。因此，海冰强烈地影响表面热量收支。冰盖对感热、水汽以及其他气体的湍流交换起阻挡作用。例如，Maykut(1978)计算得出：冬季 3 m 厚的北极海冰所失去的热量仅相当于无冰洋面的 1.5%。3)海冰也影响海气之间的动量交换。虽然平滑冰面的拖曳系数与水面的相近，但在冰面破碎的海冰边缘区前者的拖曳系数却是后者的 3 倍以上。海冰的存在还会影响风对海洋环流的驱动作用和对海洋混合层的搅拌作用。4)在海冰生成过程中，由于表层海水变冷和盐析作用使密度增大，由此产生的静力不稳定可激发对流，从而影响深水形成和深层海洋环流。

海冰—反照率正反馈机制和“大盐度异常”事件是海冰影响气候的两个重要例子。

(1)海冰—反照率正反馈机制

一般说来，海冰的反照率比海水的反照率大得多，但不同种类的海冰反照率也有很大差别，表 9.1 给出的是一组不同厚度海冰反照率的参考数据(据 Allison et al.,1993 和 Weller,1972)。有积雪覆盖的海冰表面反照率比裸露冰面反照率更高，其数值与积雪的厚度和性质有关，表 9.2给出了雪盖厚度大于 10 cm 情况下反照率的参考数据。

表 9.1 厚度在 1 m 以下海冰的反照率与厚度的关系

0～5 cm	5～10 cm	10～15 cm	15～30 cm	30～100 cm
0.10	0.25	0.30	0.35	0.45

表 9.2 雪盖厚度大于 10 cm 情况下反照率与雪盖性质的关系(Perovich,1996)

干新鲜雪	干风吹雪	湿雪
0.87	0.81	0.77

北半球高纬地区的增暖会造成:1)夏季开洋面增大,2)海冰厚度变薄,3)雪盖减少,此三者均使得下垫面吸收的短波辐射增加,有利于向下的热通量增加,从而使北半球高纬地区进一步增暖。这就是著名的海冰—反照率正反馈机制。可用此机制解释全球增暖背景下的极区放大现象。

(2)大盐度异常(Great Salinity Anomaly)事件

20 世纪 60 年代末,北大西洋北部大片区域出现了海水变淡,即盐度异常现象,称之为大盐度异常(Great Salinity Anomaly)事件。这种盐度异常最早在冰岛北部被观测到,之后,沿副极地环流(subpolar gyre——靠近极区的逆时针环流)路线传播,流经拉布拉多海时使该区对流减弱。此事件是由北冰洋海冰和淡水的异常输出造成的(Belkin et al.,1998)。

9.3 热力学海冰模式原理

本节将以 Maykut 和 Untersteiner(1971)提出的一维能量平衡模式(以下简称“MU1971”)为基础,介绍热力学海冰模式的原理。

9.3.1 物理图像

MU1971 是一个针对“中北冰洋”(Central Arctic Ocean)的热力学海冰模式。中北冰洋的范围大体上相当于气候平均的夏季末北冰洋海冰的范围,也就是一年中海冰的最小范围(Steele et al.,2000)。中北冰洋的海冰与北冰洋边缘部分有显著的区别:前者占主导地位的是多年冰,而且海冰密集度很高,冬季可达 99%,夏季也有 80%～90%(Gow et al., 1990);后者的海冰主要是季节性的,而且无冰水面所占份额很大。略去海冰的水平不均匀性和运动,中北冰洋海冰可以近似地用垂直方向的一维热平衡模式来描写。

中北冰洋的海冰大部分时间都被积雪所覆盖,而雪盖(snow cover)对辐射和热传导过程都有重要影响,所以海冰模式必须同时包括冰层和雪层。在积雪未完全融化的时段,模式的上边界是雪盖与大气之间的界面;在积雪完全融化的时段,模式的上边界是海冰与大气之间的界面。上边界与大气之间的能量交换是热平衡过程的主导因子,决定着海冰的增长和融化。不过,海冰在上边界主要是融化(除非考虑积雪转化为冰的过程),在下边界则既可以增长也可以融化。模式的下边界是冰—水之间的界面,也存在着热量交换。雪层和冰层内部的热量输送是通过热传导过程完成的。这样,由上边界与大气的能量交换、雪层和冰层内部的热传导,以及下边界与海水的热交换一起，构成了一个完整的能量平衡过程，这就是 MU1971 的物理图像(图 9.4)。

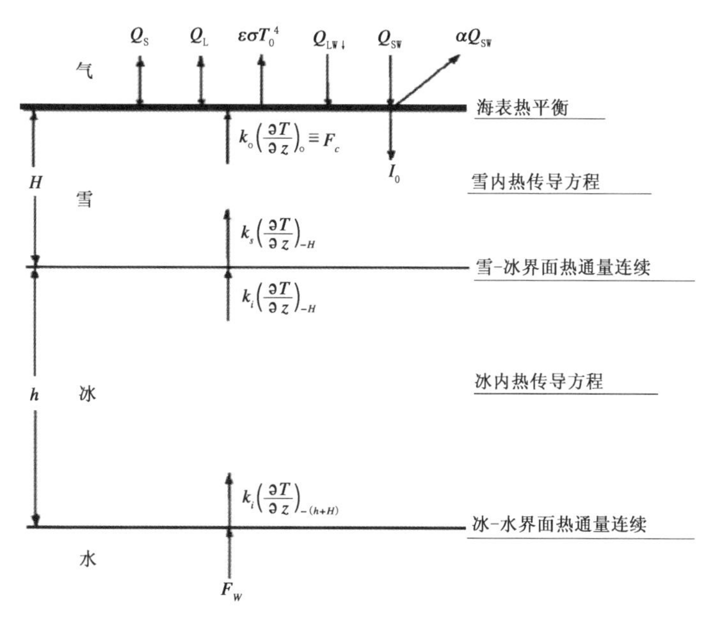

图 9.4　海冰热力学模型示意图(Maykut et al. ,1971)

9.3.2　能量平衡方程组

(1)上边界的能量收支方程

上边界($z=0$)的能量收支方程是：

$$(1-\alpha)Q_{SW}-I_0+Q_{LW\downarrow}-\varepsilon\sigma T_0^4-Q_S-Q_L+\kappa_0\left(\frac{\partial T}{\partial z}\right)_0$$

$$=\begin{cases}0, & T_0<273K \\ -\left[q\dfrac{\mathrm{d}}{\mathrm{d}t}(h+H)\right]_0, & T_0=273K\end{cases} \tag{9.2}$$

式(9.2)的左端与第 1 章讨论的海表热平衡方程形式上非常相似，不过其中出现的 T_0 不是 SST，而是雪面或冰面的温度。左端第一项是进入模式上边界的净短波辐射通量，其中 α 是雪或冰的反照率，冰和雪的反照率都远大于水面的反照率，是影响海冰热量和质量收支的最重要的因子；第二项是从上边界向下穿透的短波辐射通量，它是雪层(或冰层)内部的热源；第三项代表到达上边界的大气长波辐射通量；第四项是上边界(作为黑体)向大气发射的长波辐射通量，两者之和就是净的向下的长波辐射通量(实际为负值)；第五项和第六项分别是向上的感热通量(Q_S)和潜热通量(Q_L)，注意这里规定 Q_S 和 Q_L 向上为正，与此前(例如第 1 章、第 3 章、第 5 章等)规定的方向相反；第七项是来自雪层或冰层的热传导通量(其中 κ_0 是热传导系数)，这一项的存在意味着式(9.2)必须与雪层及冰层内部的热传导方程联立求解。

式(9.2)的右端考虑了两种可能的情况：第一种情况是没有“相变”发生，此时方程左端各项之和为零，且由此计算的“平衡”的表面温度 T_0 低于冰点温度；如果由此计算的“平衡”的表面温度 T_0 高于冰点温度(例如在夏季上边界持续地获得热量的时段)，那么就必须融化一定数量的雪(有时还涉及冰)来平衡过剩的热量,从而使得 T_0 仍维持在冰点温度,这就是第二种情况(其中,h 和 H 分别为冰和雪的厚度,q 为相变潜热。如果有雪存在,首先融化的是雪)。

(2)雪层的热传导方程

在雪层内部温度分布满足的热传导方程是:

$$(\rho c)_s \frac{\partial T}{\partial t} = k_s \frac{\partial^2 T}{\partial z^2} + \kappa_s I_0 \exp(-\kappa_s z) \tag{9.3}$$

式中,下标 s 表示相应的参数是针对雪的,ρ_s,c_s 和 k_s 分别是雪的密度、比热和热传导系数。式(9.3)是一个带强迫项的热传导方程,其中右端第二项就是由短波辐射穿透给雪层内部提供的热源,κ_s 是"消光"(extinction)系数,κ_s 愈大短波辐射穿透的深度就愈小。

(3)冰层的热传导方程

在无雪的季节,短波辐射穿透可以到达冰的内部,成为海冰内部的热源。

海冰内有许多小的"卤水泡"(brine pocket),卤水泡是海冰底部增长时未及排出的含盐的水泡,它们的存在减少了结冰过程释放的热量;当海冰融化时,卤水的流失会提高冰点温度,不利于海冰的融化。所以卤水泡就像是热储存器,对海冰的增长和融化过程起缓冲作用。在海冰模式中卤水泡的作用被"参数化"地表示为盐度对海冰热容量和热传导系数的修正。

在冰层内部温度分布满足的热传导方程是:

$$\left[(\rho c)_{i,f} + \frac{\gamma S(z)}{(T-273)^2}\right]\frac{\partial T}{\partial t} = \left[k_{i,f} + \frac{\beta S(z)}{T-273}\right]\frac{\partial^2 T}{\partial z^2} + \kappa_i I_0 \exp(-\kappa_i z) \tag{9.4}$$

式中,下标 i 表示相应的参数是针对海冰的,$(\rho c)_{i,f}$和 $k_{i,f}$分别表示"纯冰"(即不含卤水泡的冰)的热容量和热传导系数,κ_i 是海冰的消光系数,γ 和 β 是经验常数,$S(z)$ 是冰层内盐度的垂直分布函数,由经验公式给出(略)。

(4)冰雪界面的衔接条件

在冰雪界面($z=-H$)上,温度和热传导通量都满足连续性条件:

$$\begin{aligned} (T_i)_{-H} &= (T_s)_{-H} \\ \left(k_i \frac{\partial T_i}{\partial z}\right)_{-H} &= \left(k_s \frac{\partial T_s}{\partial z}\right)_{-H} \end{aligned} \tag{9.5}$$

式中,T_i 和 T_s 分别代表冰和雪的温度。

(5)冰底的热收支方程

海冰底部[$z=-(h+H)$]的热收支方程是:

$$k_i \left(\frac{\partial T_i}{\partial z}\right)_{-(h+H)} - (\rho c)_w K_w \left(\frac{\partial T_w}{\partial z}\right)_{-(h+H)} = \left[q \frac{\mathrm{d}}{\mathrm{d}t}(h+H)\right]_{-(h+H)} \tag{9.6}$$

式中,左端第一项是来自冰内的热传导热通量,第二项是来自冰下海水的湍流热通量,下标 w 表示水,K_w 是水的涡动扩散系数。右端是底部海冰增长(accretion)或消融(ablation)所释放或吸收的热量,其中 q 是冰的融解潜热。这里变化的是冰厚 h,雪厚 H 不变。

由于缺乏有关的研究,通常将冰下海水的湍流热通量取为常数,用 F_w 表示(向上为正)。敏感性试验的结果表明:在中北冰洋,$F_w \sim 2\ \mathrm{W/m^2}$[MU1971 的原文是 1.5 kcal/(cm^2 · a)]是一个合适的选择,而在南极大陆周围,F_w 必须取大得多的数值才能得到合理的模拟结果(Parkinson et al.,1979)。

式(9.2)—(9.6)构成了能量平衡模式 MU1971 的基本方程组,在给定的外部强迫下求解这组方程,就可以模拟雪层和冰层的温度和质量的变化。

9.3.3 模拟实例

作为例子，以下给出 MU1971 的“标准”试验的做法和主要模拟结果。

(1)外强迫参量

运行 MU1971 所需的“外部”强迫参量包括：入射的短波辐射通量 Q_{SW}，表面反照率 α；入射的长波辐射通量 $Q_{LW\downarrow}$；以及上边界的感热通量 Q_S 和潜热通量 Q_L（见表 9.3 的第一部分）。上述参量中的热通量分量主要来源于 Fletcher(1965)的观测分析，原始资料是月平均值，运行模式时，假定它们是每月月中的数值，用多项式插值计算出每一时间步长的数值。

表 9.3 中给出的表面反照率是一个随季节改变的参量。在春季和秋季，由于表面被积雪覆盖，反照率高达 0.8 以上；夏季积雪和海冰融化期间反照率显著减小，其中 7 月达到最低值(MU1971 取为 0.64)。不过，夏季的表面状况非常不均匀，雪斑(snow patches)、裸冰(bare ice)和融池(melt ponds)可能同时存在，不同作者给出的夏季反照率差别很大，MU1971 采用的夏季反照率数值可能偏高。

关于感热通量和潜热通量，MU1971 直接使用了它们的观测值，而不是利用“总体公式”计算的。这个做法忽略了表面温度的负反馈作用(参看第 3 章)。以感热通量为例，从表 9.3 可以看出，从第一年 10 月到第二年 4 月感热通量是正值(从雪面向大气输送)，5—8 月期间感热通量是负值(从大气向雪面或冰面输送)，表明气温与表面温度之差有显著的季节变化，所以考虑其中的负反馈过程是必要的。事实上，后来发展的海冰模式大多采用总体公式来计算湍流通量。

表 9.3 的第二部分给出了净的短波辐射通量和长波辐射通量，以及短波辐射的穿透量。

MU1971 能够模拟积雪融化的过程，但由于没有相应的大气模式与之耦合，不可能再现实际雪盖的季节循环。所以必须将降雪量作为外部参数给定。从图 9.5 可以看出，从 6 月下旬到 8 月中旬日积雪是完全融化的，8 月 20 日以后积雪厚度是增长的，这种增长过程是由外部给定的降雪量维持的。

此外，冰底的海水湍流热通量 F_W 也是一个给定的外部强迫量。

表 9.3　MU1971 的强迫参量(能量通量单位：W/m²)，模拟的雪面温度 T_S 和冰面温度 T_I(单位：℃)以及海冰厚度 h(单位：cm)的季节变化(Maykut et al.，1971)

月	1	2	3	4	5	6	7	8	9	10	11	12	全年
Q_{SW}	0	0	31	160	286	310	220	145	60	6	0	0	1218
α	—	—	0.83	0.81	0.82	0.78	0.64	0.69	0.84	0.85	—	—	—
$Q_{LW\downarrow}$	168	166	166	187	244	291	308	302	266	224	181	176	2679
Q_S	19	12	12	5	−7	−6	−5	−6	−3	2	9	13	45
Q_L	0	−0	−0	−1	−7	−11	−10	−11	−6	−3	−0	−0	−49
$(1-\alpha)Q_{SW}$	0	0	6	31	50	71	81	44	10	2	0	0	295
Q_{LW}	−32	−26	−29	−40	−36	−31	−15	−16	−11	−13	−23	−26	−298
I_0	0	0	0	0	0	2	13	6	0	0	0	0	21
T_S	−31.0	−33.1	−31.9	−22.5	−9.4	−0.3	−0.1	−1.1	−10.0	−20.4	−28.7	−30.2	−18.2
T_I	−18.0	−19.0	−19.2	−15.8	−9.7	−2.3	−0.1	−0.9	−6.2	−10.7	−14.8	−17.2	−11.2
h	282	289	297	304	310	314	296	278	273	271	271	275	288

(2)数值解法

为了用数值方法求解方程组(9.2)—(9.6),首先要确定垂直分辨率,以便将雪层和冰层的热传导方程转化为差分方程,然后与上下边界的热收支方程联立求解。MU1971 所采用的垂直分辨率是 10 cm。中北冰洋海冰的平均厚度在 3 m 左右,再加上几十厘米厚的积雪,MU1971 的层数最多可达 30 层以上,是迄今为止垂直分辨率最高的热力学海冰模式。由于雪和冰都有融化和增长过程,所以模式的层数并不固定,而是随时间变化的。模式积分的时间步长是 12 h。

有关数值积分方法的其他细节见 Maykut 和 Untersteiner(1969)。

数值试验的做法是:令海冰的初始厚度为 340 cm,在前述季节循环的外部参量的强迫下,将模式做长时期积分,积分 38 a 后模式达到了平衡,平衡的判据是:海冰上边界的年平均融化量与下边界的年平均增长量之差小于 0.01 cm。

(3)标准试验的结果

图 9.5 是 MU1971 标准试验模拟的平衡态温度和冰雪厚度的季节变化。模拟的年平均冰厚为 288 cm,最大和最小值分别是 314 cm 和 271 cm(见表 9.3 的最后一行),与观测的最大值(315 cm)相当,但比观测的最小值(250 cm)偏高。模拟的融冰开始时间是 6 月 29 日,比观测稍晚,结束时间是 8 月 19 日,与观测接近。模式中的融冰主要出现在上边界,融冰量约为 40 cm;在下边界,模拟的夏季融冰量为 5 cm,冬季冰的增长总量为 45 cm。总的看来,模拟的海冰厚度确已达到平衡,季节变化大体合理。不过,模拟的海冰底部的增长量和融化量仍有不确定性。

图 9.5 还给出了冰层和雪层内部的温度垂直分布的季节变化。冬季等温线非常密集,表面温度远低于冰底温度,表明冰雪层具有很强的隔热作用。雪面和冰面温度在 3 月达到最低值,分别为−31.9℃和−19.2℃(见表 9.3 的第三部分)。以后,随着表面温度的升高,雪内和冰内的温度垂直梯度逐渐减小,5 月以后转为上暖下冷的形势。6 月下旬积雪完全融化后冰面温度升高到 0℃,冰底温度仍维持在−2℃左右。到 8 月下旬随着表面温度的降低,冰层和雪层内的温度分布开始转为上冷下暖的形势,温度梯度很快加大,11 月中旬恢复到冬季最强温度梯度的水平。以上结果与观测事实(参看 MU1971 的图 3)大体上是一致的,但秋季的降温过程偏快,一个可能的原因是给定的短波辐射穿透量偏低(可参看 MU1971 的“Results of Selected Integrations”一节中的“*Penetration of short-wave radiation*”)。

(4)对外部参量的敏感性

在标准试验的基础上,MU1971 还做了大量的敏感性试验,相当详细地检验了冰底海水湍流热通量 F_W、积雪厚度(由降雪量决定)、短波辐射穿透 I_0、和表面反照率 α 对模拟结果的影响,并且讨论了可能的机理。以下只给出两个比较突出的例子。

1)模拟的海冰厚度随着冰底海水热通量 F_W 的增大而迅速减小,当 F_W 从标准试验的 2 W/m^2 增加到 8 W/m^2(MU1971 的原文是 6 kcal/(cm^2 · a))时,年平均海冰厚度减小到不足 1 m,夏季则完全没有海冰。

2)如前所说,夏季表面反照率数值有较大的不确定性。如果将 6—8 月的冰面反照率从标准试验的 0.64 减小到 0.54,那么夏季海冰融化量从原来的 40 cm 增加到近 80 cm,而年平均海冰厚度从 3 m 减小到 1 m;如果夏季反照率进一步减小到 0.44,那么夏季海冰将完全融化。

不同模式对同一个外参量的敏感度可能不同,所以以上的定量结果只能作为参考。不过,

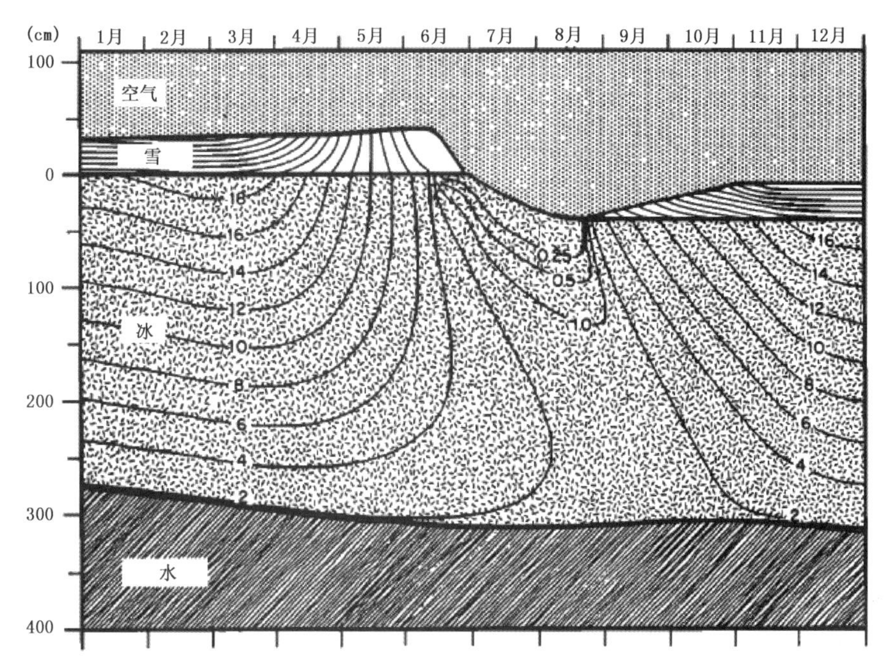

图9.5 MU1971 的标准试验预报的中北冰洋海冰平衡温度和厚度的季节变化，其中冰层内等温线的数值是负值，单位是℃，雪层内等温线间隔是2℃，注意图中在融冰前后使用的垂直坐标是不一致的，这是为了显示融冰过程主要发生在冰的表面(Maykut et al.,1971)

通过数值试验了解模拟结果对外部参量的敏感性，对任何一个模式的发展过程来说都是不可或缺的，在这方面，MU1971 的做法提供了一个范例。

9.3.4 热力学海冰模式的作用

作为最具代表性的热力学海冰模式，MU1971 是一个一维的、包括海冰(以及冰面上的积雪)形成、增长和融化等相变过程在内的能量平衡模式。这类模式的主要作用，是在忽略水平方向海冰不均匀性和海冰运动的影响的前提下，根据大气—冰雪—海洋之间的能量平衡来计算海冰厚度的变化，体现在式(9.2)—(9.6)中就是：

$$\left[\frac{\mathrm{d}}{\mathrm{d}t}(h+H)\right]_0,\left[\frac{\mathrm{d}}{\mathrm{d}t}(h+H)\right]_{-(h+H)}$$

这两项，其中 h 是海冰厚度，H 是冰面覆盖的积雪厚度，下标“0”代表海冰表面，“$-(h+H)$”代表海冰底面。在海冰表面发生的主要是融化(melt)过程，在海冰底面既有融化过程也有增长(growth)过程。简单地说，热力学海冰模式给出的一个主要结果，就是海冰(及雪盖)厚度的热力学增长或融化率(即9.4节中出现的 $\mathrm{d}h/\mathrm{d}t$)。

单独的热力学海冰模式曾被用于早期的气候模拟研究，但它的局限性是显然的。一方面，海冰是在不断运动的，第一年秋季在某海区形成的海冰，第二年夏季融化时可能已经远离了原来的海区；另一方面，即使在一个很小的范围(例如模式的网格元)内，海冰厚度也并不是均匀的，这种不均匀性对于海冰的热力学和动力学过程都有重要的影响(见9.4节)。

所以，热力学海冰模式应当是动力—热力学海冰模式的一个组成部分，它可以提供海冰厚度的热力学增长率,同时与海冰动力学过程产生相互作用。海冰的分布和演变是热力过程和动力过程共同作用的结果。

在介绍动力—热力学海冰模式原理之前,我们先介绍一下海冰厚度分布的理论。

9.4 海冰厚度分布理论

9.4.1 次网格尺度海冰厚度变化

用于气候研究的海冰模式的网格距一般在 100 km 左右,模式只能模拟网格平均的海冰状况。然而实际的海冰状况具有许多次网格尺度的变化,其中以海冰厚度的变化最为显著。图 9.6 给出了一个跨度只有 15 km 的区域内的海冰厚度分布,从中可以看到水道、薄冰和厚冰等复杂的厚度变化。观测表明,大范围的海冰都是各种厚度海冰的混合体,其中既有无冰水面,也有几厘米厚的初期冰和几米厚的多年冰,甚至可能有因纯辐合而产生的厚度超过 10 m 的"冰脊"(Thorndike et al.,1975)。

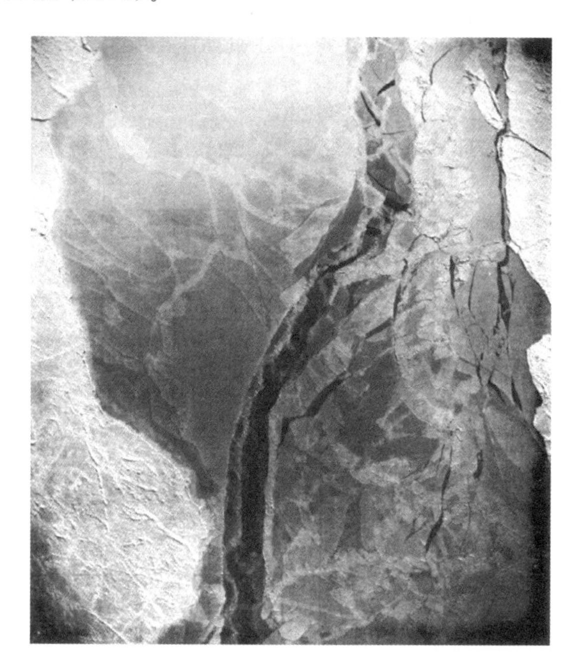

图 9.6 1972 年 4 月从 9000 m 高空拍摄的海冰照片(跨度为 15 km),其中的亮度大体上和海冰的厚薄相对应,照片中间最暗的带状部分是水道(Thorndike et al.,1975)

具有不均匀厚度的海冰漂浮在洋面上,被无冰水面(open water)分割成大小不一的浮冰块(floes),它们一方面因热力原因而反复冻结和融化,另一方面又在风和洋流的驱动下不停地运动并产生相互作用。显然,气候海冰模式模拟的不是个别的浮冰块,而是由大量的运动和变化的浮冰块组成的集合,即"流冰群"(ice pack);更确切地说,海冰模式模拟的是网格平均的流冰群的属性,如平均厚度、平均水平速度、平均温度垂直分布等。不难想象,这种网格平均的海冰属性很可能受到网格内部海冰不均匀性(即"次网格尺度"现象)的影响。以下我们以海冰厚度为例来讨论这个问题。

海冰的增长和融化问题可以用海冰厚度的增长率 f 来描写。f 具有速度量纲，其量值取决大气—冰雪层—海洋之间的能量平衡，所涉及的因子有：冰层（和雪层）与大气和海洋之间的热量交换、冰层（和雪层）的厚度，以及冰内的卤水分布等（见 9.3 节），其中海冰厚度本身是影响其增长率的一个重要的因子。图 9.7 给出了中北冰洋地区 f 随海冰厚度的变化，可以看出：在 1 月，3 m 厚的海冰的增长率比正在结冰的水道的增长率小两个量级，从薄冰到厚冰的增长率的变化是高度非线性的，意味着次网格尺度海冰厚度分布对网格平均的海冰增长的影响是不可忽略的。7 月的情形有些不同，此时海冰处于融化过程（增长率为负值），融化率随海冰厚度的变化比 1 月小得多。

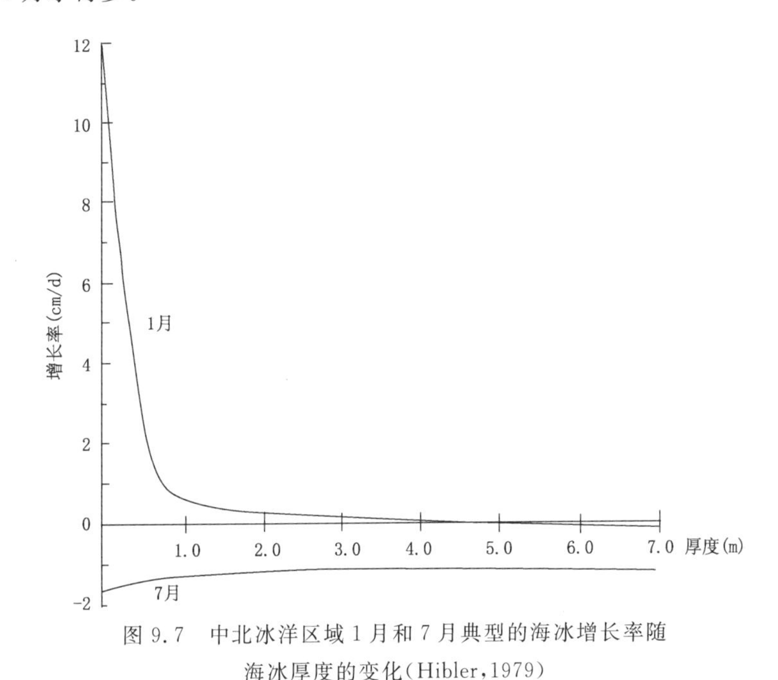

图 9.7　中北冰洋区域 1 月和 7 月典型的海冰增长率随海冰厚度的变化（Hibler，1979）

除了海冰厚度增长率之外，海冰的其他一些性质，如海冰内部的温度垂直结构、海气之间的热量交换、海冰的盐度，以及海冰的“强度”（strength）等，都强烈依赖于海冰厚度及其空间变化。就海气热交换来说，据 Badgley（1966）的估计，在一年中的大部分时段，无冰水面失去的热量比多年冰表面失去的热量大两个量级。所以，在一个网格中即使只有 1％的无冰水面，它向大气释放的热量也可以占到整个网格释放热量的一半。另一方面，极区的短波辐射通量也主要是通过水道和薄冰进入海洋的。此外，以上提到的海冰“强度”是一个涉及流冰群力学的概念，它与海冰厚度分布之间的关系是构建动力—热力学海冰模式要解决的基础问题之一（见 9.4.6 节）。

因此，有必要在海冰模式中考虑次网格尺度厚度分布的影响。

9.4.2　海冰厚度分布函数

考虑次网格尺度海冰厚度影响的一种思路是：在一个网格元内，流冰群的平均性质可以根据各种厚度的海冰所占有的面积份额（百分比）来推断，由此引进了“海冰厚度分布”（Ice

Thickness Distribution，ITD)的概念。

海冰厚度分布的概念和理论是 Thorndike 等(1975)在 20 世纪 70 年代“北冰洋海冰动力学联合试验”(Arctic Ice Dynamics Joint Experiment,AIDJEX)的基础上提出来的。本节介绍的主要内容,除了特别说明的以外,均引自的 Thorndike 等的文章。

在一个给定的区域(不妨理解为海冰模式的一个网格元)内,可以用如下的方式来定义一个函数 $g(h)$:要求 $g(h)\mathrm{d}h$ 正好等于厚度介于 h 和 $h+\mathrm{d}h$ 之间的海冰所占的面积份额,此时 $g(h)$就称为海冰厚度分布函数。令 R 代表网格元的面积,$D(h_1,h_2)$ 代表网格元中厚度满足 $h_1\leqslant h\leqslant h_2$ 的海冰的面积,根据 $g(h)$ 的定义可知:

$$\int_{h_1}^{h_2} g(h)\mathrm{d}h = \frac{1}{R}D(h_1,h_2) \tag{9.7}$$

假定海冰厚度 h 的变化范围是$[0, h_{\max}]$,其中 0 代表无冰水面,$h_{\max}$代表海冰厚度的上界,则由式(9.7)立得:

$$\int_{0}^{h_{\max}} g(h)\mathrm{d}h = 1 \tag{9.8}$$

考虑一种极端情形,即:在某一网格元内海冰的厚度是常数($h=h_c$),由式(9.7)和式(9.8)可知:此时 $g(h)$ 应该是定义在 $h=h_c$ 处的 δ 函数。类似地,如果要精确计算网格元内无冰水面($h=0$)所占的面积份额,也需要使用 δ 函数的概念。为了避免这样做带来的麻烦,海冰模式中常常将无冰水面看成“薄冰”的一部分,据此来定义海冰的“密集度”:

$$A \equiv \int_{h_0}^{h_{\max}} g(h)\mathrm{d}h \tag{9.9}$$

式中,h_0 是一个属于(或接近)“薄冰”范围的厚度(关于“薄冰”的定义可参见 9.1.3 节)。此处无量纲量 A 代表网格元内厚度超过 h_0 的“相对的厚冰”所占的面积份额,而 $1-A$ 则代表厚度小于 h_0 的“薄冰”所占的面积份额。

利用厚度分布函数还可以定义网格平均的海冰厚度:

$$\bar{h} \equiv \int_{0}^{h_{\max}} h\, g(h)\mathrm{d}h \tag{9.10}$$

注意这里考虑了无冰水面对平均厚度的贡献。今后在提到海冰模式中网格平均的海冰厚度时,常常用 h 来代替 $\bar{h}$。

由海冰的平均厚度和密集度可以推算出每一网格元内的“厚冰”和“薄冰”各自的平均厚度和所占的面积份额,所以它们是描写次网格尺度海冰厚度分布“零级近似”的两个基本变量,一个最简单的动力—热力学海冰模式主要考虑的就是这两个变量,这样的模式称为“两层”(two-level)或“双类型”(two-category)模式(Flato,1998)。

注意 g 不仅是 h 的函数,也是空间和时间的函数,可表示为 $g(h, x, y, t)$。

当代的动力—热力学海冰模式在很大程度上是在海冰厚度分布理论的框架上构建的(Hibler, 1980)。为了以海冰厚度分布函数为基础来建立海冰模式,首先要将流冰群看成连续介质,这就要求引入连续介质假定。

9.4.3　连续介质假定

流冰群是由许多大小和形状不同的浮冰块组成的,在这个意义上说海冰并不是“连续介质”(continuous medium),而是类似于具有颗粒状(granular)结构的物质。不过,在足够大的空间尺度上，海冰对于风和洋流的响应仍然显示出一定的连续和光滑的特点。20 世纪 70 年代的 AIDJEX 试验期间取得的海冰漂流路径资料表明：长期平均的北冰洋海冰流型有两个特征，一个是位于波弗特海(Beaufort Sea)的气旋式环流，另一个是从西伯利亚沿岸到弗雷姆海峡(Fram Strait)的宽广的“穿极”(transpolar)冰流(图 9.3)；虽然每个漂流站的路径与平均状况会有很大的偏差，但在 1000 km 的尺度上仍能看出这些路径之间的空间相关性(Untersteiner et al.，2007)。

为了用连续力学的方法研究流冰群，需要确定一个长度尺度：一方面，相对于个别浮冰块而言，这个尺度应当足够大，以便能包含足够多的样本，得出有意义的统计性质(例如与厚度分布有关的集合性质)；另一方面，这个尺度又要足够小，以便从大范围看来，这些统计量的变化是连续的和光滑的，可以用微分方程来描写。对北冰洋流冰群来说，100 km 左右可能是一个适当的尺度，这是因为：一方面它比大尺度洋流和大气压力场的空间尺度小得多，另一方面它又可以包含大量的浮冰块，使得计算的平均属性是有意义的(Untersteiner et al.，2007)。Flato(1998)基于观测分析估计了这个长度尺度的上下界，他得到的结果是：在中北冰洋地区，在 10～200 km 的尺度上计算的厚度分布函数能够满足理论的要求。

上述长度尺度的特点可以抽象为“宏观上足够小，微观上足够大”，这与流体力学的“连续介质假定”中“质点”定义的要求是相似的。如果将空间尺度为 100 km 左右的流冰群比作“质点”，那么这些“质点”不仅可以“连续地”充满空间和时间，而且与这些质点相关的物理量都可看做是空间和时间的连续和光滑的函数，可以用微分方程来描写。

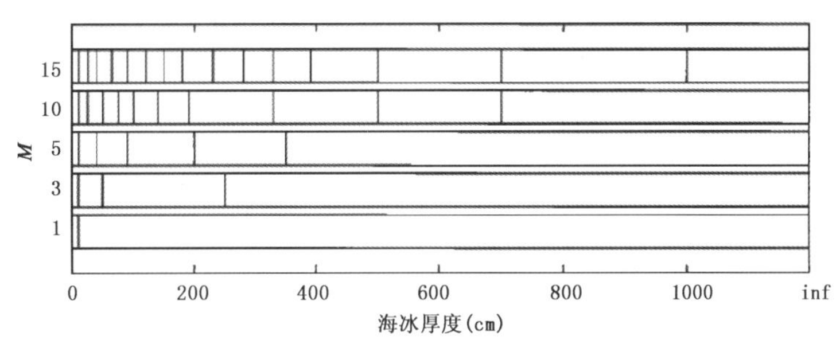

图 9.8　海冰厚度划分方式的示意图，以 M 代表海冰厚度划分的数目，图中给出了 $M=1, 3, 5, 10, 15$ 五种划分方式中各层海冰厚度的范围(单位：cm)。注意在每一划分方式中都有一个“无冰水面”(实际是厚度在 0～10 cm 范围内的薄冰)，它不算在 M 里面(Bitz et al.，2001)

与连续介质假定的思路相一致，厚度分布函数是次网格尺度海冰厚度变化的集合性质，$g(h, x, y, t)$ 描写的是这种性质在三维时空 (x, y, t) 中的大尺度变化；换个角度看问题，如果将海冰厚度 h 看成“垂直坐标”，那么 $g(h, x, y, t)$ 也可看成是四维时空(x, y, h, t)中的函数，其水平尺度由模式的水平分辨率决定，“垂直尺度”则与海冰厚度变化范围 $[0, h_{max}]$ 的离散化程度有关。例如，Hibler(1979)最初提出的是一个只能分辨“厚冰”和“薄冰”的“两层模式”，随后被扩展成一个 10 层模式(Hibler，1980)；而目前流行的海冰模式(如 CSIM：Community Sea Ice Model)则可以灵活选择海冰厚度的离散化方式，图 9.8 是一个海冰厚度分类的示意图，其中 $M=1, 3, 5, 10, 15$ 代表五种不同的“分层”方式(Bitz et al.，2001)。应当注意的是：这里的“分层”是对作为海冰厚度分布函数自变量的海冰厚度的离散化，它不同于 MU1971 中的“分层”，那里的海冰厚度是垂直坐标 z 的函数，“分层”是对 z 坐标的离散化。

9.4.4 厚度分布函数方程

为了建立海冰厚度分布函数的基本方程,以下将分别考虑三类影响海冰厚度分布的物理过程,即:大尺度平流、热力学增长和融化,以及次网格尺度“机械”(mechanical)作用引起的厚度“再分布”(redistribution)过程。

(1)大尺度平流

假定流冰群的大尺度(即网格平均的)水平速度矢量是 $\boldsymbol{v}=\boldsymbol{v}(x,\ y,\ t)$,海冰厚度分布函数 g 作为流冰群的一个属性,可以通过大尺度平流过程来输送,并由此产生通量的辐合(或辐散)。对于任何一个固定的网格元来说,由此引起的厚度分布变化可以用海冰厚度分布的大尺度通量辐合 $-\nabla\cdot(\boldsymbol{v}g)$ 来表示。

(2)热力学增长和融化

为了考察海冰的热力学增长和融化作用对海冰厚度分布的影响,首先定义一个“累积的”(cumulative)海冰厚度分布函数:

$$G(h,x,y,t)=\int_0^h g(h',x,y,t)\mathrm{d}h' \tag{9.11}$$

对于任何一个固定的网格元来说,$G(h,\ x,\ y,\ t)$ 代表在时刻 t 该网格元内厚度不超过 h 的所有海冰占有的面积份额。考虑单纯的热力学海冰增长和融化过程(例如 MU1971 所描写的大气—冰雪—海洋的能量平衡过程),假定海冰厚度的增长率是 $f\equiv \mathrm{d}h/\mathrm{d}t$(见 9.3.4 节),$\mathrm{d}t$ 是一个充分小的时间间隔,于是在时刻 t 厚度不超过 h 的海冰所组成的集合,在时刻 $t+\mathrm{d}t$ 将转化为厚度不超过 $h+f\,\mathrm{d}t$ 的海冰所组成的集合,即:

$$\begin{aligned}G(h,x,y,t)&=G(h+f\mathrm{d}t,x,y,t+\mathrm{d}t)\\&=G(h,x,y,t+\mathrm{d}t)+f\mathrm{d}t\frac{\partial G}{\partial h}+O(\mathrm{d}t^2)\end{aligned} \tag{9.12}$$

于是有:

$$\frac{\partial G}{\partial t}=-f\frac{\partial G}{\partial h}=-fg \tag{9.13}$$

将上式对 h 微分可得:

$$\frac{\partial g}{\partial t}=-\frac{\partial}{\partial h}(fg) \tag{9.14}$$

暂不考虑次网格尺度机械作用的影响,结合大尺度平流过程和热力学增长融化过程,可以在形式上得到一个厚度分布函数 g 在空间$(x,\ y,\ h)$中所满足的“连续性”方程:

$$\frac{\partial g}{\partial t}=-\nabla\cdot(\boldsymbol{v}g)-\frac{\partial}{\partial h}(fg) \tag{9.15}$$

根据厚度增长率的定义 $f\equiv\mathrm{d}h/\mathrm{d}t$ 可知式(9.15)右端第二项代表 g 在厚度(h)空间中的“热力输送项”(Lipscomb et al.,2007)。

(3)次网格尺度厚度再分布过程

以上叙述的平流过程和海冰增长融化过程都能引起海冰厚度分布的变化,它们分别属于大尺度的动力过程和热力过程。除了这些大尺度过程以外,在每个网格元的内部,还存在着因浮冰块之间的机械作用而引起的厚度分布变化。例如,在大尺度辐合的背景下,一个网格元内部的海冰会因受到挤压而产生变形,不过变形的程度与厚度密切有关。其中,最容易变形的是薄冰，因为它们抵抗变形的能力远不如厚冰。相比于厚冰而言，薄冰更容易发生“重叠”(rafting)和“成脊”(ridging)，从而使原有的薄冰面积减小，厚冰的面积增加。海冰模式中一般将“重叠”和“成脊”统称为“成脊”过程，这是一种次网格尺度的厚度“再分布”(redistribution)过程，可以看作厚度分布的次网格尺度的源汇项，通常用一个参数化的“再分布算子”(redistributor) ψ 来表示。

在式(9.15)的基础上，考虑次网格尺度机械作用引起的厚度再分布，就可以得到一个比较完全的厚度分布函数 g 的控制方程：

$$\frac{\partial g}{\partial t} = -\nabla \cdot (\boldsymbol{v}g) - \frac{\partial}{\partial h}(fg) + \psi \tag{9.16}$$

式中，再分布算子 ψ 需要用参数化方法给出，将在下一小节中介绍。

9.4.5　再分布算子 ψ 的参数化

目前海冰模式中采用的再分布算子 ψ 的参数化方案，其基本框架是基于 Thorndike 等(1975)，Rothrock(1975)，Hibler(1980)，以及 Flato 和 Hibler(1995)的工作形成的，在很大程度上是观测事实、物理直觉、和数学工具“混合”的结果。以下主要介绍 ψ 的参数化方案的大致思路。

(1)整体约束

将厚度分布函数 g 的控制方程式(9.16)对 h 在 $[0, h_{max}]$ 上积分，立即得到：

$$\int_0^{h_{max}} \psi \mathrm{d}h = \mathrm{div}\boldsymbol{v} \tag{9.17}$$

这是 ψ 应当满足的第一个整体约束，其物理意义是：对于任意一个网格元来说，因大尺度辐散(辐合)而损失(增加)的海冰(包括无冰水面)面积，只能通过网格内部的海冰厚度再分布来平衡，热力学过程对此不起作用。

ψ 应当满足的第二个整体约束是：

$$\int_0^{h_{max}} h\psi \mathrm{d}h = 0 \tag{9.18}$$

它意味着对于任意一个网格元来说，厚度再分布过程不应改变该网格元内海冰的总体积。

再分布过程与流冰群的变形(辐合、辐散、切变等)有关，其中最简单的是纯辐散($\mathrm{div}\boldsymbol{v}>0$)引起的再分布过程。对于任意一个处在纯辐散条件下的网格元来说，总可以合理地假定：该网格元海冰面积的流失将通过无冰水面的增加(而不是平均厚度的减少)来补偿，此时的再分布算子 ψ 可以表示成：

$$\psi = \delta(0)\mathrm{div}\boldsymbol{v} \tag{9.19}$$

式中，$\delta(0)$ 表示厚度空间中 $h=0$ 处的 δ 函数。

(2)成脊模态

在纯辐合($\mathrm{div}\boldsymbol{v}<0$)条件下，再分布算子 ψ 的构造比纯辐散条件下复杂得多。如果某个网格元处于纯辐合条件，那么由式(9.17)可知 ψ 在整个厚度空间的积分应为负值，这意味着该网格元内原有海冰的面积将被压缩，以便给外部输入的海冰腾出空间，这个过程主要是通过薄冰变形成为厚冰或冰脊来实现的。

假定在纯辐合条件下 ψ 具有如下形式：

$$\psi = w_r(h, g)\mathrm{div}\boldsymbol{v} \tag{9.20}$$

式中,w_r 具有与厚度分布函数 g 相同的量纲,称为“成脊模态”(ridging mode),它既依赖于海冰厚度 h,又与厚度分布函数 g 有关。式(9.20)表明厚度再分布的速率取决于大尺度辐合的强度,而再分布的形式则取决于 w_r,与辐合强度无关。式(9.20)的形式意味着我们将只在“可分离变量”类型的算子中寻找 ψ,这样可以大大简化再分布算子的构造过程。

以下将以纯辐合情形为例,介绍构造成脊模态 $w_r(h,g)$ 的思路。

首先,由式(9.17)和式(9.18)可得到 w_r 应该满足的整体约束:

$$\int_0^{h_{\max}} w_r(h)\mathrm{d}h = -1 \tag{9.21}$$

$$\int_0^{h_{\max}} hw_r(h)\mathrm{d}h = 0 \tag{9.22}$$

由此可以推知:w_r 作为 h 的函数必定是有正有负的,而且其负值区的面积超过正值区的面积;另外,如前所说:薄冰比厚冰更容易因挤压而变形,所以成脊过程中面积减小的主要是薄冰、面积增加的主要是厚冰。这些特点是任何一个成脊模态 $w_r(h)$ 所必须具备的。

图 9.9 给出了一个具有上述特点的成脊模态的例子,其中的实曲线就是 $w_r(h)$。$w_r(h)$ 有一个零点,将厚度空间区分为“薄冰区”(包括无冰水面)和“厚冰区”(包括冰脊);$w_r(h)$ 在薄冰区为负值、厚冰区为正值,所以成脊过程将减少薄冰的面积、增加厚冰的面积;薄冰区的面积大于厚冰区的面积,意味着该区域原有的海冰面积将有净的减少,这部分减少的面积将留给因辐合而从外部进入该区域的海冰。

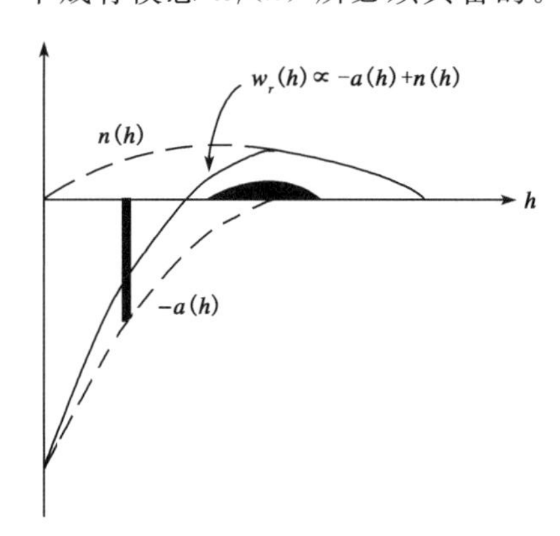

图 9.9 成脊模态 $w_r(h)$ 构成方式的示意图(Thorndike et al.,1975),其中实曲线代表 $w_r(h)$,位于 h 轴下方的虚曲线 $-a(h)$ 代表参与成脊过程的海冰厚度分布,位于 h 轴上方的虚曲线 $n(h)$ 代表参与成脊过程的海冰在“成脊”之后的厚度分布

具有上述特点的 $w_r(h)$ 可以有许多不同的数学表示方法,从物理直觉出发,可以将 $w_r(h)$ 表示为以下比较简单的形式:

$$w_r = \frac{-a(h) + n(h)}{N} \tag{9.23}$$

式中,$a(h)$ 代表“参与”(participating)成脊过程的海冰的分布,$a(h)$ 经过成脊过程后将转化为厚冰或冰脊,其分布用 $n(h)$ 表示,N 是一个归一化因子,其作用是保证式(9.21)成立。图 9.9中用虚曲线分别给出了 $-a(h)$ 和 $n(h)$ 的大致轮廓,前者主要定义在薄冰区(但并不仅限于薄冰区),后者的定义范围较宽,但占优势的部分位于厚冰区,两者叠加的结果就是图中的实曲线所示的 $w_r(h)$。

以下扼要介绍按照式(9.23)来构造 w_r 的步骤,重点是其中涉及的参数。

1)确定参与成脊过程的海冰的厚度分布 $a(h)$

由于 $a(h)$ 主要定义在薄冰区,所以首先要在薄冰区中确定一个参与成脊过程的厚度范围,一般做法是要求 9.4.4 节中定义的累计厚度分布函数 $G(h)$ [见式(9.11)]满足:

$$0 \leqslant G(h) \equiv \int_0^h g(h)\mathrm{d}h \leqslant G^* \tag{9.24}$$

式中,G^* 是一个可调节参数。Thorndike 等(1975)取 $G^* = 0.15$,这相当于限定参与成脊过程的“薄冰”面积不超过总面积的 15%。不难看出,参数 G^* 实际上决定了参与成脊的薄冰厚度的上界,但由于这个上界与 $g(h)$ 有关,所以是随时间和空间变化的,而不是固定的。

在确定了参与成脊过程的薄冰范围之后,就可以利用 $g(h)$,$G(h)$ 和 G^* 来拟合一条曲线,使其与图 9.9 中的 $a(h)$ 形状一致(具体公式略)。

2)确定参与成脊过程的海冰转化为厚冰的方式

根据观测,成脊过程是由许多个别“事件”(event)组成的,其中每一个“事件”都会将 $a(h)$ 的一部分转化为厚冰的一部分,这个转化过程应当满足体积守恒的约束。以图 9.9 为例,图中位于左侧的填色直方代表某一事件中参与成脊的薄冰,假定其厚度范围是 $(h_1,\ h_1+\mathrm{d}h_1)$;位于右侧的填色弓形表示由这部分薄冰转化成的厚冰,假定相应的厚度范围是(h_{m1}, h_{M1})。显然,h_{m1}和 h_{M1}都应该是 h_1 的函数,但由于缺少观测依据,它们的数值有一定的任意性。以 Hibler(1980)设计的海冰模式为例,他给出的厚度范围是:

$$2h_1 = h_{m1} \leqslant h \leqslant h_{M1} = \sqrt{H^* h_1} \tag{9.25}$$

式中,$h_{m1} = 2h_1$ 可以看成是“重叠”(drafting)过程产生的厚度,H^* 则是决定成脊过程厚度上界的参数,以 $h_1 = 0.2$ m 的薄冰为例,若取 $H^* = 100$ m,则成脊后的最大厚度 h_{M1} 约为 4.5 m;若取 $H^* = 25$ m,则 h_{M1}将降为 2.2 m。

在上述“事件”中,所谓确定“转化”方式,就是构造一个“投影算子”,将厚度范围 $(h_1,\ h_1+\mathrm{d}h_1)$ 内的薄冰 $a(h_1)$ 变换为厚度范围(h_{m1}, h_{M1})内的厚冰,给出确定的分布形式,并且满足体积守恒的约束(投影算子的具体形式略)。

3)根据已知的 $a(h)$,计算其“成脊”之后的分布 $n(h)$

实际上 $n(h)$ 就是第 2)步所讨论的全部事件结果的合成,可以表示为:

$$n(h) = \int_0^{h_{\max}} \gamma(h_1, h) a(h) \mathrm{d}h_1 \tag{9.26}$$

式中,$\gamma(h_1, h)$ 就是第 2)步所说的“投影算子”。

4)由归一化的$-a(h)+n(h)$,按照式(9.23)给出 $w_r(h)$

归一化因子 N 的计算公式是:

$$N = -\int_0^{h_{\max}} [-a(h) + n(h)]\mathrm{d}h \tag{9.27}$$

这里用到了 $w_r(h)$ 应满足的面积守恒约束式(9.17)。

9.4.6　厚度分布与海冰动力学的关系

(1)海冰再分布和应变率

海冰厚度的再分布本质上是流冰群变形的结果。流冰群的变形通常用“应变率”(strain rates)来表示,而应变率不仅和速度场的辐合辐散有关,也和切变有关。流冰群的应变率有四个分量,即:

$$\dot{\varepsilon}_{11} = \frac{\partial u}{\partial x},\ \dot{\varepsilon}_{22} = \frac{\partial v}{\partial y},\ \dot{\varepsilon}_{12} = \dot{\varepsilon}_{21} = \frac{1}{2}\left(\frac{\partial v}{\partial x} + \frac{\partial u}{\partial y}\right) \tag{9.28}$$

它们构成了一个对称的二维应变率张量:

$$\dot{\varepsilon}_{ij} \equiv \begin{pmatrix} \dot{\varepsilon}_{11} & \dot{\varepsilon}_{12} \\ \dot{\varepsilon}_{12} & \dot{\varepsilon}_{22} \end{pmatrix} \tag{9.29}$$

利用应变率分量可以组成三个变形量：

$$\begin{aligned} D_{\mathrm{D}} &= \dot{\varepsilon}_{11} + \dot{\varepsilon}_{22} = \frac{\partial u}{\partial x} + \frac{\partial v}{\partial y}, \\ D_{\mathrm{T}} &= \dot{\varepsilon}_{11} - \dot{\varepsilon}_{22} = \frac{\partial u}{\partial x} - \frac{\partial v}{\partial y}, \\ D_{\mathrm{S}} &= 2\dot{\varepsilon}_{12} = \frac{\partial v}{\partial x} + \frac{\partial u}{\partial y} \end{aligned} \tag{9.30}$$

式中，D_{D} 是“散度型”变形，D_{T} 是“伸缩(tensile)型”变形，D_{S} 是“切变(shear)型”变形。为了与散度型变形相区别，有时也将 D_{T} 与 D_{S} 合起来称为切变型变形，见式(9.31)的第二式(Lipscomb et al.，2007)。

9.4.5 节讨论了纯辐散和纯辐合(即 $D_{\mathrm{T}}=D_{\mathrm{S}}=0$)条件下再分布算子的构造思路，对于更一般的情形，利用以下两个应变率不变量：

$$\begin{aligned} \dot{\varepsilon}_{I} &= \frac{\partial u}{\partial x} + \frac{\partial v}{\partial y} = D_{\mathrm{D}} \\ \dot{\varepsilon}_{II} &= \sqrt{\left(\frac{\partial u}{\partial x} - \frac{\partial v}{\partial y}\right)^2 + \left(\frac{\partial v}{\partial x} + \frac{\partial u}{\partial y}\right)^2} = \sqrt{D_{\mathrm{T}}^2 + D_{\mathrm{S}}^2} \end{aligned} \tag{9.31}$$

可以将再分布算子 ψ 表示为：

$$\psi = |\dot{\varepsilon}|[\alpha_o(\theta)\delta(h) + \alpha_r(\theta)w_r] \tag{9.32}$$

其中

$$\begin{aligned} |\dot{\varepsilon}| &= \sqrt{\dot{\varepsilon}_I^2 + \dot{\varepsilon}_{II}^2}, \\ \theta &= \arctan\left(\frac{\dot{\varepsilon}_{II}}{\dot{\varepsilon}_I}\right) \end{aligned} \tag{9.33}$$

幅角 θ 决定了“散度型”应变率和“切变型”应变率的相对贡献，其中，$\theta=0$ 和 $\theta=\pi$ 分别对应于纯辐散和纯辐合的情形，$\theta=\pi/2$ 对应于“纯切变”($D_{\mathrm{D}}=0$，而 D_{T} 和 D_{D} 中至少有一个不为零)的情形。

式(9.32)和式(9.33)将再分布算子与流冰群的应变率联系了起来。导出式(9.32)中的 α_0 和 α_r 要用到流冰群的应力和应变率的关系(详见 Lipscomb et al.，2007)。

(2)海冰强度和厚度分布

9.4.1 节曾经提到：“海冰‘强度’(strength)是一个涉及流冰群力学的概念，它与海冰厚度分布之间的关系是构建动力—热力学海冰模式要解决的基础问题之一”。

确切地说，海冰的“强度”指的是流冰群的“强度”或反抗变形的能力。

作为连续介质的流冰群在(x,y)平面上做二维运动，相应的动量平衡方程可以简写为：

$$\begin{aligned} m\frac{\partial u}{\partial t} &= \tau_x + F_x \\ m\frac{\partial v}{\partial t} &= \tau_y + F_y \end{aligned} \tag{9.34}$$

式中，m 是单位面积海冰的质量，τ_x 和 τ_y 用来代表风应力、洋流应力、海表面倾斜产生的压力梯度，以及科氏力等“外力”作用的总和(详见 9.5 节)；F_x 和 F_y 形式上与大气和海洋水平动量方程中的"摩擦力"相似，在这里可表示为流冰群"内应力"的散度：

$$F_x = \frac{\partial \sigma_{11}}{\partial x} + \frac{\partial \sigma_{12}}{\partial y}$$
$$F_y = \frac{\partial \sigma_{12}}{\partial x} + \frac{\partial \sigma_{22}}{\partial y} \tag{9.35}$$

式中，σ_{11}，σ_{12}，和 σ_{22} 就是流冰群"内应力"的全部分量，它们构成了一个对称的二维应力张量(stress tensor)：

$$\sigma_{ij} \equiv \begin{pmatrix} \sigma_{11} & \sigma_{12} \\ \sigma_{12} & \sigma_{22} \end{pmatrix} \tag{9.36}$$

应力与应变率的关系称为本构关系(constitutive relation)，其具体形式有赖于对相关的物质属性的认知。对于流冰群来说，常用的模型之一是"黏性—塑性流变学"(Viscous-Plastic rheology)模型，简称"VP 模型"(Hibler，1979)，其本构关系可表示为：

$$\sigma_{ij} = 2\eta \dot{\varepsilon}_{ij} + \left[(\zeta - \eta)\dot{\varepsilon}_{kk} - \frac{1}{2}P\right]\delta_{ij} \tag{9.37}$$

展开后可得：

$$\sigma_{11} = (\zeta + \eta)\dot{\varepsilon}_{11} + (\zeta - \eta)\dot{\varepsilon}_{22} - \frac{1}{2}P$$
$$\sigma_{22} = (\zeta - \eta)\dot{\varepsilon}_{11} + (\zeta + \eta)\dot{\varepsilon}_{22} - \frac{1}{2}P$$
$$\sigma_{12} = 2\eta \dot{\varepsilon}_{12} \tag{9.38}$$

式(9.37)形式上与牛顿黏性流体的本构关系是相似的，其中的 $P/2$ 是"压力项"(pressure term)，P 也称为海冰"强度"(strength)，η 和 ζ 分别称为"体积黏性系数"(bulk viscosity)和"切变黏性系数"(shear viscosity)；不过这里的 η 和 ζ 都是应变率(以及压力)的函数(详见 9.5 节)，所以应力是应变率的非线性函数。因此，VP 模型所描写的流冰群本质上不同于牛顿黏性流体，Hibler(1979)称之为"非线性黏性可压缩流体"。

令

$$\sigma_1 = \sigma_{11} + \sigma_{22},\ \sigma_2 = \sigma_{11} - \sigma_{22} \tag{9.39}$$

再利用式(9.30)，可将式(9.38)改写为：

$$\sigma_1 = 2\zeta D_D - P$$
$$\sigma_2 = 2\eta D_T$$
$$\sigma_{12} = \eta D_S \tag{9.40}$$

可以看出，流冰群的强度 P 只出现在应力分量 σ_1 的表达式中，意味着它主要与散度型变形(D_D)有关。实际上，流冰群强度主要表现为反抗辐合(主要是"成脊"过程)的能力，它反抗辐散的能力可以忽略不计，所以 P 又称为"压缩强度"(compressive strength)。

为了说明海冰强度与厚度分布的关系，先来看一个"两层模式"的例子。两层模式只能区分"厚冰"和"薄冰"(无冰水面也算作"薄冰"的一部分，见 9.4.2 节)，针对这种最简单的海冰厚度分布，Hibler(1979)给出了一个海冰强度 P 的参数化公式：

$$P = P^* h\exp[-C(1-A)] \tag{9.41}$$

式中，P^* 和 C 是两个正的经验常数，h 是网格元的平均海冰厚度，A 代表网格元内"厚冰"的密集度。式(9.41)将海冰强度与厚度分布联系了起来，使得海冰模式方程组能够闭合，就这点来说它与海洋模式方程组中的“状态方程”的作用是相似的;但海洋模式的状态方程是将压力与位温和盐度联系起来,而流冰群的“强度”主要与海冰厚度分布有关。

由式(9.41)可以看出:当平均厚度很大且“厚冰”的密集度很小时,海冰强度会很大,这种情形与“成脊”过程有一定的相似性;不过由于式(9.41)只是针对两层模式的一个很简单的参数化方案,所以与实际情形还是有很大差别(Lipscomb et al.,2007)。

流冰群的强度很难直接测量,只能借助于物理上的考虑间接估计。在这方面,迄今仍被广泛引用的是 Rothrock(1975)的工作。

容易理解:“成脊”过程会造成海冰强度的显著变化。“成脊”过程所形成的冰脊愈厚,其强度和内应力愈大,对“外力”的反抗作用也愈强,从而使得流冰群的速度和应变率变小。据此,Rothrock 假定:流冰群的强度是成脊过程中被耗散掉的能量的函数。由于能量耗散率(以下简称“耗散”)依赖于参与成脊过程的海冰范畴和所形成的冰脊的厚度,而海冰厚度的增长既要反抗重力又要反抗浮力,所以可以进一步假定:流冰群的强度正比于成脊过程制造的重力位能和浮力位能(以下简称“位能制造”),由此可得到一个流冰群强度的一般表达式:

$$P = C_f C_p \int_0^{h_{\max}} h^2 w_r \mathrm{d}h \tag{9.42}$$

式中,w_r 是成脊模态,其参数化形式由式(9.23)给出,

$$C_p = \frac{1}{2}\rho_i \hat{g} \frac{(\rho_w - \rho_i)}{\rho_w} \tag{9.43}$$

式中,ρ_i 是海冰密度,ρ_w 是海水密度,$\hat{g}$代表重力加速度;常数 C_f代表成脊过程中总能汇(包括“耗散”和因“位能制造”而消耗的能量)与“位能制造”之比,所以式(9.42)和式(9.43)实际上是由成脊过程的“位能制造”来估算“耗散”,从而推断流冰群“强度”的参数化公式。C_f是一个可调参数,Rothrock(1975)取 $C_f=2$,意味着耗散与位能制造各占一半。但后来的海冰模式所取的 C_f值高达 10 以上(Lipscomb et al.,2007),意味着耗散比位能制造大一个量级,由此推算出的流冰群“强度”也大得多。

在 9.4.5 节(再分布算子 ψ 的参数化)中曾经引进过两个可调参数,即:参与成脊过程的累计厚度分布函数的上界 G^*,以及与成脊过程厚度上界有关的参数 H^*;本小节又引进了与“耗散”和“位能制造”有关的可调参数 C_f,它们的取值都有较大的自由度。有研究表明:模式模拟的海冰厚度对于这三个参数的取值是比较敏感的(Kim et al.,2006)。

为了介绍海冰厚度分布理论,本小节提到了流冰群应变率、应力,以及 VP 流变学模型本构关系等概念。这些概念都来自海冰动量平衡方程中的“内应力”项,对于流冰群的速度的计算有重要影响,所以还将在 9.5 节中进一步讨论。

9.5 动力—热力学海冰模式原理

在 9.3 节中,针对中北冰洋海冰情形,略去海冰水平不均匀性和运动,介绍了海冰热力学过程数值模拟的原理。事实上,海冰的变化还要受到动力学过程的影响,所以一般说来在海冰数值模拟中应当同时考虑热力学过程和动力学过程。海冰热力学过程与动力学过程存在着耦合关系:热力学过程造成的海冰厚度及密集度变化会影响海冰受力状况,从而影响海冰的运

动;动力学过程导致的海冰运动状态变化会造成海冰的移动和形变,从而影响海冰厚度及密集度的变化。以下将给出描述海冰变化的方程组,从中可以具体地看到这种耦合关系。

9.5.1 不同海冰模式的差异

与大气及海洋数值模拟一样,基于基本的物理学定律(如质量守恒定律、能量守恒定律及动量守恒定律)可以得到描述海冰变化的方程。但海冰这种物质的性质较特殊,使得海冰数值模拟比大气或海洋这种纯流体的模拟要“麻烦”许多,需要通过参数化方式解决问题的部分所占比重也更大。气候海冰数值模拟所基于的连续介质假定(见 9.4.3 节)成立的条件显然不如流体的连续介质假定充分(在更小尺度的海冰数值模拟中可不采用此假定)。在不同条件下,海冰形变可用黏性流、塑性固体甚至刚体来近似,这使得海冰应力—应变关系(称为流变学:rheology)较大气或海洋情形更复杂,引入的近似也更大。海冰模式模拟的是网格平均的流冰群的属性(见 9.4 节),次网格尺度海冰特征变化(尤其是厚度变化——可用厚度分布函数表征)的处理方式对模拟结果会有影响。在海冰模拟研究中,有各种不同的模式,其差异主要体现在数值求解方法的不同、流变学方案的差异以及模式方程是否基于厚度分布函数等。在气候海冰数值模拟中,一般采用有限差分数值求解方法(不排除对个别项采用其他方式处理)。本节将以基于厚度分布函数的海冰模式为例介绍动力—热力学海冰模拟原理。

9.5.2 海冰流变学

与一般流体或刚体运动不同,海冰在运动过程中会发生冰块(可抽象为海冰颗粒)间的相互碰撞,而且流冰群还会发生可恢复(弹性的)或不可恢复(塑性的)的形状变化。海冰间的相互作用力可用海冰流变学来描述。海冰流变学模型有多种,每一种模型都可以称之为一种海冰流变学。海冰流变学的种类主要有:塑性流变学(plastic rheology)、刚—塑性流变学(rigid-plastic rheology)、弹—塑性流变学(elastic-plastic rheology)、黏—塑性流变学(viscous-plastic rheology,VP)、空化流体流变学(cavitating fluid rheology)、弹—黏—塑性流变学(elastic-viscous-plastic rheology,EVP)、碰撞流变学(collisional rheology)、缓慢形变颗粒物质双滑动模型(double sliding model)以及各向异性弹—塑性流变学(anisotropic elastic-plastic rheology)等。当前,在气候模拟中多采用 VP 和 EVP 流变学。

9.5.3 基于厚度分布函数的海冰模式

如果考虑侧向融化/冻结过程对海冰厚度分布变化的影响,式(9.16)可改写为:

$$\frac{\partial g}{\partial t} = -\nabla \cdot (\boldsymbol{v} g) - \frac{\partial}{\partial h}(fg) + \psi + F_L \tag{9.44}$$

式中,F_L 为海冰侧向生消过程影响项。式(9.44)即为 Hibler(1980)的式(4)。

求解式(9.44)需先设定海冰厚度种类。给定一组单调递增的厚度数值$\{h_n^*\}$($n=0,1,2,\cdots,N$,其中 $h_0^*=0$)可将海冰厚度划分为 N 类。以此为基础,参照式(9.9)和式(9.10)可得到每一厚度种类的海冰密集度及体积:

$$A_n = \int_{h_{n-1}^*}^{h_n^*} g \mathrm{d}h \tag{9.9a}$$

$$V_n = \int_{h_{n-1}^*}^{h_n^*} hg \,\mathrm{d}h \tag{9.10a}$$

求解式(9.44)有两种方式,一种是假设在每一厚度种类内厚度均匀分布(Hibler,1980;Flato et al.,1995),另一种是假设在每一厚度种类内厚度可以变化(Thorndike et al.,1975;Hunke et al.,2004)。采用前一种方式,可直接由式(9.44)求取厚度分布函数 g 的离散解,但因热力输送项 $\frac{\partial(fg)}{\partial h}$ 计算耗散较强,为保证计算精度,厚度种类 N 需较大。采用后一种方式时,先将式(9.44)化为等价的(对 h)积分形式,积分范围为 $h_{n-1}^{*}<h\leqslant h_{n}^{*}$ $(n=1, 2, \cdots, N)$,从而得到 N 个关于海冰密集度变化的离散方程。此种方法避免了采用欧拉方式计算$\frac{\partial(fg)}{\partial h}$项,计算耗散小,厚度种类 N 可以较小。以下将以后一种方式为基础介绍动力—热力学海冰模拟原理,关心细节读者可参看海冰模式 CSIM 的技术报告(Briegleb et al.,2004)。

将式(9.44)在(h_{n-1}^{*},h_{n}^{*})上积分,可得:

$$\frac{\partial A_n}{\partial t}=S_{TAn}-\nabla\cdot(\boldsymbol{v}A_n)+S_{MAn} \tag{9.45}$$

将式(9.44)乘以 h 并在(h_{n-1}^{*},h_{n}^{*})上积分,可得:

$$\frac{\partial V_n}{\partial t}=S_{TVn}-\nabla\cdot(\boldsymbol{v}V_n)+S_{MVn} \tag{9.46}$$

式(9.45)和式(9.46)右端形如 S_T 的项(S_{TA} 和 S_{TV})为海冰侧向生消过程和厚度空间的"热力输送"过程造成的源汇项[分别来自式(9.44)右端第 4 项和第 2 项],形如 S_M 的项(S_{MA} 和 S_{MV})为机械再分布造成的源汇项[来自式(9.44)右端第 3 项];式(9.45)和式(9.46)右端第 2 项为大尺度海冰平流过程造成的海冰密集度和体积的变化。

厚度范围 $h_{n-1}^{*}<h\leqslant h_{n}^{*}$ 内海冰的平均厚度可由海冰体积和密集度导出:$h_n=V_n/A_n$。

海冰内能(由它可得到温度垂直廓线和热量传输)、雪体积及面积权重的表面温度也有类似方程:

$$\frac{\partial E_n}{\partial t}=S_{TEn}-\nabla\cdot(\boldsymbol{v}E_n)+S_{MEn} \tag{9.47}$$

$$\frac{\partial V_{sn}}{\partial t}=S_{TVsn}-\nabla\cdot(\boldsymbol{v}V_{sn})+S_{MVsn} \tag{9.48}$$

$$\frac{\partial A_n T_{sn}}{\partial t}=S_{TTsn}-\nabla\cdot(\boldsymbol{v}A_n T_{sn})+S_{MTsn} \tag{9.49}$$

式中,海冰内能 E_n 与海冰体积 V_n 成正比:$E_n=q_nV_n$,比例函数 q_n(定义为融化能)为单位体积的内能:

$$q_n=q_n(T_n,S_n)=-\int_{T}^{T_{\mathrm{melt}}}\rho_{\mathrm{i}}c_{\mathrm{i}}\mathrm{d}T$$

式中,T_{melt}为海冰融化温度,ρ_{i} 为海冰密度,c_{i} 为海冰热容量,故有 $q_n<0$,从而 $E_n<0$。求解式(9.47)时,由冰内热传导方程式(9.4)求出温度变化[需利用式(9.2)—(9.3)及式(9.5)—(9.6)],进而求出 S_{TEn} 中热力学过程对 E_n 的贡献。如 9.3.3 节所述,为求解热平衡方程,需在垂直方向上对海冰分层,但在气候模拟中一般层数较少,例如可将厚海冰种类分为 4 层而将薄海冰种类分为 2 层。卤水泡作用(见 9.3.2 节)可通过温度(T_n)和盐度(S_n)对融化能的依赖关系显式地表示出来。最终求解出下一时刻的 E_n(已考虑厚度空间输送、平流及机械形变影响)后,海冰内温度垂直分布可由关系 $q_n(T_n,S_n)=E_n/V_n$ 得到(盐度分布情况是给定的)。

雪盖厚度由关系式 $h_{sn}=V_{sn}/A_n$ 求得,这里下标"s"表示雪盖(下同)。类似地,雪能量为

$E_{sn}=q_s V_{sn}$，但可取雪融化能 q_s 为常数，因而不需要关于 E_{sn} 的预报方程。

得出式(9.45)—(9.49)所依据的基本物理定律是质量守恒和能量守恒，造成预报量变化的因素除 S_T 外均与海冰动力学过程有关。

假设海冰为二维连续介质，海冰速度 $\boldsymbol{v}$ 和应力张量 σ_{ij}（及相关的动力学量）表征整个海冰厚度分布的性质，则描述方海冰运动的方程可由动量守恒描述为：

$$\overline{m}\frac{\partial \boldsymbol{v}}{\partial t}=-\overline{m}f\boldsymbol{k}\times\boldsymbol{v}+\boldsymbol{\tau}_a+\boldsymbol{\tau}_o-\overline{m}\hat{g}\nabla H_0+\nabla\cdot\boldsymbol{\sigma} \tag{9.50}$$

式中，$\overline{m}=\rho_s V_s+\rho_i V_i$，动量方程中非线性平流项已被略去（因为与其他项相比平流项是小量），f 为科氏参数，$\boldsymbol{k}$ 为局地垂直方向单位矢量，$\boldsymbol{\tau}_a$ 和 $\boldsymbol{\tau}_o$ 分别是大气和海洋作用于海冰的应力，$\hat{g}$ 为重力加速度，H_0 为海表高度，$\boldsymbol{\sigma}$ 为应力张量，$\nabla\cdot\boldsymbol{\sigma}$ 为由内部冰应力造成的每单位面积上的作用力。

应力—应变率关系与物质运动性质有关。如果将海冰运动看作黏性流，则有

$$\sigma_{ij}=2\eta\dot{\varepsilon}_{ij}+(\zeta-\eta)\dot{\varepsilon}_{kk}\delta_{ij} \tag{9.51}$$

这里，静力学压力项已被略去（针对海冰情形，很难对其进行估计）。假设在特定条件下海冰运动服从理想的塑性行为，即：作用于海冰的应力小于“屈服”(yield)应力时海冰静止不动（无形变），作用于海冰的应力大于或等于屈服应力时发生不可逆的流动（形变），且运动与应变率无关。塑性形变的主应力状态（可用等价的应力不变量 σ_I，σ_{II} 表示）位于一个由正规化的凸函数表征的屈服曲线[$F(\sigma_I,\sigma_{II}$；scalars$)=0$]上（称此状态下的应力为屈服应力），而不可逆形变由“正交流法则”(normal flow rule，即形变只能出现在与屈服曲线相垂直的方向上)给出。针对海冰运动，按照 Hibler(1979)的做法，在式(9.51)中引入与塑性形变相联系的“压力”（即海冰强度）项，可得到

$$\sigma_{ij}=2\eta\dot{\varepsilon}_{ij}+\left[(\zeta-\eta)\dot{\varepsilon}_{kk}-\frac{1}{2}P\right]\delta_{ij} \tag{9.52}$$

此即为 9.4.6 节给出的式(9.37)。屈服曲线可取为不同形状，取法不同会对海冰流变学性质造成影响(Zhang et al.，2005)。这里以 Hibler(1979，1980)使用的椭圆形屈服曲线[式(9.52)中的 $P/2$ 项的形式是与此曲线形状相配合的]为例进行介绍。

设椭圆屈服曲线长轴与短轴之比为 e，将对称的应力和应变率张量变换成纯压缩(I)和切变(II)两部分（采用不变量形式），则可得到屈服函数：

$$F(\sigma_I,\sigma_{II};P)=\frac{\left(\sigma_I+\frac{P}{2}\right)^2}{\left(\frac{P}{2}\right)^2}+\frac{\sigma_{II}^2}{\left(\frac{P}{2e}\right)^2}-1 \tag{9.53}$$

其中应力不变量

$$\sigma_I=\frac{\sigma_1+\sigma_2}{2}=\frac{\sigma_{11}+\sigma_{22}}{2},$$

$$\sigma_{II}=\frac{\sigma_2-\sigma_1}{2}=\frac{1}{2}\sqrt{(\sigma_{11}-\sigma_{22})^2+4\sigma_{12}^2}$$

注意这里的 σ_1 和 σ_2 是“主应力”(principal stress)，与式(9.39)中的 σ_1 和 σ_2 意义不同（那里的 σ_1 和 σ_2 分别是只与散度型变形有关的应力和只与伸缩型变形有关的应力）。由式(9.53)可知曲线 $F(\sigma_I,\sigma_{II};P)=0$ 是一个椭圆（图 9.10），该椭圆主要位于主应力空间的第三象限，对应于

无拉伸应力但有有限的压缩和切变应力情形。根据正交流法则

$$\dot{\varepsilon}_I = \lambda \frac{\partial F}{\partial \sigma_I},\ \dot{\varepsilon}_{II} = \lambda \frac{\partial F}{\partial \sigma_{II}}$$

可以计算出

$$\lambda = \frac{P}{4}\Delta \quad (\Delta = [\dot{\varepsilon}_I^2 + \dot{\varepsilon}_{II}^2/e^2]^{1/2})$$

进而得到：

$$\sigma_I = \frac{P}{2\Delta}\dot{\varepsilon}_I - \frac{P}{2} \tag{9.54}$$

$$\sigma_{II} = \frac{P}{2\Delta e^2}\dot{\varepsilon}_{II} \tag{9.55}$$

将应力及应变均分解为“散度型”“伸缩型”及“切变型”三部分，分别用下标“D”“T”和“S”表示，流变学方程式(9.52)改写为方程组

$$\begin{aligned} &\frac{\sigma_{\mathrm{D}}}{2\zeta} + \frac{P}{2\zeta} = D_{\mathrm{D}} \\ &\frac{\sigma_{\mathrm{T}}}{2\eta} = D_{\mathrm{T}} \\ &\frac{\sigma_{\mathrm{S}}}{2\eta} = \frac{1}{2}D_{\mathrm{S}} \end{aligned} \tag{9.56}$$

其中，$\sigma_{\mathrm{D}} = \sigma_{11} + \sigma_{22}$，$\sigma_{\mathrm{T}} = \sigma_{11} - \sigma_{22}$，$\sigma_{\mathrm{S}} = \sigma_{12}$，$D_{\mathrm{D}}$ 等的意义见式(9.30)。从而有

$$\sigma_I = \frac{\sigma_{\mathrm{D}}}{2} = \zeta D_{\mathrm{D}} - \frac{P}{2} = \zeta\dot{\varepsilon}_I - \frac{P}{2} \tag{9.57}$$

$$\begin{aligned} \sigma_{II} &= \frac{1}{2}\sqrt{(\sigma_{11} - \sigma_{22})^2 + 4\sigma_{12}^2} = \frac{1}{2}\sqrt{\sigma_{\mathrm{T}}^2 + 4\sigma_{\mathrm{S}}^2} \\ &= \frac{1}{2}\sqrt{4\eta^2 D_{\mathrm{T}}^2 + 4\eta^2 D_{\mathrm{S}}^2} = \eta\dot{\varepsilon}_{II} \end{aligned} \tag{9.58}$$

式(9.57)与式(9.54)对比，式(9.58)与式(9.55)对比，得到

$$\zeta = \frac{P}{2\Delta} \tag{9.59}$$

$$\eta = \frac{P}{2\Delta e^2} = \frac{\zeta}{e^2} \tag{9.60}$$

当应变率趋于0时(即无形变的刚体)，黏性会变得无穷大。为避免这一情形的出现，当应变率充分小时对黏性进行限制，使得海冰像线性黏性流一样缓慢移动。

在图9.10中，椭圆屈服曲线上坐标位置与应变性质有关。由式(9.54)—(9.55)可知，在 C 点，$\dot{\varepsilon}_I = -\Delta$，$\dot{\varepsilon}_{II} = 0$；在 O 点，$\dot{\varepsilon}_I = \Delta$，$\dot{\varepsilon}_{II} = 0$；在 S 点，$\dot{\varepsilon}_I = 0$，$\dot{\varepsilon}_{II} = \pm e\Delta$。利用式(9.31)和式(9.33)可知，$C$，$O$ 及 S 点处的应变性质分别是纯辐合、纯辐散和纯切变的。

给出压力强度 P 表达式，利用式(9.59)—(9.60)及式(9.52)即可设法求出 σ_{ij}，进而得到 $\nabla \cdot \sigma$。

式(9.45)—(9.49)、式(9.50)和式(9.52)就是动力—热力学海冰模式的基本方程。为求出方程组的解，还需给定边界条件。在垂直方向，需给出冰—气界面的热量(感热、潜热及辐射)、质量(淡水)及动量通量(风应力)条件(或求取这些通量所需的大气状态变量)以及冰—海界面的热量通量。在水平方向，针对海冰流速 $\boldsymbol{v}$，沿海岸线可取侧向无滑动边界条件，在无冰

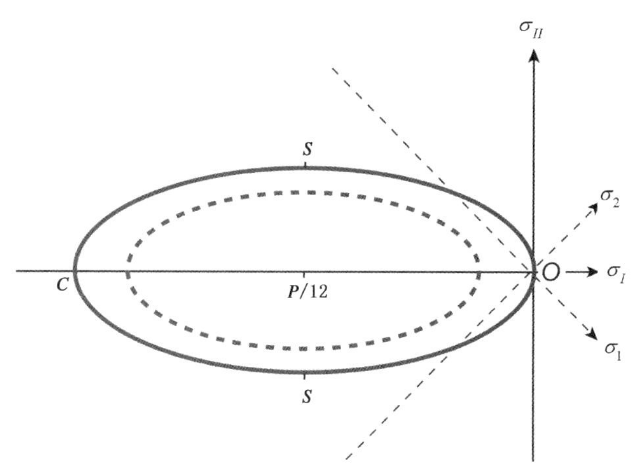

图9.10 黏塑性流变学椭圆屈服曲线示意图(Feltham,2008)。对于塑性流动,应力状态位于实曲线上;当应变率很小时,应力状态位于实曲线以内的虚曲线上,对应于含压力项的线性黏性流;牛顿黏性流应力状态曲线与σ_{II}坐标轴重合

洋面及海冰边缘区可取$\boldsymbol{v}\rightarrow\boldsymbol{v}_0$(海洋表面流)。在依据微分方程组求数值解时还涉及变量离散等数值计算问题,这里不再详细介绍。

参考文献

WASHINGTON W M, PARKINSON C L, 1991. 三维气候模拟引论[M]. 马淑芬,等,译. 北京:气象出版社.

刘改有, 1989. 海洋地理[M]. 北京:北京师范大学出版社.

ALLISON I, BRANDT R E, WARREN S G, 1993. East Antarctic sea ice: albedo, thickness, distribution and snow cover[J]. J Geophys Res, 98: 12417-12429.

BADGLEY F I, 1966. Heat balance at the surface of the Arctic Ocean[M]// Fletcher J O. Proceedings of the Symposium on the Arctic Heat Budget and Atmospheric Circulation. RM-5233-NSF, Rand Corp, Santa Monica, Calif: 267-278.

BELKIN I M, LEVITUS S, ANTONOV J, et al, 1998. "Great Salinity Anomalies" in the North Atlantic[J]. Progress in Oceanography, 41: 1-68.

BITZ C M, HOLLAND M M, EBY M, et al, 2001. Simulating the ice-thickness distribution in a coupled climate model[J]. J Geophys Res, 106: 2441-2463.

BRIEGLEB B P, BITZ C M, HUNKE E C, et al. 2004. Scientific description of the sea ice component in the Community Climate System Model. Version Three[M]. NCAR Tech. Note NCAR/TN-463_STR, 70.

FELTHAM D, 2008. Sea ice rheology[J]. Annu Rev Fluid Mech, 40: 91-112.

FLATO G M, 1998. The thickness variable in sea-ice models[J]. Atmosphere-Ocean, 36(1): 29-396.

FLATO G M, HIBLER III W D, 1992. On modeling pack ice as a cavitating fluid[J]. J Phys Oceanogr, 22: 626-651.

FLATO G M, HIBLER III W D, 1995. Ridging and strength in modeling the thickness distribution of Arctic sea ice[J]. J Geophys Res, 100(C9): 18611-18626, doi:10.1029/95JC02091.

FLETCHER J O, 1965. The heat budget of the Arctic basin and its relation to climate[M]. Santa Monica, California: The Rand Corporation, R-444-PR: 179.

GOW A J, TUCKER III W B, 1990. Sea ice in the polar regions[M]// Smith Jr W O. Polar Oceanography Part A: Physical Science. NY:Academic Press: 47-122.

HIBLER III W D, 1979. A dynamic thermodynamic sea ice model[J]. J Phys Oceanogr, 9: 817-846.

HIBLER III W D, 1980. Modeling a variable thickness sea ice cover[J]. Mon Wea Rev, 108:1943-1973.

HUNKE E C, DUKOWICZ J K, 1997. An elastic-viscous-plastic model for sea ice dynamics[J]. J Phys Oceanogr, 27: 1849-1867.

HUNKE E C, LIPSCOMB W H, 2004. CICE: The Los Alamos Sea Ice Model[M]//Documentation and software. Version 3.1, LA-CC-98-16. Los Alamos N M: Los Alamos Natl Lab: 56.

HUNKE E C, Lipscomb W H, 2010. CICE: the Los Alamos Sea Ice Model[M]//Documentation and Software User's Manual, Version 4.1. LA-CC-06-012. Los Alamos Natl Lab, Los Alamos N M: 76.

KIM J, HUNKE E C, LIPSCOMB W H, 2006. Sensitivity analysis and parameter tuning scheme for global sea-ice modeling[J]. Ocean Modelling, 14: 61-80.

LIPSCOMB W H, HUNKE E C, MASLOWSKI W, et al, 2007. Ridging, strength, and stability in high-resolution sea ice models[J]. J Geophys Res, 112: C03S91, doi: 10.1029/2005JC003355.

MAYKUT G A, 1978. Energy exchange over young sea ice in the central Arctic[J]. J Geophys Res, 83: 3646-3658.

MAYKUT G A, UNTERSTEINER N, 1969. Numerical Prediction of the Thermodynamic Response of Arctic Sea Ice to Environmental Changes[M]. The Rand Corporation, RM-6093-PR: 173.

MAYKUT G A, UNTERSTEINER N, 1971. Some results from a time-dependent thermodynamic model of sea ice[J]. J Geophys Res, 76(6): 1550-1575.

PARKINSON C L, WASHINGTON W M, 1979. A large-scale numerical model of sea ice[J]. J Geophys Res, 84: 311-337.

PEROVICH D K, 1996. The optical properties of sea ice[J]. CRREL Monogr, 961: 25.

ROTHROCK D A, 1975. The energetics of the plastic deformation of pack ice by ridging[J]. J Geophys Res, 80: 4514-4519.

STEELE M, FLATO G M, 2000. Sea ice growth, melt, and modeling: A survey[M]// Lewis E L, et al. The Freshwater Budget of the Arctic Ocean. Dordrecht, Kluwer: 549-587.

STEWART R H, 2004. Introduction to Physical Oceanography. pdf version[M/OL]. http://www-ocean.tamu.edu/education/common/notes/PDF_files/book_pdf_files.html.

THORNDIKE A S, ROTHROCK D A, MAYKUT G A, et al, 1975. The thickness distribution of Sea Ice [J]. J Geophys Res, 80(33): 4501-4513.

UNTERSTEINER N, THORNDIKE A S, ROTHROCK D A, et al, 2007. AIDJEX revisited: A look back at the U.S. —Canadian Arctic Ice Dynamics Joint Experiment 1970—78[J]. Arctic, 60(3): 327-336.

WEEKS W F, HIBLER III W D, 2010. On Sea Ice[M]. Fairbanks, University of Alaska Press: 664.

WELLER G, 1972. Radiation flux investigation[J]. AUDIEX Bull, 14: 28-30.

ZHANG J, ROTHROCK D A, 2005. Effect of sea ice rheology in numerical investigations of climate[J]. J Geophys Res, 110, C08014, doi:10.1029/2004JC002599.

第 10 章

ENSO 的数值模拟

10.1 引言

Bjerkness(1969)最先发现赤道东太平洋海面温度异常与南方涛动变化关系密切,指出赤道太平洋地区存在强烈的海气相互作用。后来的研究者把表示赤道东太平洋海面温度异常的 El Niño 以及大气环流变化的南方涛动(Southern Oscillation)两个单词合成为 ENSO 一词,用以表示上述热带太平洋海气相互作用现象。进一步研究还发现 ENSO 是气候系统中最强的年际变化信号,尽管它发生在热带太平洋地区,但是其影响却波及全球,全球各地许多的灾害性气候事件都与其有关,所以 ENSO 事件的监测、机理及预测研究,一直是当代气候研究的焦点问题之一。

为了全面和深入地研究 ENSO 事件的物理机制,科学家围绕观测、理论和数值模拟等几方面展开了大量的研究工作,特别值得一提的是 20 世纪 80 年代初期就开始酝酿而后在 1985 年正式实施的大型国际合作研究计划——热带海洋和全球大气研究计划(Tropical Ocean and Global Atmosphere, TOGA)。TOGA 计划主要包括:(1)获取对热带海洋和全球大气耦合系统的连续观测资料,以便确定该系统在月—年际尺度的可预报性以及理解影响可预报性的物理机制;(2)研究在月—年际时间尺度上预测海气耦合系统变率的可行性;(3)如果能够证实海气耦合模式在月—年际尺度具有预测能力,为热带海气的观测系统和数据传输系统的设计提供科学基础。由此可以看出,作为一个长期的大型国际合作计划,TOGA 的终极目标非常明确,就是实现对热带海气耦合系统的预测,实际上主要是对 ENSO 的预测。

为实现这一目标,TOGA 计划在具体实施过程中把观测、理论研究和数值模拟三方面有机地结合起来了。由于 20 世纪 80 年代以前,在大洋的长期定点观测大多都是船舶走航式观测,无法得到一个时间序列,而且在中西太平洋即使是走航观测都很少,所以 TOGA 计划的首要目的就是建立热带大气海洋观测浮标阵列(Tropical Atmosphere Ocean Buoys, TAO Buoys)(图 10.1)。TAO 阵列是由固定在赤道太平洋海底的锚定浮标组成,建立这个阵列的目的就是为了实时监测 ENSO 循环过程并为数值模式的预测提供海洋和大气的初值,同时整个阵列是在相关海气相互作用理论的指导下设计和建立的。

TAO 阵列位于赤道太平洋南北纬 10°以内,东西方向的分辨率为 10°～15°,而在南北方向分辨率则为 1°～2°,这样的不对称设计是为了更好地刻画赤道捕获的 Kelvin 波,这是因为对热带海气相互作用有重要影响的 Kelvin 波是局限于赤道 Rossby 变形半径内的行星尺度的长波,离开赤道后 Kelvin 波的振幅以指数形式衰减。所以为了描述这样的波动,在南北方向就需要较高的分辨率,东西方向的分辨率可以降低。TAO 浮标的观测深度是从海表直到水下 500 m,恰好可以把年际变化最为显著的热带温跃层都包括在内,在此深度以下年际变化的信号很弱可以忽略不计。此外,所有的观测信号都是通过卫星实时地传送到实验室,使得研究者能够在第一时间得到数据进行分析或者用于预测。

至今为止,TAO 阵列已经稳定运行了 30 多年,从最初研究性质的观测系统转变成今天的业务观测系统,为世界上所有的研究者提供独一无二的海洋观测数据。鉴于 TOGA TAO 阵列在气候研究中所发挥的巨大作用,现在科学家已经把原来局限于热带太平洋的浮标阵列扩展到热带大西洋和印度洋,成为全球热带海洋的观测阵列。近十多年来,为了更广泛地监测全球大洋环流的变化特征,通过借鉴 TAO 阵列的成功经验,逐步建立起全球范围的 ARGO 浮标观测系统。

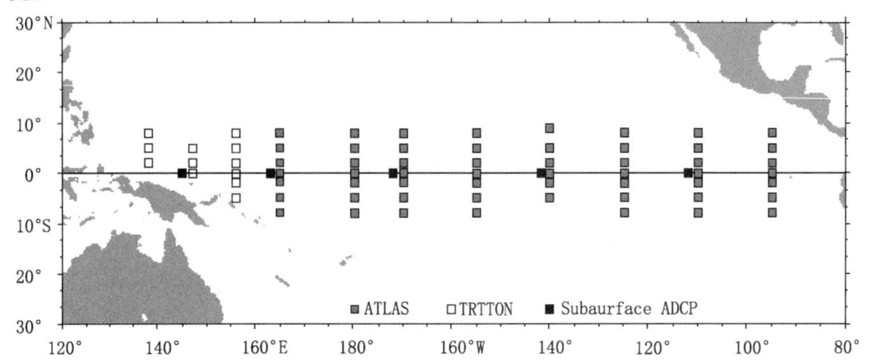

图 10.1 TOGA TAO 浮标阵列示意图(引自 http://www.pmel.noaa.gov/tao/proj_over/map_array.html),其中 Subsurface ADCP (Acoustic Doppler Current Profilers)为次表层即声学多普勒流速剖面仪;ATLAS (Autonomous Temperature Line Acquisition System)锚定浮标是由美国 NOAA(National Ocean and Atmosphere Administration)负责维护,TRITON (Triangle Trans Ocean Buoy Network)锚定浮标由日本 JAMSTEC(Japan Agency for Marine-Earth Science and Technology)负责维护

在 TOGA 计划中,类似 TAO 阵列这样的观测系统或者短期的强化观测系统还有很多,正是通过这样大规模观测计划的实施以及后续的资料处理和分析工作,才使得我们今天有可能对热带太平洋的海洋和大气的平均气候状态以及年际变化特征有了比较全面和系统的认识。在观测数据的基础上,研究者对 ENSO 现象进行了大量的诊断分析和数值模拟研究,从而不断地加深了对 ENSO 的认识和理解,经过了十余年的努力,TOGA 研究计划的最初目的已经基本实现(Anderson et al., 1998)。例如在 ENSO 循环的物理机制方面有了突破性进展,为 ENSO 的年际预测奠定了坚实的基础。Wyrtki(1985)和 Zebiak 等(1987)首先指出西太平洋次表层的动力过程对 ENSO 位相转换有重要贡献,进而在此基础上有许多理论和概念模型被提出来了,如 Schopf 等(1988)和 Battisti 等(1989)的延迟振子理论,Jin(1997)的 Recharge-Discharge 理论,Weisberg 和 Wang(1997)的西太平洋振子概念模型,Picaut 等(1996)的 advective-reflective 振子理论等。尽管这些假设和理论的侧重点各有不同,但是大多数都认为西太平洋的热带温跃层深度也就是上层海洋热含量变化是 ENSO 事件的前兆,整个 ENSO 循环是热带太平洋上层海洋热量和质量重新分布以及海气相互作用的产物。

数值模拟一直是研究 ENSO 物理机制的重要手段之一,特别是完全的海气耦合模式

CGCM(Coupled ocean-atmosphere General Circulation Model)能够更真实地反映海气相互作用中的各种物理过程，因而近年来在ENSO的模拟和预测研究中得到了越来越广泛的应用。从20世纪80年代末期以来，耦合模式模拟ENSO的能力不断提高，到目前为止海气耦合模式已经能在许多方面相当真实地再现ENSO循环的基本特征，并且以此为基础建立了ENSO的业务预测系统。

10.2 热带太平洋的平均气候状态

本书第1章已经介绍了赤道太平洋SST、大气环流和赤道流系的气候平均特征，即在赤道西太平洋存在全球温度最高的地区——暖池，而赤道东太平洋则是热带海洋水温最低的区域——冷舌。对应赤道太平洋的暖池和冷舌，海表风场以偏东风为主，并驱动了三支表层纬向海流：南赤道流(SEC)、北赤道流(NEC)和北赤道逆流(NECC)。显然上述海洋和大气环流运动的能量来源是太阳短波辐射，因此本节将从能量收支的角度来重新考察热带海面上净热通量收支的气候特征。净热通量包括净长波辐射、净短波辐射、潜热和感热通量四项之和，在热带太平洋地区净热通量主要是由净短波辐射和潜热通量决定的，其他两项较小，但在中纬度冬季感热通量的贡献也相对较大(图略)。在热带区域海洋得到热量，最大的正值超过100 W/m^2，位于东太平洋冷舌区域，赤道西太平洋获得的热量较少，约在0～20 W/m^2。热带外的海洋则以失去热量为主，特别是在中纬度西边界流区域，海洋失去的热量高达150 W/m^{2}以上(图3.2)。考虑到上述热通量是长期气候平均的结果，因此，海洋无论是得到热量还是失去热量都要与动力过程引起的冷却和加热相互平衡。例如，在赤道东太平洋净向下的热通量是与海水上升流造成的冷却相抵消，在中纬度西边界流区域海洋失去的热量主要是与来自热带水平平流加热平衡。换言之，净热通量比较大的区域，也一定是海洋动力过程比较活跃的区域(可参见第1章)。

另一方面需要注意的是，由于在纬向平均的意义下，热带海洋获得热量，热带外海洋失去热量(图10.2a)，所以为了维持整个系统的稳定和平衡，就必须存在某种海洋动力过程，实现热量从热带向热带外的输送。这样的动力过程，可以是垂直经圈翻转流函数，水平定常大涡或者瞬变涡旋输送。观测和数值模拟的热带太平洋纬向平均的经圈流函数表明，这样的一个环流圈的确存在，这就是“副热带—热带浅层环流(Subtropical-Tropical Cell, STC)”(图10.2b)，在Ekman层暖海水向极地方向流动，在Ekman层以下相对较冷的海水流向赤道，在赤道上翻并被加热。尽管海流的直接观测数据相对较少，但是海洋温跃层的理论模型和同化资料都表明STC是确实存在的。与第6章介绍的大洋经圈翻转环流相比，STC是赤道对称的温跃层经圈环流，空间尺度和时间尺度都比经圈翻转环流小，但是二者都在热量的极向热输送中起到了重要作用。

需要说明的是，以上的描述经过了极大的简化，实际的STC要复杂得多。例如，表层海水的运动是以Ekman输送为主。在次表层，海水的运动基本上可以看做是绝热和无摩擦的，因此按照位势涡度守恒的要求海水应该沿着等位密度面运动(海洋中的等位密度面类似大气中的等熵面)(参见第8章)。在中低纬度太平洋，等位密度面的结构与等温线比较类似，从中纬度的海表向下、向赤道方向伸展，因而次表层的海水也就沿着等位密度面向赤道向下流动。在

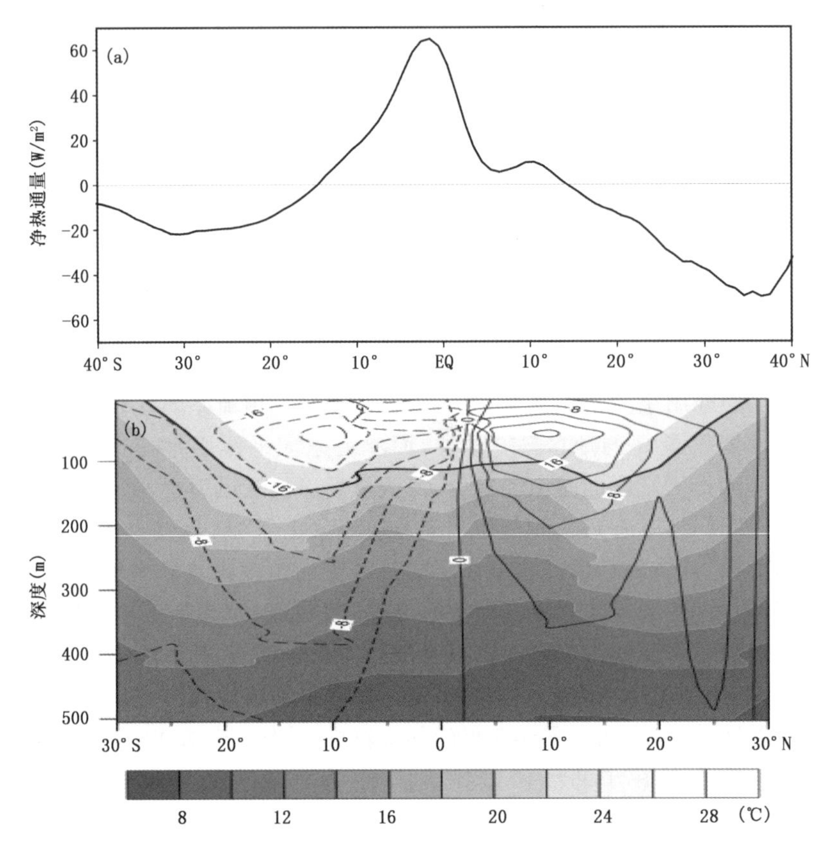

图 10.2 (a)太平洋区域(120°E~80°W)纬向平均热通量(单位:W/m²);(b)耦合模式 FGOALS 模拟的上层太平洋纬向平均海温(阴影,单位:℃,黑色粗黑线代表 20℃等温线)和经圈流函数(等值线,单位:Sv),纵坐标表示海洋深度

大多数区域,表层和次表层海水之间的交换都比较弱,但是赤道中东太平洋和冬季中纬度地区例外。在赤道东太平洋,受到东风应力的作用,在 Ekman 层底部有比较强的夹卷过程,使得次表层的海水可以进入表层。在中纬度地区,冬季表层海水由于不断受到冷空气的刺激,海水冷却后密度增加,混合层加深,使得季节温跃层消失,混合层底直接与主温跃层相通,因而表层海水可以因为冷却直接下沉进入主温跃层,然后在风应力旋度引起的 Sverdrup 输送(参见第 2 章)作用下沿着等位密度层向赤道向下运动,最后经过复杂的运动路径到达赤道温跃层,然后通过前述的夹卷过程在赤道东太平洋重新回到海表。上述中纬度表层海水冷却后直接进入温跃层的过程,称为温跃层的"通风"(ventilation)过程。通过温跃层的通风过程,表层海水进入次表层,然后根据其自身的密度沿着相应的等位密度面下潜并向赤道方向移动,这个过程又被称为"潜沉"(subduction),关于通风温跃层和潜沉的物理机制和气候意义,有兴趣的读者可以阅读相关文献(Liu et al.,2001)。

现在考察大气的能量收支。对于任意一个空气微团而言,影响其位温变化的非绝热加热项主要包括感热、凝结潜热、吸收的短波辐射、发射和吸收的长波辐射五项。大气对短波辐射的吸收主要发生在平流层(参见第 12 章),和本章的主题关系不大,感热加热在热带大洋上也较小,并且只在边界层起作用。一般而言,一个大气微团发射和吸收长波辐射的能力取决于气团的温度、所包含温室气体(二氧化碳、甲烷等)和水汽的浓度及其垂直温度层结,在自由大气中实际的温室气体浓度和温度垂直层结条件下,空气微团发射长波辐射的强度大于吸收长波辐射的强度,因此,对于自由大气来说,长波辐射主要起冷却的作用。对流层大气从整体上来看主要是凝结潜热加热与长波辐射冷却相互平衡,而海面蒸发则是潜热释放的主要水汽来源。图10.3a和图10.3b分别为观测的气候平均降水量和海表潜热通量,最大的降水中心位于赤道西太平洋,但是该区域的蒸发相对较小;在副热带南北太平洋,海表蒸发量最大,但是对应的降水却很小。显然,降水的最大值中心与蒸发的最大值中心并不重合,这就意味着当水汽在副

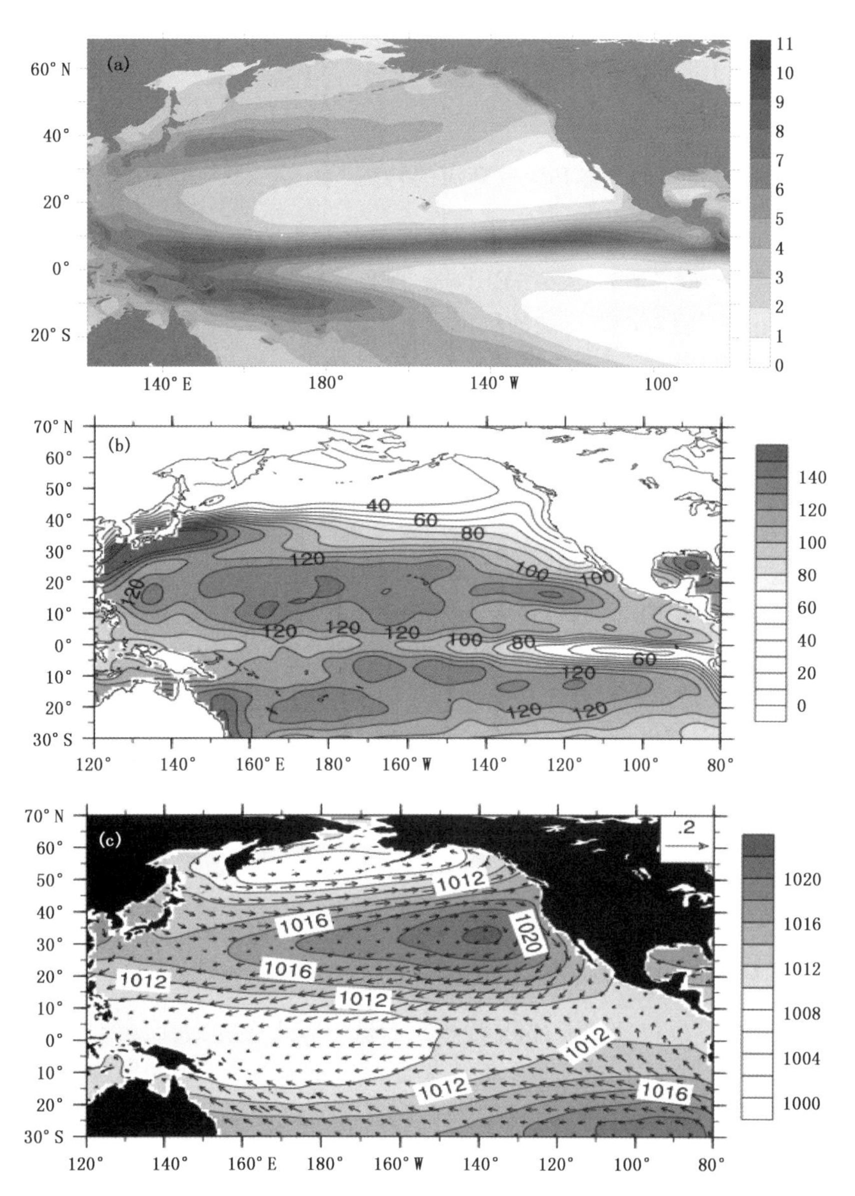

图10.3 (a)年平均降水量(mm/d)(Xie et al., 1997),(b)年平均海表潜热通量(单位:W/m²)(da Silva et al.,1994),(c)年平均海平面气压(阴影,单位:hPa)和海表风应力(矢量箭头,单位:N/m²)(da Silva et al.,1994)

热带海表蒸发之后,必须通过大气内部的动力过程在赤道西太平洋低层辐合上升进而凝结为降水加热大气。年平均的海平面气压和海表风应力证实了上述推论(图 10.3c),海表强烈的东南信风和东北信风将在副热带海面蒸发的水汽吹向赤道并在热带辐合带(ITCZ)和南太平洋辐合带(SPCZ)区域辐合上升,其中最强的水平辐合位于赤道西太平洋,与最大的降水中心一致。在赤道西太平洋上空,低层强烈的辐合对应高层(200 hPa 左右)强烈的辐散,高层的辐散气流一部分向赤道东南太平洋流动并下沉,构成了所谓的 Walker 环流(图略),下一节将详细叙述 Walker 环流在 ENSO 循环中的变化特征及其作用。

10.3 ENSO 循环的基本特征

10.3.1 ENSO 暖位相时海洋和大气环流的特征

El Niño 一词来自西班牙语,最初是指在东太平洋秘鲁沿岸每隔几年出现的海面温度异常增暖现象,后来 Bjerknes(1969)发现,El Niño 现象与南方涛动(Southern Oscillation)密切相关,即 El Niño 事件对应着南方涛动的负位相,La Niña(也有人称之为反 El Niño 事件)对应着南方涛动正位相。Bjerknes 通过上述研究第一次将热带海洋环流和大气环流的变化联系在一起,从而开创了大尺度海气相互作用这个重要的研究领域,同时也为以后的短期气候预测研究奠定了物理基础。ENSO 表示从 El Niño 事件到 La Niña 事件再到 El Niño 事件的整个循环过程。现在人们已经认识到 ENSO 事件是热带海洋一大气相互作用的结果,并能够通过遥相关型(例如太平洋一北美(PNA)遥相关型等)对全球气候异常产生显著影响。在 ENSO 事件的暖位相,赤道中东太平洋海面温度异常增暖,东西太平洋海面温度梯度明显减弱,同时赤道上信风减弱(图 10.4a,图 10.4c)。实际上大气和海洋环流的异常不仅表现在表层,在海洋次表层和大气对流层中上层也可以看到显著的异常信号。例如,在赤道上大气 Walker 环流的上升支由印度尼西亚海域东移到赤道中太平洋的上空,并且在赤道中东太平洋出现异常多的降水,在 200 hPa 高空西风也同时减弱。同赤道信风减弱的事实联系起来看,这意味着赤道太平洋 Walker 环流减弱。在海洋次表层,赤道西太平洋温跃层变浅,东太平洋温跃层加深,使得东西太平洋温跃层梯度减小,同时海表高度梯度也在减小;但整个赤道地区平均温跃层深度比气候平均值浅,赤道太平洋的海洋上层热含量降低,同时赤道潜流的强度也减弱(图 10.5a)。

10.3.2 ENSO 冷位相时海洋和大气环流的特征

在 ENSO 事件的冷位相(即 La Niña 位相),赤道中东太平洋海面温度异常偏低,东西太平洋海面温度梯度明显加强,同时赤道上海洋表面信风也显著增强(图 10.4b,图 10.4d)。与此同时,在赤道上大气 Walker 环流的上升支向西移,并且强度增加,200hPa 西风也明显加强。在海洋次表层,赤道东太平洋温跃层变浅,西太平洋温跃层加深,东西太平洋温跃层梯度加大;但赤道地区平均温跃层深度比气候平均值深,赤道太平洋的上层热含量增加,同时赤道潜流的强度也加大(图 10.5b)。

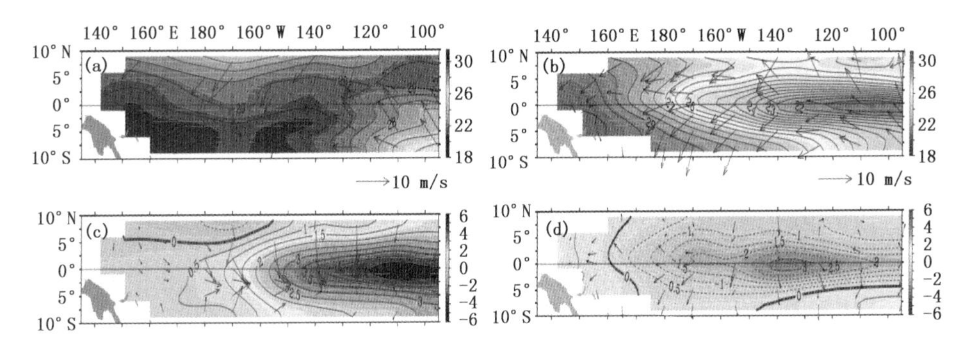

图 10.4　1997 年 12 月中东太平洋平均海面温度 SST 和海表面风场(a)及其相对于多年气候平均的距平(c);1998 年 12 月平均海面温度 SST 和海表面风场(b)及其相对于多年气候平均值的距平(d)

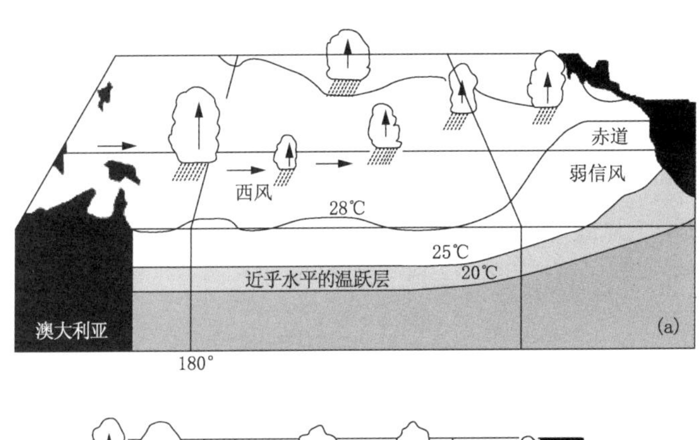

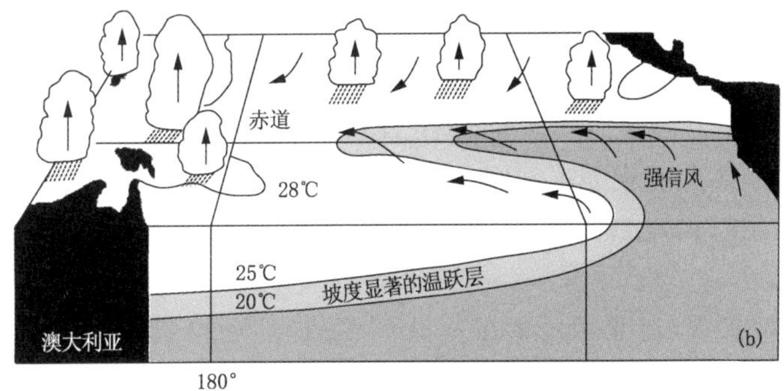

图 10.5　在 ENSO 暖位相(a)和冷位相(b)期间海洋和大气环流的三维结构示意图(Philander,1999)

10.3.3　赤道太平洋 SST 季节循环与 ENSO 季节锁相

海面温度的变化要受到动力作用和热力作用的共同影响,所谓的热力作用就是指到达海表的净热通量,而动力作用是指由于海洋动力作用对于 SST 的冷却或者加热作用,例如对于赤道中东太平洋区域海水上升流引起的冷平流是最主要的动力作用。在热带以外,海表热力强迫和动力强迫对海面温度季节变化影响的位相基本一致,因此,海面温度的季节变化周期主要是一年。在热带地区,海表热力强迫和动力强迫作用的季节变化位相并不一致,因此,SST 季节变化的情形就复杂多了。以热带太平洋为例,由于阳光每年两次直射赤道,因此,热力强迫的周期主要是半年,而赤道上盛行东南信风,其周期主要是一年。在赤道西太平洋,由于风应力较弱而且海洋混合层较为深厚,SST 的季节变化主要受到热力强迫的影响,主要以半年循环为主。在赤道中东太平洋,东南信风具有显著的跨赤道分量,而且年循环周期非常显著,因而使得海水上升流也具有显著的年循环周期,此时海洋的动力过程对 SST 的影响显著超过热力作用,所以在赤道中东太平洋 SST 季节变化以年循环周期为主(图 10.6)。

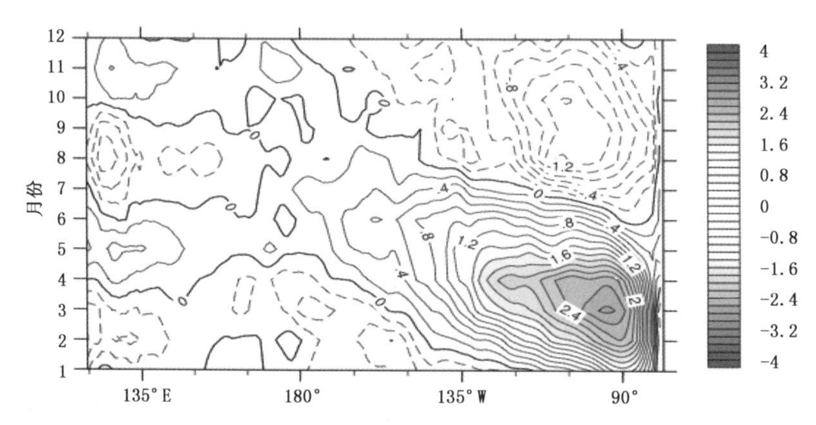

图 10.6　赤道 2°S～2°N 平均海面温度的时间—经度剖面图(单位:℃)
(已扣除年平均值;da Silva et al.,1994)

El Niño 事件和 La Niño 事件的交替发生构成 ENSO 循环,为了定量描述 ENSO 循环,通常人们定义 Niño3 区(5°S～5°N,90°～150°W)平均的 SST 距平(称为 Niño3 指数)作为衡量 ENSO 事件强度的重要标准之一。通常以 Niño3 指数连续 6 个月大于(小于)正(负)0.5℃为标准来判断 El Niño(La Niña)事件是否发生。图 10.7 是 1950—2004 年 5 个月滑动平均的 Niño3 指数的时间序列,在这段时间内共有 18 次暖事件和 13 次冷事件。对 Niño3 指数的功率谱分析表明,ENSO 事件表现为不规则的年际尺度的振荡,有两个主要峰值,一个在 2 a 左右,另外一个在 3～5 a(图略);此外 ENSO 也显示出 10 a 以上年代际尺度的振荡。并且 ENSO事件的发展过程与 SST 的季节变化密切相关,绝大多数 El Niño(La Niña)事件倾向于在北半球的春季开始出现,在北半球的冬季达到峰值,然后再逐渐减弱,这就是通常所说的 ENSO 季节"锁相"(phase-locking)关系。

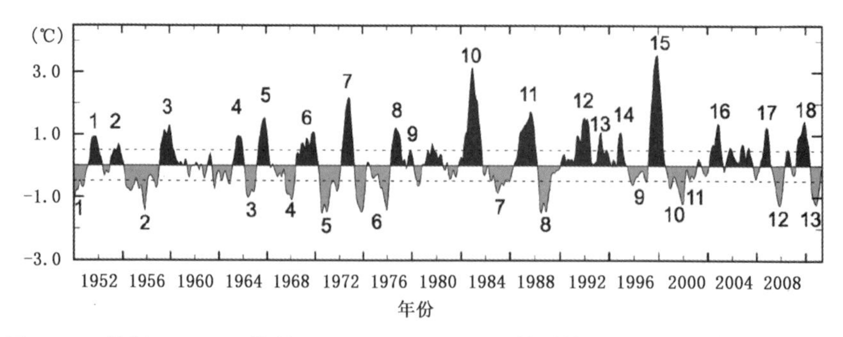

图 10.7　根据 HadISST 资料(Rayner et al.,2006)得到的 1950—2011 年 5 个月滑动平均的 Niño 3 指数的时间序列(其中时间坐标的每个短刻度均指向该年的 1 月)

10.4　海洋的赤道波系

赤道海洋存在着各种尺度(频率)的波动,并且存在频散效应。但是对于在ENSO循环中起到重要作用的低频Rossby长波和Kelvin长波,根据本书第1章对这两种波动基本物理性质的介绍可知,在赤道区域这两种波动的频散效应都可以忽略,其结果是波动和能量的传播方向相同。本节将在第1章介绍的Kelvin波和Rossby波的基础上,着重描述风应力和海气相互作用对上述低频波动过程的影响。

10.4.1　赤道波动的重要性

根据前面的介绍可知,在气候平均意义下风应力与海洋上层环流存在一种平衡关系。以热带太平洋为例,在赤道上以东风为主,由于$f=0$,东风应力与赤道上海表高度的压力梯度力平衡,因此东风应力的大小正比于海表高度东西梯度,而在该区域海表高度与海洋上层热含量成正比(见1.5节),因此风应力强度与赤道温跃层深度东西梯度也成正比;在赤道5°S~5°N以外,f不可忽略,赤道两侧的气旋式风应力旋度不仅导致局地的温跃层抬升,而且还可以通过Sverdrup输送引起赤道上温跃层平均深度的变化。考虑到赤道上东风应力与赤道外风应力旋度的相关很好,故赤道上平均东风应力又与赤道平均温跃层厚度成正比。以上讨论的都是定常情形,但实际的大气和海洋环流时刻都处于变化之中,一旦风应力和温跃层上述平衡关系不成立,就会激发出海洋波动过程,波动过程会引起质量和热量在空间和时间上的重新分配,从而达到新的平衡态。实际的大气和海洋环流存在显著的季节和年际变化,风应力与温跃层之间的平衡关系总是不断地被打破,又不断地重新建立,尽管如此,从长期统计平均的角度来看,这种平衡关系仍旧是成立的。

图10.8a和图10.8b分别是观测海面温度异常和纬向风应力异常的标准差,这里所说的异常(anomaly)是指相对于气候平均季节变化的偏差,因此标准差实际上反映了年际变化的强度。显然海面温度和纬向风应力标准差最大值出现的位置有明显差别,前者在赤道中东太平洋最大,实际上是反映了ENSO事件的特征;而后者则是在赤道西太平洋上具有最大值。按照下一节中的ENSO理论模型和许多数值试验的结果,赤道中东太平洋海面温度的变化是西太平洋风应力变化的结果。这是因为赤道西太平洋风应力异常首先会引起西太平洋温跃层深度的变化,由于该处温跃层的位置较深,所以海面温度较少受到温跃层深度变化的影响。但是西太平洋温跃层的扰动可以通过波动过程传播到中东太平洋,而中东太平洋温跃层较浅,温跃层深度的变化就很容易引起海面温度的异常。同时Batistti等(1989)的研究工作也指出,海洋波动过程对于ENSO冷暖位相的转换起到了关键作用。由此可见,对于海洋的动力过程尤其波动过程在ENSO循环中起到了重要的作用,有必要进行深入的讨论。

10.4.2　赤道Kelvin波动过程对风应力的响应

第1章已经简要地介绍了Kelvin波动和Rossby波动的基本概念和物理机制。严格地说,第1章介绍的波动过程都是属于自由波动,即:在一个不存在任何外强迫的系统中,考虑一个特定的初始扰动如何以波动的形式传播和发展。例如理论和模式研究都指出,在赤道上,温

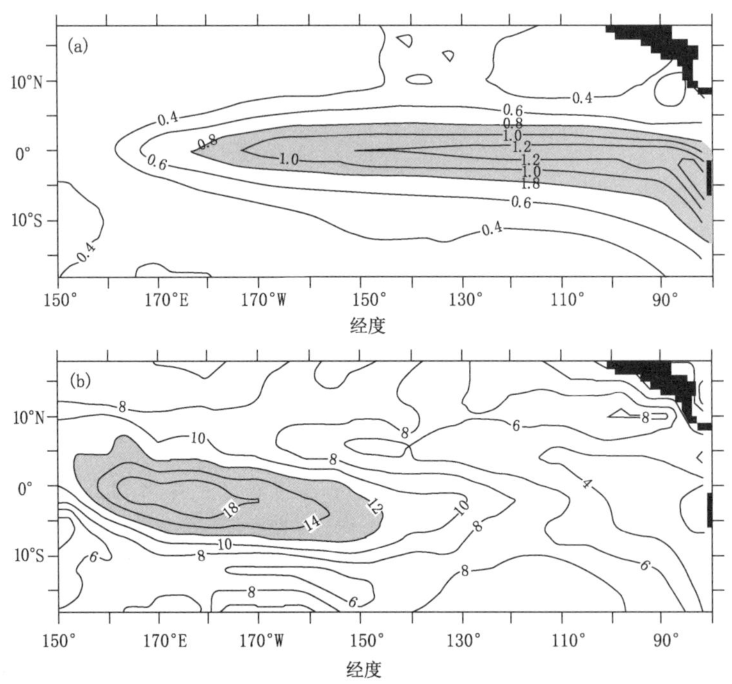

图 10.8 观测的海面温度(a)(单位:℃)和纬向风应力(b)(单位:10^{-3} N/m^2)年际变化标准差(Zhang et al., 2006)

跃层的初始扰动将会以 Kelvin 波动的形式向东传播;而在赤道外温跃层的初始扰动,将以 Rossby 的形式向西传播。不过,上述自由波动过程模型都是高度简化的,实际情况要复杂得多。例如:初始扰动是如何产生的? 不同初始扰动引起的波动是如何叠加的? 海气相互作用对波动过程有何影响? 对于真实的海气相互作用过程,上述问题都是非常重要的,也值得去仔细考察。

第 1 章已经介绍过,赤道太平洋上常年以东风应力为主,因此,温跃层西深东浅,而且温跃层深度的东西梯度与平均东风应力的强度成正比。也就是说,东风应力是维持温跃层深度东西不对称性的主要原因,一旦东风减弱,也就是说,出现西风距平,温跃层必定随着风应力进行调整,即西太平洋温跃层变浅而东太平洋温跃层加深。而这样一个东西方向温跃层厚度的调整过程,在赤道上是以 Kelvin 波对风应力响应的形式实现的。

纬向风应力距平对赤道捕获的 Kelvin 波的作用可以简化为两种不同情形,第一种情形风应力距平作用时间很短,即可以把风应力距平当做发生在初始时刻的一个"脉冲"(pulse)式强迫,初始时刻之后,风应力距平很快趋于零。发生在赤道西太平洋的西风爆发现象(Westerly Wind Burst,WWB)就类似于这种"脉冲"式的风应力强迫,此时海洋的响应非常类似于自由 Kelvin 波动的传播,即:初始的风应力强迫产生一个温跃层异常扰动,然后扰动以自由 Kelvin 波的形式东传。第二种情形是纬向风应力距平并不仅仅存在于初始时刻,而是表现出缓慢的低频变化,在 El Niño 发展和成熟位相,风应力距平通常表现出类似的低频变化。图 10.9 给出 TAO 阵列观测 20℃等温线深度距平在 1997—1998 年 El Niño 事件中的传播过程,其中图 10.9a是 5 d 平均的 20℃等温线深度距平,在 1996 年底至 1997 年初,有两次非常显著的深度异常东传事件(粗虚线箭头表示传播方向),异常信号横穿太平洋海盆大约需要 2 个月左右,其相速度与自由的 Kelvin 波动基本相当；而图 10.9b 则为月平均的 20℃等温线深度异常的时间一经度剖面图，由于进行了月平均处理，1997 年底至 1998 年初深度异常的快速传播过程在图中已经不明显了，但是从 1997 年春季开始，可以看到深度异常出现两次缓慢东传的过程，异常信号横穿太平洋海盆大约需要 8～10 个月的时间。实际上图 10.9a 中，在 1997 年春季至 1998 年夏季也可以发现同样的传播特征，只不过经过月平均之后，其传播特征在图 10.9b 中表现得更为清楚。显然，根据 1997—1998 年这次 El Niño 事件及其后的 La Niña 事件，温跃层异常的东传表现出两类不同的传播速度，一类较快，与自由 Kelvin 波动的相速度十分接近，可以看作温跃层对“脉冲”式风应力距平的响应；而另外一类则慢得多，可以大致地看出温跃层对连续变化风应力距平强迫的响应。

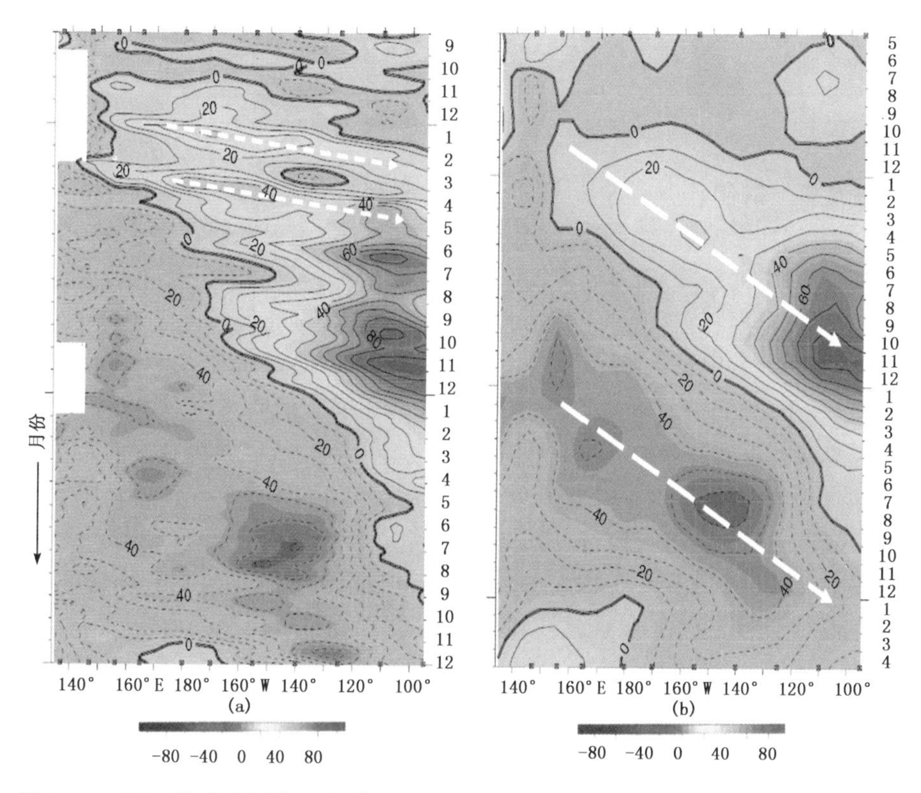

图 10.9　TAO 阵列观测的 20℃等温线深度异常（单位：m），(a)5 d 平均，起止时间为 1996 年 9 月到 1998 年 12 月；(b)月平均，起止时间为 1996 年 5 月到 1999 年 4 月（Fedorov et al.，2009）

10.4.3　海气相互作用对赤道波动过程的影响

10.4.1 节和 10.4.2 节讨论了海洋中自由的 Kelvin 波动和风应力强迫的 Kelvin 波动，但是对于实际的大气和海洋运动来说，Kelvin 波动会通过温跃层厚度的变化影响海面温度的变化，海面温度的变化又会引起大气环流特别是海表风应力的变化，反过来继续作用于海洋环流。也就是说，大气的反馈过程会使赤道波动过程变得更为复杂，因此，有必要从海气耦合的角度重新考察赤道波动过程，即海气耦合波动。Lau(1981)利用一个简化的海气耦合模型指出，在一定条件下，海气相互作用能够使赤道 Kelvin 波振幅增加、东传速度减慢（图 10.10）。

实际上,从图 10.9 中可以明显看到在 El Niño 发展过程中,温跃层异常传播速度明显比理论上的自由 Kelvin 波动相速度慢很多,虽然这可以看做是海洋温跃层对缓慢变化的赤道风应力响应的结果,但是风应力又是海气相互作用的结果。所以从本质上说,就是海气相互作用使得温跃层异常东传速度降低、振幅加强。

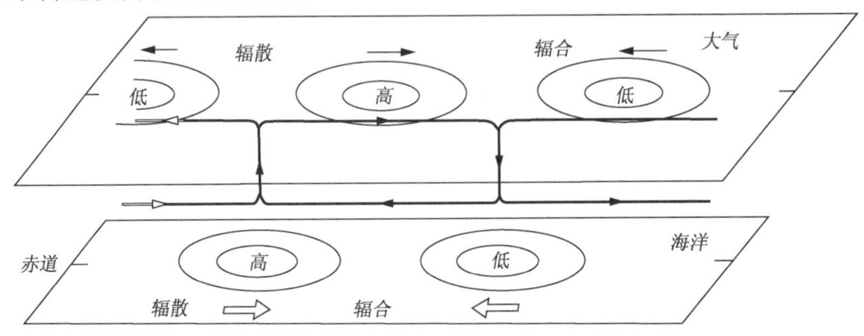

图 10.10　海气耦合 Kelvin 波示意图

图 10.10 是海气耦合 Kelvin 波示意图,图的上半部分代表低层大气,下半部分表示上层海洋,箭头表示大气环流的垂直结构。对于海洋来说"高"表示温跃层厚度和海表高度异常增加,对应着正的海面温度异常,而"低"则表示温跃层厚度和海表高度异常降低,对应着负的海面温度异常;对于大气而言,"高"和"低"分别代表海表的高压和低压。对于一个正的海温异常,大气的高压位于异常中心东侧,低压位于异常中心的西侧,这就是大气对赤道海温距平响应的 Gill 模态(详见 10.5.1 节的讨论)。因此,在正海温异常中心西侧为偏西风异常,东侧则表现为偏东风异常。自由的赤道 Kelvin 波本来应该是以 $C_K=\sqrt{g'H}$ 的速度向东传播,但是在考虑大气反馈过程以后,由于在正海温中心东侧存在东风距平,会产生异常上升流,使得正的海温和温跃层厚度异常东传速度降低;同时正海温中心西侧的西风距平又会反过来加强已有的正海温距平和温跃层厚度距平。因而考虑大气反馈过程之后,赤道 Kelvin 波振幅增加,传播速度降低。而对于赤道上的 Rossby 波,海气相互作用则可以使振幅削弱,更详细的描述见 Lau(1981)。

10.5　热带海气相互作用的基本理论

10.5.1　大气环流响应热带海温异常的物理机制

前几章已经介绍过,海洋和大气相互作用是通过海气界面之间的热通量、风应力和淡水通量交换进行的,对于不同的海气相互作用现象,上述各种通量所起到的作用是不同的。例如对于热带太平洋的 ENSO 现象,海洋环流的变化对风应力的强迫更为敏感,大气环流则对热通量的变化更为敏感。关于海洋环流如何响应风应力的强迫,前面已经介绍过。本小节将介绍在热带地区大气环流如何响应来自下垫面的加热。考虑到大气的调整过程很快,Matsuno(1966)提出了如下的简化模式讨论大气的定常响应:

$$\varepsilon u-\frac{1}{2}yv=-\frac{\partial p}{\partial x}\tag{10.1}$$

$$\varepsilon v + \frac{1}{2} yu = -\frac{\partial p}{\partial y} \tag{10.2}$$

$$\varepsilon p + \frac{\partial u}{\partial x} + \frac{\partial v}{\partial y} = -Q \tag{10.3}$$

$$w = \varepsilon p + Q \tag{10.4}$$

式中，u，v 是水平速度，w 是垂直速度，p 是海平面气压，ε 代表 Rayleigh 摩擦，Q 是加热。上述方程组是一个采用了赤道 β 平面近似的正压浅水方程组，能够反映 Rossby 波和赤道捕获的 Kelvin 波过程，非绝热加热项 Q 可以直接影响压力 p，然后通过压力场的变化再影响速度场。

Gill(1980)利用该模式分两种情形讨论了热带大气环流是如何响应下垫面加热的。一种情形是下垫面的加热场关于赤道对称，即加热(冷却)的最大值位于赤道地区，这种情形比较多地出现在热带太平洋区域；另一种情形是下垫面的加热场位于赤道以外，这种情形较多地出现在热带北印度洋地区，反映的是季风降水通过凝结潜热释放对大气的加热。对于前一种情形，简化的大气模式的解析解表明，在加热中心的东边由于 Kelvin 波的传播，低层大气表现出东风距平；而在加热中心的西边，由于加热场激发出向西传播的 Rossby 波，在赤道两侧出现了两个对称的气旋式低压中心，并且两个低压中心并不是正好位于加热中心的上方，而是位于加热中心的西南和西北侧，因此在赤道上加热中心以西是西风距平(图 10.11)。对于第二种形式的加热场分布，如果加热场位于赤道以北，则会驱动一个跨赤道的季风环流圈(图 10.12)。

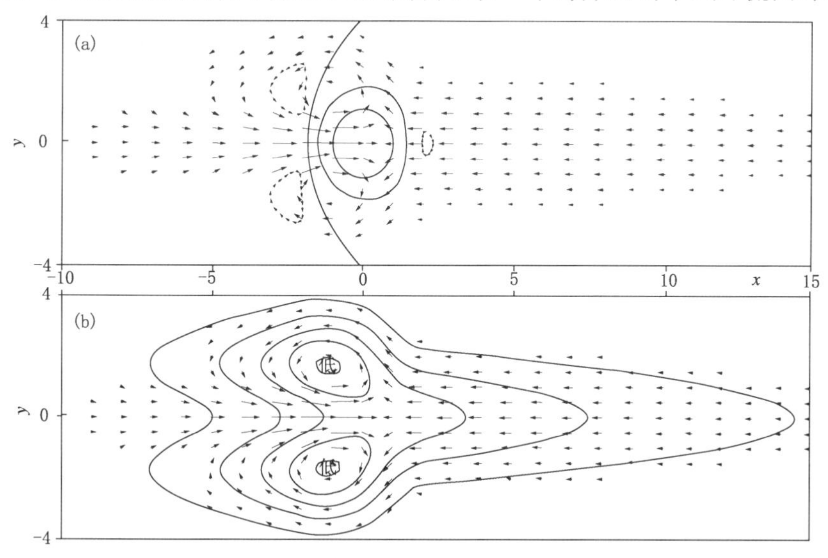

图 10.11　大气环流对关于赤道对称加热场的响应，加热场位于 $|x|<2$ 区域，(a)矢量为表面风场，等值线为垂直速度，(b)矢量为表面风场，等值线为表面气压场(Gill，1980)

需要指出的是：式(10.3)和式(10.4)中的加热场 Q 是外强迫，而 Gill(1980)文章中假设加热场的强度与 SST 异常成正比，其含义是降水异常可以直接由下垫面的 SST 异常驱动，这个假设在赤道中西太平洋是成立的。实际上，利用 Gill 的理论模型很好地解释了赤道中西太平洋深对流降水和 Walker 环流的形成机理，但是却无法解释在东太平洋 5°～10°N 附近热带辐合带(ITCZ)形成的原因。为此，Lindzen 和 Nigam(1987)建立另外一种降水和大气环流响应下垫面海温的理论模型，即认为海温的水平梯度可以引起压力梯度的变化，进而使得边界层产

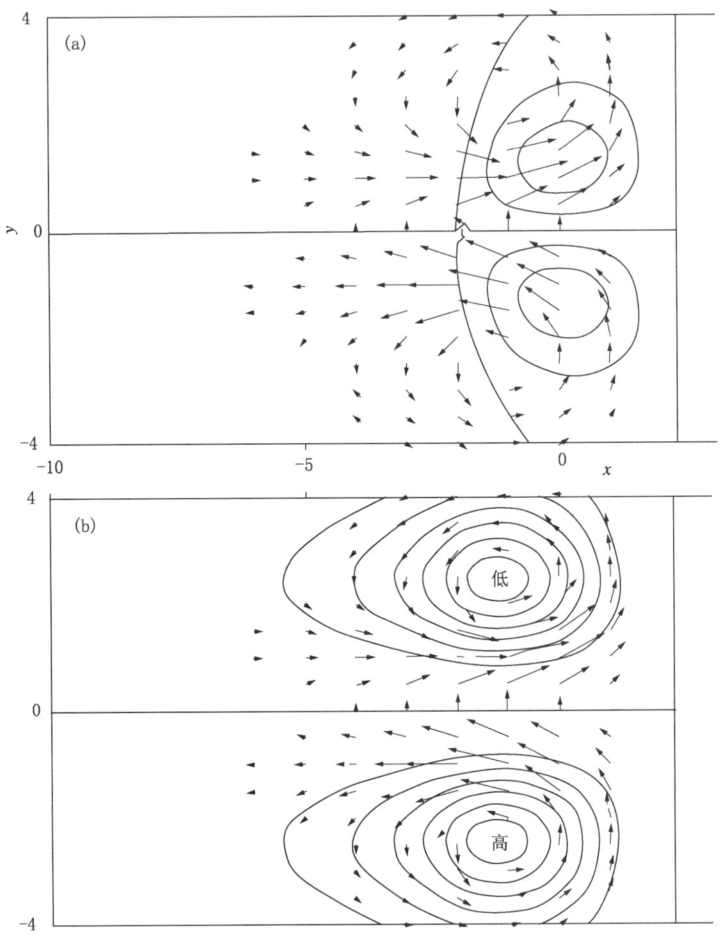

图 10.12　大气环流对关于赤道反对称加热场的响应，加热场位于 $|x|<2$ 区域，(a)矢量为表面风场，等值线为垂直速度，(b)矢量为表面风场，等值线为表面气压场(Gill，1980)

生水平辐合，然后导致气流上升凝结并加热大气。Wang 和 Li(1993)通过数值模拟发现，Gill 的理论可以比较好地解释夏季风、西太平洋以及南太平洋辐合带(SPCZ)等深对流区降水发生的物理机制，而 Lindzen 和 Nigam 的理论模型则很好地解释了 ITCZ 降水发生的物理机制。

还需要指出的是，赤道地区海温异常不仅仅影响热带大气环流，而且可以通过遥相关影响中高纬度的大气环流异常。例如，Wallace 和 Gutzler(1981)通过统计分析最早发现了太平洋—北美遥相关型(PNA)，后来的研究还提出了西太平洋—日本遥相关型(PJ)、太平洋—南美遥相关型等。Hoskins 和 Karoly(1981)利用一个简化的正压模式很好地解释了遥相关的物理机制，即：在一定条件下热带 SST 异常可以激发大气中的二维 Rossby 波动，其扰动能量沿球面上的大圆传播就可以引起所谓的遥相关波列。关于热带海洋对中高纬度大气和海洋的影响，还可参看本书第 5 章(5.5 节)的介绍。

10.5.2　ENSO 的正反馈机制

Bjerknes (1969)指出 El Niño 与南方涛动(Southern Oscillation)是相互联系的两种现象，并说明它们是赤道太平洋大尺度海气相互作用的结果。Bjerknes 的想法可概述如下：如果在赤道东太平洋出现正(负)SST 异常,意味着赤道 SST 东西方向梯度减小(增加),因此,导致赤道太平洋东西向大气压力梯度减弱(增强),结果会使赤道上信风减弱(增强),赤道东太平洋上升流也随之减弱(增强),最终将加大赤道东太平洋原有的正(负)SST 异常,这就构成了一个正反馈机制。Bjerknes 的理论定性地解释了 ENSO 发展阶段 SST 距平快速增加的机理,不过,仅有这样一种正反馈机制还不能够解释 ENSO 的位相转换。因为从 ENSO 的暖位相向冷位相转换,必须要有一种负反馈机制起作用,否则东太平洋 SST 距平将会无限制地增加。关于 ENSO 的负反馈机制,已经提出来的有好几种理论,都能够在相当程度上解释 ENSO 循环中位相转换机制,但目前都还不完全成熟,下面将介绍最主要的两种理论。

10.5.3　ENSO 循环的负反馈机制——延迟振子理论

Schopf 和 Suares(1988),以及 Battisti 和 Hirst(1989)提出了延迟振子(Delayed Oscillator)理论,利用海洋中波动的传播和反射过程来解释 ENSO 循环中的负反馈机制。在 El Niño 期间,正的 SST 异常出现在赤道中东太平洋,对大气而言相当于一个关于赤道对称的加热异常。因此,按照前面介绍过的大气环流对赤道上对称加热场响应的 Gill 模态,在赤道上加热中心东侧为东风距平,西侧则为西风距平,同时在赤道外(5°～10°)加热中心的西侧产生异常的气旋性大气环流;赤道外异常的气旋性风应力首先导致了异常的 Ekman 抽吸,温跃层抬升,从而在赤道外中太平洋强迫出 Rossby 波向西传播,即温跃层负距平的信号以上翻的 Rossby 波的形式向西传播,大约经过 1～2 a 的时间上翻的 Rossby 波可以到西太平洋沿岸,然后在西边界反射成为赤道捕获的上翻 Kelvin 波向东传播到东太平洋,最后终结 El Niño 事件。也就是说,温跃层负距平信号在赤道上以 Kelvin 波的形式向东传播,可以看作对赤道中东太平洋 SST 正异常的延迟响应,因此该理论就被称为"延迟振子"理论,或 SSBH 延迟振子理论。对 La Niña 事件也可以同样的理论来解释其位相的转换。

10.5.4　ENSO 循环的负反馈机制——冲电-放电理论

SSBH 延迟振子理论较好地刻画了 ENSO 循环中的负反馈机制,在很多方面与观测和数值模拟都比较接近。按照这个理论,Rossby 波和 Kelvin 波的波动过程在 ENSO 循环中占据十分重要的作用。但是并不是在每次 El Niño 或者 La Niña 事件都能观测这样的波动;同时,也有人认为在西太平洋并不存在一个严格意义上的刚壁边界,因此,Rossby 波的反射也不一定成立。另外一方面,早在 20 世纪 70 年代中期,Wyrtki(1975)就指出赤道西太平洋热含量的增加或者减少是 El Niño 或者 La Niña 事件的前兆,进而 Wyrtki(1985)又指出一个完整的 ENSO 循环可以将热量从赤道向高纬度输送。在此基础上,Jin(1997)提出的"充电—放电"(Recharge-Discharge)理论较好地解决了上述问题,因为在冲电-放电理论中直接利用风应力异常导致的 Sverdrup 输送来解释赤道温跃层的变化。从图 10.13a 可以看出,在 El Niño 成熟位相,赤道东太平洋有正的 SST 异常和西风异常,温跃层距平为西低东高,因此,在赤道 5°S～5°N 以外,有气旋式风应力距平的存在,根据 Sverdrup 理论,就会产生从赤道向两极的经向质量输送。随着赤道地区暖水向赤道外输送,赤道太平洋温跃层将会逐渐抬升,并通过上升流使得海面温度也慢慢降低。由于在赤道上 Sverdrup 平衡对风应力响应的时间尺度差不多为半年到一年,而赤道上纬向风应力对 SST 异常的响应几乎是同时的,当 SST 和纬向风应力恢复正常值时,赤道温跃层深度还应该是负距平,即次表层偏冷(图 10.13b)。由于赤道次表层海温偏低，而海面温度在气候值附近，即赤道东太平洋温度垂直梯度增加，因此，即使纬向风应力和东太平洋海水上升流强度没有任何异常，也会导致赤道东太平洋 SST 逐渐降低而出现负距平，此时再根据 Bjerknes 的大尺度海气不稳定相互作用的理论，东太平洋 SST 负距平将会逐渐增加，最终形成 La Niña 事件(图 10.13c)。反过来，从 La Niña 事件向 El Niño 事件转换的过程也是类似的。

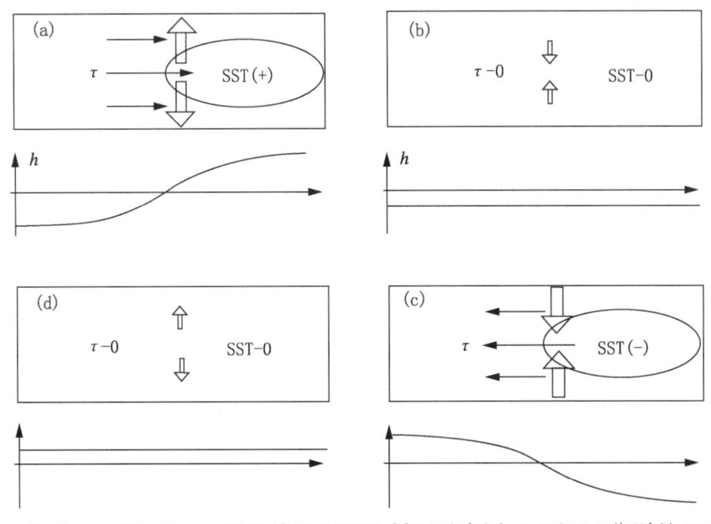

图 10.13 Recharge-Discharge 理论关于 ENSO 循环示意图，(a)和(c)分别是 ENSO 的暖位相和冷位相，(b)和(d)则是转换位相，每幅图的上半部代表太平洋海盆，其中椭圆形区域表示 SST 的变化，实线箭头代表风应力，空心箭头表示赤道热含量的变化，图的下半部是温跃层深度距平在赤道上的东西分布(Jin, 1997a)

10.6 海洋环流模式模拟的 El Niño 事件

10.6.1 海洋环流模式 LICOM 简介

LICOM 是 LASG/IAP Climate System Ocean Model 的缩写。LICOM1.0 是中国科学院大气物理研究所大气科学和地球流体力学数值模拟国家重点实验室(LASG)在其第三代海洋环流模式 L30T63 的基础上新发展的高分辨率准全球海洋环流模式(刘海龙 等，2004；Liu et al.，2004)。LICOM1.0 的动力框架和计算方案与 L30T63 相同，垂直方向保持 30 层，其中 300 m 以上 12 层。该海洋模式的前身 L30T63 海洋模式中使用的一些比较成熟的物理过程参数化方案也被继承下来，例如沿等位密度面的混合、热带海洋依赖于 Richardson 数的垂直混合参数化方案等。LICOM1.0 模式的水平分辨率为 0.5°×0.5°，因而这是一个涡相容分辨率的海洋模式，这是它相对于 L30T63(1.875°×1.875°)的主要改进之一。LICOM1.0 是一个准全球的海洋环流模式，其水平范围覆盖了 75°S～65°N 的开洋面。相对于 L30T63 模式而言，LICOM1.0模拟的大洋环流有显著改进，特别是模拟的赤道潜流、南极绕极环流和西边界流都明显增强，对赤道温跃层的模拟也有明显改进。表 10.1 给出了这两个模式的简介(关于 LICOM的更多介绍见本书的附录 B)。

表 10.1　海洋模式 L30T63 和 LICOM 简介

模 式	L30T63	LICOM
水平分辨率	1.875°×1.875°	0.5°×0.5°
垂直分辨率	30 层	30 层
上混合层参数化	PP 混合方案	PP 混合方案
等位密度面扩散	GM90	GM90
水平黏性系数	20000 m^2/s	5000 m^2/s
赤道潜流强度	25 cm/s	90 cm/s
短波辐射穿透	无	有

10.6.2　海洋模式模拟的 El Niño 和 La Niña 事件

本节将考察海洋环流模式是否能在实际的观测强迫下模拟出 El Niño 和 La Niña 事件。从第 3 章的内容可知，驱动海洋环流模式的强迫场有三个，分别是风应力、热通量和淡水通量。从前面介绍的 ENSO 循环理论可知，无论是对于 ENSO 的正反馈和负反馈过程，风应力都是热带海洋环流发生变化的最关键因素，热通量对热带海洋环流年际变化的作用并不大，热通量主要是通过影响大气环流特别是赤道信风强度的变化反过来再影响海洋环流。尽管淡水通量对热带太平洋的混合层深度有一定影响，但总体来说相对于风应力的强迫而言它对 ENSO 循环过程的影响也很小。因此，作为一个近似，通常利用海洋模式模拟 La Niña 和 El Niño 事件时，只考虑观测风应力的年际变化，而把海面温度和盐度向观测的气候值“恢复”。由于风应力异常能够导致温跃层深度和上升流异常，进而引起赤道中东太平洋海面温度异常，所以海洋环流模式能够比较成功地模拟出 La Niña 和 El Niño 事件的基本特征。例如，我们利用 1980—1989 年观测的风应力资料强迫 LASG 发展的两个海洋模式 L30T63 和 LICOM1.0，而模式中的海面温度和海面盐度向观测的气候值恢复，仍然可以发现两个海洋环流模式能够较好地模拟这 10 年期间发生的 El Niño 和 La Niña 事件。

图 10.14 是海洋模式 L30T63 模拟的 Niño 指数，在赤道中东太平洋，模式可以较好地模拟出每次冷事件和暖事件的强度，尽管有时会比观测结果滞后 1～2 个月。但是在赤道东太平洋秘鲁沿岸，模式模拟的 SST 距平比 NCEP 海洋同化资料明显偏低。进一步研究表明，提高海洋模式的水平分辨率可以明显改善模式模拟 ENSO 的能力。例如，使用同样的观测风应力强迫不同分辨率的模式，可以发现高分辨率模式模拟 SST 距平极大值位于风应力极大值中心的东侧，与 NCEP 海洋同化资料一致，但是低分辨率模式模拟的 SST 距平中心却与风应力中心基本重合(图 10.15)。从前面的描述可知，赤道中西太平洋区域的风应力距平有两种途径影响海温，一是通过引起 Ekman 抽吸异常影响局地的海温变化，二是能够激发出Kelvin波使温跃层的扰动向东传播，然后通过温跃层的变化影响中东太平洋的海面温度。一般来说，第二种作用更为显著，因此，最大的海温异常应该位于风应力异常的东侧。对于 L30T63 模式来说，因分辨率较低不能很好地描述赤道捕获的 Kelvin 波，因此，最大的海温异常与风应力异常重合。当分辨率提高以后，LICOM 就能较好地模拟最大海温距平的位置。

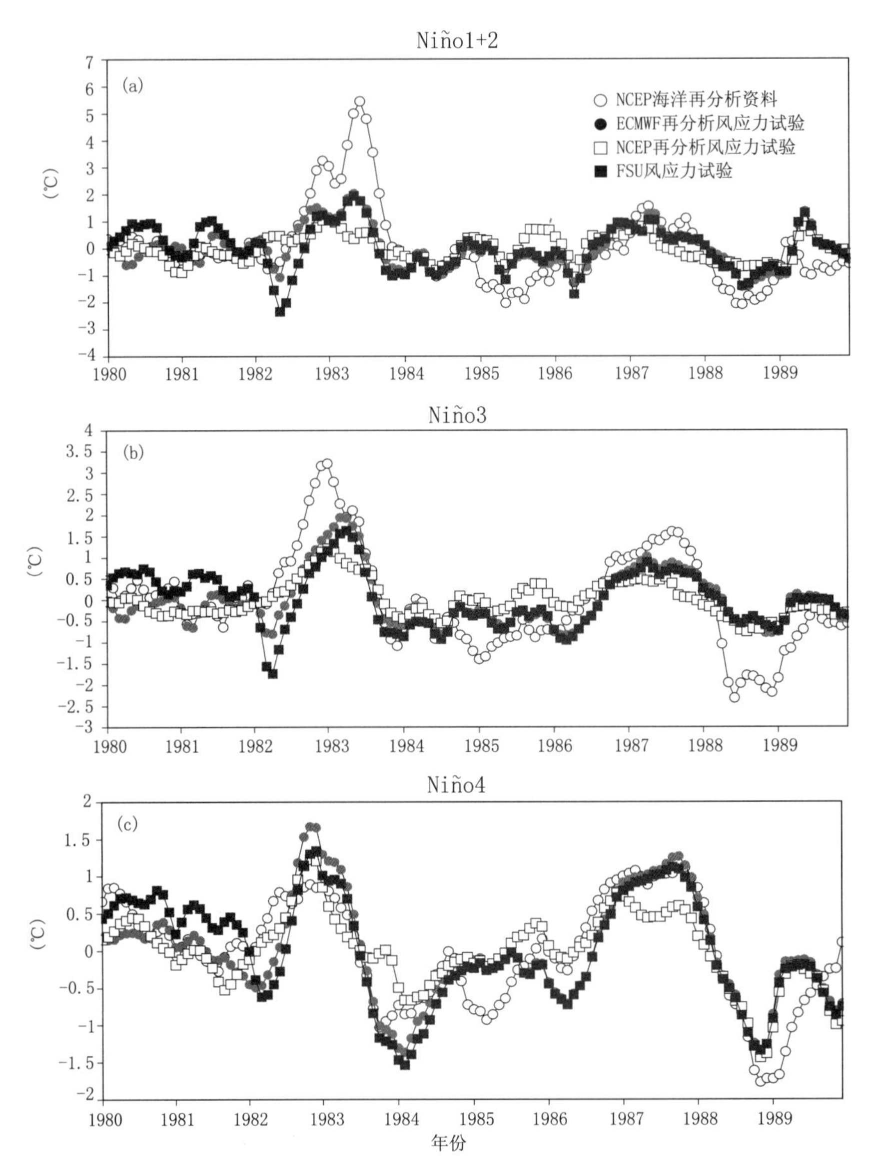

图 10.14　LASG 海洋环流模式 L30T63 在 1980—1989 年观测风应力强迫下模拟的热带太平洋 Niño 指数以及相应的 NCEP 海洋同化资料结果，其中空心圆代表为 NCEP 海洋再分析结果，而实心圆、空心矩形和实心矩形分别代表欧洲中期数值预报中心再分析(ERA)、NCEP 再分析风应力和 FSU 风应力强迫试验的结果

10.7　耦合模式模拟的 ENSO 事件

10.7.1　耦合气候模式及其在气候研究中的作用

最初的气候模式仅仅是指大气环流模式，随着气候系统概念的提出，人们逐渐认识到气候系统是由大气、海洋、陆面、生物以及冰雪等五大圈层组成，而且圈层之间的相互作用对于气候

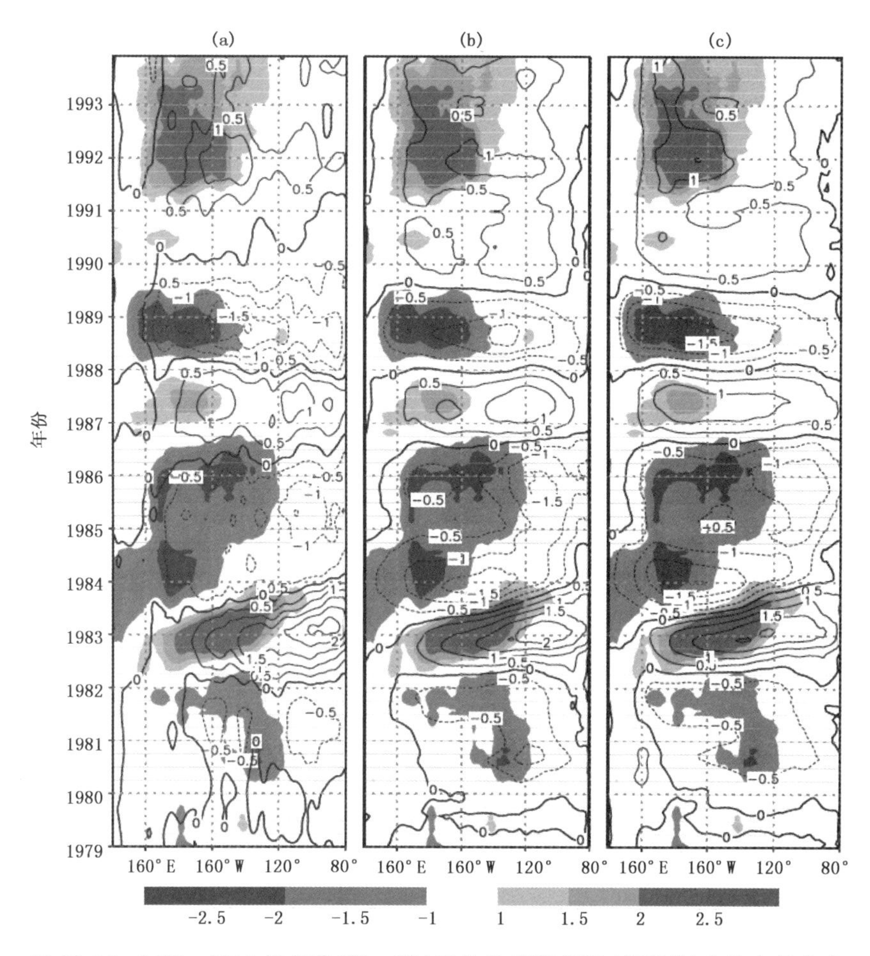

图 10.15　1979—1994 年赤道 2°S～2°N 平均的 SST 距平(等值线)和纬向风应力距平(阴影)的时间—经度剖面图,(a)NCEP 海洋同化资料,(b)高分辨率海洋模式(0.5°×0.5°),(c)低分辨率海洋模式(1.875°×1.875°)

研究具有特别的重要性。因而除了大气环流模式之外,人们又开始发展海洋环流模式、海冰模式以及陆面模式等气候系统分量模式,然后将不同分量模式耦合起来建立耦合气候模式。“气候模式”一词的内涵也随着研究的深入逐渐扩大,上述所有模式都可以称为气候模式。通常可以根据模式所采用的边界条件把气候模式简单地分为两类,即“未耦合的”(uncoupled)分量模式(如大气、海洋、陆面或者海冰模式)和“耦合的”(coupled)气候系统模式。所谓“未耦合”模式,就是指在圈层界面上(如海气界面、海冰大气界面等)使用给定的边界条件驱动分量模式运行(例如在海洋一大气界面上,驱动未耦合的大气模式的物理量是海面温度和海冰分布,而驱动未耦合的海洋模式的物理量则是海表风应力、热量通量和淡水通量)。但是对于“耦合”气候模式来说,在不同圈层的界面上不需要任何人为给定的边界条件,任何一个分量模式所需要的边界条件都可以从其他分量模式输出得到,例如大气模式所需要的海面温度和海冰分布可以分别从海洋和海冰模式输出得到,而海洋模式所需要的风应力、热通量和淡水通量则可以从大气模式和海冰模式的输出得到。因此,对于耦合模式而言,系统的外强迫主要是太阳辐射、海陆地形参数和大气气体成分。

显然未耦合模式只能用来研究气候系统中的某一圈层对其他圈层强迫的响应，耦合模式理论上则可以反映不同圈层之间的相互作用，在物理上更为合理。但是需要说明的是，由于各种原因耦合模式目前尚不完善，对于平均气候状态的模拟能力有时还不如用观测边界条件强迫的未耦合模式(如对热带太平洋暖池和冷舌的模拟等)。尽管如此，由于耦合模式能够更合理地反映圈层之间的相互作用，目前还是非常广泛地用于 ENSO、全球变暖等方面的数值模拟。

如果一个耦合模式的大气和海洋分量模式都是基于原始方程组的环流模式，即 AGCM 和 OGCM，这个模式通常可以称之为完全耦合模式(fully coupled GCM)。例如，参与 IPCC 耦合模式比较计划(CMIP)的模式都属于这一类模式。反之，如果其中任一个分量采用了简化模式，这个模式通常被称为中间复杂程度的耦合模式(Intermediate coupled model)或者混合耦合模式(hybrid coupled model)。例如，著名的 Zebiak-Cane 耦合模式(Zebiak et al.，1987)就属于中间复杂程度的耦合模式。鉴于目前所谓的“完全耦合模式”对于平均态和气候变率方面的模拟都具有相当大的不确定性，中间复杂程度或者混合耦合模式在业务的短期气候异常预测和理论研究方面都起到了巨大的作用。图 10.16 和图 10.17 是一个在 ENSO 研究方面的具体例子。Clement 等(2011)利用 NCAR 的大气环流模式 CAM3 进行了三组试验，第一组试验是利用气候平均的 SST 强迫大气模式，第二组是将 CAM3 与一个“平板”海洋模式(Slab Ocean Model——把海洋当做一个 50 m 厚的平板，只考虑海洋的热力过程，没有任何动力过程)耦合，第三组试验则是 CCSM3 的耦合模式结果(CAM3 是 CCSM3 的大气分量模式)。上面的试验设计表明，第一组试验没有考虑任何海气之间的反馈作用，第二组试验只考虑了海气之间的热力学反馈作用，第三组试验则同时考虑热力和动力反馈作用。图 10.16 分

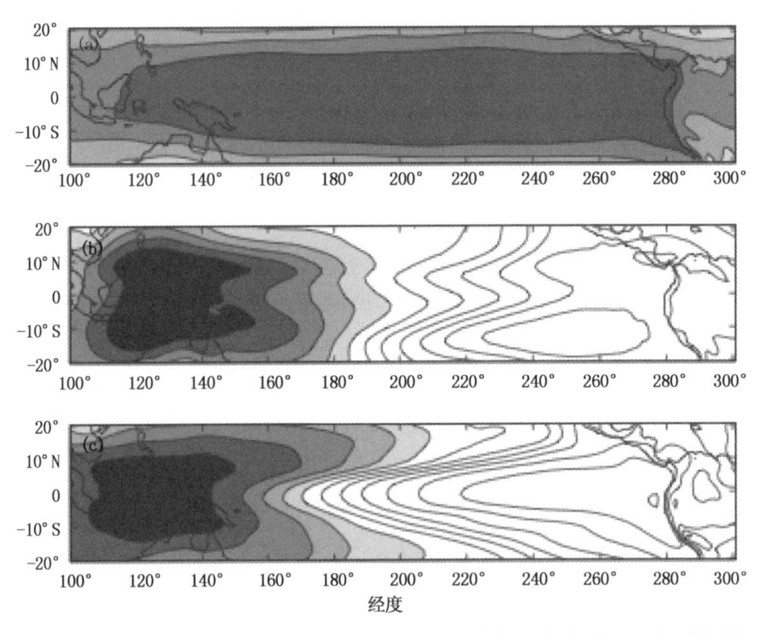

图 10.16　NCAR 大气环流模式 CAM4 在观测海温强迫下(a)、与平板海洋模式(Slab Ocean)(b)以及 CCSM 耦合模式模拟的海平面气压场(c)自然正交函数(EOF)第一模态的空间分布(Clement et al.，2011)

别给出了上述三组试验模拟的海平面气压场EOF分析第一模态的空间特征,图10.17则给出了相应时间系数的功率谱特征。显然,使用气候平均SST强迫大气模式,海平面气压场只有空间上一致性的加强或减弱,但是第二组和第三组试验则都出现了南方涛动的空间分布特征,说明海气相互作用是南方涛动这种大尺度海平面气压东西方向"跷跷板"形式振荡的根本原因。从功率谱分析来看,第一组试验没有任何显著的周期特征。第二组试验给出的功率谱基本上接近红噪声,这与Hasselman(1976)的结论基本一致,即如果把大气的强迫当做白噪声的话,海洋由于巨大的热惯性,其对大气强迫的响应基本上是红噪声。第三组试验则在年际时间尺度上表现出显著的峰值,意味着海洋动力过程决定了ENSO变化的时间尺度。

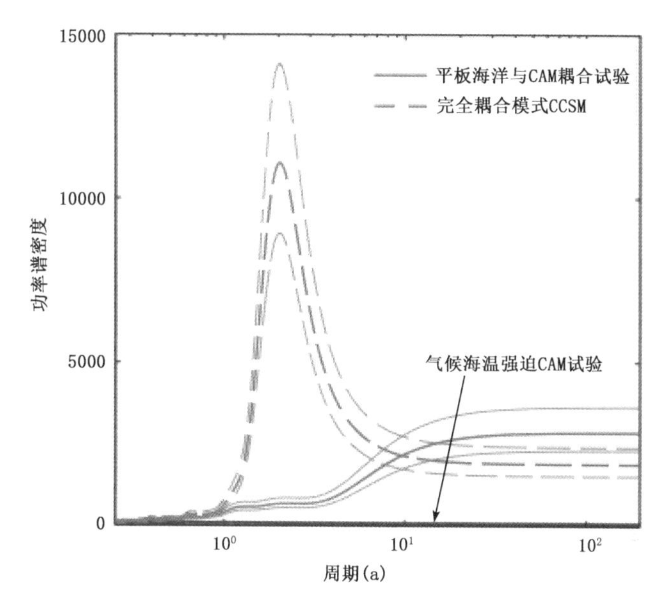

图10.17 NCAR大气环流模式在观测海温强迫下、与平板海洋模式(Slab Ocean)(浅色实线)以及CCSM耦合模式(虚线)模拟的南方涛动指数的功率谱(Clement et al.,2011)

10.7.2 LASG耦合气候模式及其模拟的ENSO循环

近年来,LASG开始采用以通量耦合器(Flux Coupler)为中心,发展模块化、标准化和并行化气候系统模式的模式发展策略,最初推出的是"灵活的全球气候模式",即FGCM(Flexible Global Climate Model)。FGCM有两个版本:FGCM-0(Yu et al.,2002)和FGCM-1.0(Yu et al.,2007)。FGCM-1.0和FGCM-0最主要的区别之一是海洋模式分辨率从1.875°×1.875°提高到0.5°×0.5°。本书的附录B.2给出了FGCM-0和FGCM-1.0的较详细的介绍。

以下将给出FGCM-1.0模拟的ENSO事件,并与FGCM-0的模拟结果进行对比分析。

目前有不少耦合模式模拟的ENSO振幅比观测要弱一些,但是,FGCM-0和FGCM-1.0模拟的Niño3指数的振幅都明显比观测强(图10.18),这可能是因为这两个模式模拟的温跃层相对观测较浅,同样的温跃层扰动可以对海面温度产生更大的影响,从而引起海面温度的变率增加。例如观测的Niño3指数标准差是0.8℃左右,而FGCM-1.0则可以达到1.5℃,几乎比观测值大一倍。比较FGCM-0和FGCM-1.0模拟的Niño3指数可以发现,FGCM-0模拟的年际变化基本上以准两年振荡为主,但FGCM-1.0可以模拟出3 a左右的不规测周期振荡,相对于FGCM-0有明显的改进,这应该主要和水平分辨率的提高有关。

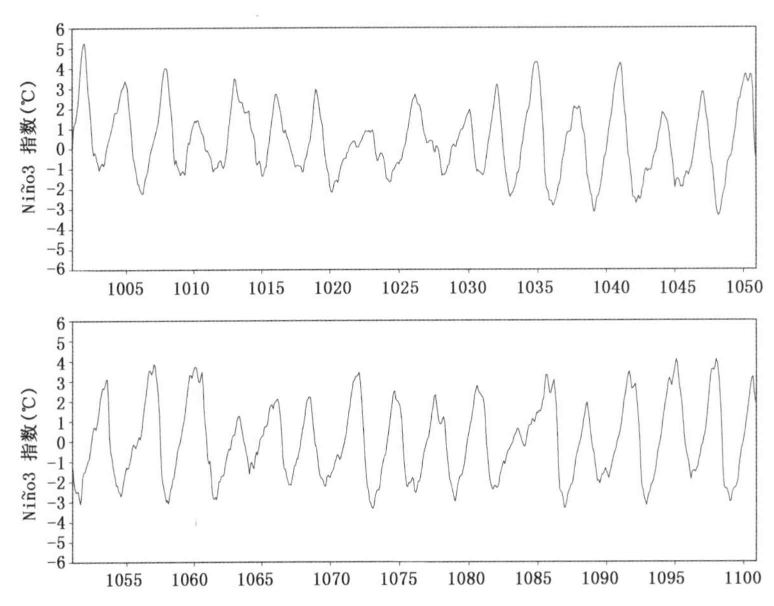

图10.18　耦合模式FGCM-1.0模拟的第100～200模式年(横坐标的数字是模式年数+900)的月平均Niño3指数(单位:℃)

图10.19给出了FGCM-1.0模拟的Niño3指数与上层300 m海洋热含量距平的超前和滞后相关系数,这主要反映了ENSO信号在赤道太平洋上层的传播过程。图10.19中横坐标为经度,纵坐标为超前(负值)和滞后(正值)的时间。西太平洋热含量与Niño3指数最大正相关系数为0.7,热含量超前Niño指数12～15个月。从西太平洋逐渐向东,热含量超前Niño指数的时间也在不断减小,这就说明在赤道上热含量距平是东传的。同样,在赤道外热含量的距平以西传为主。模拟的传播特征与延迟振子理论的描述很相似,例如ENSO信号最初起源于西太平洋次表层,然后沿着温跃层以Kelvin波的形式向东传播到达东太平洋,接着在东边界反射再以Rossby波的形式在赤道外5°～8°向西太平洋传播,从而构成一个完整的ENSO循环,这里ENSO周期的长度是由Kelvin波和Rossby波穿越太平洋的时间之和决定的。

图10.20给出了赤道纬向2°S～2°N平均的温跃层深度和Niño3指数,二者都显示出了很强的年际变化,并且相关显著,但是平均温跃层的深度超前Niño3指数1/4位相,大约9个月左右,即在ENSO峰值前9个月左右,温跃层正距平达到极大值,说明在赤道上有热量的累积,即所谓的Recharge过程。但是,在ENSO峰值之后的9个月左右,平均温跃层的深度达到极小值,表明赤道太平洋失去热量,即是所谓的Discharge过程。因此,耦合模式模拟的ENSO循环的物理机制也可以用Jin(1997)的Recharge-Discharge理论来解释。

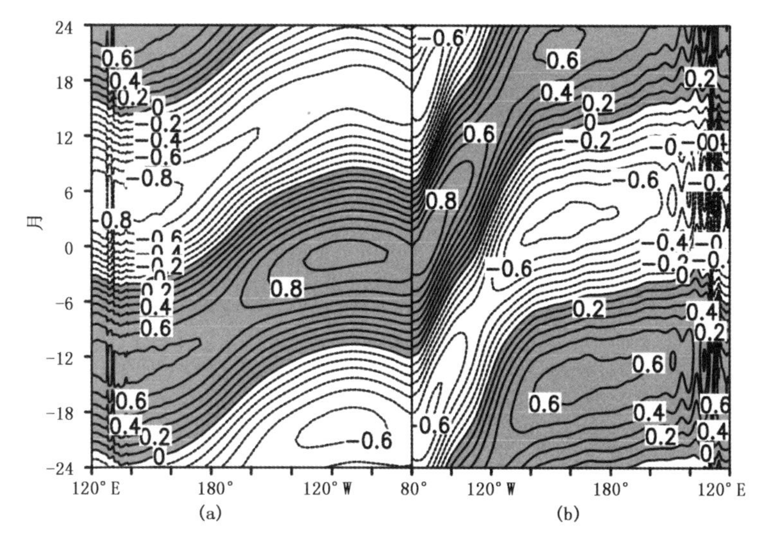

图 10.19 耦合模式 FGCM-1.0 模拟的 Niño3 指数与上层海洋热含量的滞后相关系数的滞后时间一经度剖面图,(a)赤道 2°S～2°N 平均,(b)5°～8°N 平均(Yu et al.,2007)

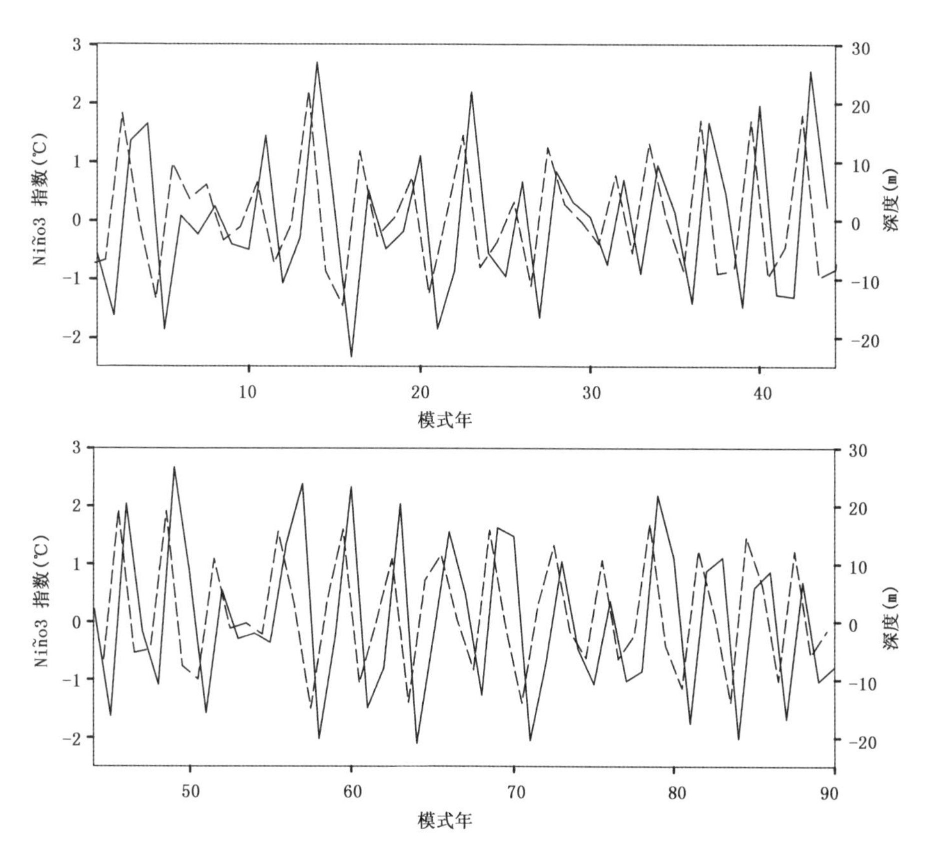

图 10.20 耦合模式 FGCM-1.0 模拟的第 100～190 模式年(横坐标的数字已经减去 100)的月平均 Niño3 指数(实线)和 2°N～2°S 平均的温跃层深度(虚线)(郑伟鹏,2007)

10.8 小结及未来研究展望

ENSO是气候系统中最强的年际变化信号,对全球的海洋、大气环流乃至生态环境变化均有重要影响。从20世纪80年代以来,在国际“热带海洋和全球大气”(TOGA)计划框架下,通过建立包括TAO/TRITON浮标阵列、卫星观测网等全面的业务观测系统,收集了大量的观测数据,为ENSO的观测分析、理论和数值模拟研究提供了坚实的数据基础。因此,自从20世纪80年代末开始,ENSO的研究取得了长足的进步。大量研究指出,ENSO循环就是大尺度不稳定的海气相互作用的结果,Delayed Oscillator理论和Recharge-Discharge理论分别从不同的侧面给出了对ENSO循环物理本质的解释,前者主要从海洋波动的角度讨论ENSO循环的动力学过程,后者更加强调了和ENSO循环相联系的上层海洋热含量的再分配过程。LASG发展的海洋模式可以在观测的风应力强迫下较好地模拟20世纪80年代的几次重要的El Niño和La Niña事件;随着海洋模式水平分辨率的提高,模式不仅对平均的赤道流系有显著的改进,而且模拟的El Niño和La Niña事件也更接近实际观测。作为对比,在没有任何年际尺度的外源强迫的条件下,LASG发展的耦合气候系统模式,可以模拟出ENSO循环的年际变化信号,并且其中ENSO循环的物理机制可以用已有的理论来解释,表明ENSO现象的确是海气相互作用的结果。

有关ENSO现象的研究最近20多年来一直是气候研究的重点之一,由于ENSO动力学的一些基本理论、模拟和预测问题还未得到完全的解决,因此可以预计在未来相当长的一段时间内ENSO现象仍是大气和海洋科学界关注的焦点问题之一。尽管目前耦合模式能够在一定程度上模拟出ENSO的基本特征,但是模式与观测之间以及不同模式之间的差别还是很大,可能与模式不能真实地刻画各种反馈过程或者与模式模拟的平均态气候偏差有关。

以LASG的两个耦合模式FGCM-0和FGCM-1.0的对比为例,图10.21是观测和模拟的较强El Niño事件的合成(composite)分析。观测结果表明,在太平洋,正的SST距平主要位于160°E以东,大约呈楔形分布;在热带东太平洋正距平范围可以从20°S到20°N;在中纬度西北和西南太平洋是显著的负距平区;在赤道印度洋则以正距平为主。FGCM-0虽然可以较好地模拟出在赤道中、东太平洋区域的正海温距平区,但与观测相比,主要的偏差是正距平的极大值偏于日界线东侧,而且在西太平洋有大片的正距平区;同时,正距平区基本上局限于赤道南北纬10°以内,在南北纬10°～20°有明显的负距平。相比之下,FGCM-1.0的结果有明显改进,尽管赤道太平洋SST正距平区过于西伸的问题更加明显,但是正距平的极大值位于赤道东太平洋,并且在东太平洋正距平的范围也扩大到南北纬20°之间。由于FGCM-1.0和FGCM-0采用的大气模式CCM3(Kiehl et al.,1998)和CAM2(Collins et al.,2003)基本性能非常相似,因此,两个耦合模式主要差别在于海洋模式的不同,它们对于ENSO事件模拟的区别也就很可能与海洋模式有关。当然,当同一个海洋模式与不同大气模式耦合时,模拟的ENSO循环也会有很大差异。

实际上,海气耦合模式在热带太平洋平均态和年际变化方面的误差在过去许多年里一直存在,但是到目前为止对这些误差产生的物理机制还有争论,因而耦合模式在这方面的改进并不明显。在可以预见的未来,耦合模式模拟的热带海气相互作用一定还是研究者关注的热点

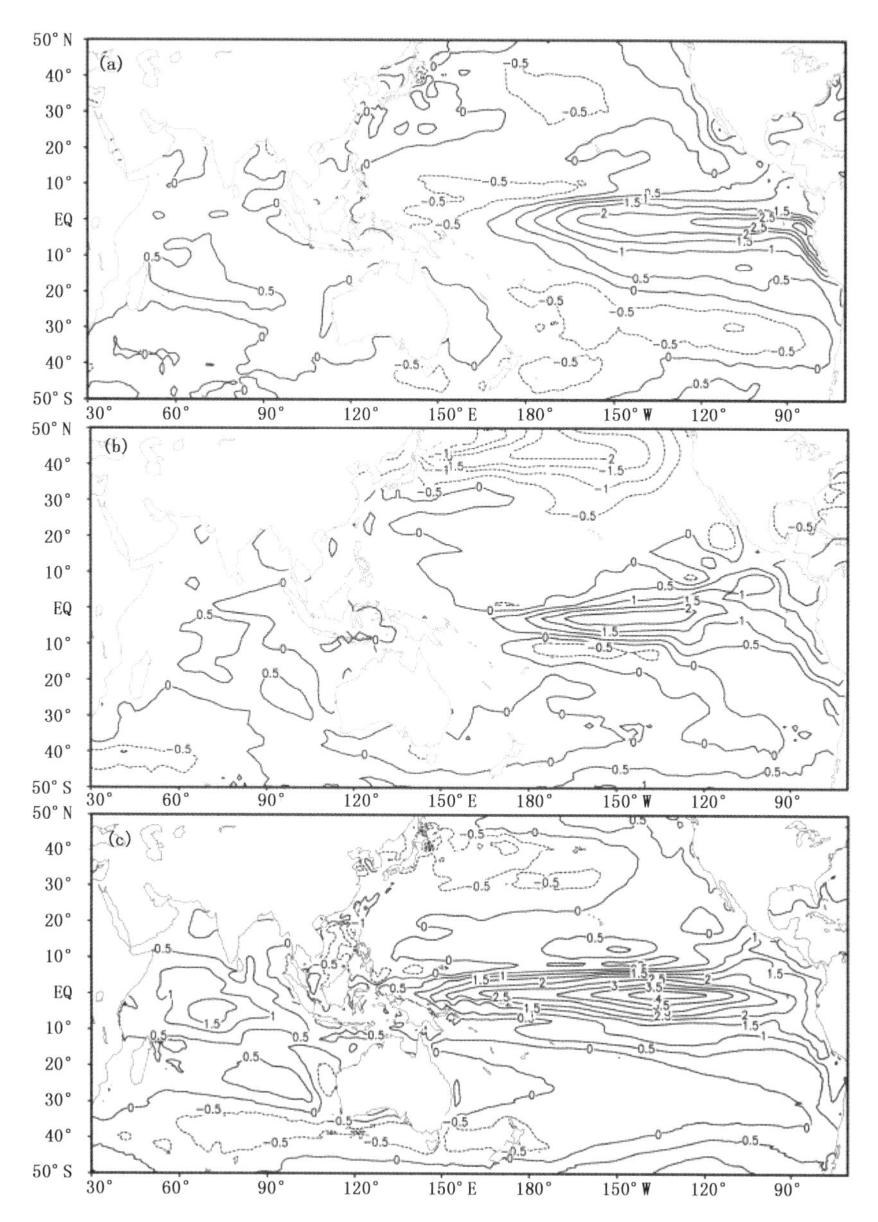

图 10.21　El Niño事件成熟位相SST距平的合成分析图,(a)NCEP海洋同化资料,(b)耦合模式FGCM-0,(c)耦合模式FGCM-1.0的结果(Yu et al.,2007)

问题之一。此外,未来几年值得关注的关键科学问题还有:1)通过简单模式、复杂耦合模式和ENSO理论的结合,进一步探索ENSO的动力学机制;2)ENSO的年代际变率及其与中高纬度海气相互作用的关系;3)利用耦合模式对ENSO进行预测;4)赤道太平洋ENSO现象与印度洋海气相互作用和季风的关系;5)ENSO对东亚夏季降水的影响及其机制;6)全球变暖背景下ENSO特征的变化。

参考文献

刘海龙,俞永强,李薇,等,2004. LASG/IAP气候系统海洋模式(LICOM1.0)参考手册[M]. 中国科学院大气物理研究所大气科学和地球流体力学数值模拟国家重点实验室(LASG)技术报告. 北京:科学出版社.

周天军,俞永强,刘喜迎,等,2005. 全球变暖形势下的北太平洋副热带－热带浅层环流的数值模拟[J]. 自然科学进展,15(3):367-371.

郑伟鹏, 2007. ENSO与平均态相互关系的数值模拟[D]. 北京:中国科学院大气物理研究所:118.

ANDERSON D L T, SARACHIK E S, WEBSTER P J, et al, 1998. The TOGA decade, Reviewing the progress of El Niño research and prediction[J]. J Geophys Res: 103 (C7).

BATTISTI D S, HIRST A C, 1989. Interannual variability in a tropical atmosphere-ocean model: Influence of the basic state, ocean geometry and nonlinearity[J]. J Atmos Sci, 46: 1687-1712.

BJERKNES J, 1969. Atmospheric teleconnections from the equatorial Pacific[J]. Mon Wea Rev, 97: 163-172.

CLEMENT A, DINEZIO P, DESER C, 2011. Rethinking the ocean's role in the Southern Oscillation[J]. J Climate, 24(15): 4056-4072. doi:10.1175/2011JCLI3973.1.

COLLINS W, et al, 2003. Description of the NCAR Community Atmospheric Model (CAM2)[Z/OL]. http:// www.ccsm.ucar.edu/models/atm-cam/docs/cam2.0/description.pdf.

DA SILVA A M, YOUNG C C, LEVITUS S, 1994. Atlas of Surface Marine Data 1994, Vol. 1: Algorithms and Procedures[M]. NOAA Atlas NECDIS 6, U S Dept. of Commerce, Washington D C:83.

FEDOROV A V, BROWN J V, 2009. Equatorial waves// Steele. et al. Encyclopedia of Ocean Sciences: Volume 2[M]. London U K:Academic Press: 269-287.

GILL A E, 1980. Some simple solutions for tropical heat-induced circulation[J]. Q J R Met Soc, 106: 447-462.

JIN F-F, 1997a. An equatorial ocean recharge paradigm for ENSO. Part I: Conceptual model[J]. J Atmos Sci, 54: 811-829.

JIN F-F, 1997b. An equatorial ocean recharge paradigm for ENSO. Part II: A stripped-down coupled model [J]. J Atmos Sci, 54: 830-847.

KIEHL J T, HACK J J, BONAN G, et al, 1998. The National Center for Atmospheric Research Community Climate Model: CCM3[J]. J Climate, 11: 1131-1149.

HASSELMANN K, 1976. Stochastic climate models, Part 1: Theory[J]. Tellus, 28: 473-485.

HOSKINS B J, KAROLY D J, 1981. The steady linear response of a spherical atmosphere to thermal and orographic forcing[J]. J Atmos Sci, 38: 1179-1196.

LAU K-M, 1981. Oscillations in a simple equatorial climate system[J]. J Atmos Sci, 38: 248-261.

LINDZEN R S, NIGAM A. 1987. On the role of sea surface temperature gradients in forcing low-level winds and convergence in the tropics[J]. J Atmos Sci, 44: 2418-2436.

LIU Z, PHILANDER G, 2001. Tropical-extratropical oceanic exchange pathways[M]// Siedler G, et al. Ocean Circulation and Climate: Observing and Modeling the Global Ocean: 247-254.

LIU H L, ZHANG X H, LI W, et al, 2004. An eddy-permitting oceanic general circulation model and its preliminary evaluations[J]. Adv Atmos Sci, 21: 675-690.

MATSUNO T, 1966. Quasi-geostrophic motions in the equatorial area[J]. J Meteor Soc Japan, 44: 25-43.

PHILANDER S G. 1999. A review of tropical ocean-atmosphere interactions[J]. Tellus, 51A-B(1): 71-90.

PICAUT J, IOUALALEN M, MENKES C, et al, 1996. Mechanism of zonal displacements of the Pacific Warm Pool: Implications of ENSO[J]. Science, 274: 1486-1489.

RAYNER N A, PARKER D E, HORTON E B, et al, 2003. Global analyses of sea surface temperature, sea ice, and night marine air temperature since the late nineteenth century[J]. J Geophys Res, 108(D14): 4407. doi:10.1029/2002JD002670.

SCHOPF P S, SUAREZ M J, 1988. Vacillations in a coupled ocean-atmosphere model[J]. J Atmos Sci, 45: 549-566.

WANG B, LI T, 1993. A simple tropical atmosphere model of relevance to short-term climate variations[J]. J Atmos Sci, 50: 260-284.

WALLACE J M, GUTZLER D S, 1981. Teleconnections in the geopotential height field during the Northern Hemi-sphere winter[J]. Mon Wea Rev, 109:784-812.

WEISBERG R H, WANG C, 1997. A western Pacific oscillator paradigm for the El Niño-Southern Oscillation [J]. Geophys Res Lett, 24: 779-782.

WYRTKI K, 1975. El Niño-the dynamic response of equatorial Pacific ocean to the atmospheric forcing[J]. J Phys Oceanogr, 5: 572-584.

WYRTKI K, 1985. Water displacements in the Pacific and the genesis of El Niño Cycles[J]. J Geophys Res, 90(C4): 7129-7132, doi:10.1029/JC090iC04p07129.

XIE P, ARKIN P A, 1997. Global precipitation: A 17-year monthly analysis based on gauge observations, satellite estimates, and numerical model outputs[J]. Bull Amer Meteor Soc, 78: 2539-2558.

YU Y Q, YU R C, ZHZNG X H, et al, 2002. A flexible global coupled climate model[J]. Adv Atmos Sci, 19: 169-190.

YU Y Q, ZHANG X H, GUO Y F, 2004. Global coupled ocean-atmosphere general circulation models in LASG/IAP[J]. Adv Atmos Sci, 21: 444-455.

YU Y Q, ZHENG W P, LIU H L, et al, 2007. The LASG coupled climate system model FGCM-1.0[J]. Chinese Journal of Geophysics, 50: 1454-1455.

YU Y Q, ZHI H, WANG B, et al, 2008. Coupled model simulations of climate changes in the 20th century and beyond[J]. Adv Atmos Sci, 25(4): 641-654. doi:10.1007/s00376-008-0641-0.

YU Y Q, ZHENG W P, WANG B, et al, 2011. Versions g1.0 and g1.1 of the LASG/IAP Flexible Global Ocean-Atmosphere-Land System model[J]. Adv Atmos Sci, 28(1): 99-117. doi: 10.1007/s00376-010-9112-5.

ZEBIAK S E, CANE M A, 1987. A model El Niño-Suthern Oscillation[J]. Monthly Weather Review, 115: 22662-22278.

ZHANG Xuebin, MACPHADEN M J, 2006. Wind stress variations and interannual sea surface temperature anomalies in the Eastern Equatorial Pacific[J]. J Climate, 19: 226-241.

第11章 印度尼西亚贯穿流的模拟

11.1 引言

在前面几章介绍热带太平洋温度、环流特征和风生环流理论的基础上，这一章具体讲述连接热带太平洋和热带印度洋的一支特殊海流，即印度尼西亚贯穿流(Indonesian Throughflow)，以下简称“ITF”。

本书第7章已经从“模式地理”的角度提到过印度尼西亚海的复杂性，现在再给出一些更具体的介绍。印度尼西亚海域是连接热带太平洋与印度洋的复杂海域的总称，包括一系列的岛屿、海盆，由多个深浅不一的狭窄通道连接而成。面积 $8.94\times10^6\ km^2$，约占全球海表面积的2.5%。印度尼西亚海跨越赤道，在东西方向连接两大洋、南北方向连接欧亚大陆和澳洲。正是由于这种贯通、交汇的地理位置，在历史文献记载中，印度尼西亚海曾有若干不同的命名，例如澳亚地中海(Australasian Mediterranean)，印度一马来亚群岛海域(Indo-Malayan Archipelago)，东印度群岛海域(East Indian Archipelago)。目前通常称为印度尼西亚海(Indonesian Seas)(简称“印尼海”)或东南亚水域(Southeast Asian Waters)。

虽然习惯上将ITF作为太平洋低纬度西边界流(Low Latitude Western Boundary Current，LLWBC)的一部分，实际上，ITF是从赤道太平洋穿过印度尼西亚海区的复杂通道、向印度洋的海水输送。也就是说，这支海流是连接太平洋与印度洋两个大洋，而不仅是单纯的太平洋海流。

ITF的研究始于20世纪50年代海洋学家Klaus Wyrtki在印尼雅加达海洋科学研究所的工作。Wyrtki为全面了解印度尼西亚海的环流和水团特征，综合应用了当时各种可用的观测资料和分析手段，包括表层海流、海表高度、动力计算的地转流、温盐观测、水团分析等，以期获得比单独利用一种资料更合理的结果。

Wyrtki首先利用船舶浮标资料，建立了印度尼西亚海表层环流的月平均图像。这些月平均图像显示了明显的受季风影响的环流特征。Wyrtki进一步通过动力计算、海表高度观测等，分析了该海域的主要质量输运。研究结果指出，在西北季风期间，印度尼西亚海有太平洋海水的流入，而在东南季风期间，有海水自印尼海流向印度洋。研究结果同时揭示了贯穿流以温跃层水为主的特征。因此，ITF实际上是Wyrtki研究印尼海域环流的“副产品”。该研究结果于1957年在曼谷太平洋科学大会上首次报告，1961年正式出版发表(Wyrtki，1961)。

本书为什么要专设一章来介绍ITF这支具体的海流呢？这个问题可以从ITF的独特性

及重要性两方面来回答。其中,关于 ITF 对全球气候和热带太平洋的重要意义将在下一节单独介绍,ITF 的特殊性主要表现在其流经的印度尼西亚海具有如下明显的特点。

(1)岛屿众多,海陆地形结构之复杂程度为全球大洋所罕见。印度尼西亚海被众多岛屿分割,主要形成 8 个海区。分别是:1)班达海(Banda Sea),2)苏拉威西海(Sulawesi Sea),3)马鲁古海(Molucca Sea),4)哈尔马赫拉海(Halmahera Sea),5)塞兰海(Seram Sea),6)苏禄海(Sulu Sea),7)佛罗勒斯海(Flores Sea),8)萨武海(Sawu Sea)。

(2)是全球低纬度海区中,唯一沟通两大洋海盆的通道。这种地理位置的通道,对热带太平洋、印度洋的质量、热量收支有重要影响。

(3)其东、西两侧分别连接西太平洋暖池和东印度洋暖池,它们是全球平均海温最高的两个海区,是全球大气的加热中心,也是降水量最大的两个海区。

(4)是赤道附近海域中除上升流区以外,海洋得到海表热通量最大的海区。

本章主要包括三部分内容:一是解释 ITF 的气候意义和 ITF 的驱动力;二是介绍观测的 ITF 的气候平均和变化特征;最后讲述 ITF 的数值模拟研究。

11.2 ITF 的气候意义和驱动机制

11.2.1 气候意义

ITF 所处的特殊地理位置决定了其重要的气候意义。作为低纬度海洋中唯一的跨洋盆海流,ITF 将大量的暖而低盐的海水从太平洋输送到印度洋。因此,ITF 是同时影响两大洋热收支的一个重要因子。ITF 与热带太平洋、印度洋的 SST、温跃层深度、环流等直接相关(Hirst et al.,1993;Schneider,1998)。而太平洋/印度洋暖池强度、位置的变化,可引起海表热通量、大气深对流中心、热带风场等的变化(Webster et al.,1992),并通过遥相关影响中纬度气候(Schneider,1998)。同时,海表风场的变化又通过海洋的动力和热力过程改变 SST。这一系列的反馈变化,表明 ITF 的异常对于全球气候、特别是热带气候有重要影响意义。目前,对于 ITF 流量估计的不确定性,已成为太平洋、印度洋海盆尺度热收支研究的主要误差来源(Wijffels et al.,2001;Robbins et al.,1997)。

ITF 可能是全球热盐环流的一个组成部分(Gordon,1986),因而对全球气候都有潜在的影响。

ITF 来源于太平洋 LLWBC,其本身也被视为太平洋 LLWBC 的一部分。LLWBC 在三大洋中都存在,它们在赤道地区热量和质量收支中起着重要的作用。但是,太平洋 LLWBC 和大西洋、印度洋有着显著的区别,这主要是因为存在着从太平洋到印度洋的低纬度输送。了解 ITF,是全面认识热带太平洋流系的必要内容。

总之,虽然自身的尺度很小,但 ITF 体现了太平洋与印度洋的交换,所以了解 ITF 的变化是理解热带太平洋、印度洋热量收支、环流等的气候状态及其变化所必需的。

11.2.2 驱动机制

一个引人兴趣的问题是关于 ITF 的驱动机制。对这个问题的求解,也可提供对 ITF 质量输运量值的估计。

根据第 2 章关于风生环流的理论,我们知道在大洋内区至东边界,“风生环流层”(从海表到无运动深度)垂直积分的南北向质量输送可用 Sverdrup 输送来描述,即直接由风应力驱动的 Ekman 输送与 Ekman 抽吸引起的地转流之和。这些理论给出了海盆尺度环流输运的一般解。而海盆中独立岛屿(澳大利亚)的存在形成了一个复连通域,其中岛屿的东侧正好是大洋的西边界,那里的黏性作用不可忽略,给使用 Sverdrup 理论带来一定困难,这就是以下叙述的“岛屿定律”所要解决的问题。

图 11.1 是简化的海陆地形示意图,阴影表示陆地,其中的孤岛代表澳大利亚。我们感兴趣的是 ITF 的流量(T_{itf})。根据质量守恒原理,假定质量源汇可以忽略,则显然 $T_{\mathrm{itf}}=T_{CD}=T_{AB}$,即 ITF 的质量输运与南太平洋向北的流量相平衡。下面我们来探讨如何根据风生环流的基本理论,确定次海盆尺度的质量输运。

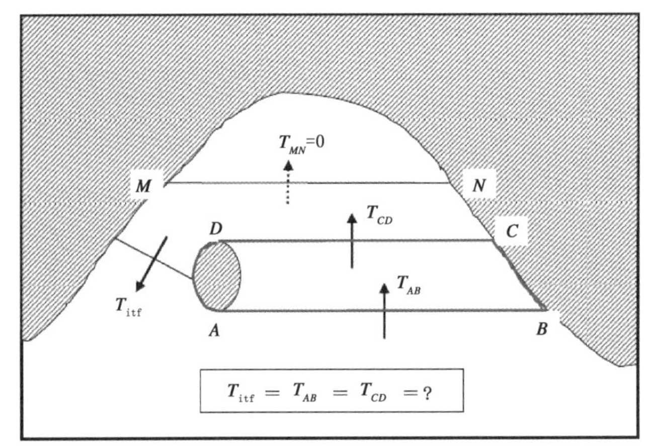

图 11.1 包括洋中岛屿的海陆地形示意图(阴影区表示陆地或岛屿)

考虑定常流,假定在所考虑的海区存在统一的无运动深度,将运动方程从无运动深度($z=-Z$)到海表($z=0$)做垂直积分,得到:

$$
\begin{aligned}
-fV &= -\rho_0^{-1}\int_{-Z}^{0}\frac{\partial p}{\partial x}\mathrm{d}z+\rho_0^{-1}\tau^x-X \\
fU &= -\rho_0^{-1}\int_{-Z}^{0}\frac{\partial p}{\partial y}\mathrm{d}z+\rho_0^{-1}\tau^y-Y
\end{aligned}
\tag{11.1}
$$

式中,(U,V)是沿深度积分的速度分量,(X,Y)代表水平黏性在两个方向的分量。其余符号采用一般的定义。可将式(11.1)对比第 2 章的式(2.9),想一想差别在哪里?

针对图 11.1 中岛屿以东的海区,对式(11.1)之第一式沿 AB 断面方向积分,略去水平黏性项的垂直积分,得到:

$$
-f_A T_{AB}=-\rho_0^{-1}\left[\int_{-Z}^{0}p_B(z)\mathrm{d}z-\int_{-Z}^{0}p_A(z)\mathrm{d}z\right]+\int_A^B\rho_0^{-1}\tau^l\mathrm{d}l \tag{11.2}
$$

或者写为:

$$
\rho_0^{-1}\left[\int_{-Z}^{0}p_B(z)\mathrm{d}z-\int_{-Z}^{0}p_A(z)\mathrm{d}z\right]=f_A T_{AB}+\int_A^B\rho_0^{-1}\tau^l\mathrm{d}l \tag{11.2a}
$$

式中，l 表示积分的切线方向，p_A，p_B 分别是 A，B 两点的压强，T_{AB} 是通过断面 AB 的总的质量通量，包括大洋内区和东边界的 Sverdrup 输送以及岛屿东侧的大洋西边界流的质量输运。

式(11.2)右端，风应力项可由海面风场观测资料计算，而压力梯度项不容易直接获得。下面我们介绍 Godfrey(1989)提出的"岛屿定律"(Island Rule)方法，看如何通过一些适当的简化和巧妙的转换，直接由风应力项来解释绕岛环流。

类似地，根据式(11.1)，可得到沿 BC，CD 的积分：

$$0 = \rho_0^{-1}\left[\int_{-Z}^{0} p_C(z)\mathrm{d}z - \int_{-Z}^{0} p_B(z)\mathrm{d}z\right] - \int_{B}^{C}\rho_0^{-1}\tau^l \mathrm{d}l \tag{11.3}$$

$$f_D T_{CD} = -\rho_0^{-1}\left[\int_{-Z}^{0} p_D(z)\mathrm{d}z - \int_{-Z}^{0} p_C(z)\mathrm{d}z\right] + \int_{C}^{D}\rho_0^{-1}\tau^l \mathrm{d}l \tag{11.4}$$

注意，式(11.3)是沿着海陆边界的积分，由于沿海陆边界的法向速度为零，故其左端的输运项为 0。

写成类似式(11.2a)的形式：

$$\rho_0^{-1}\left[\int_{-Z}^{0} p_C(z)\mathrm{d}z - \int_{-Z}^{0} p_B(z)\mathrm{d}z\right] = \int_{B}^{C}\rho_0^{-1}\tau^l \mathrm{d}l \tag{11.3a}$$

$$\rho_0^{-1}\left[\int_{-Z}^{0} p_D(z)\mathrm{d}z - \int_{-Z}^{0} p_C(z)\mathrm{d}z\right] = -f_D T_{CD} + \int_{C}^{D}\rho_0^{-1}\tau^l \mathrm{d}l \tag{11.4a}$$

由式(11.2a)、式(11.3a)、式(11.4a)，以及关系式 $T_{\mathrm{itf}} = T_{CD} = T_{AB}$，可得：

$$\rho_0^{-1}\left[\int_{-Z}^{0} p_D(z)\mathrm{d}z - \int_{-Z}^{0} p_A(z)\mathrm{d}z\right] = (f_A - f_D)T_{\mathrm{itf}} + \int_{ABCD}\rho_0^{-1}\tau^l \mathrm{d}l \tag{11.5}$$

注意其中的积分路径 $ABCD$ 不是闭合路径，因此，还须要估计从 D 到 A 的积分。

为了回避大洋西边界区域复杂的物理过程，我们选择图 11.1 中岛屿以西的海陆边界作为积分路径(即图中连接 D 和 A 的曲线)，对大洋来说这个路径正好是沿着东边界的，类似式(11.3a)，有：

$$\rho_0^{-1}\left[\int_{-Z}^{0} p_D(z)\mathrm{d}z - \int_{-Z}^{0} p_A(z)\mathrm{d}z\right] = \int_{A}^{D}\rho_0^{-1}\tau^l \mathrm{d}l \tag{11.6}$$

联立式(11.5)与式(11.6)，得到完全依赖于海面风场的 T_{itf} 的表达式：

$$T_{\mathrm{itf}} = \oint_{ABCDA}\rho_0^{-1}\tau^l \mathrm{d}l/(f_D - f_A) \tag{11.7}$$

利用 Stokes 定理，ITF 的质量输运可最终表达为：

$$T_{\mathrm{itf}} = \iint_{ABCDA}\rho_0^{-1}\mathrm{d}A\nabla\times\tau/(f_D - f_A) \tag{11.8}$$

式中，$\mathrm{d}A$ 代表面积元。

至此可证明，ITF 的质量输运是由其东侧大洋的风场决定的。结合实际地形，更确切地说，ITF 的流量大致可由 44°S 至赤道附近的南太平洋风应力旋度场的面积积分确定。

基于岛屿定律，Godfrey(1989)利用观测气候风场推出的 ITF 输运为 16±4 Sv(1 Sv=10^6 $\mathrm{m^3/s}$)。这个估计值在直接观测资料不断丰富的今天，仍可认为是在合理的误差范围之内。岛屿定律依据的仅是 Sverdrup 关系这一大洋风生环流的基本原理，它的形式是如此简洁，而计算的结果又具有相对较高的准确性,其后的许多工作致力于证明该定律的有效性,以及对其进行进一步的完善。Godfrey(1996)考虑了水平黏性、海底地形及非线性作用等对原来的"岛屿定律"进行了修正。

11.2.3 盐度对热输送的影响

由于观测的困难,对印度尼西亚海域的直接观测一直很有限,往往只能根据单次的、单点的观测数据来对 ITF 的特征进行推测。这种状况虽难免有管中窥豹之嫌,但是与其他多种资料相互印证,并结合合理的理论解释,仍可提供对此海域海洋过程的有意义的了解和理解。这里举一个例子,Gordon 等(2003)通过综合利用温度、盐度、速度、风场的资料,解释 Makassar(望加锡)海峡周边海水的盐度分布通过影响该海峡上层的水平(南北)压力梯度,形成了具有明显垂直切变的流速场,从而影响了 ITF 的热量输送。

Gordon 等(2003)利用的资料为 1996—1997 年在 Makassar 海峡布放的 ADCP 等提供的温度、盐度、速度数据,以及卫星观测的海表风场。对温度、流场的资料分析发现,ITF 通过 Makassar 海峡向南的输运,其"以输送量为权重"(transport-weighted)的平均温度约为 13~15℃,这个温度明显低于其源地的太平洋水温(约 22℃)。这个显著的冷却结果是如何产生的?

研究工作提出了一种可能的解释。在冬季风盛行期间,局地的西北风将低盐的 Java(爪哇)海水推进到 Makassar 海峡的南端,从而在表层形成了向北的压力梯度,抑制了 Makassar 海峡表层的南向流,也就是阻碍了较暖的太平洋表层水的南下。其结果是 Makassar 海峡内的体积输运最大值集中在 200 m 深度附近。流速的这种垂直结构导致减少了热量输送,其结果是 ITF 经过 Makassar 海峡后,产生了明显冷却。而当夏季风盛行期间,以上所述的由盐度导致的压力梯度消失,但 Makassar 海峡的盛行风为南风,则风向也抑制了表层流的南向输送。

这个工作与方国洪等(2002)的结果有一定的一致性,他们利用数值试验的结果发现,南海海水可以通过 Karimata(卡里马塔)海峡、途经 Java(爪哇)海影响 ITF。

11.3 ITF 的气候平均和变化特征——观测结果

11.3.1 观测计划

由于海陆地形的复杂性,印尼海附近的历史观测资料稀少。20 世纪 80 年代中期以后,才陆续开展较系统的温盐和海流观测。持续时间最长的观测是澳大利亚联邦科学与工业研究组织(Commonwealth Scientific and Industrial Research Organisation,CSIRO)进行的 IX1 断面的观测结果。IX1 断面位置为 6.8°S,105.2°E~31.7°S,114.9°E(图 11.2),从 1987 年开始进行了长期的 XBT(Expendable bathythermograph:投弃式温深仪)观测(Wijffels et al.,2008)。流量观测结果认为,1987—2001 年平均的 ITF 上层(0~700 m)流量(地转流输送与由 NCEP 风应力计算的 Ekman 输运之和)为 9.6 Sv。通过 IX1 断面的流速分布特征是:断面北部为较强的向印度洋的输送,南部输送较小,还存在向太平洋方向的输送。从垂直剖面看,主要的输送集中在上层 200 m 左右。

2004—2006 年执行的 INSTANT(the International Nusantara Stratification and Transport)第一次对 ITF 主要的通道进行同时测量(Gordon et al.,2010)。观测发现,Makassar 和 Timor(帝汶)通道的流速的季节和季节内变化比较稳定,而 Lombok(龙目)和 Ombai(翁拜)海峡的流速变化相对剧烈。3 a 平均的进入印度洋的 ITF 输送为 15 Sv,比以前的非同期观测大 30%。而 3 a 平均进入印度尼西亚海区的输送约为 13 Sv,入流和出流的差异主要是观测中没有包括表层流所导致的。

11.3.2　主要的确定性结论

(1)水源(太平洋和南海)

在太平洋 LLWBC 附近,北赤道流(NEC)在 14°N 附近分流为向北的黑潮和向南的棉兰老流(Mindanao Current,MC)。MC 在棉兰老岛东侧(8°N)绕过逆时针的棉兰老涡(ME:Mindanao Eddy),部分进入印度尼西亚海,另一部分向东提供北赤道逆流(NECC)的水源。南太平洋向北的上层海流,大部分顺时针地绕过位于 2°N 附近的哈尔马赫拉涡(Halmahera Eddy,HE)折向东,与来自 MC 的东向流汇合,提供给 NECC。深层少量的南太平洋水通过马鲁古(Maluku)海和哈尔马赫拉(Halmahera)海,组成 ITF 的一部分。

除了直接来自太平洋的水源,还有一部分水来自南海,但是流量较小。关于南海水经过卡里马塔(Kalimantan)海峡、爪哇海对 ITF 流量产生有意义的贡献,最早是由方国洪等(2002)通过数值模拟的结果提出的。而后,Fang 等(2010)根据现场观测得到:在 2007—2008 年冬季的一个月份,通过卡里马塔海峡的流量为 0.14 Sv。

(2)路径(印度尼西亚海)

在印度尼西亚海,来自棉兰老流(MC)的海水主要通过 Makassar 海峡向南输送。流出 Makassar 海峡以后,一部分由 Lombok 海峡直接流入印度洋,主要部分折向东经 Ombai 海峡和 Timor 通道进入印度洋(图 11.2)。

(3)去向(印度洋)

流出印度尼西亚海之后,ITF 在印度洋入口通道的北部(爪哇以南)形成西向的急流,汇入印度洋南赤道流,穿过印度洋。

(4)体积通量

观测的 ITF 体积通量年平均值为 10~15 Sv。

体积通量的季节变化主要是年周期信号,夏秋季流量较大,冬春季较小。

Meyers 等(1995)通过计算上层 400 m 的地转流,得到穿过爪哇和西北澳大利亚的 IX1—XBT(Expendable Bathythermograph)断面的最大输送在 8 月、9 月(−12 Sv),最小在 5 月(2 Sv)(规定向东、向北的流量为正)。Fieux 等(1994,1996)观测 ITF 的输送量在 8 月为 −18.6 Sv±7 Sv,3 月为 2.6 Sv±7 Sv。Gordon 等(1999)在 Makassar 海峡、Murray 和 Arief(1988)在 Lombok 海峡以及 Molcard 等(1996)在 Timor 海峡也都发现了 ITF 流量的季节变化信号。

另外,体积通量还存在一定的半年周期信号,主要与印度洋的季风风场有关。

近期的观测研究在 Lombok, Ombai, Timor 三个 ITF 的主要出口,还发现了流量的季节内(30~90 d 周期)变化信号(Qiu et al.,1999)。

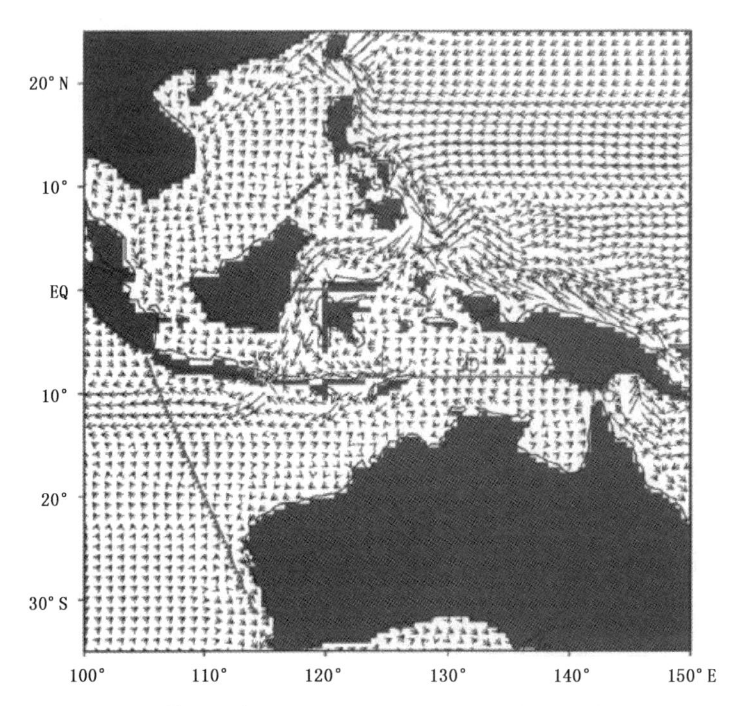

图 11.2 LICOM1.0 模拟的印度尼西亚海区上层 300 m 年平均输送(Li et al., 2004)

(5)热量通量

目前研究结果尚有较大的不确定性,变化范围在 0.6～1.4 PW (1 PW=10^{15} W)。虽然具体数值有待进一步验证,但这个数量级无疑反映出 ITF 的热输送对热带太平洋与印度洋的热收支具有相当重要的意义。

(6)年际变化

ITF 流量的年际变化非常显著(例如 Meyers,1996),尤其是 ITF 流量变化与 ENSO 相关较明显,从而引起科学上的兴趣和关注。通常 ENSO 暖事件期间,ITF 流量较小。

11.4 ITF 的数值模拟研究

由于 ITF 通道狭窄、地形复杂,它的模式再现对于数值模式的能力提出了较高的要求,在一定程度上也成为检验模式性能的一个指标。

11.4.1 海洋环流模式模拟的 ITF

ITF 的主要部分由上层海洋的风生洋流决定。以观测风场为强迫,一些接近涡分辨率的全球海洋模式被用于再现印度尼西亚海及邻近海域的环流状况的细节特征,包括 ITF 的水源、在印度尼西亚海主要海峡的流量分配、温盐结构等。较有代表性的工作包括:Potemra 等(1997)的 POCM 模式(模拟年平均流量 7.4 Sv),Gordon 和 McClean(1999)的 POP 模式(4～12 Sv),方国洪等(2002)的 MOM(约 20 Sv),刘海龙(2002)的 LICOM1.0(12.2～14.5 Sv)等。

这里重点介绍 LICOM 的模拟结果(与 L30T63 结果对比,说明模式分辨率对于 ITF 模拟的关键意义)。

LICOM1.0 的水平分辨率为 0.5°×0.5°,垂直 30 层,其中 300 m 以上 12 层。LICOM1.0 的模式地形采用了美国海军海洋部的 DBDB5 数据集。印尼海区的 ITF 主要通道,例如,望加锡海峡、龙目海峡、翁拜海峡、帝汶通道,均可被模式地形分辨出来。此外,对模式地形进行了一些手工调整以更好地代表该海域主要的海脊和海槛。

以 Hellerman 和 Rosenstein(1983)的气候风应力资料为强迫场,以静止态和 Levitus(1994a,b)的温度、盐度为初始场,LICOM1.0 的 spin-up 试验积分了 40 a。随后,动量强迫场采用 1979—1993 年的 ERA15(ECMWF Re-analyses)逐日风应力资料(Gibson et al.,1997)。热量强迫为 Haney(1971)型边界条件(详见本书第 3 章),强迫场资料来自 COADS(Comprehensive Ocean-Atmosphere Data Set)的气候态海表气温、气压、风速、比湿和短波辐射(da Silva,1994),以及 ISCCP 的云量(见第 4 章)。盐度方程的强迫采用直接恢复到观测海面盐度(SSS)的形式(见本书第 3 章)。LICOM1.0 的 spin-up 试验模拟出了合理的全球大尺度环流场和温度场的气候特征,分辨率的提高使得大尺度环流和经向热量输送的模拟有了明显改进。以下分析采用的是 1980—1989 年的月平均模式结果(Liu et al.,2004)。

(1)ITF 体积输运的模拟

ITF 的气候意义,第一步是从其"贯穿"特征理解,即从太平洋到印度洋的体积输运。体积输运的变化也是影响热量输运异常的主要因子。因此,对于 ITF 的模拟研究,也首要关注对于流量模拟的合理性,包括总流量以及印尼海域复杂通道的分流量的模拟。

表 11.1 模拟和观测的印度尼西亚海主要 ITF 通道的年平均体积输运(规定太平洋流向印度洋方向为正,以下同),总流量()中的数字为上层 700 m 流量(单位:Sv)

	总流量	望加锡	龙目	翁拜	帝汶	托雷斯
模拟(整层)	14.5 (13.2)	8.0	5.6	6.5	0.7	1.6
观测	12[1], (9.6)[2]	9.3[3]	1.7[4]	5[5]	4.5[6]	0.01[7]

注:[1] Godfrey,1989;[2] Wijffels et al.,2004;[3] Gordon et al.,1999;[4] Murray et al.,1988;[5] Molcard et al.,2001;[6] Molcard et al.,1996;[7] Wolanski et al.,1988。

表 11.1 是各通道的年平均流量。LICOM1.0 模拟的 ITF 年平均总流量为 14.5 Sv,其中上层 700 m 流量为 13.2 Sv,这个结果较 IX1 断面(6.8°S,105.2°E~31.7°S,114.9°E)的观测流量偏大,但仍处于观测结果的变化范围之内。通过望加锡海峡、翁拜海峡的流量的年平均值也与观测结果基本一致。通过龙目海峡的流量模拟结果比观测值明显偏大,相应地,通过帝汶通道的模拟流量比观测偏小。这两个通道流量的模拟误差在其他模拟结果中也类似地出现过,应与现有模式不能分辨的次网格尺度地形有关。

LICOM1.0 模拟的 ITF 流量在 9 月最大(−18.5 Sv),12 月/1 月最小(约−6 Sv)。模拟 ITF 流量夏季强、冬季弱的特点与观测和其他模拟是一致的,但最大值出现时间落后 1~2 个月,这可能与使用的强迫风场有关。

ITF 流量年际变化的模拟主要与 1987—2001 年 IX1 观测流量进行了对比。总体上讲,模拟 ITF 年际异常的振幅偏小,而主要的年际异常信号,例如观测中 1988—1989 年、1994 年、2000 年流量正异常,以及 1992 年、1998 年的负异常,在模拟结果中都有一定程度的再现。

IX1 断面观测的温盐资料显示,ITF 流入印度洋的断面存在两个显著模态。第一模态是 ENSO 型,第二模态来自赤道印度洋。LICOM1.0 的结果中,ITF 流量与 ENSO(Niño3.4 指数)的总体相关(overall correlation)是显著的负相关(即意味着 La Niña 期间 ITF 流量较大),相关系数最大值(−0.65)出现于 Niño3.4 指数超前 ITF 流量异常 4 个月时,同期相关−0.47。

虽然总体上看,ITF 流量年际变化主要受太平洋信号的影响,但在某些时段,印度洋的影响作用也可能成为主导。1994 年的 ITF 流量异常就是与印度洋年际信号显著相关的例子。1994 年是弱的 El Niño 年(按照与 ENSO 指数的负相关是出现 ITF 流量负异常),而同时在印度洋出现强的“印度洋偶极子”(IOD:Indian Ocean Dipole)正位相,并且 IOD 指数的振幅甚至超过 Niño3.4 指数。在这种情况下,观测资料和 LICOM1.0 模拟结果一致显示该年出现了 ITF 流量的正异常。这个现象体现了印度洋年际异常导致爪哇沿岸的海表高度负异常而形成 ITF 较大的流量。也就是说,此时 ITF 流量主要受到印度洋年际异常的控制(通过纬向风异常的局地作用)。

(2)ITF 温度结构的模拟

作为沟通两大洋的“贯穿”通道,印度尼西亚海又不仅仅是一个被动的通道。它是一片这样的海域:这里海气相互作用活跃(海气界面的淡水、热量交换导致的浮力通量)、被季风控制(Ekman upwelling/downwelling)、海陆地形复杂(潮混合,强度较之大洋中的混合高一个量级)。在这些过程的作用下,太平洋水流经此处,温盐结构发生改变,演变为“印度尼西亚海水”。

下面以班达海为例,分析 LICOM 模拟的印度尼西亚海水温度结构的季节变化特征。

(3)会“呼吸”的班达海

印度尼西亚海被星罗棋布的岛屿所分割、阻隔,形成若干狭窄的海峡通道。同时,海底深度也多有高低起伏,从几百米的海槛到 4500 m 以上的深水区绵延相连。班达海是其中面积最大的一片海域,相对开阔、水深较大(大部分海区水深超过 3000 m)。它位于印度尼西亚东部,西靠苏拉威西岛,北、东、南三面为班达弧所环绕。它通过一些海峡沟通萨武海、帝汶海、阿拉弗拉海、斯兰海、马鲁古海和弗洛雷斯海。班达海总面积约 0.5×10^6 km^2(图 11.3 方框所示,大约 123°~134°E,3.5°~7.5°S)。

对于 ITF 而言,班达海的重要性在于,ITF 流出望加锡海峡以后,除了少量通过龙目海峡,班达海是 ITF 流向印度洋的必经之地。下文可以看到,由于受班达海局地的 Ekman 上升流作用,上层海水的温度垂直结构在此发生变化,从而影响流入印度洋的 ITF 的水文特性和热量通量。

班达海是典型的季风控制的气候。11 月至翌年 3 月为西北季风,5—9 月为东南季风。风场旋度导致 4—12 月存在 Ekman 上升流,其余月份是下降流。Ekman 抽吸导致班达海上层海水形成季节性的水平辐散/辐合,以及相应的海表高度、海表温度的季节性起伏(由卫星观测图可见,上升流期间,SST 低,叶绿素 a 浓度高,下降流的情况则相反,图略),可以“呼吸”(inhale/exhale)喻之。

利用 LICOM1.0 的积分结果(1980—1989 年气候月平均),分析班达海上层海洋的季节变化特征,可以作为对本书前几章讲述的 Ekman 抽吸等基本概念的应用实例。

(a) Ekman 抽吸(EP,根据模式强迫场的 ERA 风应力计算)(图 11.4a)

班达海的“呼吸”特征,归根结底是 Ekman 抽吸速度场季节性转换的结果。风应力旋度在

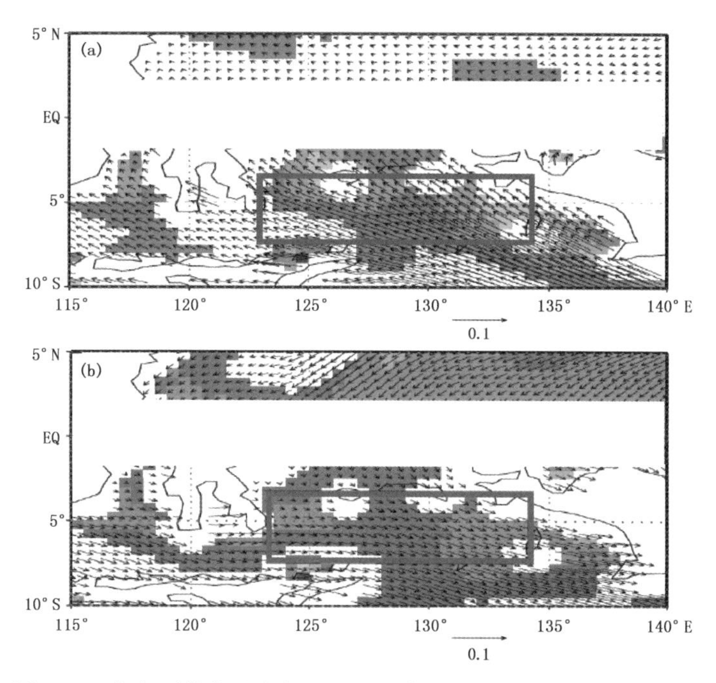

图 11.3　气候平均的风应力(矢量)和旋度(阴影),(a)为 5 月,阴影表示正 Ekman 抽吸速度;(b)为 2 月,阴影表示负 Ekman 抽吸速度

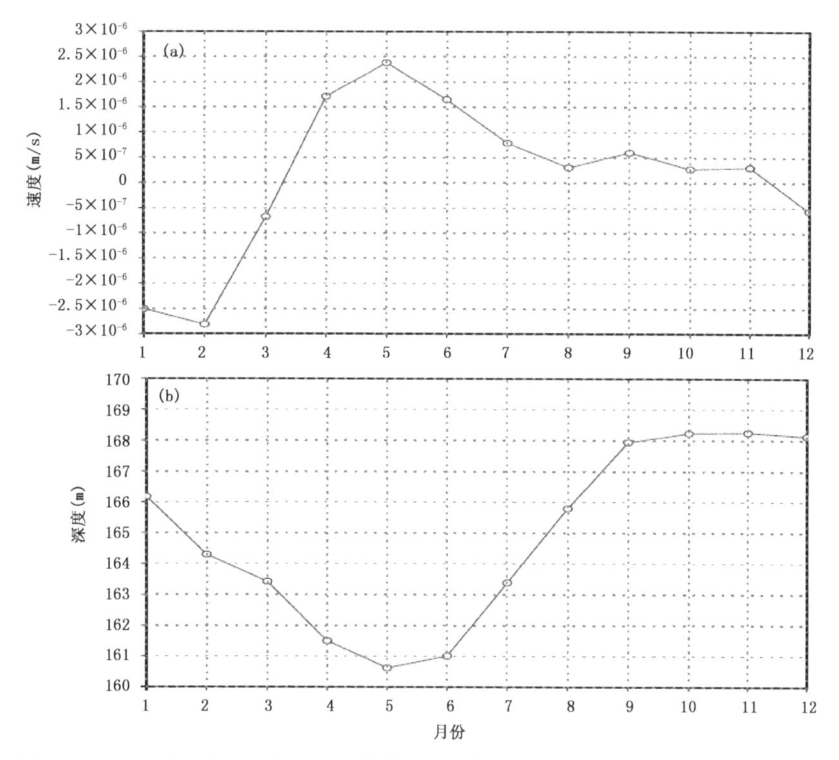

图 11.4　班达海 Ekman 抽吸(a)(单位:m/s)与温跃层深度(b)(单位:m)的季节变化

2月和5月分别达到负、正极值,分别对应强的下降流和上升流。年平均为弱的上升流($w=1.21\times10^{-7}$ m/s),上升流的月份为4—11月。

(b) 温跃层深度(图11.4b)

以20℃线指示温跃层深度,其年平均值约165 m。温跃层深度的季节变化与EP具有一致性,5月深度最小(LICOM模拟的温跃层深度的季节变化幅度约8 m,似乎偏小;其在1980—1989年期间的年际变化振幅达到40 m)。

(c) 上层海水的辐散/辐合(图11.5)

温跃层深度的变化反映了海水的垂直运动,实际上意味着上层海水季节性的辐散/辐合。图11.5说明,班达海上层海水存在明显的水平辐散运动,其随时间积分得到的体积异常就是由垂直方向的体积输运来补偿。海表至125 m(模式1～5层)的体积异常与温跃层深度相关最强。

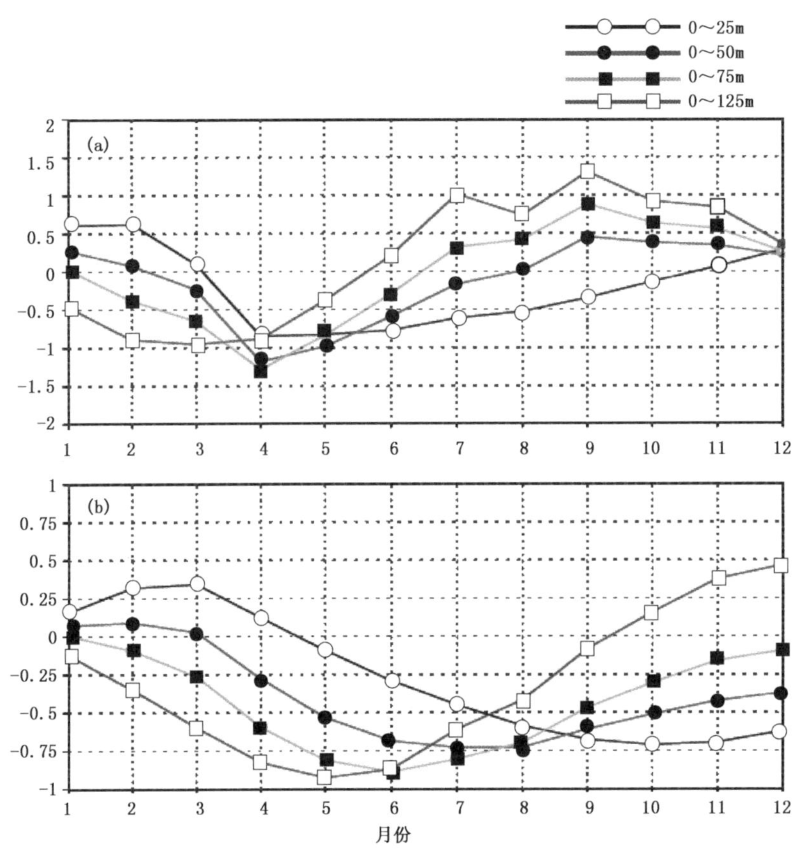

图11.5 (a)班达海上层水平方向的体积辐合辐散(单位:10^6 m^3/s),(b)其时间积分表示的体积异常(单位:10^{13} m^3)

(d) SSH、SST的季节变化(图11.6)

SSH的变化则与海表至50 m(模式1～2层)水平散度的时间积分相似,在8月最低。SST的变化与SSH基本一致。

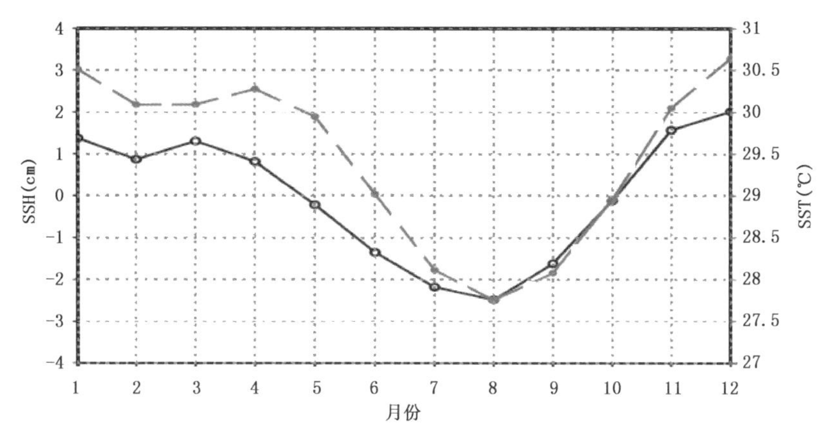

图11.6　班达海海表高度(SSH,实线)与海面温度(SST,虚线)的季节变化

11.4.2　ITF对全球气候影响的敏感性试验(通道关闭试验)

(1)ECHO模式(Schneider，1998)

关闭ITF提高了赤道太平洋海温而降低了印度洋海温,并且使得暖池和大气深对流中心东移。这种变化不仅影响了热带地区的气压场,并且通过遥相关影响了中纬度气压场,进而造成风应力和洋流的变化,产生反馈作用。试验表明ITF对于全球气候,特别是热带气候有重要的制约作用。

(2)FGCM模式(俞永强 等,2003)

与根据板块构造记录的14 Ma前海底地形的试验相比,现代关闭的印度尼西亚海道导致热带太平洋变暖,高纬度海洋和印度洋变冷,向极地的热输运减少25%。这与利用海洋模式L30T63(Jin et al.,1999)的试验结果定性一致。

从板块运动的时间尺度看,印度尼西亚海的地形构造历经沧桑巨变。与几百万年前的结构相比,现代的印尼海道已显得相当狭窄,接近“关闭”状态。印尼海道这种大规模的地形变动,直接导致ITF水源的改变,从而影响与ITF有关的两大洋热量收支,尤其带来西太平洋暖池的温度、范围等格局的变动。这就意味着,在古气候研究中,必须考虑ITF不同于现代的气候意义。在板块运动的背景下探讨ITF的变化及其对暖池、气候的影响,也是开展ITF研究的促动因素之一。

参考文献

方国洪,魏泽勋,黄企洲,等,2002. 南海南部与外海间的体积和热、盐输运及其对印尼贯穿流的贡献[J]. 海洋与湖沼，33：296-302.

刘海龙，2002. 高分辨率海洋环流模式和热带太平洋上层环流的模拟研究[D]. 北京:中国科学院大气物理研究所:178.

俞永强,周祖翼,张学洪，2003. 印度尼西亚海道关闭对气候的影响:一个数值模拟研究[J]. 科学通报,48：60-64.

DA SILVA A M，YOUNG C C，LEVITUS S，1994. Atlas of Surface Marine Data 1994，Vol. 1：Algorithms and Procedures[M]. NOAA Atlas NECDIS 6，U. S. Dept. of Commerce，Washington D C：1-83.

FANG G，SUSANTO R D，WIRASANTOSA S，et al，2010. Volume，heat，and freshwater transports from the South China Sea to Indonesian seas in the boreal winter of 2007—2008[J]. J Geophys Res, 115, doi: 10.1029/2010JC006225.

FIEUX M, ANDRIE C, DELECLUSE P, et al, 1994. Measurements within the Pacific-Indian Oceans throughflow region[J]. Deep Sea Res, Part I, 41: 1091-1130.

FIEUX M, MOLCARD R, ILAHUDE A G, 1996. Geostrophic transport of the Pacific-Indian Oceans throughflow[J]. J Geophys Res, 101: 12421-12432.

GIBSON J K, KåLLBERG P, UPPALA S, et al, 1997. ECMWF Re-Analysis Project Report Series[Z].

GODFREY J S, 1989. A Sverdrup model of depth-integrated flow for the world ocean allowing for Island Circulation[J]. Geophys Astrophys Fluid Dyn, 45: 89-112.

GODFREY J S, 1996. The effect of the Indonesian throughflow on ocean circulation and heat exchange with the atmosphere: A review[J]. J Geophys Res, 101: 12217-12237.

GORDON A L, 1986. Interocean exchange of thermocline water[J]. J Geophys Res, 91: 5037-5046.

GORDON A L, McCLEAN J L, 1999. Thermohaline stratification of the Indonesian Seas: Model and Observations[J]. J Phys Oceanogr, 29: 198-216.

GORDON A L, SPRINTALL J, AKEN H M V, et al, 2010. The Indonesian throughflow during 2004—2006 as observed by the INSTANT program[J]. Dyn Atmos Oceans, 50: 115-128.

GORDON A L, SUSANTO R D, FFIELD A L, 1999. Throughflow within Makassar Strait[J]. Geophys Res Lett, 26: 3325-3328.

GORDON A L, SUSANTO R D, VRANES K, 2003. Cool Indonesian throughflow as a consequence of restricted surface layer flow[J]. Nature, 425: 824-828.

HANEY R L, 1971. Surface thermal boundary condition for ocean circulation models[J]. J Phys Oceanogr, 1: 241-248.

HIRST A C, GODFREY J S, 1993. The role of the Indonesian Throughflow in a global GCM[J]. J Phys Oceanogr, 23: 1057-1086.

JIN X, ZHANG X, ZHOU T, 1999. Fundamental framework and experiments of the Third Generation of IAP/LASG World Ocean General Circulation Model[J]. Adv Atmos Sci, 16: 197-215.

LEVITUS S, BOYER T P, 1994a. World Ocean Atlas 1994[M]. Volume 4: Temperature. NOAA Atlas NESDIS 4. U. S. Department of Commerce, Washington D C: 1-117.

LEVITUS S, BURGETT R, BOYER T P, 1994b. World Ocean Atlas 1994[M]. Volume 3: Salinity. NOAA Atlas NESDIS 3. U. S. Department of Commerce, Washington D C: 1-99.

LI W, LIU H L, ZHANG X H, 2004. Indonesian Throughflow in an eddy-permitting oceanic GCM[J]. Chinese Science Bulletin, 49: 2305-2310.

LIU H L, ZHANG X H, LI W, et al, 2004. An eddy-permitting oceanic general circulation model and its preliminary evaluations[J]. Adv Atmos Sci, 21: 675-690.

MEYERS G, 1996. Variation of Indonesian throughflow and the El Niño-Southern Oscillation[J]. J Geophys Res, 101: 12255-12263.

MEYERS G, BAILEY R J, WORBY A P, 1995. Geostrophic transport of Indonesian throughflow[J]. Deep-Sea Res, Part I, 42: 1163-1174.

MOLCARD R, FIEUX M, SYAMSUDIN F, 2001. The throughflow within Ombai Strait[J]. Deep-Sea Res Part I, 48: 1237-1253.

MOLCARD R, FIEUX M, ILAHUDE A G, 1996. The Indo-Pacific throughflow in the Timor Passage[J]. J Geophys Res, 101, 12411-12420.

MURRAY S P, ARIEF D, 1988. Throughflow into the Indian Ocean through Lombok Strait, January 1985—

January 1986[J]. Nature, 333: 444-447.

POTEMRA J T, HAUTALA S L, SPRINTALL J, et al, 2002. Interaction between the Indonesian Seas and the Indian Ocean in observations and numerical models[J]. J Phys Oceanogr, 32: 1838-1854.

POTEMRA J T, LUKAS R, 1997. Large-scale estimation of transport from the Pacific to the Indian Ocean [J]. J Geophys Res, 102: 27795-27812.

QIU B, MAO M, KASHINO Y, 1999. Intraseasonal variability in the Indo-Pacific throughflow and the regions surrounding the Indonesian Seas[J]. J Phys Oceanogr, 29: 1599-1618.

ROBBINS P E, TOOLE J M, 1997. The dissolved silica budget as a constraint on the meridional overturning circulation of the Indian Ocean[J]. Deep-Sea Res, 44: 879-906.

SCHNEIDER N, 1998. The Indonesian Throughflow and the global climate system[J]. J Climate, 11: 676-689.

WEBSTER P J, LUKAS R, 1992. TOGA COARE: The Coupled Ocean-Atmosphere Response Experiments [J]. Bull Am Meter Soc, 73: 1377-1416.

WIJFFELS S, MEYERS G, 2004. An intersection of oceanic waveguides: Variability in the Indonesian throughflow region[J]. J Phys Oceanogr, 34: 1232-1253.

WIJFFELS S, MEYERS G, GODFREY J S, 2008. A twenty-year average of the Indonesian Throughflow: Regional currents and the interbasin exchange[J]. J Phys Oceanogr, 38: 2008.

WIJFFELS S E, TOOLE J M, DAVIS R, 2001. Revisiting the South Pacific subtropical circulation: A synthesis of World Ocean circulation experiment observations along 32. 8S[J]. J Geophys Res, 106: 19481-19514.

WOLANSKI E, RIDO E, INOUE M, 1988. Currents through Torres[J]. J Phys Oceanogr, 18: 1535-1545.

WYRTKI K, 1961. Physical oceanography of the Southeast Asian Waters[J]. NAGA Report, 2: 195.

第12章 全球变暖的检测、归因及其数值模拟

本章主要内容包括：地球历史上的气候变化和20世纪全球表面气温及大气和海洋环流变化的观测事实和"增强温室效应"的概念；未来气候变化的"projection"的概念；介绍国际耦合模式比较计划(CMIP)和政府间气候变化委员会(IPCC)气候变化评估报告，利用CMIP模拟结果讨论20世纪气候变化的原因并推测21世纪的气候变化。

12.1 引言

从整体来看，地球的能量平衡是由在大气上界入射的净太阳短波辐射和向外发射的红外长波辐射决定的，因此，任何能够影响短波辐射和长波辐射的因子，都能够改变地球系统的辐射平衡状况，从而改变地球的温度。众所周知，大气中的很多气体对辐射有强烈的吸收作用，其中对长波辐射具有显著吸收作用的气体称为温室气体，例如CO_2、CH_4、CFC(氟利昂)、N_xO(氮氧化物)、水汽等气体，这些气体能够吸收地表向上发射的长波辐射并向下发射长波辐射，从而起到加热地表的作用，这就是温室效应。

自19世纪中期工业革命以来，由于燃烧化石燃料、砍伐森林等人类活动，大气中的温室气体浓度不断增加，以二氧化碳为例，其浓度已经从工业革命前的280 ppm(1 ppm为百万分之一)增加到2010年的389 ppm。同时在过去100年里，全球平均的表面气温增加了0.56～0.92℃，现有研究证实全球气温增加非常可能是人类活动的结果(IPCC,2007)。更为重要的是，不少研究指出如果对温室气体排放不加控制，未来全球气温还会继续增加，变暖的速度会越来越快，同时大气环流、海洋环流和地球生态环境也随之变化，有可能会导致灾难性的后果。这就是现今科学界乃至整个社会愈来愈关心的全球变暖(global warming，亦有人翻译为"全球暖化")问题。

鉴于未来全球气候变化问题的极端重要性，自从20世纪80年代以来，全球变暖及其相关的生态环境变化问题已经不仅仅是地球科学的研究对象，全球变暖问题已经成为人类社会共同关注的对象。世界各国政府和科学家不仅投入巨大的力量研究这个问题，同时也正在努力采取各种方式减缓和抑制全球变暖及其相应的生态环境变化。由于以全球变暖为代表的气候和环境变化问题日益凸显，已经对人类社会和自然生态系统带来显著的影响，并且气候变化问题涉及政治、经济、外交、国家安全等多方面的、多边的关系，因此，成立一个基于科学的跨政府机构，协调全球的气候变化适应和减缓行动成为迫切需求。为此，由联合国环境规划署(UN-EP)和世界气象组织(WMO)于1988年联合发起成立政府间气候变化专门委员会(Intergovernmental Panel on Climate Change，IPCC)。IPCC 设立了由各国政府代表组成的三个工作组，各工作组所承担的具体任务是：

第一工作组负责从科学层面评估气候系统及其变化，即总结关于气候变化的现有知识，如气候变化如何发生、以什么速度发生等；

第二工作组负责评估气候变化对社会经济、自然生态的损害程度，气候变化的负面及正面影响和适应措施，即气候变化对人类和环境的影响，以及如何应对这些影响；

第三工作组负责评估限制温室气体排放或减缓气候变化的可能性，即研究如何降低人类对气候和环境的影响、减缓气候变化的速度。

从 1990 年至今，IPCC 正式出版了五次科学评估报告以及若干特别报告和补充报告，及时地总结了每个时期最新的研究进展，不仅为政策制定者提供了重要的决策依据，而且也有力地促进了全球变化科学问题的研究。新的第六次 IPCC 评估报告(第六次评估报告 AR6)将于 2021 年公布。本章将以 IPCC 科学评估报告为基础，围绕温室效应的物理机制及气候变化数值模拟，着重介绍重要的观测事实、基本物理概念及最新研究进展。

12.2　气候变化的观测事实

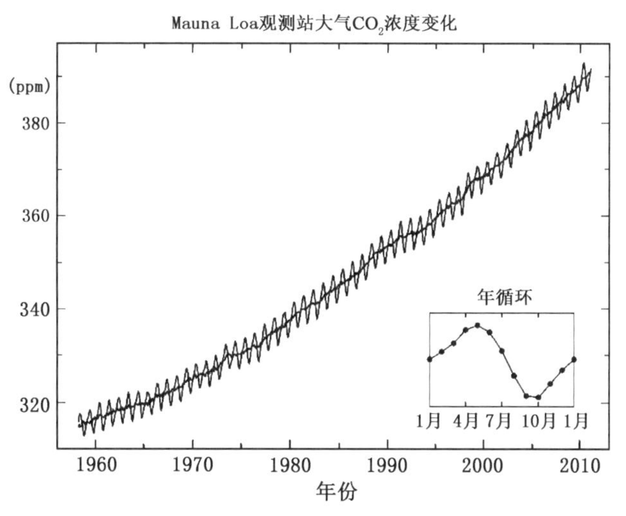

图 12.1　在 Hawaii 岛上观测的二氧化碳浓度的变化曲线
(available at http://en.wikipedia.org/wiki/Image:Mauna_Loa_Carbon_Dioxide.png)

12.2.1　20 世纪全球变暖的观测事实

早期的大气观测仅限于地面观测，直到 20 世纪初期才开始利用探空气球进行高空观测，而观测的要素仅仅限于温度、湿度、压力、降水和风速等变量，在 1957 年以前一直没有对大气成分的变化进行实时观测，这是因为当时人们并没有意识到大气成分会发生改变并进而对气候变化产生影响。从 1957 年的第一次国际地球物理年(IGY)开始，美国 Scripps 海洋研究所的 Keeling 等，在受人为因素影响比较小的太平洋中部 Hawaii 岛的 Mauna Loa 火山上对大气中二氧化碳进行了长期实时观测(Nisbet, 2007)。观测结果表明,二氧化碳浓度存在着显著增加的趋势,平均每年增加 1.2 ppm(1 ppm 相当于一百万分之一),并且近年来有加速的趋势,最近 10 年平均每年增加 2 ppm(图 12.1)。如果与过去 40 万年中南极冰芯中的二氧化碳浓度相比(图 12.3),还可以发现目前的浓度是过去 42 万年中最高的,因此很可能与人类活动有关。在过去 50 年里,二氧化碳浓度除了长期变化趋势外,还具有显著的季节变化,振幅约为 6~7 ppm,研究表明,这与陆地生态系统的季节变化有关。由于南北半球的陆地面积不对称,北半球的陆地面积远远大于南半球,所以在北半球夏季,陆地上的植物大量生长时会吸收大量二氧化碳,导致其浓度相对偏低;反之,在北半球冬季,二氧化碳浓度偏高。

在二氧化碳浓度增加的同时,对长期器测资料的分析表明,近一百多年来全球平均地面气温也趋于上升,IPCC 第三次评估报告指出,20 世纪期间增加了(0.6±0.2)℃,第四次评估报告在考虑了最近几年的显著增暖后指出,从 1906—2005 年全球平均表面气温增加了(0.74±0.18)℃。需要注意的是,上述结果都有一定的不确定性并包含较大的误差范围,这些误差主要是由早期的观测覆盖范围较小(主要在陆地上)、观测仪器和观测方法的改变以及土地利用变化等因素所引起的。即使考虑到这些不确定性,仍然可以发现 20 世纪 90 年代很可能是 1861 年以来仪器记录中最暖的 10 年,而 1998 年则是其中最暖的一年。全球变暖不仅表现在表面气温的变化方面,由于气温增加还导致了北半球陆地冰盖和雪盖面积的减少,由于海水热膨胀、陆地冰雪融化等原因,海平面高度也在增加(图 12.2)。另外一方面,探空资料也显示,自 20 世纪 50 年代以来,8 km 以下的对流层气温也在变暖,增暖幅度大约为每 10 a 0.1℃;与此同时,平流层的气温在下降(图略)。

在过去的一个世纪里,除了上述三个要素表现出显著的长期变化趋势,其他的气候要素以及大气和海洋环流等方面也表现出长期的变化趋势,例如:20 世纪 50 年代以来北半球春夏季海冰面积减少了 10%~15%,厚度也在减小;20 世纪山地冰川广泛消退;20 世纪北半球大陆中高纬地区云量可能增加了 2%,温度日较差减小;20 世纪北半球大陆大部分中高纬地区降水很可能每 10 a 增加了 0.5%~1.0%,而大部分亚热带大陆可能减少了 0.3%;20 世纪后期北半球中高纬地区强降水频率可能增加了 2%~4%;1950 年以来极端低温出现频率很可能已经减少,极端高温出现频率略有增加;20 世纪 70 年代后期以来 ENSO 发生更频繁、持续时间更长、强度更大。20 世纪后期北大西洋出现盐度减小的趋势,可能导致经圈翻转环流减弱。

综上所述,在过去的 100 多年里,大气成分、表面气温以及大气环流和海洋环流的诸多方面都表现出显著程度不一的长期变化趋势,同时也自然地提出了如下的科学问题:(1)观测的长期变化趋势不确定性如何?(2)大气成分的变化与观测到的气候要素的变化是否有关系?(3)如果有关系,那么观测到的气候变化在多大程度上是大气成分变化的结果,有多大程度是自然的气候变化?概括起来,也可以用一句话来表达,就是 20 世纪全球气候变化的检测(detection)和归因(attribution)研究,近 20 年来这一直是全球变化研究领域的热点研究问题之一,IPCC 历次科学评估报告也把相关研究进展作为重点阐述的内容。

表 12.1 总结了第一次到第四次 IPCC 第一工作组科学评估报告对该问题的描述,从中可以看出,尽管目前仍然存在不少不确定性,但是经过国际学术界 20 多年的共同努力,结论越来越清晰了,即 20 世纪的增暖表现为整个气候系统的增暖,特别是 20 世纪下半叶的增暖很可能(very likely)是人类活动引起的。需要特别指出的是,在 IPCC 第四次科学报告中使用了 very likely(很可能)这个词,按照 IPCC 报告的准确定义,这意味着可能性大于 90%。

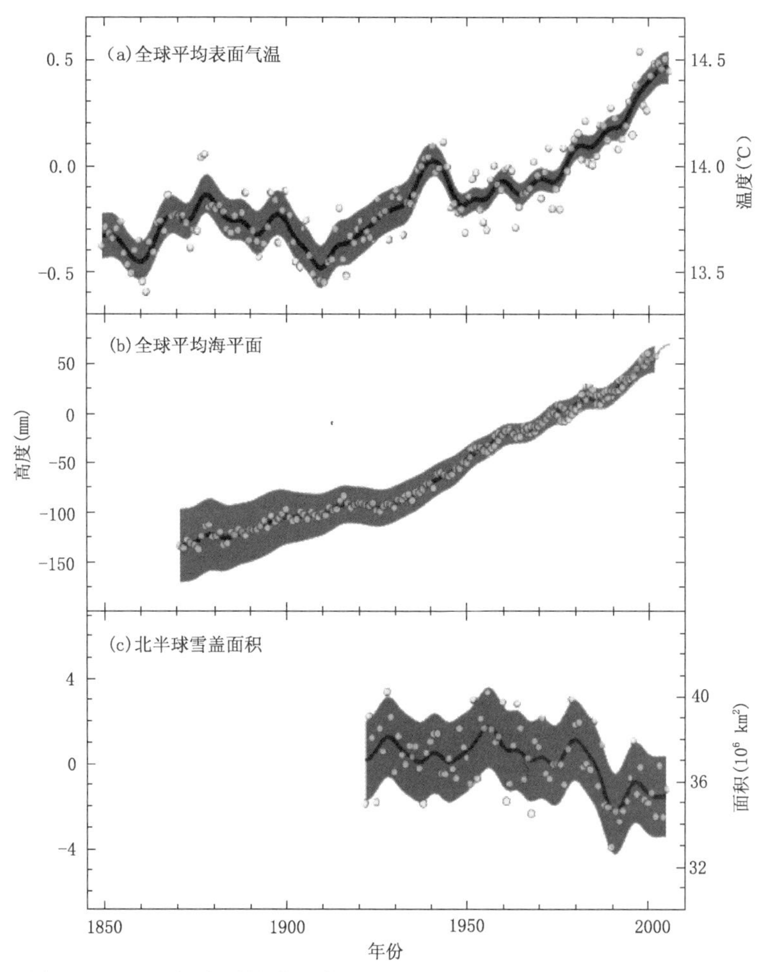

图 12.2　(a)全球平均表面气温(℃)、(b)全球平均海平面(mm)和(c)北半球冬季雪盖面积的变化(10^6 km^2)相对于 1961—1990 年平均值的变化,阴影表示数值的误差范围(IPCC,2007)

表 12.1　IPCC 四次评估报告关于全球气候变化检测和归因的主要结论

IPCC 评估报告	全球气候变化的检测	全球气候变化的归因
第一次(FAR,1990 年)	全球平均地表温度在过去 100 年中增加了 0.3～0.6℃。这个值大致与考虑温室气体含量增加时气候模式得到的模拟值一致,但是仍然不能确定观测到的增暖全部或其一部分可能是由增强的温室效应造成。	近百年的气候变化可能是自然波动或人类活动或两者共同造成的。
第二次(SAR,1996 年)	在检测人类活动对气候变化影响方面已取得相当进展。其中最显著的是气候模式开始包括了由人类活动产生的硫化物气溶胶和平流层 O_3 变化的作用。其次是通过几百年的模式试验能够更好地确定气候系统的背景变率,即强迫因子不发生变化时的气候状态。得到全球平均地表温度在过去 100 年中增加了 0.3～0.6℃,与 FAR 的值相同。	目前定量确定人类活动对全球气候影响的能力是有限的,并且在一些关键因子方面存在着不确定性。尽管如此,越来越多的各种事实表明,人类活动的影响被觉察出来。

续表

IPCC 评估报告	全球气候变化的检测	全球气候变化的归因
第三次(TAR,2001 年)	确认了 20 世纪的变暖是异常的,重建了过去 1000 年温度变化序列,更有力地表明过去 100 年的温度变化不可能完全是自然因素造成的,模式的模拟也表明了这一点。并且 20 世纪后半期的增暖与气候系统的自然外部强迫(太阳与火山)也不一致。因而不能用外部的自然强迫因子解释最近 40 年的全球变暖。全球平均地表温度在过去 100 年中检测出上升了 0.4~0.8℃,比 FAR 和 SAR 略高。	根据新的和更强有力的事实,并考虑到存在的不确定性,过去 50 年大部分观测到的增暖可能由人类活动引起的温室气体浓度的增加造成。
第四次(AR4,2007 年)	气候系统变暖,包括地表和自由大气温度,海表以下几百米厚度上的海水温度,以及所产生的海平面上升均已被检测出来。更新的近 100 年全球地表温度的线性趋势为 0.74℃(1906—2005 年)。观测到的增温及其随时间变化均已被包含人类活动的气候模式所模拟出来。耦合气候模式对六个大陆中每个大陆上观测到的温度变化的模拟能力,对人类活动影响气候提供了比 TAR 更强有力的证据。	观测到的 20 世纪中叶以来大部分全球平均温度升高,很可能(very likely)是由于观测到的人为温室气体浓度增加所引起。

需要特别指出的是,尽管大部分科学家认为大气中温室气体浓度增加可以导致全球增暖,但也有部分科学家持有不同观点。Lindzen(1990)就是其中的代表,他并不是反对温室气体增加导致的“增强温室效应”,而是质疑在“增强温室效应”过程中大气中的水汽含量是增加还是减少。因为水汽也是一种非常重要的温室气体,如果水汽含量增加,显然将起到正反馈作用,可以增加全球变暖的幅度;反之,如果水汽含量减少,则起到负反馈作用,则不一定会出现全球变暖,甚至会变冷。不过目前所有的数值模拟结果都支持水汽在全球变暖过程中起正反馈作用,并且迄今为止的观测事实也支持这个结果。

12.2.2 地球历史上的气候变化

上一节介绍了发生在 20 世纪的气候变化,为了理解 20 世纪气候变化的原因,有必要进一步分析地球地质历史时期所发生的气候变化记录。需要说明的是,对于地质历史时期,由于没有直接的观测记录,本节所给出的记录大部分都是所谓的“代用气候记录”(Proxy)。例如使用树木年轮反演的降水和气温,或者利用南极冰芯中氧、碳同位素反演的温度等。

地质历史记录表明,在地球系统长期演变过程中地球表面气温、大气环流和大洋环流等始终处在不断变化的过程中,变化的时间尺度除了通常人们熟知的年际和年代际时间尺度外,还包括百万年到千万年的板块构造尺度、万年到十万年的轨道尺度(特指地球轨道参数变化的时间尺度)以及百年到千年的海洋尺度(主要与热盐环流的变化有关,详见第 6 章)。事实上,在地球 46 亿年演化的历史中,大部分时期气温都比目前更暖,例如在 90%左右的时间里,地球的两极都没有冰存在;在 10%左右的时间里,只有一极有冰存在;类似目前两极都有冰存在的时期仅占 1%(汪品先,2002)。但是从 6000 万年前的新生代以来,地球又处在一个长期变冷的趋势之中，这可能与地球板块漂移有关。地球上的气候变化还受到其轨道参数（包括偏心率、斜率和岁差）变化的影响，这些参数变化的时间尺度大约 2 万年到 40 万年，从而导致地球气候出现所谓的冰期—间冰期旋回。

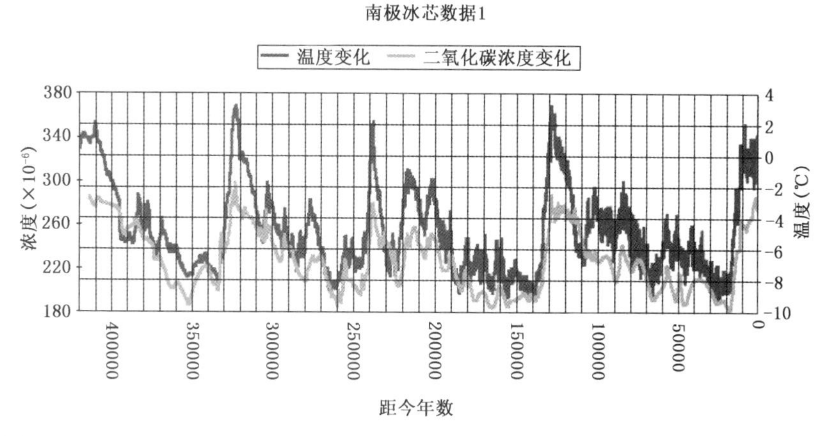

图 12.3　过去 42 万年来南极冰芯二氧化碳浓度与气温的变化(Petit et al.，1999)

图 12.3 是从南极冰芯中得到的过去 42 万年里气温和 CO_2 变化曲线，其中气温是由同位素反演出来的，CO_2 浓度则是从冰芯中气泡里的空气直接测量出来，这些变量所对应的时间是根据同位素衰变规律得到的。在过去 42 万年里，可以发现温度和温室气体含量的周期主要表现为几万年到十万年，与地球轨道参数的变化即 Milankovich 周期十分一致，这就是所谓的冰期一间冰期旋回。同时还可以看到 CO_2 与气温有明显的正相关，这意味着在冰期一间冰期旋回中温室气体不仅影响气温，而且气温变化也能够反过来影响温室气体浓度的变化，后者显然与地球生物化学的碳循环过程有关。

图 12.4 是过去 1000 年里北半球全球平均气温距平的时间序列，可以发现工业革命以来的 150 年间气温的增加不仅十分显著，而且十分迅速，这与工业革命之前的气温变化特征有明显不同。因此研究过去 100 多年里全球气候变化的事实以及原因十分重要。但同时还应看

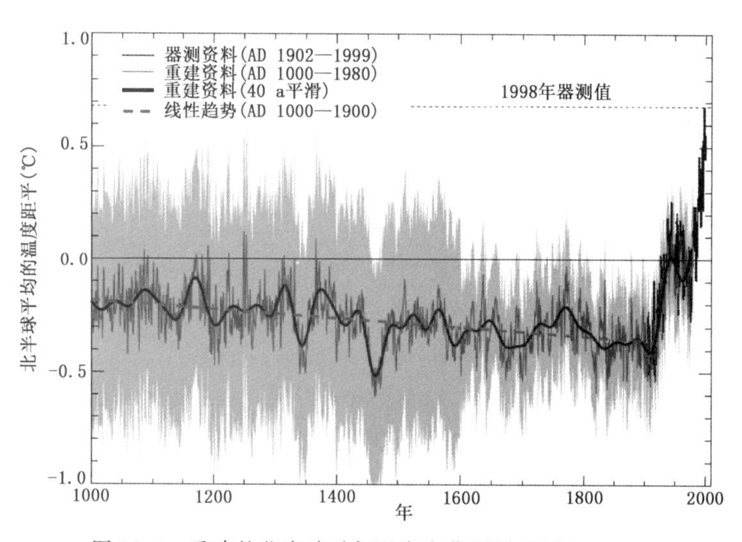

图 12.4　重建的北半球千年温度变化距平(IPCC,2001)

到,在工业革命前,虽然人类活动影响较弱,但气温仍然有明显的十年到百年时间尺度的振荡,例如公元1000—1300年的中世纪暖期和公元1500—1900年前后的小冰期,这表明自然因素对气候变化的影响也不可忽略。目前的研究认为,中世纪暖期和小冰期主要是太阳活动引起的。

12.3 温室效应

从前面介绍的观测事实可见,无论在冰期一间冰期旋回的轨道时间尺度,还是在工业革命以来的100多年里,温室气体与气温一直呈现出很好的正相关关系,表明二者之间存在相互作用,即温室气体增加能够导致温度增加,反过来温度增加也可以引起温室气体浓度增加。关于后者,涉及碳循环,将在12.6节专门介绍,本节主要讨论与前者有关的"温室效应"(greenhouse effect)问题。

12.3.1 金星、地球和火星的温室效应比较

温室效应不仅发生在地球上,也能发生在其他任何存在温室气体的星球上,例如金星和火星这两个距地球最近的行星。表12.2给出了上述三个星球上的温室气体浓度、不考虑温室效应的平衡温度,以及实际观测到的温度。表中"不考虑温室效应的平衡温度",是指不考虑任何温室气体对长波辐射的吸收,仅由入射的净太阳辐射与地表向外的净长波辐射平衡得到的温度,满足如下方程:

$$4\sigma T^4 = (1-\alpha)S_0 \tag{12.1}$$

式中,σ 是 Stefan-Boltzmann 常数[5.67×10^{-8} W/($m^2\cdot K^4$)],T 是平衡温度,α 是行星反照率,S_0 是太阳常数,该方程通常称为"零维"能量平衡模式。

表12.2 金星、地球和火星的温室效应

行星	相对于地球的表面气压	温室气体浓度	不考虑温室效应的平衡温度	实际的温度	温室效应的增温幅度
金星	90	>90% CO_2	−48℃	464℃	512℃
地球	1	0.04% CO_2 1% H_2O	−18℃	15℃	33℃
火星	0.007	>90% CO_2	−57℃	—	不明显

注:金星的温度数值和火星的温室气体浓度数值均取自 Wallace 和 Hobbs 的书《Atmospheric Sciences》中的表2.5和表4.1;关于火星的实际温度的说法不一,故温室效应的增温幅度亦无定论,但可以肯定其增温幅度"不明显"。

从表12.2中可以发现金星是温室效应最强的行星,其二氧化碳的分压大约是地球的20万倍,温室效应引起的增暖为523℃。地球与火星相比,尽管火星上的二氧化碳分压大约是地球的十几倍,但是由于地球上还有1%左右的水汽存在,使得地球上的温室效应强于火星。实际上,对于地球而言,最重要的温室气体是水汽而不是二氧化碳,这一点可以从12.2.3节中的分析中看到。但是为什么大家在讨论温室效应的时候,总是把焦点放在二氧化碳或者其他气

体而不是水汽身上呢？这是因为水可以在气候系统中以三种不同的状态循环，大气中水汽含量是气候系统在各种辐射强迫下达到动态平衡后的结果，而不是气候变化的“外部”原因，但是能够放大其他的辐射强迫作用。在人类没有大规模使用化石燃料之前，碳元素可以不同的存在形式通过物理、化学和地球生物化学过程在地球气候系统各个圈层之间进行交换，大气中二氧化碳浓度也是处于一种动态平衡状态。但是工业革命以来，人类活动直接影响了碳循环过程，增加了大气中二氧化碳浓度，进而影响气候系统的能量平衡。所以，对于过去 100 年的全球气候变化来说，二氧化碳可以作为气候变化的主要原因之一，因此，也就引起人们更多的注意。

12.3.2 温室效应、辐射强迫与气候敏感度

第 3 章图 3.3 给出了年平均地气系统能量平衡状况，从中可看出大气成分和云是决定能量平衡的重要因子。大气中的许多成分都能够吸收、反射或者散射长波和短波辐射。例如大气中的温室气体，包括：二氧化碳、臭氧、甲烷、氧化亚氮等，可以捕获地表发射的红外辐射的热量，并加热地表及近地面空气。从图 3.3 可知，地表向上发射的长波辐射为 390 W/m^2，但是由于温室气体的存在，其中只有 40 W/m^2 可以穿过大气层到达外层空间，其他的 350 W/m^2 都被温室气体和云所吸收。按照基尔霍夫辐射定律，温室气体和云在吸收长波辐射的同时也发射长波辐射，其中向外层空间发射的长波辐射为 195 W/m^2，而向下的长波辐射则可以达到 324 W/m^2，因此温室气体的存在可以显著加热地表。如果不考虑这些温室气体的作用，让地表发射的长波辐射与入射的净短波辐射相平衡，全球平均地表温度应该是−18℃，考虑这些温室气体的作用及各种气候反馈作用后，全球平均地表温度提高到 15℃。这就是大气原本具有的“自然温室效应”。

自工业化以来，大气中温室气体的浓度明显上升。以 CO_2 为例，工业革命以前很长时间内浓度保持在 280 ppm 左右，到 2010 年 CO_2 浓度急遽升高到了 389 ppm。根据冰芯数据的分析结果，现在的 CO_2 浓度可能是 2000 万年或者 42 万年以来最高的，至少是 2 万年以来最高的(参看图 12.3 中的黑色曲线)。其他温室气体的浓度也有类似变化。从物理上看，温室气体浓度的这种大幅度增加必然导致地球地面温度的升高。冰芯数据也显示，CO_2 浓度和温度变化有很好的一致性。由于人类活动引起的大气中温室气体浓度的迅速增加，大大强化了原有的自然温室效应，故称之为“增强温室效应”。

如果把地球当做一个黑体，根据地球表面的平均温度和黑体辐射定律可以得到一个理想的黑体辐射谱线，但是卫星观测到的实际谱线与理论结果有明显差别(图 12.5)。理论的黑体辐射是平滑的曲线，其中 290 K 的黑体辐射曲线与实测谱线的包络线十分接近，这一温度也是地表的大致温度。但是实际观测的谱线却有很多缺口，显然这些缺口就分别对应着温室气体对长波辐射的吸收，例如二氧化碳在 15 μm 左右的吸收带，水汽在 6.3 μm 和 21～100 μm 处的吸收带，以及臭氧在 9.6 μm 处的吸收带。

除了以上讨论的温室气体之外，其他大气成分甚至土地利用造成的反照率变化都可以影响气候系统的辐射收支。由于在真实的大气中，一旦辐射收支出现不平衡，大气圈以及其他圈层的各种动力和热力过程会立即做出调整和反馈，从而进一步改变辐射收支。因此，为了单纯地讨论温室气体或者由其他大气成分变化对地气系统辐射平衡的影响，并排除其他反馈过程的影响，人们引入了“辐射强迫”这个概念。IPCC 科学评估报告所定义的辐射强迫是：对于给定的大气成分变化，让平流层的温度调整到辐射热平衡(动力过程加热固定)，而地面和对流层

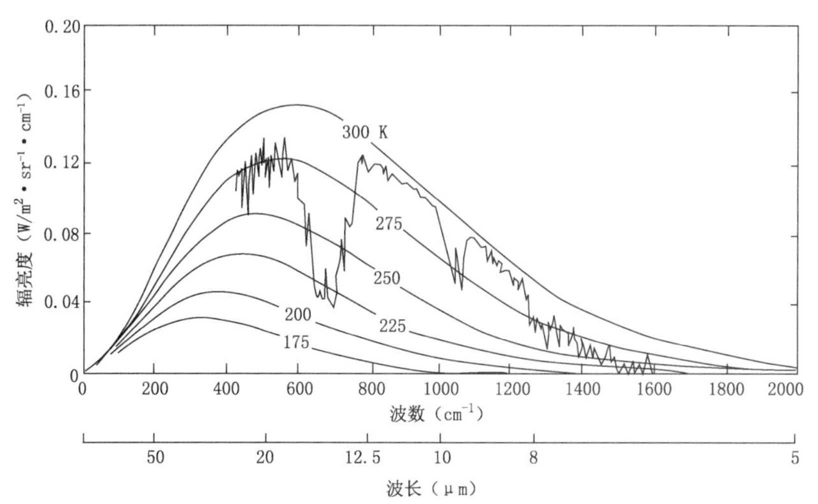

图 12.5　雨云卫星观测到的地球长波辐射谱线以及不同温度对应的黑体辐射理论谱线(Liou,2004)

的温度和大气状态则固定不变,此时在对流层顶向下净辐射(包括短波和长波辐射)的变化就是辐射强迫(Forster et al.,2007)。从上述定义来看,辐射强迫这个概念是指在大气成分变化之后,不考虑大气动力反馈过程,仅仅人为地使平流层的温度调整到辐射平衡,此时在对流层顶所引起的辐射不平衡即为辐射强迫*。

IPCC(2007)第四次评估报告(AR4)明确指出,自第三次评估报告(TAR)以来,在人类活动对气候增暖和冷却作用方面的理解有所加深,从而得出了具有很高可信度的结论,即自1750年以来,人类活动对气候的影响总体上是增暖的,其辐射强迫为 1.6 W/m^2。其中二氧化碳、甲烷和氧化亚氮增加所产生的辐射强迫总和为+2.3 W/m^2,其中 CO_2 的辐射强迫从1995—2005年增加了20%,这可能是近200年中增长最快的10年。人为气溶胶(主要包括硫酸盐、有机碳、黑碳、硝酸盐和沙尘)共产生−0.5 W/m^2 的总直接辐射强迫和−0.7 W/m^2 的间接云反射强迫。人为对流层臭氧变化的贡献为+0.35 W/m^2,卤烃变化所产生的直接贡献为+0.34 W/m^2(详见图 12.6)。图 12.6 还给出了上述辐射强迫估计的可信度和误差范围,可以看出:对温室气体辐射强迫估计误差是最小的,可信度也是最高的;而对气溶胶辐射强迫的估计的可信度则是最低的。

对于大气成分或者太阳活动等引起的对流层顶辐射通量不平衡即辐射强迫(记为 ΔF),气候系统内部的各个圈层必将发生相应的变化和调整,从而达到新的平衡状态。如果把重新达到平衡之后全球表面气温的变化记作 ΔT,可以定义气温变化与辐射强迫的比值 λ 为气候敏感度(Climate Sensitivity):

$$\lambda = \frac{\Delta T}{\Delta F}$$

从上述公式来看,所谓气候敏感度就是用来刻画全球表面气温对辐射强迫的响应。由于在同一辐射强迫作用下,不同气候模式的响应是不一样的,因此,气候敏感度就成为描述模式之间差异和不确定性的重要指标。实际上影响气候敏感度的因素很多,通常可以根据模式中

* 这里的辐射强迫是指大气成分变化引起的辐射强迫,与第 4 章的云辐射强迫是不同的概念。

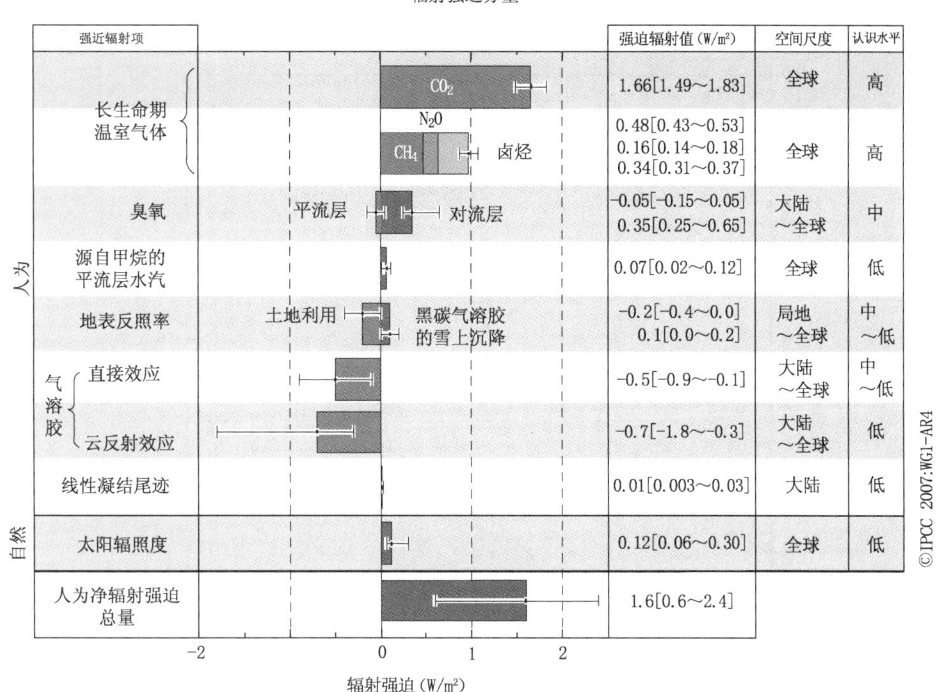

图12.6 2005年全球平均辐射强迫(RF)估计及范围,包括二氧化碳(CO_2)、甲烷(CH_4)、氧化亚氮(N_2O)和其他产生重要作用的成分和机制,以及各种强迫的典型地理范围(空间尺度)和科学认识水平的评估结果(IPCC,2007)

不同物理过程的影响和作用,利用模拟结果定量地分析云一辐射反馈过程、水汽反馈过程、冰雪反馈过程等对气候敏感度的不同贡献,限于篇幅这里就不展开叙述了。

12.3.3 一维辐射—对流能量平衡模式模拟的温室效应

以上两节主要是定性地描述温室效应的概念,如果要对温室效应进行定量分析,就必须考虑长波辐射在大气中的传输以及大气中的垂直对流过程。因此,式(12.1)无法定量地描述温室效应,而需要考虑如下的方程:

$$\rho c_p \frac{\partial T}{\partial t} = -\frac{\partial (F_s - F_i)}{\partial z} - \frac{\partial F_v}{\partial z} \tag{12.2}$$

式中,F_s 是短波辐射通量,F_i 是长波辐射通量,F_v 是对流调整项,关于该模式的详细推导和介绍可以参看 Manabe 和 Wetherald(1967)的工作。与零维模式相比,一维模式增加了辐射传输项和对流调整项,这是因为在对流层中大气几乎不吸收短波辐射,在吸收长波辐射的同时还放射长波辐射,净长波辐射对大气起到了冷却的作用(图略),必须通过来自下垫面的加热才能实现能量平衡。其实,从图3.3中的能量收支就可以发现,大气吸收的长波辐射为350 W/m²,但是放射的长波辐射却有519 W/m²,收支相抵还亏损169 W/m²,必须通过大气吸收短波辐射(67 W/m²)和来自下垫面的感热和潜热加热(共计102 W/m²)来平衡。大气对短波辐射的吸收很大一部分是发生在平流层,在对流层中大气的热收支主要是长波辐射冷却与感热和潜热加热平衡的,而感热和潜热主要是通过对流调整过程才能影响自由大气的热力结构。在一维模式中通过增加对流调整项可以实现热量在垂直方向的重新分配,因此该项在垂直平均的意义下贡献为0,在零维模式中无须考虑。

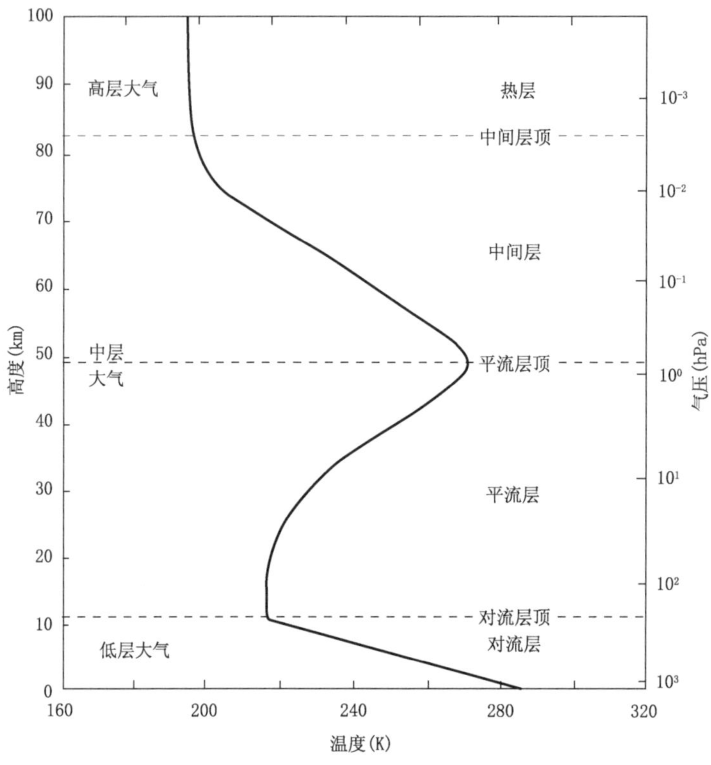

图 12.7　美国标准大气的垂直温度廓线(Liou,2004)

为了与一维辐射一对流能量平衡模式的结果进行比较,图 12.7 给出了实际大气温度的垂直结构。在对流层中,大气温度向上大概以每百米 0.65℃的速率递减,对流层顶高度在 12～13 km。到了平流层,由于臭氧对短波辐射的强烈吸收,温度随高度上升而上升,在平流层顶达到极大值,然后又随高度减小。在给定观测的相对湿度廓线和考虑对流调整过程的前提下,一维辐射一对流模式可以比较好地重现平流层以下的大气垂直热力结构(图 12.8)。如果不考虑对流调整过程,无论是给定相对湿度廓线还是绝对湿度廓线,都不能很好地模拟出大气的垂直热力结构,这就又一次证实了前面的分析,对流层大气的能量平衡是由长波辐射冷却与对流调整加热共同决定的。

利用同样的辐射一对流模式,Manabe 和 Strickler(1964)讨论了水汽、二氧化碳和臭氧对大气温度垂直热力结构的不同贡献(图 12.9)。在仅仅考虑水汽温室效应的情况下,模式就已经较好地模拟出对流层的温度结构,尽管模拟的温度有些偏低。如果在考虑水汽的同时也考虑二氧化碳的温室效应,可以发现温度的热力结构没有显著改变,但是在地面气温大约增加10℃,因此,二氧化碳起到的增温幅度大约是 10℃。如果考虑到地球所有气体的温室效应增温大约是 33℃,水汽在其中的贡献应该至少为二氧化碳的两倍,所以在地球大气中水汽是对温室效应贡献最大的气体。至于臭氧,由于其主要存在于平流层,因此它的影响也主要局限于平流层。

水汽不仅仅是大气中最重要的温室气体,而且与作为物理气候系统的外部强迫因子二氧化碳相比,水汽还起到了非常重要的气候反馈作用。简单地说,当表面温度增加时,下垫面的

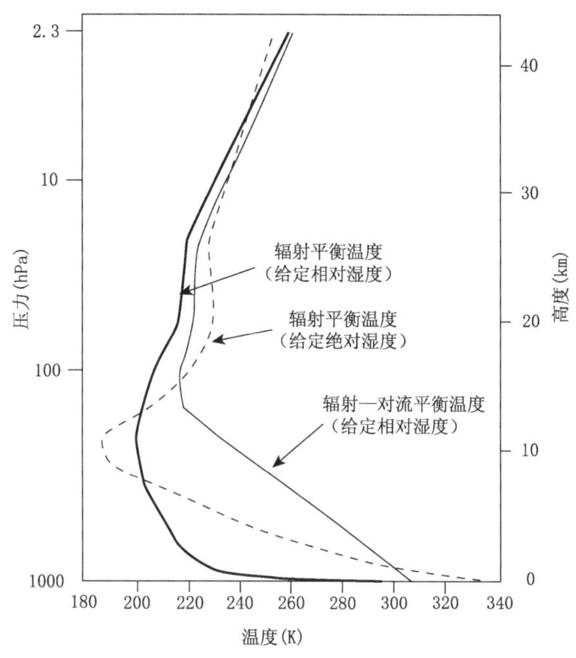

图 12.8　一维辐射—对流模式模拟的晴天大气垂直温度廓线，虚线为给定绝对湿度的辐射平衡温度，粗实线为给定相对湿度的辐射平衡温度，细实线为给定相对湿度的辐射—对流平衡温度（Manabe et al.，1967）

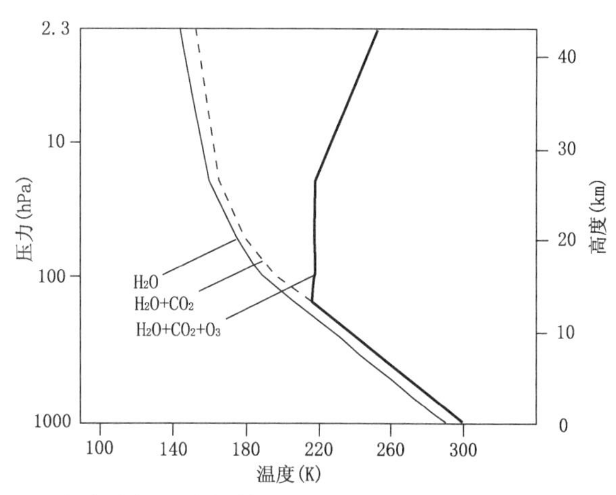

图 12.9　给定相对湿度廓线的一维辐射—对流模式模拟的晴天大气垂直温度廓线，细实线为只考虑水汽的辐射强迫作用，虚线为同时考虑水汽和二氧化碳的辐射强迫作用，粗实线为同时考虑水汽、二氧化碳和臭氧三种气体的辐射强迫作用（Manabe et al.，1964）

蒸发也会随之增加，因此，有可能导致更多的水汽进入大气，从而进一步增强原有的温室效应，引起更大的增温。当然对于水汽的反馈作用，目前仍还有不少争论，但是需要指出的是迄今为止的观测和数值模拟的结果大都表明在温度变化的过程中大气中的相对湿度基本保持不变，这就意味着温度增加时水汽含量也一同增加，水汽有可能起到正反馈作用。

鉴于水汽的反馈过程十分复杂，不是本章讨论的重点，下面我们主要讨论一维辐射—对流模式对于不同垂直湿度廓线的敏感性。这里考虑两种湿度廓线，一是给定的绝对湿度廓线，即不包括任何水汽反馈作用;二是给定的相对湿度廓线,让水汽含量随温度一起变化。其实,从图 12.8 就可以看出,即使不考虑对流调整,对应于不同的湿度垂直廓线的模拟结果之间的差别很大,表明水汽的反馈作用不可忽略。图 12.10 给出了考虑水汽反馈(即给定相对湿度的垂直廓线)的一维辐射－对流模式在二氧化碳浓度 150 ppm,300 ppm 和 600 ppm 三种情形下模拟的垂直温度结构,当二氧化碳浓度从 300 ppm 降低到 150 ppm 时,表面温度降低 2.28℃;反之,当二氧化碳浓度从 300 ppm 增加到 600 ppm 时,表面温度增加 2.36℃。如果利用不包括水汽反馈过程的模式进行同样的试验,可以发现温度分别降低 1.23℃或增加 1.33℃(图略),这说明水汽的反馈作用能够使二氧化碳的温室效应加倍。

此外,从图 12.10 还可以发现非常有趣的一点,就是在二氧化碳浓度加倍时,对流层大气是增温的而平流层大气是降温的;反之亦然。在过去的一个世纪里,实际大气也显示了类似的变化,即对流层大气增温和平流层大气降温。其实这很容易理解,正如前面所介绍的,对流层的大气能量平衡主要是由长波辐射冷却和对流调整加热决定的,平流层是由长波辐射冷却和短波辐射加热决定的。当温室气体浓度增加时,大气会向地表和外层空间发射更多的长波辐射,因此,无论是在对流层和平流层里,大气的长波辐射冷却作用都是加强的。另外一方面,当温室气体浓度增加时,地面得到更多的长波辐射,因此,地面温度增加,这就会加大对流层的垂直温度梯度,导致更多的对流发生,从而对对流层的大气起到加热作用,而且这种加热作用的强度超过长波辐射冷却的强度,所以对流层温度增加,并且由于对流造成的水汽凝结主要位于对流层中部,所以对流层的最大增温不是在表面而是在对流层中部。在平流层,由于对流层温室气体浓度增加吸收了更多的向上长波辐射通量,从而使得到达平流层的长波辐射通量减小,对于平流层起到了冷却作用,所以平流层大气表现为降温。

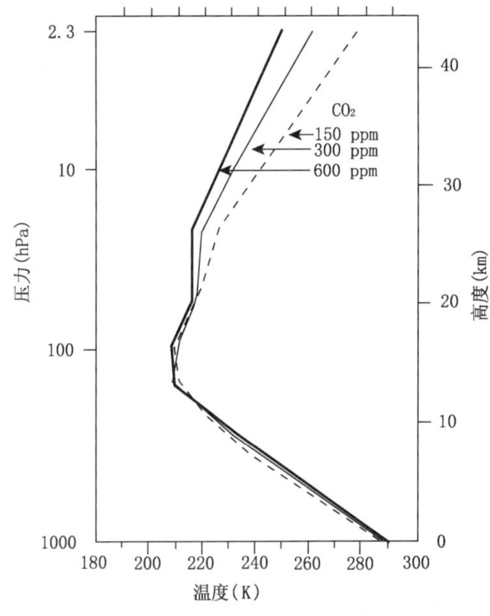

图 12.10　在给定相对湿度廓线和平均云量的情形下,一维辐射—对流模式模拟垂直温度廓线,粗实线为二氧化碳浓度为 600 ppm 的平衡温度,细实线为二氧化碳浓度为 300 ppm 的平衡温度,虚线为二氧化碳浓度为 150 ppm 的平衡温度(Manabe et al.,1967)

12.4 全球变暖的数值模拟

12.4.1 气候系统模式与国际模式比较计划

气候系统过程的复杂性，使得人们难于用外推过去趋势的方法，或统计的方法，或其他纯经验技术去研究未来的气候变化，因而必须采用数值模式进行气候变化的研究和预测。上一节中的零维能量平衡模式和一维辐射—对流模式就是最简单的一类气候模式，可以很好地描述温室效应，并能对温室效应引起的增温进行定量估计。但是这样的简化模式又具有一些天生的缺陷，例如对于水汽这种非常重要的温室气体，上述模式无法精确地描述水汽的反馈作用，只能采用简单的参数化过程来处理，对于其他更为复杂的动力和物理过程，这样的简化模式更是无能为力。另外一方面，简化的模式一般只能给出全球平均温度的变化，不能给出区域尺度上的气温变化特征，以及气候系统其他变量平均值和变率（例如ENSO或者极端天气和气候事件）的变化特征。为了定量刻画气候系统中的各种复杂动力、物理过程及其相互作用，以及全面模拟气候系统对各种外界强迫的响应，就必须发展完善的气候系统模式。

所谓的气候系统模式在形式上就是一套计算机软件系统，该系统完整地考虑了地球气候系统应该遵循的各种能量守恒、动量守恒和物质守恒等一些物理定律，并将这些定律转换为一系列的偏微分方程组，最后利用现代计算技术求解这些方程组（王斌 等，2009）。与气候系统各分量对应，一个气候系统模式也包含了相应的各分量模式，例如大气模式、陆面模式、海洋模式、海冰模式等。需要特别指出的是，气候系统模式又不是一套单纯的软件系统，其本质上是对过去已有科学知识的有效积累，其中既包括偏微分方程的数值解法，又包括各种物理、化学甚至地球生物化学过程的理解和认识。气候系统模式（未来将演变成为地球系统模式）研究目前已经成为一个巨大的系统工程，是一个包含模式发展、评估、应用和改进的不断循环的过程。基于这样一种过程，模式研究已经成为地球科学的核心科学问题之一，气候模式本身也成为地球科学各个分支学科交叉和协作的重要研究平台。

气候模式经历了30余年的发展历程，由独立发展的单一分量模式，到完整的耦合气候模式（其中海气耦合模式是最基本的部分）。经过不断的检验和改进，目前耦合模式已能提供次大陆空间尺度和季节到十年时间尺度可信的气候模拟结果。这种模式模拟和观测之间的广泛一致性，使得气候模式成为对未来气候变化进行定量估计的有效工具，也在全球变暖的归因分析中发挥了独特的作用。

Manabe和Wetherald（1975）首次使用一个高度简化的三维环流模式尝试研究大气中二氧化碳含量增加可能带来的气候效应。他们使用的是一个9层原始方程格点大气模式，水平分辨率约500 km。模式能计算水汽、臭氧、二氧化碳的辐射效应。模式把海洋处理为具有无限的蒸发能力的湿地（不考虑洋流），这是一种考虑海洋作用的最简单的方式。他们做了CO_2浓度分别为300 ppm和600 ppm时的模拟试验，模式积分800天可达到平衡态。模拟结果表明，在CO_2浓度加倍时对流层大气明显增暖，以极区和高纬地区近地面增温最大，低纬地区高层增温也较大，平流层是降温的。全球平均增温为2.93℃。而采用相同辐射方案的一维辐射—对流模式得到的增温为2.36℃。用GCM得到较高增温的原因是模式中考虑了海冰和积雪。显然,冰雪过程在全球增暖中起着一种正反馈的作用。

最近20多年来,随着计算机的快速发展和人们对气候系统认识的深入,模式的分辨率不断提高、模式的复杂程度也不断提高。但是由于人们目前对气候系统变化规律的认识和理解还十分有限,不同模式之间存在显著的差别,尤其是没有一个模式在所有方面都能给出合理的模拟结果。而最常见的情况是,某些模式在一些方面的模拟性能优于其他模式,但是在另外一些方面模拟能力又有明显的劣势。如何理解模式的偏差,以及在模式存在偏差无法马上消除的前提下,如何认识和利用模拟结果,是现阶段气候研究所面临的重大挑战之一。不同模式之间以及模式与观测之间的对比分析研究,是目前解决这种挑战的主要研究手段。尤其是最近20年来,耦合气候模式发展、比较评估分析和应用研究已经变得越来越重要,例如评估和比较分析不同模式模拟20世纪和未来气候变化的能力已经成为国际上的研究重点之一。为了更好地评估、改进和应用气候模式,从20世纪80年代末开始,国际学术界推出了许多模式比较计划,其中包括大气模式比较计划、耦合模式比较计划和陆面模式比较计划等,通过这些模式比较计划,人们对模式和气候变化的理解不断加深,有力地促进了气候模式的发展和全球变化研究的深入。

12.4.2 天气预报(Weather Forecast)、气候预测(Climate Prediction)和气候变化预估(Projection of Climate Change)的区别和联系

众所周知,目前全世界最先进的天气预报模式即使对未来3～5 d的短期天气也不能完全保证正确,而对于两周以后的天气变化基本上无法做出准确的预报。那么,对于未来几十年和甚至几个世纪的气候变化,目前的气候模式能否做出预测?其内在的原理及其可靠性如何?

在回答上述问题之前,我们首先对于天气预报(Weather Forecast)、气候预测(Climate Prediction)和气候变化预估(Projection of Climate Change)这三个名词进行定义并解释其内涵。首先,从其英文的含义来看,“forecast”“prediction”和“projection”都可以用来表示推测未来可能发生的变化,但是其精度和可靠性是不一样的,其中“forecast”可靠性最高,“prediction”其次,“projection”最低。通常,在大气和海洋科学领域,这三个词分别翻译为预报、预测和预估,以示有所区别。应该承认,这种翻译可能并不是最佳的翻译,也没有准确反映英文原文中单词的全部内涵。

对于中短期天气,学术界通常使用预报(Weather Forecast)一词。一般是指利用天气预报模式(其基本结构与大气环流模式类似,但是增加了资料同化系统、分辨率一般更高)在给定的初值条件下,预报未来两周以内任何时刻的天气变化。需要注意的有三点:第一,初始条件是根据实时观测给定的;第二,预报的是任一时刻当时的天气情况;第三,根据天气可预报性(predictability)理论,两周以上瞬时天气是不可预报的,因为观测的初值本身是有误差的,而这个误差在预测过程会不断放大,从而引起预报的不确定性。

虽然瞬时的天气在两周以上是无法预报的,但是这并不代表某一个时间段的平均特征无法预报。例如,由第10章可知,热带海气耦合系统存在年际尺度的ENSO活动,并且引起月或者季度平均的全球大气和海洋环流异常。因此,如果采用一个海气耦合模式,给定观测的海洋和大气初值,就可以对季节尺度的海洋和大气环流平均状态的异常做出预测。注意,这种预测与瞬时天气在两周以上没有可预报性并不矛盾,因为所谓季度尺度的短期气候异常预测仍旧无法预报瞬时的天气变化,其预测对象是一段时间内的气候异常,这种气候异常的可预报性

是来自于缓慢变化的大气下边界条件（如海温、海冰等）在季节和年际时间尺度上具有可预报性。

对于几十年到百年时间尺度上的气候变化，影响因子很多，包括气候系统的内部变率、太阳活动和火山等自然辐射强迫，以及人类活动导致的辐射强迫变化等。我们前面谈到的气候变化预估（projection）实际上是针对最后一点，即人类活动引起的气候变化而言的。如前所述，天气预报和气候预测都是初值问题，即在给定的观测初值情形下，利用模式进行预报或者预测。气候变化预估则相反，这并不是一个初值问题，原因很简单，经过上百年的模式积分，初始条件的误差早已充分发展，其带来的噪音使得瞬时或者短期平均结果完全不具有可预报性。但是对于未来100年，我们目前最关心的是气候变化的趋势问题，即20世纪全球增温的趋势在21世纪及以后是否还会延续，以及增温的速率是否会增加。对于气温、降水等其他气候变量长期变化趋势，主要影响因子是气候系统的外部强迫因子。根据目前的研究，自从18世纪中期工业革命，人类活动排放所引起的净辐射强迫强度可以达到1.5 W/m^2（图12.6），已经远远超过同期自然辐射强迫强度，而且在可以预见的未来人为辐射强度仍旧会不断增加。所谓的“气候变化预估”（Projection of Climate Change），其准确的含义，就是在给定的人为辐射强迫条件之下，利用气候模式计算气候系统对这些辐射强迫的响应，从而估计未来气候变化的可能趋势。需要注意的有两点：第一，预估是考虑模式对外界辐射强迫的响应，而不是一个初值的演化问题；第二，这里仅仅考虑人类活动引起的辐射强迫，自然辐射强迫不在考虑范围之内。

根据以上的讨论，气候变化预估问题必须给定未来的辐射强迫情景。IPCC（2001）第四次评估报告，根据未来科技发展、人口增长、政策制定等不同的可能性，制定未来100年不同的温室气体及气溶胶排放情景。其中主要的排放情景有A1、A2、B1、B2四种，有的排放情景下又分为若干群组【注1】。由于达到上述情景的途径有很多，为了全面系统地总结稳定浓度情景，对于IPCC第五次科学评估报告（AR5），IPCC组织专家提出了新的辐射排放情景，即所谓的典型情景路径（Representative Concentration Pathway：RCP），其细节见【注2】。

12.4.3 LASG/IAP耦合气候模式模拟的过去和未来气候变化

在介绍多模式对比分析结果之前，本节首先介绍一下中国科学院大气物理研究所（IAP）在模式研发和气候变化模拟方面的主要结果。从20世纪80年代开始，大气物理研究所先后发展了大气模式、海洋模式、耦合气候模式，并用于研究大气中CO_2含量增加所引起的气候变化，其研究结果已为IPCC（the Intergovernmental Panel on Climate Change）先后于1992年、1996年和2001年发表的关于气候变化的科学评估报告所引用。其中，Guo等（2001）利用IAP/LASG GOALS-4.0（Global Ocean-Atmosphere-Land System Model，Version 4.0）耦合模式进行了CO_2含量以1%/a速率增加的瞬变响应试验。当CO_2含量加倍时，全球平均温度增加1.65℃。这个结果为IPCC（2001）第三次评估报告所引用。参加IPCC第三次评估报告的一共有19个模式，模拟的全球平均增温范围为1.1～3.1℃，模式平均值为1.8℃；模拟的全球平均降水变化范围是－0.2%～5.6%，模式平均值为2.5%。表12.3给出了IAP/LASG GOALS4.0模拟的“现在”（指1986—1995年的平均）较20世纪初全球平均温度的变化（℃），GHG是只考虑温室气体的作用的结果，GSD同时考虑了温室气体和气溶胶作用，GSS还考虑了太阳活动的变化。表12.3中“1%CO_2”一栏给出的是CO_2按每年1%的速率增加至加倍时的温度变化，表中还同时列出了几个国外模式的模拟结果。

表 12.3 CCCm, GFDL, MPI, UKMO 和 IAP/LASG GOALS 五个模式模拟的 20 世纪增温及 CO_2 加倍时的增温结果(单位:℃)

	1%CO_2	GHG	GSD	GSS
CCCm	1.96	0.80	0.60	
GFDL	2.15	1.20	0.70	
MPI	1.40	0.80	0.50	
UKMO	1.70	0.90	0.50	
GOALS	1.65	0.80	0.69	0.77

利用 IAP/LASG GOALS4.0 模式还进一步研究了人类活动和太阳活动对北半球冬季大气环流的影响。模拟结果表明,考虑了人类活动和太阳活动的 GOALS 模式能够模拟出大气和海洋环流的年际和年代际变化特征,同时指出温室气体是强迫大气环流变化的一个基本因子,太阳活动的影响也不容忽视。

在 IPCC 第三次科学评估报告发表之后,LASG 在原有耦合模式基础上又建立了新一代的耦合气候系统模式 FGOALS(Flexible Global Ocean-Atmosphere-Land System Model)。该模式与 GOALS 模式的主要区别在于:(1) FGOALS 没有像 GOALS 模式一样采用通量订正技术,而是直接耦合;(2) FGOALS 采用了通量耦合器技术,在模式界面上严格保证了物质和能量交换的守恒性;(3) FGOALS 是一个并行化、模块化的耦合气候模式系统,很容易实现其中任一模块的更换;(4)各分量模式的水平分辨率至少提高 2 倍。FGOALS 有几个不同的版本,本书的附录 B.3 给出了本书用到的 FGOALS 版本的简介。目前我们利用 FGOALS 也进行了气候变化的数值模拟研究,其中包括 CO_2 加倍试验和 IPCC A1B 和 B1 两个排放情景(关于这两个情景的含义见【注 1】)试验,模拟结果见图 12.11。

近年来,我们还利用 FGOALS 进行了 20 世纪气候变化的多样本集合数值模拟试验,不同样本的区别仅仅在于其海洋模式初值的差别,这主要是为了检验长期气候变化模拟对模式初值的敏感性,结果表明模拟的平衡态对初值并不敏感。图 12.11a 是 FGOALS 模拟的 20 世纪全球平均气温的变化,观测结果表明整个 20 世纪全球平均表面气温增加了 0.6℃ ± 0.2℃,增温主要发生在两段时间,一是在 1940 年前后,另一段在 1975 年以后。一些研究指出,20 世纪前半叶的增暖主要是自然气候变率,很可能是由太阳活动造成的;而 20 世纪后半叶的气候变化则主要受温室气体增加影响。利用 FGOALS 所做的 20 世纪气候变化试验较好地模拟出了 20 世纪气温增加的趋势,模拟的整个 20 世纪的增温幅度大约是 0.5℃左右,在观测结果的误差范围之内。但是模式只在 1940 年前后模拟出一个非常弱的增温,而且模拟的 20 世纪下半叶的增温开始于 1965 年前后,比观测早 10 年左右。在气温增加的同时,全球平均降水或者陆地上平均降水也显著增加(图 12.11b,c),这与已有的观测事实基本一致。

除全球平均情况外,耦合模式对纬向平均温度的变化亦具有很强的模拟能力。图 12.12 给出了 FGOALS 模式的一个版本模拟的纬向平均地表温度距平随时间的演变。观测资料显示,20 世纪发生了两次变暖:第一次发生在 1910—1940 年,第二次发生在 1980 年以后,增暖区域几乎覆盖全球,增幅最强的区域位于北半球中高纬度(30°N 以北)。模拟结果与观测资料基本一致,分别在 1910—1940 年和 1980 年以后发生两次变暖,只是增暖的范围和幅度都比观测略小(满文敏 等,2011)。

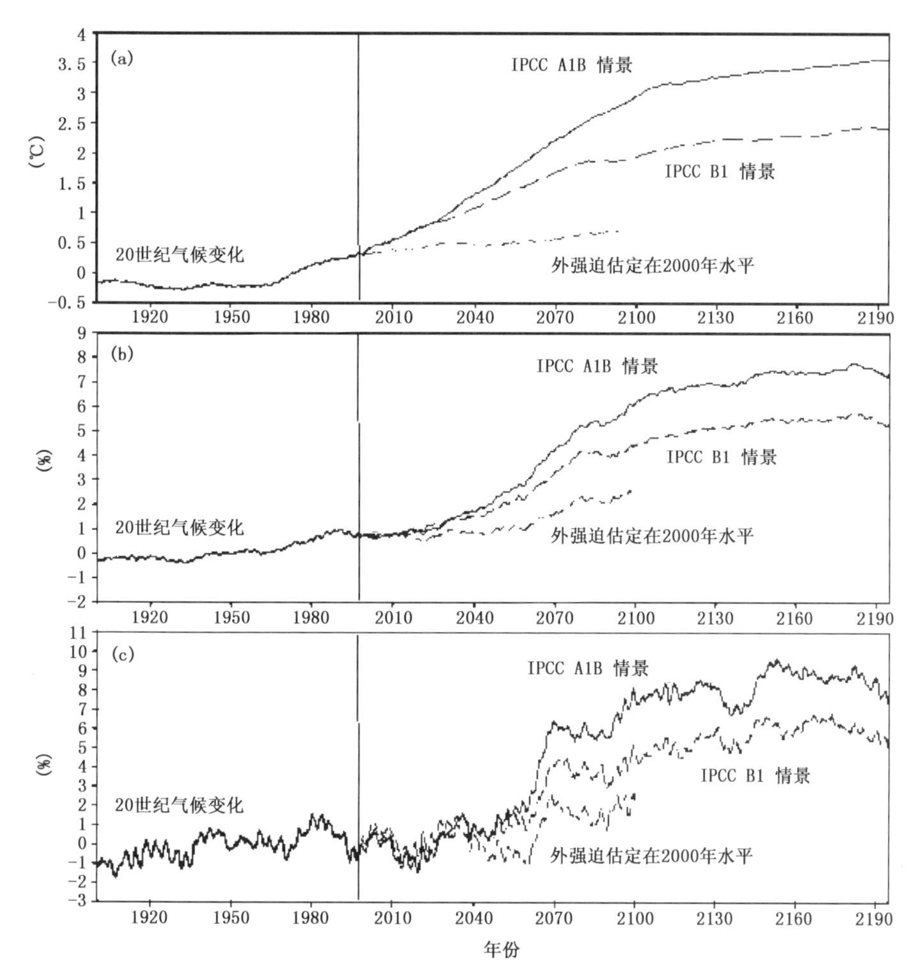

图 12.11 FGOALS模式模拟的20世纪及21—22世纪的气候变化,(a)10 a滑动平均全球平均气温距平(相对于1961—1990年气候平均),(b)10 a滑动平均全球平均降水距平(相对于1961—1990年气候平均)百分数,(c)10 a滑动平均全球陆地平均降水距平(相对于1961—1990年气候平均)(Yu et al.,2008)

12.4.4 气候变化的多模式集合模拟和预估

12.4.3节给出了LASG耦合模式FGOLAS对全球气候变化的预估,考虑到气候模式的不完善和模拟结果的不确定性,有必要利用更多的耦合模式来重现20世纪气候变化,并预估不同温室气体排放情景下的气候变化,这实际上也是国际耦合模式比较计划和IPCC科学评估报告的初衷之一。本小节将基于多模式集合的结果,描述20世纪气候变化的模拟和未来气候变化预估。

为了区分自然强迫(太阳活动和火山爆发等)和人类活动对过去100年全球增暖的不同贡献,在IPCC第四次科学评估报告中,给出了多个耦合模式在只考虑自然强迫和同时考虑自然强迫和人类活动影响两种情形的数值模拟结果。图12.13为耦合模式模拟的20世纪全球平均、陆地平均、海洋平均和各大洲陆面平均气温的时间序列及其对应的观测值,其中5%～

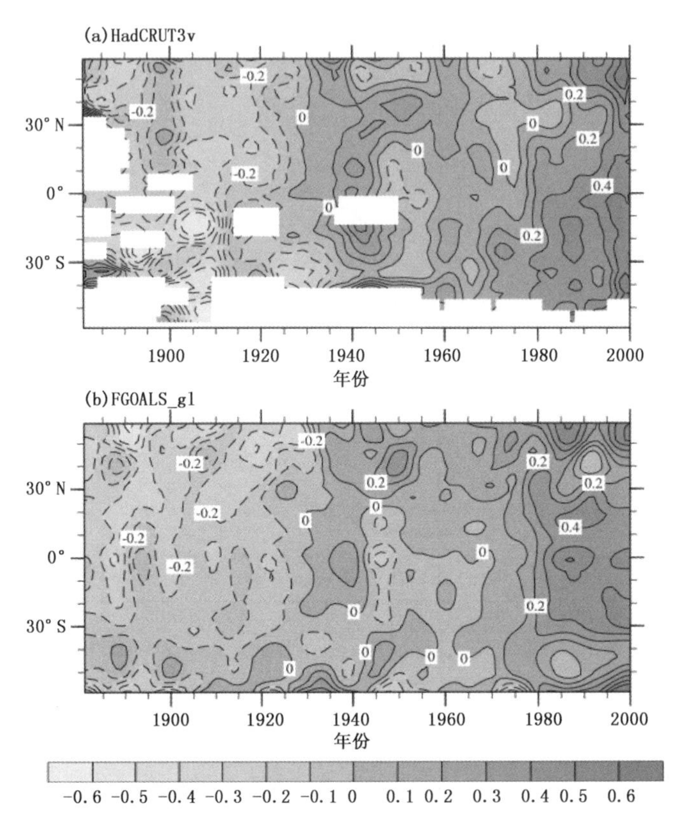

图 12.12　观测和 FGOALS 模拟的纬向平均地表温度距平随时间的演变
(a) 观测,(b) FGOALS 模拟(满文敏 等,2011)

95%的数值模拟结果落在图中的阴影区范围之中。与观测的 20 世纪变暖相比,如果不考虑人类活动的影响,仅依靠自然因素的强迫,没有任何模式可以模拟出实际的增暖;反过来,如果考虑了人类活动的影响,观测的增暖则位于数值模拟的 90%置信区间范围。根据上述数值模拟结果,IPCC 第四次评估报告中首次明确指出 20 世纪的全球增暖非常可能(very likely)是由人类活动引起的。

对国际耦合模式比较计划第三阶段(CMIP3)数据集中 20 世纪气候变化试验结果的进一步分析表明,多数模式能够成功再现全球和北半球平均气温在过去百年的实际演变,包括太阳辐射、火山气溶胶在内的自然强迫因子逐年变化的引入,显著提高了耦合模式的模拟效果,这种改进在 20 世纪前半叶尤为明显。模拟的 20 世纪中国气温演变和实际观测存在显著正相关,但效果较之全球和半球平均情况要差。较之对 20 世纪前半叶气温变化的模拟结果而言,有更多的模式能够合理再现 20 世纪后半叶的气温变化。自然强迫因子和温室气体在耦合模式中的作用,主要是再现实际观测气温的变化趋势和年代际尺度的变率,对年际变率的模拟效果则很差。20 世纪后半叶的显著增暖以及最近几十年的加速变暖,在耦合模式中得到再现,但是强度比观测要弱(Zhou et al.,2006)。

2007 年出版的 IPCC 第四次评估报告(AR4)还给出了多个耦合模式模拟的"Commitment",A2,A1B 和 B1 情景试验模拟的全球平均气温随时间的变化(图 12.14)。"Commitment"一词的原意是承诺和责任,此处是指在 2000 年前已经排放的温室气体在 2000 年以后继

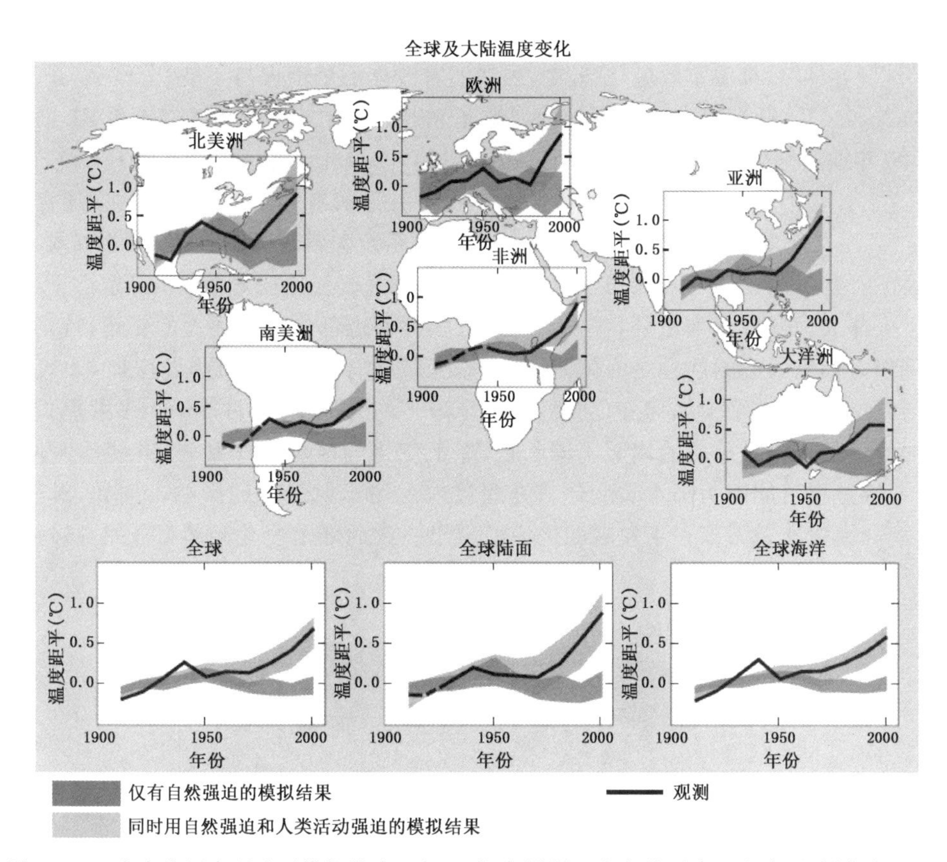

图 12.13 在自然因素强迫下模拟的表面气温(深色阴影),在自然因素和人类活动同时强迫下模拟的表面气温(浅色阴影),以及观测的20世纪气温变化(黑色实线)。图中阴影表示由58个样本数值试验(来自14个耦合模式)得到的5%~95%温度变化区间(IPCC,2007)

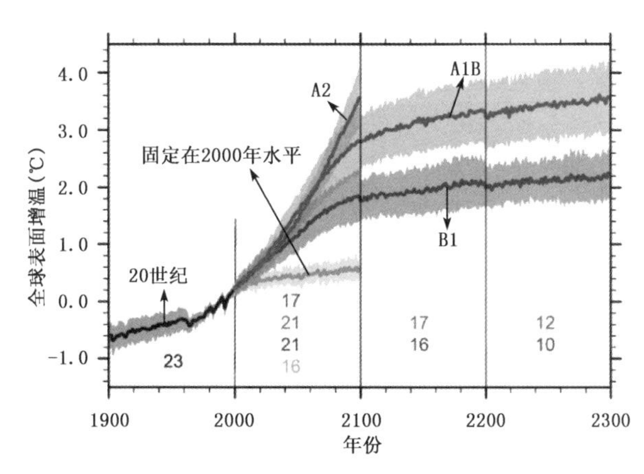

图 12.14 IPCC(2007)第四次评估报告耦合模式 Commitment、A2、A1B 和 B1 数值试验模拟的全球平均表面气温时间变化曲线(IPCC,2007)

续引起的气候变化,该试验设计的思路是在20世纪试验基础上把所有温室气体的浓度控制在2000年的水平不变并继续积分100 a,以便检验2000年以前排放的温室气体所造成的“后续温室效应”。温室气体增加的“后续效应”主要是因为海洋环流对温室气体的辐射强迫不能马上达到平衡，其响应时间尺度可以达到百年到千年。从图 12.14 可以看到，在 100 a 的“Commitment”试验亦即“后续温室效应”试验中，虽然温室气体的浓度保持不变，全球平均气温仍会继续增加 0.2～0.5℃，所有模式平均增加的气温是 0.3℃左右。对于 A2，A1B 和 B1 三个情景试验，到 2100 年前后全球平均气温分别增加 3.0～4.0℃，2.0～3.1℃和 1.2～2.0℃，模式之间的差别在 1℃左右。由上面的叙述可见，对增强温室效应引起未来气候变化的评估中还存在着较大的不确定性，还有许多工作要做。主要是改进对气候系统关键过程的认识、完善气候系统模式，并采用集合预测、概率分布预报等方法尽可能减小未来气候变化预测中的不确定性。

除了全球表面气温增加之外，气候系统中许多方面也都出现了显著的变化，特别是水循环特征。例如人们最关心的问题之一就是，在全球变暖的背景下，海面蒸发增加，大气中的水汽含量也同时增加，降水量会如何变化呢？对于全球平均的降水量，目前绝大多数模式模拟结果都是增加的。但是与全球普遍增暖不同的是，降水变化的区域性非常强，有些地区增加，有些地区减少，这是很可能因为降水量变化只是间接地受到辐射强迫的影响。例如，对于 A1B 排放情景，耦合模式在差不多一半左右的区域模拟出一致的降水变化趋势(图 12.15)，其中降水

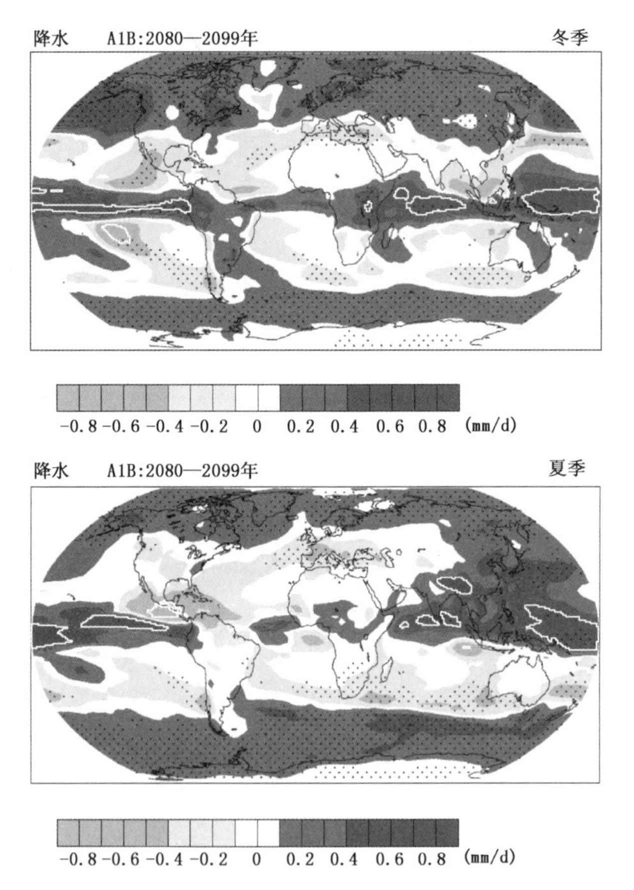

图 12.15　A1B 情景试验模拟的冬季 DJF(a)和夏季 JJA(b)2090—2099 年相对 1980—1989 年降水变化(单位：mm/d)。图中结果为多模式集合平均的变化，其中画点的区域表示多模式平均的降水变化幅度大于模式之间的降水标准差(模式之间的降水标准差，是指不同模式模拟的 1980—1989 年平均降水之间的标准差)(IPCC，2007)

量增加的区域主要位于赤道和中高纬地区，降水量减少的区域主要位于副热带地区。换句话说，就是原来降水丰富的地区，降水会进一步增加；而在比较干旱的区域，降水反而减少，这就是在全球变暖背景下降水变化的"马太效应（Rich-get-richer）"（Zhang et al.，2007；Chou et al.，2009）。

12.5　气候变化与碳循环

由以上几节的介绍可知，目前大多数研究者已形成了这样的共识，温室气体增加有利于全球增暖，同时自 18 世纪中期工业革命以来，人类活动向大气圈排放了大量温室气体导致了其浓度增加，因此人类活动很可能会引起全球变暖及其他气候变化。但是定量刻画人类活动对气候变化的作用，不能仅仅考虑大气中 CO_2 浓度如何影响气候，还必须回答燃烧化石燃料或者改变土地利用到底是如何影响大气 CO_2 浓度的，除了人类活动，还有哪些其他过程可以影响大气 CO_2 浓度，以及人类活动的相对贡献如何。

图 12.1 中 CO_2 浓度有明显的季节变化，图 12.3 中 CO_2 浓度还表现出冰期—间冰期的变化特征，这都说明了影响空气中温室气体浓度的原因不仅仅只是人类活动，一定还有其他自然因素也可以导致温室气体浓度的变化。因此，如果要定量分析和预估人类活动对气候变化的影响，就必须考虑大气中 CO_2 的源和汇，以及碳元素在地球系统各个圈层之间的循环过程，即碳循环过程。这种碳循环过程，不仅涉及物理过程（如海气之间的 CO_2 交换），而且还不可避免地涉及岩石风化等化学过程、陆地和海洋生态系统的光合作用、呼吸作用等地球生物化学过程。

地球系统中的碳元素以不同的形式存在各个圈层之中，表 12.4 给出各个碳储库的含量和存留时间（Kump et al.，2004）。在大气圈中碳元素存在的主要形式是 CO_2 和少量 CH_4，而在海水中按照含量从多到少分别是 HCO_3^-、CO_3^{2-} 和 CO_2，在陆地和海洋生态系统中则主要是以有机碳形式存在的，在沉积岩中为有机碳和无机碳两种形式，其中前者含量是后者的四倍。从储存量来看，大气圈中碳储量最少，陆地生态系统（包括植物和土壤）次之，是大气圈的 3～4 倍，而海洋中的碳储量是大气的 40～50 倍，岩石圈中的碳储量则是大气中的 6000 倍左右。通过物理、化学和生物地球化学过程，碳元素可以从一种存在形式转换成为另外一种形式，也可以从一个圈层转移到另外一个圈层。以大气圈为例，导致大气中二氧化碳增加的过程有火山爆发、有机碳氧化过程、动植物呼吸作用、人类活动（土地利用变化、化石燃料使用）等；可以引起大气中 CO_2 浓度减小的过程有植物光合作用、碳酸岩和硅酸岩风化过程。此外，海水既可以溶解 CO_2 也可以释放 CO_2，这主要取决大气和海洋之间的 CO_2 分压之差。

如我们所知，大气中 CO_2 浓度变化是全球气候变化的关键驱动因子之一，所以对大气圈与其他圈层之间碳交换的研究受到了极大关注。IPCC（2007）第四次评估报告综合已有研究结果指出，2000—2005 年人类活动平均每年排放碳 72 亿 t，其中海洋吸收 22 亿 t 碳，陆地生态系统吸收了 9 亿 t 碳，剩下的 41 亿 t 碳留在大气圈中，导致大气中 CO_2 浓度每年增加约 2 ppm。也就是说，人类活动排放的 CO_2 大约一半多留在大气圈，其他的则被海洋和陆地吸收了。但是这个比例不是恒定不变的，未来可能增加或者减小。因此，在一个物理气候系统模式中引入上述地球生物化学过程，考虑碳元素在地球系统不同圈层之间的循环，即发展所谓的

“地球系统模式(Earth System Model)”已经成为全球变化研究领域的关键科学问题之一。在IPCC第四次科学评估报告中，还只有个别耦合模式包括碳循环过程，而且当时国际耦合模式比较第三阶段(CMIP3)所设计的数值试验都是针对物理气候系统模式的，对碳循环试验没有任何要求。但是在国际耦合模式比较计划第五阶段(CMIP5)中，碳循环过程数值试验已经成为优先考虑的核心科学试验之一，也将是预计2013年出版的IPCC第五次科学评估报告的重要内容之一。目前有一些研究已经开始利用地球系统模式进行碳循环数值模拟，发现随着全球变暖加速，海洋和陆地吸收CO_2的能力有可能下降，结果导致大气CO_2浓度加速增加，因此，地球生物化学过程有可能在全球变暖中起到一种正反馈作用。

表12.4　地球系统主要碳储库含量和存留时间

碳库	含量(GtC=10亿t碳)	存留时间
大气中的CO_2	816	10 a
大气中的CH_4	10.2	9 a
绿色植物	102	几天到几个月
树干和树根	612	几个世纪
土壤和沉积物	1530	几万年
化石燃料	5100	—
沉积岩中的无机碳	10200000	2×10^8 a
海洋中的CO_2	765	12 a
海洋中的CO_3^{2-}	1275	12 a
海洋中的HCO_3^-	35700	200000 a
沉积岩中的有机碳	40800000	10^8 a

12.6　数值模拟中的不确定性以及关于全球变暖的争议

IPCC第四次评估报告虽然在人类活动影响全球变暖的认识方面取得了很大的进展，但仍有许多问题需要深入研究和探讨。目前对于“人类活动是全球变暖的主要原因”这一论断仍然存在一定的争议，主要包括以下几个方面。

(1)认为地球气候变化的主要原因是太阳光强度的变化，而人类活动产生的温室气体几乎不可能对全球气候产生任何重要影响。近期太阳辐射增强的幅度与速度是过去600年内没有出现过的变化，而在20世纪90年代太阳发光密度达到了该世纪的顶峰。根据预测，这种现象将持续6～8 a，然后气温将会以“非常缓慢”的速度降低。然而据IPCC第四次评估报告看来，太阳辐射变化对目前气候变暖几乎不会产生重要的影响。对过去28年太阳总辐射的连续监测发现，11 a太阳变化周期的极大和极小活动之间的辐射仅变化0.08%。自1750年以来由于太阳常数变化引起的直接辐射强迫仅为0.12 W/m^2，和温室效应+2.30 W/m^{2}的辐射强迫相比仅是很小的部分。并且古气候资料也显示，过去几千年以来北半球夏季太阳辐射是呈减少趋势的。

(2)认为大气CO_2的吸收带已经饱和，因而温室效应已经达到饱和，不可能再对全球气候变化产生进一步影响。最新的研究表明，CO_2的温室效应在15 μm带中心等波段确实已经达到饱和，但在其他(15 μm带两翼，10 μm，5.2 μm带等)波段远未达到饱和，最近和将来也不会达到饱和。

(3)在对全球气候变化的预测中，云的影响是最大的不确定因素之一。云能吸收和反射太阳辐射，使地面冷却，另一方面也能吸收和放出长波辐射，使地面增温从而加剧全球变暖(见本书第4章)。一些人认为云以正反馈为主(Hansen et al.，1984；Wetherald et al.，1988；Stocker et al.，2001；Colman，2003；Soden et al.，2006)，一些人认为是负反馈(Lindzen et al.，2001；Zhang et al.，2004)，也有人认为是不确定的(Cess et al.，1990，1993；Bony et al.，2005)。由于云反馈的复杂性和不确定性，对这一问题还需要进一步的研究。

(4)也有不少科学家认为，气候是复杂的地球整体变化过程的一个方面，其中自然因素起着主要作用，而人类活动的影响究竟能起多大程度的作用尚无明确证据，早在人类出现之前，地球就出现过导致冰川大规模融化的全球变暖，而近年的气温上升很可能只是地球正常的周期性气候变化的一个阶段。现在地球正处于从间冰期向冰期的过渡阶段，总趋势应该是逐渐变冷的，人类的温室效应只是延缓了全球变冷的进程。甚至有人预言将于21世纪进入“第四小冰期”，未来20～30 a后，地球气温将降低到18世纪80年代的水平。实际上，就目前的研究来看，在近百年的气候变化幅度中，自然的气候变率究竟有多大仍然不清楚。因而，对人类活动引起的气候变化难以给出量化的结论，有待进一步研究。

(5)当前全球海气耦合模式对20世纪温度变化的模拟，就全球、半球和大陆尺度平均而言，具有显著的模拟技巧。但是其对区域尺度气候变化的模拟能力则很低。例如，对参加WCRP组织的IPCC AR4“20世纪气候耦合模式模拟”计划的19个国际知名耦合模式结果的分析表明，在包括气溶胶、温室气体在内的实际强迫作用下，目前的耦合模式难以模拟出发生在20世纪70年代末的东亚温度变化(Zhou et al.，2006)。而对未来降水变化的情景预估分析则表明，在东亚地区，模式间的离差远大于多模式的集合平均情况，意味着其可信度很低(李博 等，2010；Li et al.，2010)。这使得难以依靠全球模式的结果来准确预估区域尺度上的未来气候变化特别是降水的变化，换言之，目前全球模式对区域尺度(例如东亚)未来气候变化的预估能力还很低。

除了以上几个方面之外，引起气候模拟不确定性的过程还包括：边界层湍流通量交换过程、海洋经圈翻转环流不稳定性和气候突变问题、碳氮循环和地球生物化学问题等。

12.7 小结

“人类活动”与“气候变化”之间的因果关系是本章讨论的主题。从方法论来说，因果关系的证明有两种途径，一种是逻辑演绎的方法，一种归纳统计的方法。数学科学主要采用前者，例如欧几里得在《几何原本》从给定的公设和公理出发，用逻辑演绎的方法推导出一系列的定理。而归纳统计的方法在实验科学中经常使用，例如开普勒根据大量的天文观测资料，统计得出了行星运动三定律，再如大气科学中常用的相关分析也是如此。在现代科学中，讨论因果关系的时候,通常是两种方法同时使用的,因为两种方法各有优劣。对于逻辑演绎的方法,其结论的可靠性与否完全在于前提条件是否正确,但是当人们使用数学工具进行理论推导的时候,必须对所考虑的问题进行一定程度的简化和假设(例如流体力学中常用的雷诺应力闭合假定)。而对于第二种方法,由于观测事实的样本是有限的,观测本身存在误差,以及分析方法的主观性,其所得到的结论也不可能是完全可靠的。尽管在现代科学中,讨论事物之间因果关系的时候一般都同时使用上述两种方法,并通过相互验证以尽可能减小结论的不确定性,但遗憾的是绝对真理是不存在的,任何科学结论都会存在不确定性,而且有时候这种不确定性相当大。对于"人类活动"与"气候变化"之间的联系,目前在人类的认识能力范围之内,大多数研究者得到的结论是,人类活动排放的温室气体是导致最近几十年全球平均温度增加的主要原因。当然,这个结论本身有不确定性,而且也无法用人类活动解释目前观测到的所有气候变化,所以对于这个科学结论本身的可靠性以及如何应用这个结论,应该采取一种谨慎的科学态度。科学和谨慎地对待人类活动和全球变暖问题是十分重要的,但是也绝对不能走向另外一个极端,即因为这个问题在科学上存在不确定性,从而完全否认人类活动对气候变化的可能影响。

注释

【注 1】IPCC AR4 温室气体排放情景的含义。

A1 A1 框架和情景系列描述的是一个这样的未来世界,即经济快速增长,全球人口峰值出现在 21 世纪中叶、随后开始减少,新的和更高效的技术迅速出现。其基本内容是强调地区间的趋同发展、能力建设、不断增强的文化和社会的相互作用、地区间人均收入差距的持续减少。A1 情景系列划分为 3 个群组,分别描述了能源系统技术变化的不同发展方向,以技术重点来区分这三个 A1 情景组:化石密集(A1F1)、非化石能源(A1T)、各种能源资源均衡(A1B)。

A2 A2 框架和情景系列描述的是一个极其非均衡发展的世界。其基本点是自给自足和地方保护主义,地区间的人口出生率很不协调,导致持续的人口增长,经济发展主要以区域经济为主,人均经济增长与技术变化越来越分离,低于其他框架的发展速度。

B1 B1 框架和情景系列描述的是一个均衡发展的世界,与 A1 描述具有相同的人口,人口峰值出现在 21 世纪中叶,随后开始减少。不同的是,经济结构向服务和信息经济方向快速调整,材料密度降低,引入清洁、能源效率高的技术。其基本点是在不采取气候行动计划的条件下,更加公平地在全球范围实现经济、社会和环境的可持续发展。

B2 B2 框架和情景系列描述的世界强调区域性的经济、社会和环境的可持续发展。全球人口以低于 A2 的增长率持续增长,经济发展处于中等水平,技术变化速率与 A1,B1 相比趋缓、发展方向多样。同时,该情景所描述的世界也朝着环境保护和社会公平的方向发展,但所考虑的重点仅仅局限于地方和区域一级。

【注 2】IPCC AR5 典型浓度路径(Representative Concentraion Pathway, RCP)的含义。

名称	路径形式	2100 年末的辐射强迫	相当 CO_2 浓度
RCP8.5	持续上涨	8.5 W/m^2	1370 ppm
RCP6.0	没有超过目标水平达到稳定	6.0 W/m^2	860 ppm
RCP4.5	没有超过目标水平达到稳定	4.5 W/m^2	650 ppm
RCP2.6	先升后降达到稳定	2.6 W/m^2	490 ppm

参考文献

LIOU K N, 2004. 大气辐射导论:第2版[M]. 郭彩丽,周诗健,译.北京:气象出版社.

李博,周天军,2010. 基于IPCC A1B情景的中国未来气候变化预估:多模式集合结果及其不确定性[J]. 气候变化研究进展,6(4): 270-276.

柳艳香,马晓燕,郭裕福, 2004. 人类活动对北半球冬季大气环流年代际变化影响的数值模拟[J]. 高原气象, 23(4):458-464.

满文敏,周天军,张洁,等,2011. 气候系统模式FGOALS_gl模拟的20世纪温度变化[J]. 气象学报,69(4): 644-654.

汪品先,2002. 气候演变中的冰和碳[J]. 地学前缘,9:85-93.

王斌,周天军,俞永强,等,2009. 地球系统模式发展展望[J]. 气象学报,66(6): 857-869.

BONY S, DUFRESNE J L, 2005. Marine boundary layer clouds at the heart of cloud feedback uncertainties in climate models[J]. Geophys Res Lett, 32, L20806, doi:10.1029/2005GL023851.

BONY S, MUSAT I, LI B, et al, 2006. On the contribution of local feedback mechanisms to the range of climate sensitivity in two GCM ensembles[J]. Clim Dyn, 27: 17-38.

CESS R D, POTTER G L, BLANCHET J P, et al, 1990. Intercomparison and interpretation of climate feedback processes in 19 atmospheric general circulation models[J]. Journal of Geophysical Research, 95, Issue D10: 16601-16615.

CESS R D, ZHANG M H, POTTER G L, et al, 1993. Uncertainties in carbon dioxide radiative forcing in atmospheric general circulation models[J]. Science, 262: 1252-1255.

CHOU C, NEELIN J D, CHEN C, et al, 2009. Evaluating the "Rich-Get-Richer" mechanism in tropical precipitation change under global warming[J]. J Climate, 22(8): 1982-2005. doi:10.1175/2008jcli2471.

COLMAN R, 2003. A comparison of climate feedbacks in general circulation models[J]. Climate Dynamics, 20: 865-873.

FORSTER P, RAMASWAMY V, ARTAXO P, et al, 2007. Changes in atmospheric constituents and in radiative forcing[M]//SOLOMON S, QIN D, MANNING M, et al, Climate Change 2007: The Physical Science Basis. Contribution of Working Group I to the Fourth Assessment Report of the Intergovernmental Panel on Climate Change. Cambridge, United Kingdom and New York: Cambridge University Press.

GUO Y F, YU Y Q, LIU X Y, et al, 2001. Simulation of climate change induced by CO_2 increasing for East Asia with IAP/LASG GOALS model[J]. Adv Atmos Sci, 18: 53-66.

HANSEN J, LACIS A, RIND D, et al, 1984. Climate sensitivity: Analysis of feedback mechanisms[M]// HANSEN J, TAKAHASHI T. Climate Processes and Climate Sensitivity. Geophysical Monograph, 29, Washington D C: American Geophysical Union: 130-163.

IPCC, 1990. Climate Change: The IPCC Scientific Assessment[M]. United Kingdom and New York Cambridge: Cambridge University Press: 365.

IPCC, 1996. Climate Change 1995: The Science of Climate Change[M]. Cambridge, United Kingdom and New York: Cambridge University Press: 572.

IPCC, 2001. Climate Change 2001: The Science of Climate Change, Contribution of Working Group 1 to Third Assessment Report of the Intergovernmental Panel on Climate Change[M]. Cambridge, United kingdom and New York: Cambridge University Press: 881.

IPCC, 2007. Climate Change 2007: The Physical Science Basis. Contribution of Working Group I to the Fourth Assessment Report of the Intergovernmental Panel on Climate Change[M]. Cambridge, United Kingdom and New York:Cambridge University Press: 986.

KUMP L R, KASTING J F, CRANE R G, 2004. The Earth System: 2nd edition[M]. Pearson Education, Inc, Upper Saddle River, NJ: 419.

LI H, FENG L, ZHOU T, 2010. Changes of July-August climate extremes over China under CO_2 Doubling Scenario Projected by CMIP3 models for IPCC AR4. Part I: Precipitation[J]. Adv Atmos Sci, doi:10.1007/s00376-010-0013-4.

LINDZEN R S, 1990. Some coolness concerning global warming[J]. Bull Amer Met Soc, 71: 288-299.

LINDZEN R S, CHOU M D, HHOU A Y, 2001. Does the Earth have an adaptive infrared iris? [J]. Bull Amer Met Soc, 82: 417-432.

MANABE S, STRICKLER R F, 1964. Thermal equilibrium of the atmosphere with a convective adjustment [J]. J Atmos Sci, 21: 361-385.

MANABE S, WETHERALD R T, 1967. Thermal equilibrium of the atmosphere with a given distribution of relative humidity[J]. J Atmos Sci, 24: 241-259.

MANABE S, WETHERALD R T, 1975. The effects of doubling the CO_2 concentration on the climate of a general circulation model[J]. J Atmos Sci, 32: 3-15.

MA X Y, GUO Y F, SHI G Y, et al, 2004. Numerical simulation of global temperature change over the 20th century with IAP/LASG GOALS Model[J]. Adv Atmos Sci, 21: 227-235.

NISBET E, 2007. Earth monitoring: Cinderella science[J]. Nature, 450: 789-790, doi:10.1038/450789a.

PETIT J R, JOUZEL J, RAYNAUD D, et al, 1999. Climate and atmospheric history of the past 420,000 years from the Vostok Ice Core, Antarctica[J]. Nature, 399: 429-436, doi:10.1038/20859.

SODEN B J, HELD I M, 2006. An assessment of climate feedbacks in coupled ocean-atmosphere models[J]. J Climate, 19: 3354-3360.

STOCKER T F, et al, 2001. Physical climate processes and feedbacks[M]// HOUGHTON J T, et al. Climate Change 2001: The Scientific Basis. Contribution of Working Group I to the Third Assessment Report of the Intergovernmental Panel on Climate Change. Cambridge, United Kingdom and New York: Cambridge University Press: 419-470.

WETHERALD R, MANABE S, 1988. Cloud feedback processes in a general circulation model[J]. J Atmos Sci, 45: 1397-1416.

YU Y, ZHI H, WANG B, et al, 2008. Coupled model simulations of climate changes in the 20th century and beyond[J]. Adv Atmos Sci, 25(4): 641-654. doi:10.1007/s00376-008-0641-0.

YU Y Q, ZHENG W P, WANG B, et al, 2011. Versions g1.0 and g1.1 of the LASG/IAP Flexible Global Ocean-Atmosphere-Land System model[J]. Adv Atmos Sci, 28(1): 99-117. doi: 10.1007/s00376-010-9112-5.

ZHANG M H, 2004. Cloud-climate feedback, how much do we know? [M]// ZHU et al. Observation, Theory, and Modeling of Atmospheric Variability. World Scientific Series on Meteorology of East Asia, Vol. 3, World Scientific Publishing Co., Singapore: 632.

ZHANG X B, ZWIERS F W, HEGERL G C, et al, 2007. Detection of human influence on twentieth-century precipitation trends[J]. Nature, 448(7152): 461-465. doi:10.1038/nature06025.

ZHOU T, YU R, 2006. Twentieth century surface air temperature over China and the globe simulated by coupled climate models[J]. J Climate, 19(22): 5843-5858.

第 13 章 LICOM 海洋环流模式上机实习手册

13.1 引言

LICOM 是中国科学院大气物理研究所(IAP)大气科学和地球流体力学数值模拟国家重点实验室(LASG)气候系统(Climate system)海洋模式(Ocean Model)的英文缩写(LASG/IAP Climate system Ocean Model)。LICOM 是由中国科学院大气物理研究所全球海气耦合模式研究组设计和发展的,从 1989 年发展的第一个四层原始方程海洋环流模式到最新的 LICOM3.0,经过近 30 年的艰苦努力,模式水平分辨率从最初的 4°×5°,提高 0.1°×0.1°,次网格参数化过程也同时在不断完善和改进。目前 LICOM 是中国唯一自主研发的全球海洋环流模式,也是国际上少数几个自主研制的海洋模式之一。LICOM 不仅在物理海洋、海气相互作用和气候变化等研究领域得到了广泛应用,而且近年来也逐渐应用于海洋动力环境的业务预测。

从计算机软件的角度看,LICOM 是一套求解偏微分方程组数值解的程序,这套方程组描述了海洋环流和温盐的变化。LICOM 是用 Fortran90 语言编写,使用了 MPI 和 OpenMP 混合的并行方式①,可以在各种主流的并行计算机和计算机集群上运行。本课程提供的 LICOM 模式是在 LICOM2.0 版本基础上进行改写的,为了使得模式能够在绝大多数个人笔记本电脑上顺利运行,对原模式的物理过程进行了适当简化,并将水平分辨率降低为 2°×2°。经过测试,目前版本的 LICOM 模式可以顺利地在个人电脑上安装、运行以及完成各种数值试验。

本课程海洋模式教学实习的主要目的是有三:(1)首先让学生对数值模式有了感性认识,特别是能够在教师的指导下,完成模式编译、运行和检验评估和全部过程;(2)结合本课程的教学内容,利用海洋模式进行敏感性数值试验,并分析模拟结果,通过数值试验加深对课堂学习内容的深化和理解;(3)通过模式教学实习,为学生在日后的进一步研究工作使用数值模拟工具奠定理论和实践基础。

根据教学大纲,本课程教学主要内容包括以下四方面:

(1)模式运行环境安装和调试;

(2)基于 LICOM 海洋模式完成基准试验(Control Run)及其评估;

(3)基于 LICOM 海洋模式完成风应力敏感性数值试验及其分析;

(4)基于 LICOM 海洋模式完成淡水强迫敏感性数值试验及其分析。

---

① 现有版本中 OpenMP 并行方式没有经过测试,不推荐使用。

通过上机实习,要求学生熟悉 LICOM 的程序结构,能够独立完成程序的修改、编译和运行。根据课程安排,完成相应的数值模拟试验,结合理论知识,分析模拟试验结果。

13.2 LICOM 模式

13.2.1 目录结构

LICOM 程序的目录结构如图 13.1 所示,内含三个子文件夹,其中 bld 目录存放生成试验个例的脚本文件,data 目录为输入数据,主要包括地形、强迫场、初始场、密度计算参数等文件,src 为 LICOM 的源程序目录。

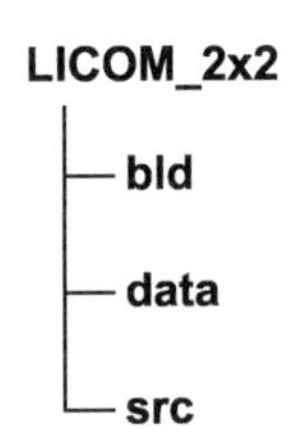

图 13.1 LICOM 程序目录结构

13.2.2 程序基本流程

当前的 LICOM 程序包含有 64 个 F90 的程序,1 个 C 程序,总代码量大约有 1.8 万行。主程序为 licom. F90,直接或间接调用其他子程序。程序流程如图 13.2 所示。

程序中有四重循环,从内到外分别是正斜压循环、温盐循环、月内循环和总积分月数循环。积分控制是以月为单位的,控制变量为当前月份 MONTH 和积分结束的月份 MEND (MONTH<MEND),当 MONTH 等于 MEND 时积分结束。

13.2.3 LICOM 的输入和输出

LICOM 的输入主要有地形(INDEX. DATA)、强迫资料(MODEL. FRC)、初始场(TSinitial)、密度计算参数(dncoef. h1)和控制积分的 Namelist 文件(ocn. parm)。此外,restart 积分还需要 restart 初始场,这是由模式自身产生的二进制文件,文件名为 fort. 22. yyyy-mm-dd-00000。

输入的文件名和格式见表 13.1。

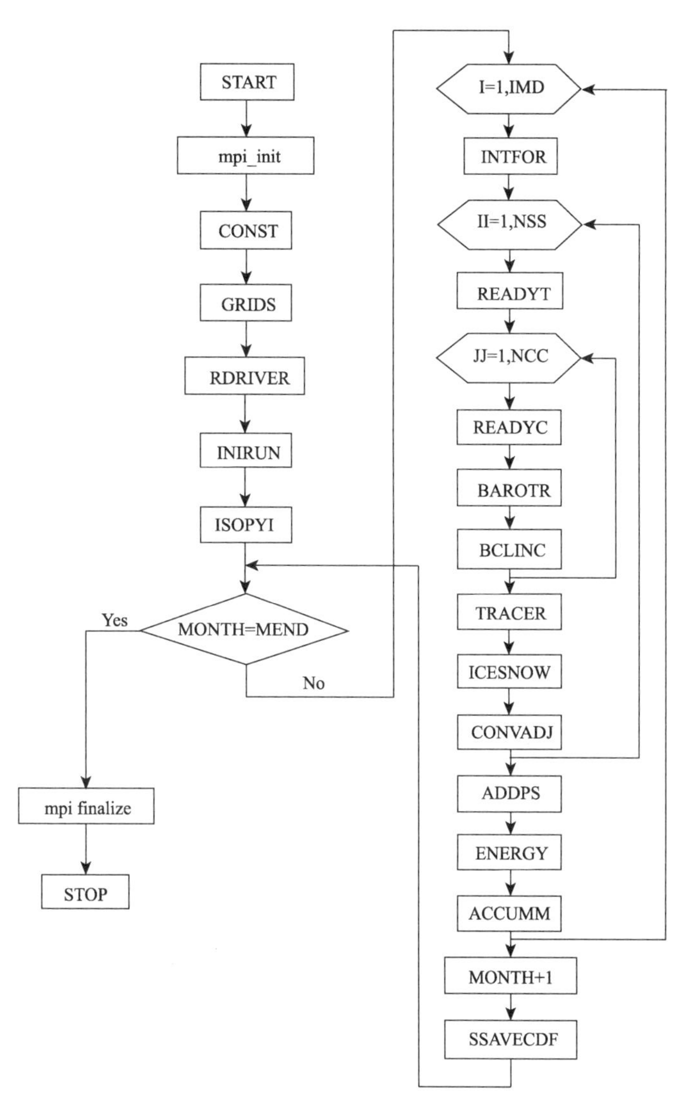

图 13.2 LICOM 主程序流程图(刘海龙 等,2004)

表 13.1 输入文件名和格式

文件名	数据格式	说明
INDEX. DATA	NetCDF	模式地形
MODEL. FRC	NetCDF	月平均气候强迫资料
TSinitial	NetCDF	温盐初值
dncoef. h1	ASCII	密度计算参数
ocn. parm	ASCII	模式积分参数
fort. 22. yyyy-mm-dd-00000	Binary	重启动文件

LICOM 的输出有以下三种。

1)全球平均量的输出,标准屏幕输出(也可重定向到文件中)。目的是监测模式运行情况。模式每天输出一次,输出变量包括月份(MONTH,从第一个月开始计数)、日期(IDAY)、全球平均动能(EK0)、表面位能(EA0)、海面温度(EB0)、海温(ET0)、盐度(ES0)和积分一天需要的 CPU 时间(t1－t0)。

2)模式平均预报量的输出。主要是月平均的输出,文件名 MMEANyyyy-mm. nc,输出变量包括海表高度、温度、盐度、环流等,输出的格式是 Netcdf 的。

3)模式重启动文件。多种原因可能导致模式积分中断,因此需要定期保存模式积分结果的中间变量,以便模式可以在已有计算结果基础上继续积分。输出二进制文件名为 fort. 22. yyyy-mm-dd-00000,变量包括最后一步的模式预报量和时间信息。同时,模式输出一个时间指针文件(rpointer. ocn),内容是前一天 restart 文件名,用于模式的重启。在现在的版本中被省略掉了。

13.3 LICOM 虚拟机

13.3.1 虚拟机安装

(1)LICOM 虚拟机安装包内容:虚拟机软件:VirtualBox,当前版本 6. 0. 4,https://www.virtualbox. org;LICOM 程序虚拟机(LICOM. ova)。

(2)主机需求:

64 位操作系统,CPU 支持硬件虚拟化(Windows7 和 macOS10. 13. 3、macOS10. 14. 4 测试通过。详见常见问题 13. 3. 1(4)。

建议配置:4G 以上内存,20G 以上磁盘剩余空间。

(3)安装过程:

1)安装 VirtualBox 版本;

2)导入课程用 LICOM 虚拟机(图 13. 3),管理→导入虚拟电脑→选择虚拟机 LICOM. ova 所在位置→虚拟电脑导入初步设置[①](也可在导入后进行设置)→导入完成。

3)虚拟机设置:

(a)检查是否有错误设置。如图 13. 4 中下面有一行字:“发现无效设置”,表示虚拟机导入后设置和主机可能存在不兼容。鼠标移动到错误图标处,将显示错误的说明,可根据具体说明排查错误设置。

(b)设置“共享文件夹”。可先把之前的共享文件夹移除,再选择主机上的任意文件夹,勾选自动挂载。共享文件夹是用于虚拟机与主机进行文件交换的位置,占用的是主机的磁盘空间。需注意的是,主机和虚拟机中的共享文件夹实际为同一个目录,对共享文件夹内的文件进行操作时需谨慎,避免误删。

---

① 根据主机情况进行设置,建议 CPU 数和内存大小设置为不超过主机的一半。

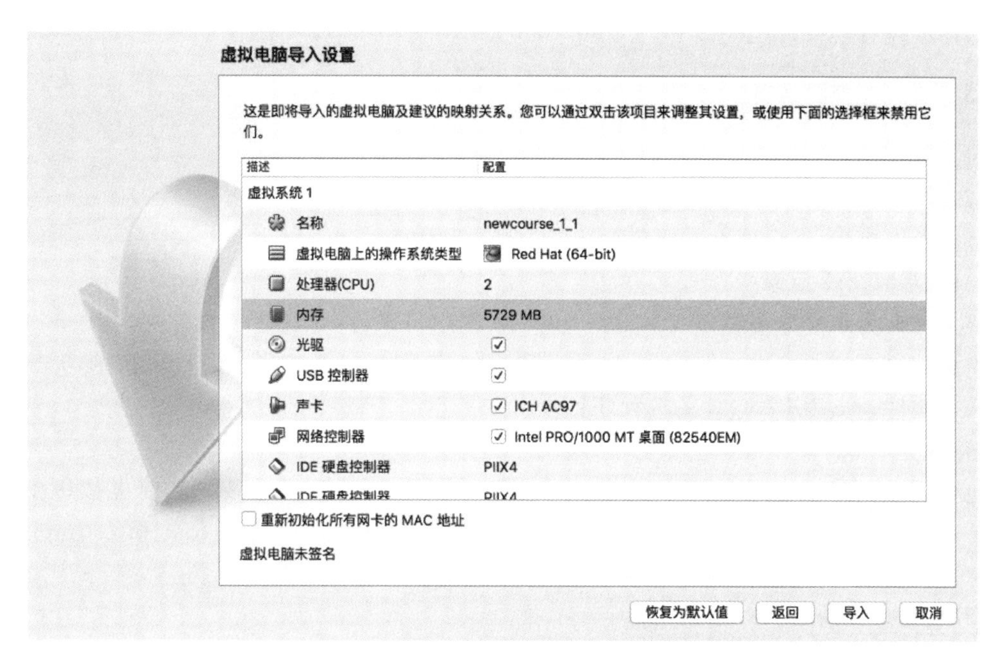

图 13.3 导入 LICOM 虚拟机(以 MacOS 为例)

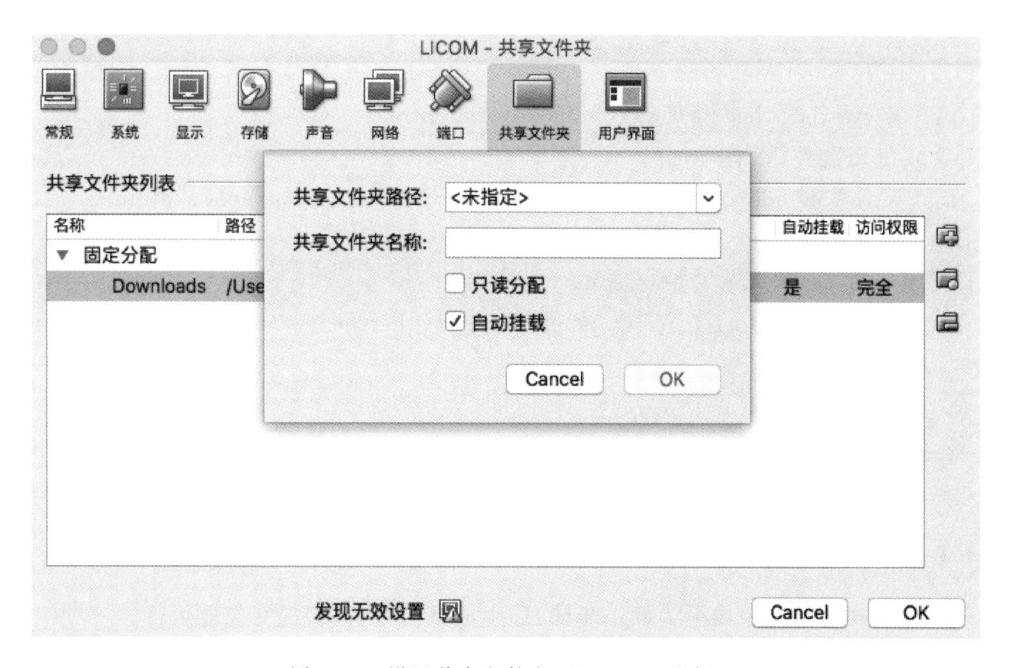

图 13.4 设置共享文件夹(以 MacOS 为例)

(4)常见问题

1)CPU 是否支持硬件虚拟化

(a)问题描述:导入 LICOM.ova 后,在设置页面出现和硬件虚拟化相关的无效设置,无法进入系统。

(b)问题解决:查看 CPU 是否支持硬件虚拟化,判断是否在 BIOS 中关闭了硬件虚拟加速。具体步骤可参考:https://yq.aliyun.com/articles/283431。

13.3.2 虚拟机运行

(1)开机登陆。

(2)虚拟机内容:

登陆虚拟机后,在桌面上主要包含有以下目录和内容:

1)LICOM_2x2 目录

该文件夹为水平分辨率为2°×2°的LICOM程序目录,内含三个子文件夹,其中bld目录存放生成试验个例的脚本文件,data目录为输入数据,主要包括地形、强迫场、初始场、密度计算参数等文件,src为LICOM的源程序目录。

2)Tools 目录

包含netcdf库文件和绘图软件Ferret和NCL安装包,可供选装。当前虚拟机安装了netcdf-3.6.3版本,路径/usr/local/netcdf3/;编译器为Intelimpi,路径/opt/intel/impi/5.0.2.044/。

3)Manual 目录

LICOM模式使用说明。

13.3.3 常用软件

(1)Linux和Shell简易教程

http://www.runoob.com/linux/linux-tutorial.html。

(2)文本编辑器VIM(附录1)

http://www.360doc.com/content/15/0423/13/9075092_465414687.shtml。

(3)绘图软件

1)NCL:http://www.ncl.ucar.edu;

2)Ferret/PyFerret:http://ferret.pmel.noaa.gov/Ferret/。

13.4 LICOM运行介绍

13.4.1 程序编译

LICOM模式的运行主要分为两个步骤:1)生成试验个例;2)提交作业运行。

13.4.2 生成试验个例

生成的Cshell脚本(case.sh)位于编译目录bld下,其主要功能包括:(1)创建试验目录,拷贝源程序、生成Makefile文件;(2)生成预编译头文件,并编译、连接生成可执行文件;(3)生成运行参数的Namelist(ocn.parm);(4)链接模式输入数据文件;(5)生成提交作业的脚本。

编译LICOM模式,需要先修改这个Cshell脚本,包括一些主要的Cshell变量(如个例名称、源程序目录等),Makefile中MPI和netCDF库的路径,模式预编译选项和运行参数等(具体变量和参数说明，请参见 4.2 节）。运行脚本后，即可建立试验个例。

13.4.3　试验运行

（1）基本流程

运行 cash.sh 脚本之后，会根据脚本中指定的试验个例路径生成一个试验个例目录，目录名即为脚本中所指定的个例名。进入该试验目录，其中包含有两个文件夹，其中 exe 目录为试验执行目录，其中包含有可执行文件 licom2、模式运行参数（ocn.parm）和数据，src 为试验代码目录，内含 Makefile、预编译文件 def-undef.h，以及编译好的模式程序。

进入模式执行目录，运行提交作业的脚本 run.sh，或再命令行输入以下命令 mpirun-n./licom2 即可运行 LICOM 模式。

（2）重新提交作业

模式运行过程中，可能因为各种原因（如计算溢出、磁盘空间不足）导致模式运行中断，遇到这种情况，需先排查中断原因，解决后再重新运行提交作业脚本即可（此时应注意判断积分类型是“初始积分”还是“续算”，并根据需求修改 ocn.parm 中 NSTART 积分类型选项）。

13.4.4　输入参数设置

（1）cash.sh 脚本中主要变量（表 13.2）。

表 13.2　cash.sh 脚本中主要 Cshell 变量说明

CASENAME	个例名称和目录名
LICOMROOT	根目录
SRCPATH	源程序目录
BLDPATH	编译脚本目录
DATAPATH	输入数据目录
EXEROOT	试验运行根目录
EXESRC	试验源程序牡蛎
EXEDIR	试验运行目录
RUNTYPE	积分类型：initial 从观测启动，continue 从 restart 场启动
HISTOUT	历史文件输出频率（本虚拟机不适用）
RESTOUT	restart 文件输出频率
XNTASKS	X 方向剖分数
YNTASKS	Y 方向剖分数
NTASKS	CPU 总核数（XNTASKS×YNTASKS）
NTHRDS	OMP 线程数（本虚拟机不适用）

(2)预编译文件 def-undef.h(表 13.3)。

表 13.3 def-undef.h 文件说明

# defineNX_PROCMYMXNTASKS	X 方向的核数
# defineNY_PROCMYMYNTASKS	Y 方向的核数
# defineSPMD	使用 MPI 并行
# defineD_PRECISION	使用双精度
# defineJMT_GLOBAL196	模式经向网格数
# defineSYNCH	使用同步积分
# defineFRC_ANN	使用年平均强迫
# defineSOLAR	使用短波穿透方案
# defineSOLARCHLORO	不适用依赖于叶绿素的短波穿透方案
# defineACOS	使用 cos 形式的水平黏性
# defineISO	使用 GM90 方案
# defineCANUTO	使用 Canuto 垂直混合
# defineLDD97	使用 LDD97 方案修正 GM90
# undefTSPAS	不使用保形平流方案
# undefBIHAR	不适用双调和形式水平黏性
# undefSMAG	不适用 Smagrinsky 水平黏性方案

(3)ocn.parm 文件(表 13.4)。

表 13.4 LICOM 运行参数 ocn.parm 说明

DLAM=2.0	模式纬向网格距
AM_TRO=5000	赤道区域水平黏性系数
AM_EXT=5000	赤道外水平黏性系数
IDTB=60	正压时间步长
IDTC=1440	斜压时间步长
IDTS=2880	温盐时间步长
AFB1=0.20	正压 Assenlin 滤波系数
AFC1=0.43	斜压 Assenlin 滤波系数
AFT1=0.43	温盐 Assenlin 滤波系数
AMV=1.0E-3	垂直黏性系数
AHV=0.3E-4	垂直混合系数
NUMBER=24	积分总月数,任意自然数
KLV=30	输出层数
NSTART=MYMNSTART	积分类型:1 初始积分;0 继续积分
HIST_FREQ=MYMHISTOUT	历史文件输出频率,暂不适用
REST_FREQ=MYMRESTOUT	restart 文件输出频率
OUT_DIR="MYMEXEDIR/"	月平均和 restart 场输出的目录

13.5 数值模拟试验

13.5.1 对照试验

对照试验(Control experiment),又称为参考试验,或控制试验,是指在用于对比敏感性试验的那一组标准试验,通常采用一定标准的外强迫场并在整个积分过程中保持不变。对照试验的选取,应根据实际研究的需要而定,如考察全球变暖下人类活动对气候的影响,通常选取工业革命前试验(pre-Industrial control)作为对照试验,即外强迫场(如 CO_2 浓度)固定在工业革命前的积分试验;再如本章实习即将进行两组敏感性试验,考察北大西洋淡水注入和热带地区风应力变化对模拟结果的影响,这两组敏感性试验分别改变了淡水通量和风应力这两个外强迫,而在其对照试验中,这两个外强迫则保持不变,与初始外强迫场一致。为了更好地开展上机实习,以下给出本章中对照试验的基本结果绘图分析,便于大家熟悉对照试验的基本特征,并对比自身对照试验是否正确完成。

本章对照试验采用第 60 年的 restart 文件(fort. 22. 0060-01-01-00000)作为续算的初值,共积分 30 a。

(1)时间序列

全球平均海面温度和平均海温时间序列见图 13.5 和图 13.6。

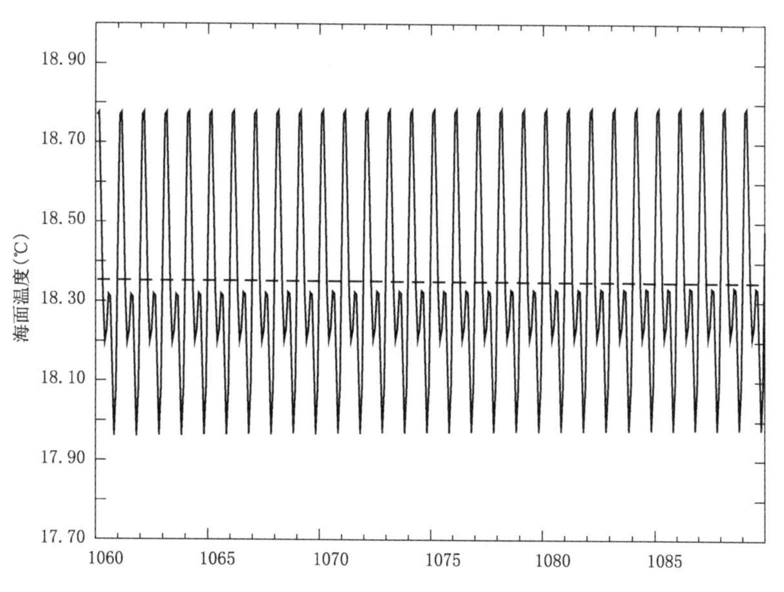

图 13.5 第 60 至 89 年全球平均海面温度时间序列

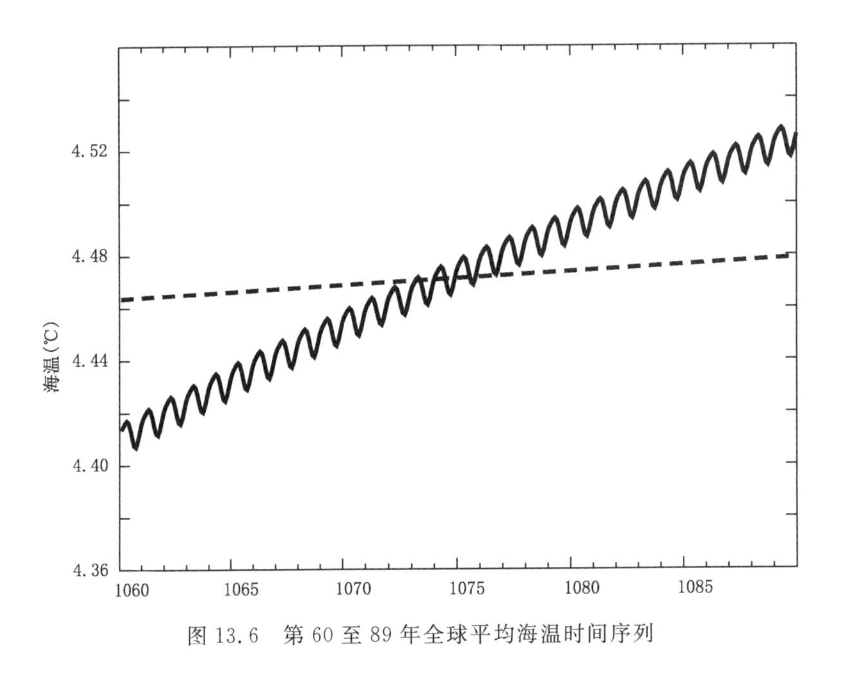

图 13.6　第 60 至 89 年全球平均海温时间序列

(2)温盐平均态

海面温度、海表盐度和海表高度的分布见图 13.7—13.9。

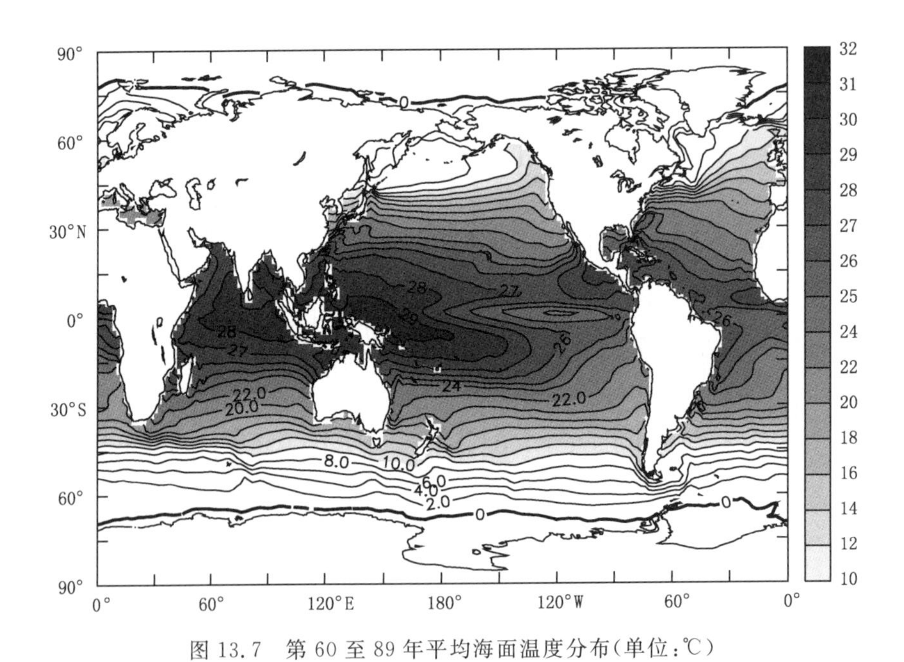

图 13.7　第 60 至 89 年平均海面温度分布(单位:℃)

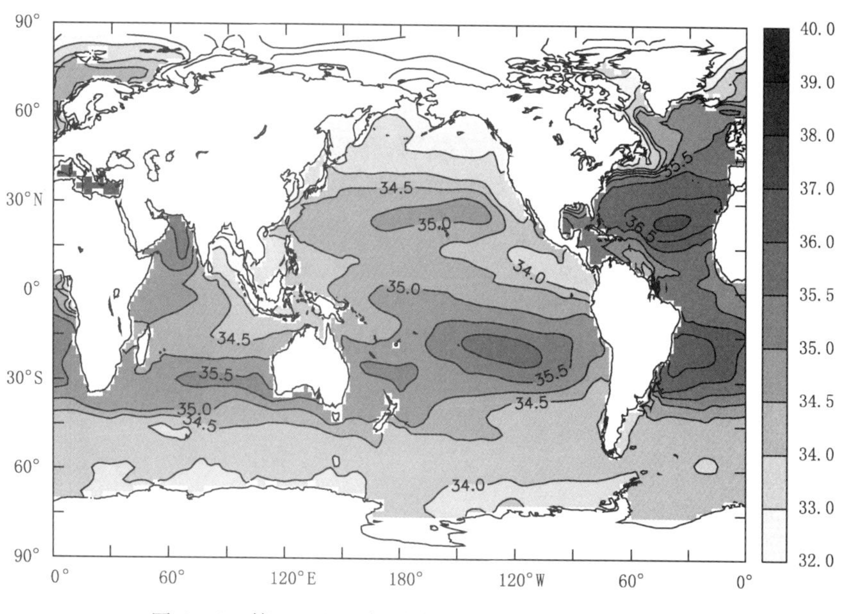

图 13.8　第 60 至 89 年平均海表盐度分布(单位:psu)

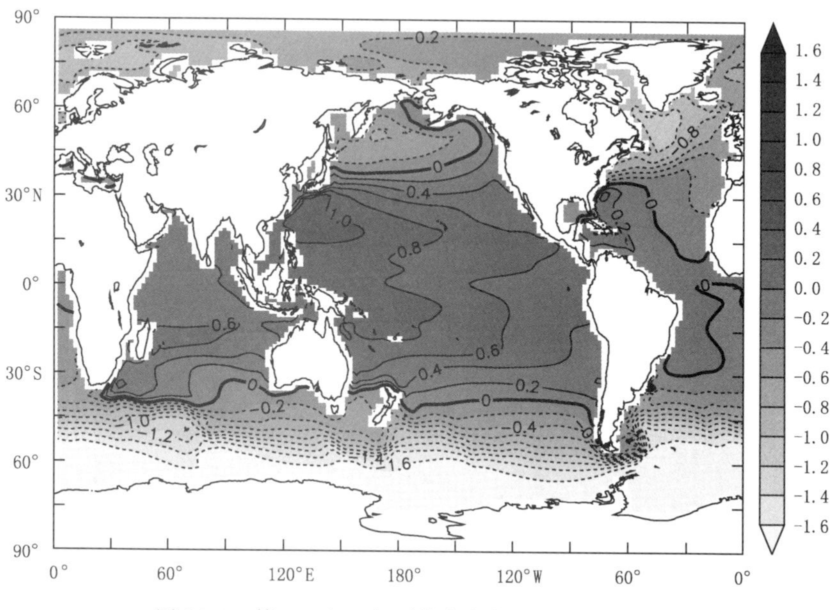

图 13.9　第 60 至 89 年平均海表高度分布(单位:m)

(3)垂直剖面

纬向平均海温,纬向平均盐度,热带太平洋南北纬 2°平均海温、纬向速度见图 13.10—13.13。

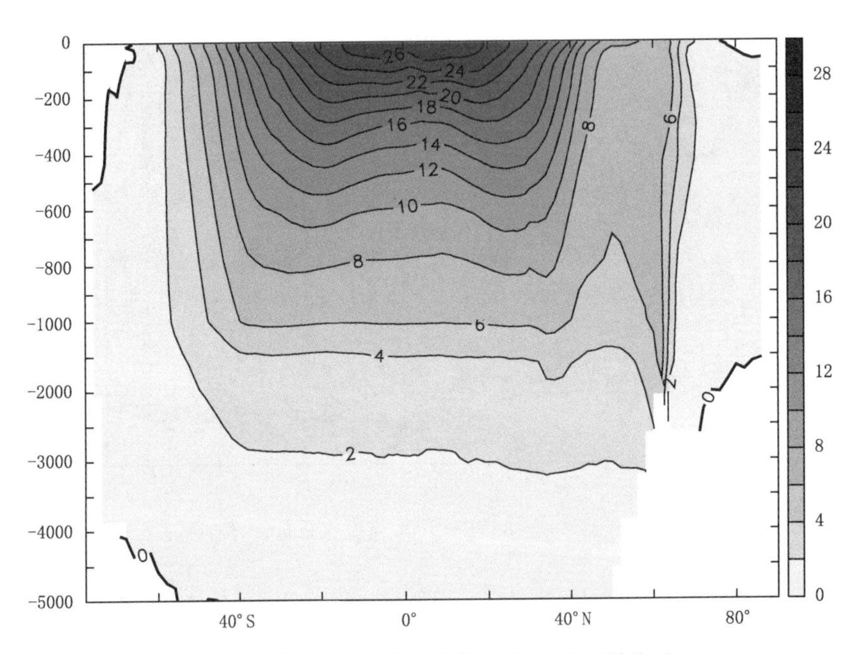

图 13.10　第 60 至 89 年平均纬向平均海温(单位:℃)

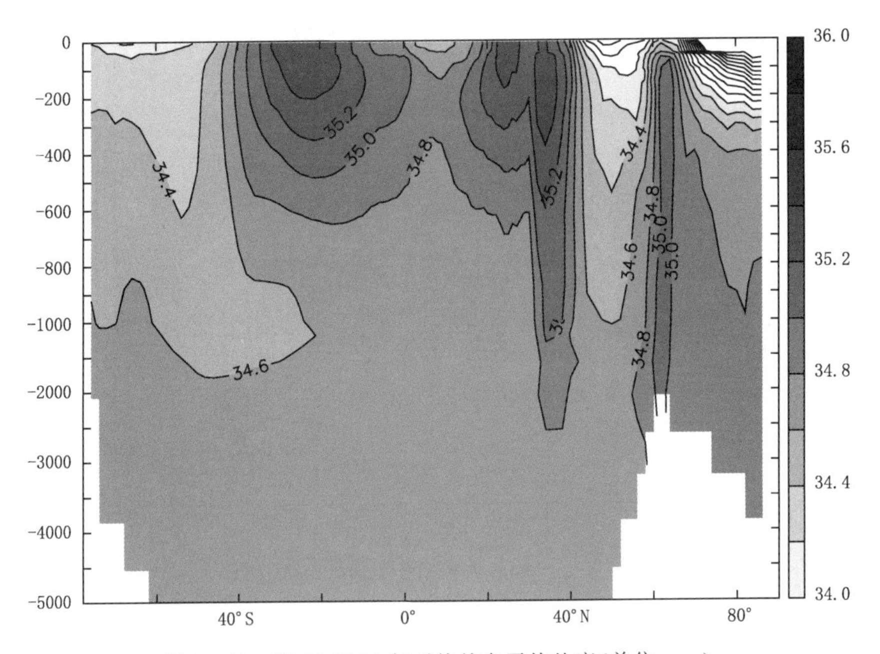

图 13.11　第 60 至 89 年平均纬向平均盐度(单位:psu)

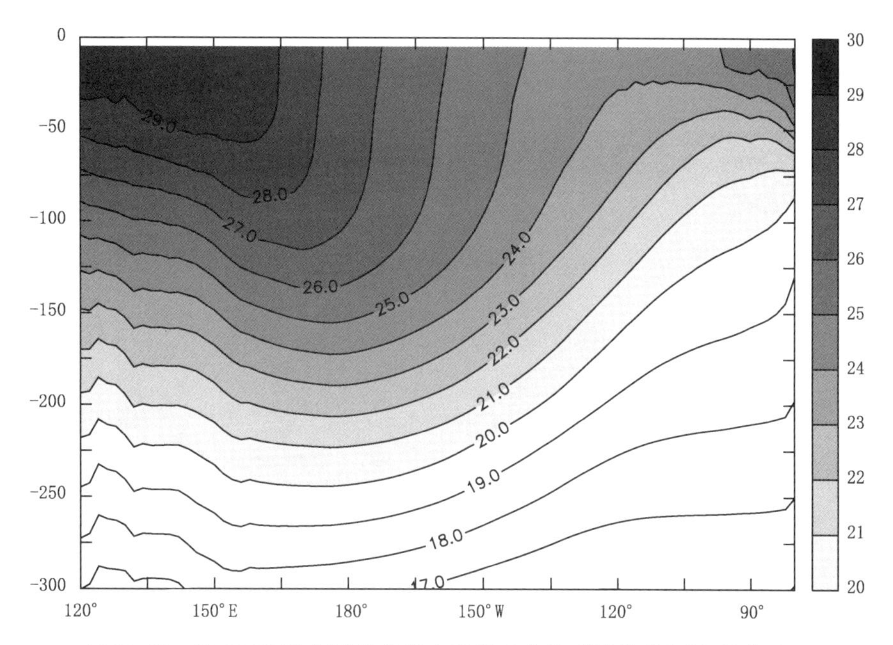

图 13.12　第 60 至 89 年平均热带太平洋南北纬 2°平均的海温(单位:℃)

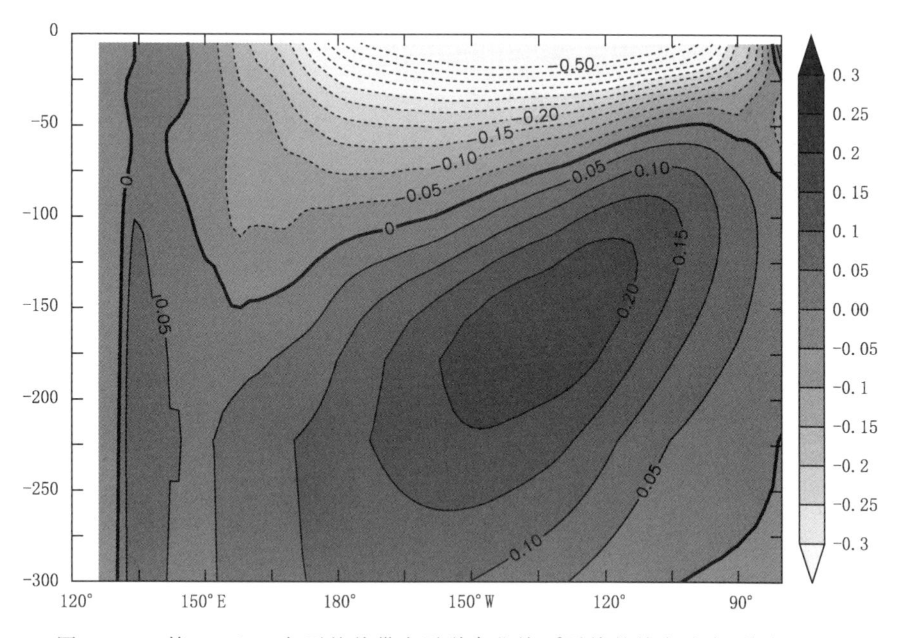

图 13.13　第 60 至 89 年平均热带太平洋南北纬 2°平均的纬向速度(单位:m/s)

(4)流函数

正压流函数和经圈流函数见图 13.14、图 13.15。

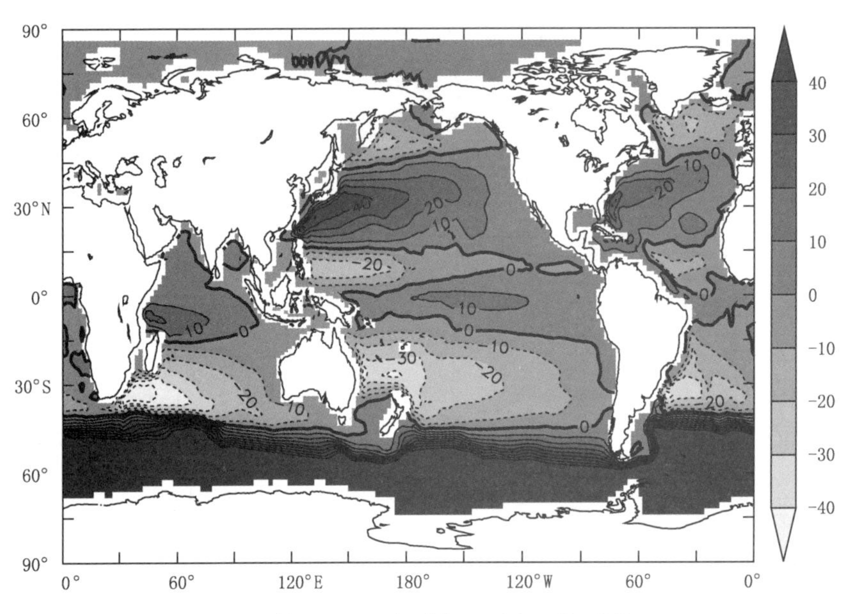

图 13.14　第 60 至 89 年平均正压流函数(单位:Sv)

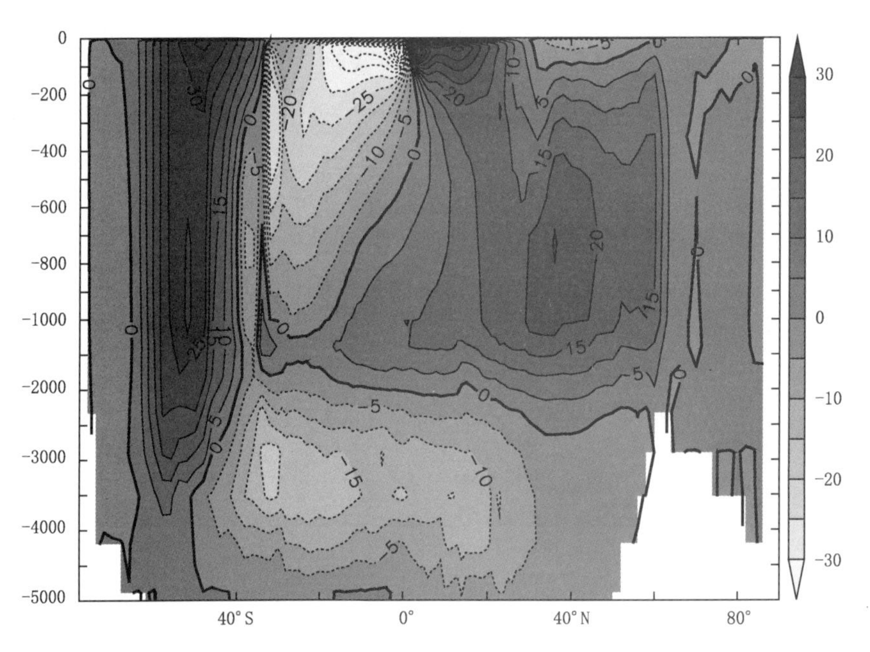

图 13.15　第 60 至 89 年平均经圈流函数(单位:Sv)

13.5.2 热盐环流敏感性试验(sensitivity experiment)

(1)试验意义和背景

古气候资料也称代用资料说明,在AMOC变化时,AMOC减弱会影响向北大西洋的热输送影响欧洲气候,ITCZ南移(Vellinga et al.,2002;Sutton et al.,2005),改变东亚冬夏季风变化(Sun et al.,2011;Wang et al.,2001)等。在已经普遍认为的事件中,也与AMOC变化有关,例新仙女木事件和Heinrich事件(McManus et al.,2004),AMOC减弱,全球气候均会产生显著的变化。利用模式模拟,在全球变暖的情景下,热力和盐分的改变会使AMOC减弱(Gregory et al.,2005;Hu et al.,2011;Liu et al.,2017),这是因为全球变暖一方面使冰川融水输入到大西洋,降低盐度和深对流,另一方面全球变暖使得大西洋高纬地区层结更加稳定,减少对流,AMOC减弱,AMOC减弱对气候确实产生了显著影响,但这种影响和过程有很大不确定性。这种不确定性与现有资料不足紧密相关,因此,借助模式仍是一个重要手段。

(2)手段和目的

采用在大西洋区加入淡水进行数值试验可以用来研究温盐环流AMOC对淡水的响应,这种试验具有古气候河未来背景。进行这样试验的目的是为了研究AMOC对淡水试验如何响应及其背后的机制,同时这种机制可以为未来发生类似事件作为一个重要参考。同时这样的试验还可以关注AMOC减弱或者崩溃以后全球气候如何变化及其影响,基于这些影响可以为气候变化应对提供有力的参考。

(3)试验设计与程序修改

在北大西洋,即50°—70°N、15°W—15°E,加入0.05～1 Sv(1 Sv=10^6 m^3/s)大小的淡水通量,进行海洋模式LICOM的试验,积分到准稳定态,查看海洋环流响应。此次上机实习加入淡水为0.1 Sv。具体是修改src文件下的tracer.F90程序,确定好大西洋的位置(包括经纬度范围)以及加入淡水通量大小,修改完毕后重新编译、运行,检查加入是否正确并查看输出结果。

(4)诊断分析要求

采用在大西洋区加入0.1 Sv的淡水,进行试验,积分若干年。观察注入淡水后,表层盐度和温度的变化,重点考察北大西洋经圈翻转环流的变化。

13.5.3 风应力敏感性试验

(1)背景

风应力作为驱动海洋的外力,对于海洋环流非常重要。上层海洋主要受风的影响,而且深层海洋也与风紧密相关。与风有关的海洋物理过程贯穿整个海洋动力学及其海洋环流,同时气候变率及其变化也与风密切相关。

(2)试验目的

风应力试验主要通过改变驱动海洋模式中风应力大小来了解海洋环流的响应。在现实中,风应力与重要气候事件联系一起,例如ENSO的暖事件和冷事件,赤道中东太平洋的风应力会改变,同时在ENSO暖事件发生时,在赤道西太平洋风场也有变化,把风的变化进而引入海洋环流模式中,进行试验,可以用来研究海洋环流和海洋动力学过程。进一步,通过海洋环流变化,会通过海面温度影响大气过程。

(3)试验设计与程序修改

试验设计通过在海洋模式中,对读入海表风应力或者风场进行改变,对比风改变气候海洋环流改变。在此试验中,在把读入的风应力设为0,然后看全球海洋环流变化。具体做法:在src文件中,找到rdriver.F90文件,将风应力变量设置为0,进行试验,查看海洋环流改变。

(4)诊断分析要求

在试验中把全球风应力试验设为0,进行试验,积分若干年。与对照试验对比,重点考察海洋流场和温度的变化情况。

附录 A
海表风应力资料介绍

A.1 背景

海表风应力作为海气界面的湍流动量通量是上层海洋洋流的重要驱动力。赤道海洋运动直接受海表风应力驱动。赤道潜流(EUC)的强度与赤道纬向风应力的纬向梯度有关。赤道5°N/S以外,洋流运动主要受Sverdrup关系的风应力旋度影响。通常,风场资料提供风速、风向和风应力,甚至包含风应力的导数项(旋度和散度)。其中,风应力作为海表湍流动量通量,一般不是直接的观测量,而是由风速和风向推算得来的。由海表10 m处风矢量的平方乘以空气密度和拖曳系数 C_D 就是风应力。无量纲量 C_D 是风速和空气稳定度的函数,因此是随时空变化的(Kara et al.,2007)。常用的经验公式有Smith(1980),Smith(1988),Large和Pond(1981),Yelland等(1998)。此外,C_D 还与海洋状态有关,特别是波龄和波陡(Bonekamp et al.,2002;Taylor et al.,2001)。COARE(Coupled-Ocean Atmosphere Response Experiment)的算法涉及了不同经验公式中 C_D 的对比(Fairall et al.,2003)。不同经验公式得到不同的 C_D 是造成风应力差异的一个重要原因。

目前常用于驱动数值模式和评估模拟结果的风场资料可分为现场观测资料[包括来自船只(商业、海军、研究)的测量或观测数据,锚定浮标和漂浮浮标数据,海岸站点数据以及其他海洋台站数据等,如COADS/ICOADS,TAO,HR,NOC,FSU等],遥感卫星观测资料(如ERS1/2,NSCAT,QuikSCAT,SSM/I和SSMIS,SeaWinds等)和利用数值模式同化观测资料衍生的大气再分析资料(如ERA15/40/Interim,NCEP RI/RII/CFSR,NASA MERRA等),以及经上述资料整理修订得到的海气界面通量资料(如CORE和OAFlux等)。这里资料的选取兼顾了经典性和时效性。下面对这四种类型风场资料逐一介绍。每种类型首先介绍其风应力的来源方式,其次概括资料优缺点,随后给出常用的每一套资料基本概况,并涉及风应力可能对洋流模拟的影响。由于最后一类资料风场源于前三类资料的混合并进行再加工,因此,不涉及优缺点的讨论。需要注意的是,卫星散射计测量到的是风速和海表洋流速度之差,所以更适合于计算风应力,而现场观测和再分析资料的风速是直接相对于地球的,没有考虑洋流的影响。探讨不同类型资料间差异时需要考虑这一点。此外,虽然这个附录重点介绍的是风应力资料,但以下列举的资料集大多不仅包括风应力,也包括热通量和淡水通量(或是与它们有关的大气和海洋的变量);资料集名称后面标有*的表示只有风应力。

更为完整和实时的资料信息请访问 http://climatedataguide.ucar.edu/。

A.2 现场观测资料

采用风速计(anemometer)测量的风速,然后修正为中性稳定度条件下 10 m 高度上的风速。

优点:实时采集。

缺点:1)资料受限于观测航线和地点,时空分布不均匀;2)资料的可靠性问题。不同的观测平台风速计高度存在差异,如船舶通常是 20 m,浮标是 8 m,钻井平台是 80 m。当风速计位置高于 10 m 时,可能会高估风速。因为低层大气风速在垂直方向上随高度增加呈对数单调递增。

A.2.1 综合海洋大气数据集 COADS(Comprehensive Ocean-Atmosphere Data Set)

da Silva 等(1994)提供了 1945—1989 年全球气候风应力资料 UWM/COADS,用 Large 和 Pond(1981)方案修改了低纬度的风速。由于航线的限制,大部分 COADS 观测局限在北半球中纬度区域,在低纬度、高纬度和南半球的观测非常有限。目前最新版本是 UWM/COADS V3.06。

ICOADS(国际综合海洋大气数据集:International Comprehensive Ocean-Atmosphere Data Set, Worley et al.,2005)是收集量最大的海洋表面数据集,拥有 1784 年到目前为止超过 200000000 的原始观测记录。因项目资助终止,该资料最终版本为 2.5。

A.2.2 TAO/TRITON(Tropical Atmosphere Ocean/Triangle Trans-Ocean Buoy Network)

TAO(热带大气和海洋)锚定浮标观测阵,始于 1994 年 12 月,是赤道太平洋最高质量和长时间的现场观测资料。TRITON 是从 2001 年 1 月开始加入该阵列的浮标。本书第 10 章已经比较详细地介绍了 TAO/TRITON,这里不再赘述。关于 TAO,有兴趣的读者还可参看 McPhaden 等(1998)的综述文章。

A.2.3 Hellerman 和 Rosenstein(HR)*

HR(Hellerman et al.,1983)是最早用于驱动海洋模式的风应力资料之一,采用 1870—1976 年收集的 3500 万个全球观测数据,经客观分析处理得到的月平均风应力资料,其拖曳系数 C_D 选用公式:

$$C_D=0.85\times10^{-3}(\text{当风速}<6.7\ \text{m/s})$$

$$C_D=2.43\times10^{-3}(\text{当风速}>6.7\ \text{m/s})$$

HR 中的拖曳系数 C_D 过强(Harrison,1989),比目前能接受的量值高出 25%(WGASF,2000)。风通过 Ekman 输送和抽吸驱动海洋。风应力量值偏强影响模拟的环流,进而影响模拟的海洋淡水输送和热量输送。Harrison(1989)利用与 HR 同样的船舶资料和 Large 和 Pond(1981)的拖曳系数经验公式,计算的风应力能比 HR 弱 20%。Harrison 文章的结论已被普遍接受,后来人们在使用 HR 资料时通常会乘一个小于 1 的系数。

A.2.4　NOC(National Oceanography Center)

原南安普顿海洋中心(Southampton Oceanography Center)制作了一套包含风应力、热通量、淡水通量等的海气界面通量资料。覆盖全球范围,水平网格为1°,时间从1980年1月至1993年12月。目前发布有两个版本,NOC1.1(Josey et al.,1998)和NOC1.1a(Josey et al.,2002)。其中NOC1.1a版本用反演分析技术消除了之前NOC1.1版本全球大洋30W/m^{2}的热收支不平衡(Grist et al.,2003)。计算风应力的拖曳系数用的是Smith(1980)的关系式,其结果与科考船上的观测相符合(Yelland et al.,1998)。

A.2.5　FSU(Florida State University)*

20世纪70年代中期,美国佛罗里达州立大学FSU的海洋大气预报研究中心(COAPS)用现场船舶和浮标观测发布了采用主观分析法的三大洋月平均风场资料FSU1(Smith et al.,2004)。而后新版的FSU2采用了客观分析法(Bourassa et al.,2005)。

FSU-style"风"产品提供的是"伪风应力"场。伪风应力是风矢量乘以风速的大小,与表面风应力成正比。伪风应力乘以空气密度和拖曳系数就是风应力。但伪风应力不能处理与大气层结、风速及跟波动有关的拖曳系数变化。只要采用合理的风速,这些偏差和随机误差在月平均风场中可能不到10%。因为没有固定的拖曳系数表达式,通常是根据不同的数值模式和用途匹配的。FSU风资料使用初期,海洋模式分辨率较粗,因此,采用了不符合实际情况的大拖曳系数(Smith et al.,2004)。

FSU最早用于驱动海洋模式分析波动过程。用FSU1强迫海洋模式,可以产生真实的SSH变化,但不能产生真实的海温变化,用FSU2有助于改进模拟的洋流。FSU2的风应力旋度和辐合辐散场空间型更为合理,没有过于破碎零散的中心,特别是在赤道冷舌附近。FSU2采用客观分析有助于改进分辨SPCZ。FSU2低估了ITCZ处的辐合,SEC和NECC都与卫星资料有差异。SEC偏差可能与FSU客观分析进行空间平滑有关。NECC速度也比观测和模拟的流速偏强。FSU2对西太平洋有显著的改进。

目前FSU风资料有两类产品,一类是实时的Quick-look analyses,主要用于季节到年际尺度的预报。另一类是用于研究的Research Quality analyses,其中用到更新的观测资料。

A.3　遥感卫星观测资料

卫星遥感技术为全球海面观测提供了一种有效的技术手段,其通过两类仪器提供风场观测数据。一类是主动式微波散射计(Active Microwave Instrumentation),它是向海面发射微波频段能量的雷达系统,通过雷达接收回波信号的强弱并通过不同角度的回波信号反演出10 m高度海面风速和风向。另一类是被动式微波辐射计(Passive Microwave Radiometer),只能测量风速。被动微波观测具有较粗分辨率(典型为30 km),更适用于大尺度和全球观测,而不适合区域和局地观测。下文SSM/I和SSMIS是属于这个类型,其余提到的遥感卫星观测资料均通过主动式微波散射计采集。

优点:卫星散射计具有大面积、准同步、多次测量和全天候的观测能力,不受日照的影响,基本不受天气系统的影响。散射计的不确定性要小于船舶观测的不确定性,是更为理想的参考风场。

缺点:由于极轨卫星的观测特性,卫星观测具有在高纬地区覆盖率高和在低纬地区覆盖率低的分布特征。在北美洲哈德逊湾和南极洲冰盖边缘,由于海冰的季节性变化,观测数目低于邻近经度无冰海区。在 ITCZ 和太平洋西部暖池的低采样数目是由于频繁降水所致——频繁降水导致微波散射计无法获取高质量的风场数据。

A. 3. 1 ERS-1/2(European Space Agency Remote Sensing Satellite)*

欧洲空间局(European Space Agency, ESA)在 1991 年 7 月发射了 ERS-1(Bentamy et al.,1996),简称“欧洲遥感卫星 1 号”。它是以研究海洋为主,进而服务于全球气候学研究的实用卫星。法国海洋开发研究所(IFREMER:Institut français de recherche pour l'exploitation de la mer)负责处理、分发 ERS-1、ERS-2 卫星散射计资料。IFREMER 利用 COMD4 反演模式得到的 ERA(ECMWF Reanalysis)产品是所有 ERA 产品中与观测偏差最小的。此资料包括了风速、风向等信息。资料详情可参考 Hackert 等(2001)。ERS 风应力在赤道太平洋偏弱,并且沿赤道的风纬向梯度也比现场观测弱,用其作为强迫场驱动海洋环流模式模拟的 EUC 位置偏浅,强度偏弱(Menkes et al.,1998)。

A. 3. 2 NSCAT(NASA Scatterometer)*

1996 年 8 月日本地球观测系统卫星“ADEOS-1”搭载在美国国家航空航天局(National Aeronautics and Space Administration,NASA)散射计 NSCAT 成功发射。NSCAT(Freilich et al.,1999)是太阳同步极轨星载散射计,具有 1 天观测 77% 和 2 天观测 87%全球海洋的覆盖能力。尽管由于太阳能电池故障只工作了不到 1 年时间,但获得的风矢量观测在覆盖全球海洋面积、空间分辨率及测量精度方面都超过了以往散射计的设计标准(蒋兴伟,1998;Milliff et al.,2001)。注意 1997/1998 年是最强的 El Niño 事件,而 NSCAT 观测时段正好是强西风爆发时期,在分析时需要考虑这一因素(Kutsuwada,1998)。

A. 3. 3 QuikSCAT(NASA Quick Scatterometer)*

美国于 1999 年 6 月发射了主动式微波散射计 SeaWinds 的专用卫星 QuikSCAT,以便弥补由于卫星电源失效而造成的 NSCAT 观测海面风场的空缺。QuikSCAT 取得了巨大的成功,从 1999 年 7 月到 2009 年 11 月,它提供了超过 10 a 的准实时全球海面风场数据。可以在 1 天之内覆盖全球 90%的海洋。QuikSCAT 采用 Large 和 Pond(1981)的方法计算拖曳系数 C_D(Risien et al.,2008)。由于较高的时空高分辨率,QuikSCAT 能很好地捕捉到海洋的小尺度过程(Sasaki et al.,2006;Sasaki et al.,2010)。值得一提的是,QuikSCAT 和 ERS 在赤道北侧 150°~100°W 范围内均存在一个正风应力旋度,有助于海洋模式更好地模拟东太平洋的温度和环流结构。现场观测资料以及下文的再分析资料都未能揭示这一特征(Kessler et al.,2003)。另一方面,QuikSCAT 观测到的 ITCZ 位置偏南且纬向风强度偏强,这可能与热带太平洋的强降雨带影响微波散射计测量有关。采用 QuikSCAT 风场驱动海洋模式模拟的 NECC 强度偏弱,甚至在西太平洋出现 NECC“消失”(Wu et al.,2012)。NSCAT 在赤道太平洋也存在纬向风过强,导致模拟 NECC 强度较弱的现象(Yu et al.,2000)。

A. 3. 4 SSM/I 和 SSMIS(Special Sensor Microwave/Imager and Sounder)*

美国 NASA 国防气象卫星计划先后发布了由专用微波成像仪(SSM/I)和专用微波成像仪/测深仪(SSMIS)测量的风速资料(Atlas et al. ,1996)。

A. 3. 5 SeaWinds 及其他*

作为 NSCAT 的后续计划,日本地球观测卫星“ADEOS-II”于 2002 年 12 月成功发射,其上搭载了 SeaWinds 散射计(Freilich et al. ,1994)。SeaWinds 散射计与 QuikSCAT 的设计标准相同。为避免混淆,海洋遥感界通常把 SeaWinds on QuikSCAT 简称为 QuikSCAT,把 SeaWinds on “ADEOS-II”简称为 SeaWinds。SeaWinds 采用了和 QuikSCAT 一前一后观测海洋的方式,有效提高了双星观测在时间和空间的采样频率。SeaWinds 散射计的测风精度和 QuikSCAT 相同。由于“ADEOS-II”卫星电池故障,SeaWinds 在 2003 年 10 月与地面控制系统失去联系,从 2003 年 4 月 10 日到 10 月 24 日提供了 6 个多月的全球海面矢量风观测数据。值得指出的是作为验证全极化微波辐射可以获取海面矢量风的试验型被动式散射计,美国在 2003 年 1 月成功发射了 WindSAT,并由它获取了大量的风场数据。为了提高海面自然微波辐射的信噪比和降低海面降水对自然微波传输的影响,WindSAT 观测海面风场的时间采样率最终不到 QuikSCAT 的一半(Smith et al. ,2006)。2006 年 10 月搭载在欧洲气象卫星中心(EUMETSAT)的全球观测卫星“MetOp-A”上的 ASCAT(Advanced Scatterometer)散射计发射成功(Figa-Saldaña et al. ,2002)。ASCAT 在中风速范围内测风精度与 QuikSCAT 相当,但是在解析中小尺度海面风场的空间变化率方面要远低于 QuikSCAT。此外,国家海洋局国家卫星海洋应用中心利用 NSCAT,QuikSCAT 和 SeaWinds 共 11.5 a 的 10 m 海面高度风场资料,经过数据质量控制和滤波,构建了月平均气候态风场资料 SCAT,包括风速、风应力和风应力旋度场。拖曳系数 C_D 采用 COARE3.0 的参数化方案(本小节内容引自蒋兴伟 等,2010)。

A. 4 大气再分析资料

大气再分析资料是基于大气环流模式,将各种历史观测资料通过同化方法(如四维变分、Kalman 滤波等)缩小观测和预报间的误差而衍生的数值预报产品。ECMWF(欧洲中期天气预报中心)和 NCEP(美国国家环境预报中心)风场产品在海洋和气象的研究中得到了广泛应用。

优点:由于是模式输出,能提供时空均匀的变量信息,填补时空缺测值,并能计算出无法直接观测的变量,如上升运动等。降尺度后,再分析资料能用于局地尺度的天气预报。

缺点:ECMWF 和 NCEP 风场资料在解析中小尺度的风场变化方面存在不足,尤其是在大洋西边界流、海洋锋和中小尺度海涡附近显得不足(蒋兴伟 等,2010)。相较于其他两个大洋而言,不同再分析资料中风应力的两个分量在热带大西洋的相关度较低(Xue et al. ,2011)。并且,这种类型资料主要服务于天气预测,不提供年代际的再分析产品,因此,由于观测系统的改变会引入系统性误差。

A.4.1 ERA15/40/Interim

ERA15 为 ECWMF 发展的第一代业务资料同化系统(Gibson et al.,1997)。ERA40 为 ECWMF 第二代再分析资料(Uppala et al.,2005),也是 ECWMF 首次直接同化卫星辐射资料(TOVS,SSM/I,ERS 和 ATOVS),并用到云迹风(cloud winds)。海洋模式比较计划(OMIP)的强迫场就是基于 ERA15 和 ERA40(Roeske,2001)给出的。近年为更新 ERA40 的大气模式和同化系统,ECWMF 发布了第三代再分析资料产品 ERAInterim(Dee et al.,2011)。

A.4.2 NCEP/NCAR(NCEP I 或 NCEP R1),NCEP/DOE(NCEP II 或 NCEP R2),以及 NCEP CFSR

NCEP R1 是由 NCEP 发布的实时预报产品,时间从 1948 年至今(Kalnay et al., 1996; Kistler et al., 2001)。NCEP R2 是 NCEP 和美国国家能源部的能源研究超级计算中心(National Energy Research Supercomputing Center of the Department of Energy, NERSC DOE)两家研究机构合作重新同化的一套再分析资料。这套资料时间从 1979 年至今,其中修正了 NCEP R1 中已发现的错误,并改进了短波辐射、云和土壤湿度的参数化方案(Kanamitsu et al.,2002)。NCEP R1 和 NCEP R2 空间分辨率均为 T62L28,选取相同的观测资料和湍流通量计算方案,并且资料同化了现场观测的 COADS 和气象卫星资料 SSM/I。NCEP R2 仅作为 NCEP R1 的升级版本,而不是作为新一代再分析资料。

与 ERA40 相比,NCEP R1 的风应力在赤道太平洋偏弱。NCEP R2 与 ERA40 的主要差异是北半球冬季在中高纬度北太平洋和北大西洋有更强的西风,而在北半球夏季南半球高纬度有更强的西风。

NCEP CFSR(Saha et al.,2010) 是 NCEP 气候预报系统由原来的大气模式向大气一海洋一海冰一陆面系统耦合模式全面升级后产生的再分析资料,包括大气资料同化采用新的 NCEP 网格统计插值方案,改进全球业务预报系统的物理和动力框架,改进 GODAS 和采用 GFDL 新版的 MOM 模式,以及改进陆面同化系统和新的陆面模式等。大气模式分辨率由 NCEP R1/R2 的 T62L28 增加到 T382L64。

跟 NCEP R1/R2 相比,NCEP CFSR 在印度洋和太平洋与 ERA40 的相关度更高,也更接近 1999 年 9 月至 2009 年 10 月的 QuikSCAT 气候态。NCEP CFSR 在赤道中太平洋在 1999 年之前过强,在 1998 年末同化 ATOVS 资料后更接近观测。东风偏差突然减少与东太平洋海温在 1998/1999 年附近的突然增暖有关。NCEP CFSR 高估了北半球夏季的热带中太平洋信风强度,以及南大洋高纬度的西风。NCEP CFSR 在热带印度洋和热带太平洋更接近 ERA40。

与 QuikSCAT 相比,再分析资料在南大洋高纬度西风均偏强;夏季南印度洋副热带和大西洋(东南太平洋副热带)的东风(东南风)过强;夏季北太平洋和北大西洋的西风也过强。

A.4.3 MERRA(Modern Era Retrospective-Analysis for Research and Applications)

NASA 下属的全球模拟和同化办公室(GMAO)发布 MERRA 的目的是将 NASA 地球观测系统卫星的资料用起来,并改进之前再分析资料中的水循环(Kennedy et al.,2011; Rienecker et al.,2011)。

A.5 海气通量资料

基于现场观测、卫星观测和再分析资料，可以整理得到海气界面动量通量（以及热量通量和淡水通量）资料，提供年际变化的强迫场用于驱动海洋—海冰模式，其中风场的时间分辨率可以达到日以内尺度。

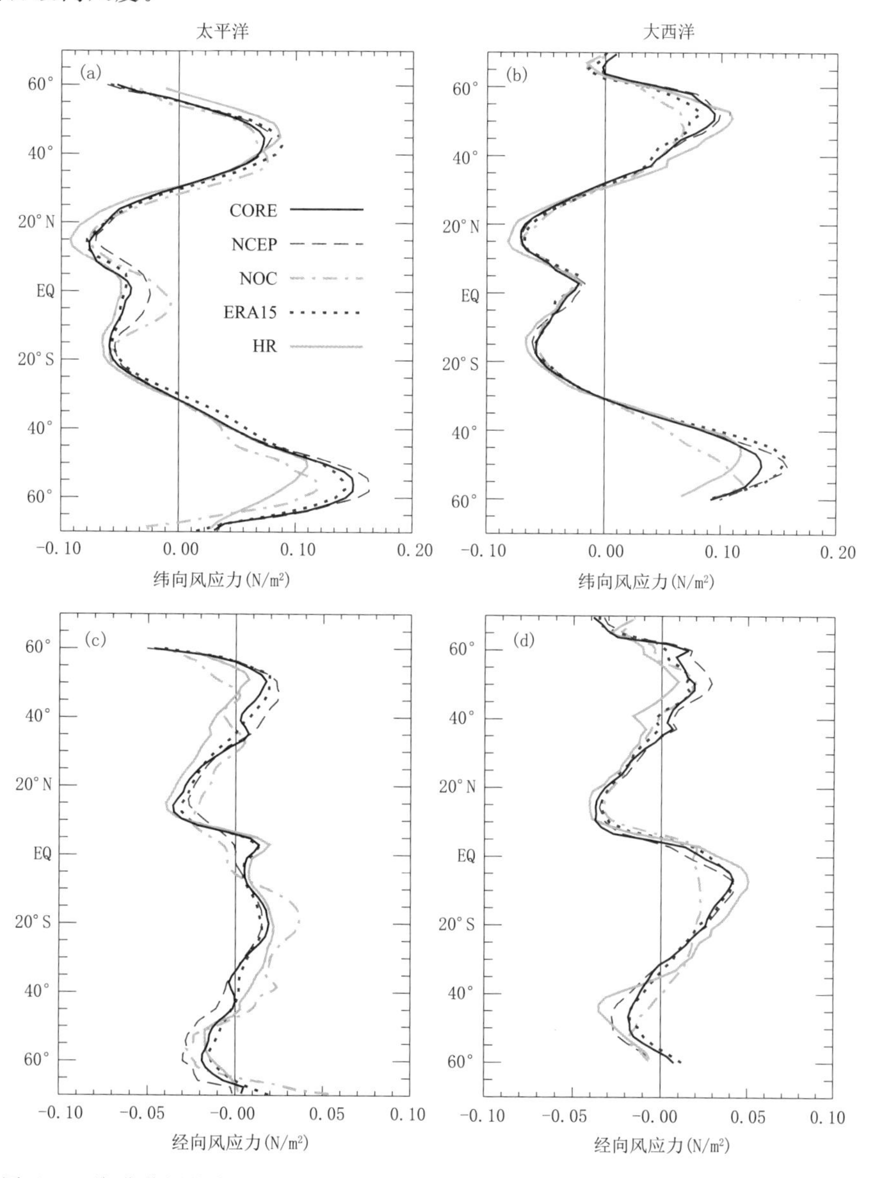

图 A.1 海盆范围纬向平均的 CORE.v2 风应力分量（黑色实曲线）随纬度的分布，其中(a)(c)是太平洋(155°E～105°W)，(b)(d)是大西洋(65°W～20°E)，(a)(b)是东西向风应力，(c)(d)是南北向风应力，其他曲线的资料来源分别是 NCEP，NOC1.1，ERA-15 和 HR(Larger et al.,2008)

A.5.1 CORE2(coupled ocean-ice Coordinated Ocean Research Experiments)

CORE是由CLIVAR工作组整理的海气通量资料,用于海洋模式模拟SST(Griffies et al.,2008)。目前版本为2.0(Larger et al.,2008),时间跨度为1948—2006年。风场来自NCEP,QuikSCAT,TAO和NOC,但风速和风向经过了客观订正,从而使气候态风应力更接近QuikSCAT。图A.1给出了太平洋和大西洋CORE和NCEP,NOC,ERA15以及HR的纬向平均风应力两个分量随纬度分布的廓线(Larger et al.,2008)。受风速影响,NCEP两个风应力分量在西风带(特别是南半球西风带)均比CORE相应的分量强,而在热带太平洋,NCEP的东风要比CORE弱。相对于NCEP,CORE的纬向平均风应力与ERA15更为接近(尤其是在热带地区)。ERA15在南大西洋和北太平洋西风带的纬向风比CORE强,而在北大西洋和南太平洋西风带的纬向风比CORE弱。

A.5.2 OAFlux(Objectively Analyzed Air-Sea Fluxes)

美国伍茨霍尔海洋研究所开展了客观分析海气通量计划(WHOI OAFlux Project),基于观测和模拟的海气变量,利用整体通量算法COARE3.0计算全球海气热通量、淡水通量(其中OAFlux提供的是蒸发量)和动量通量(Yu et al., 2008)。目前发布的OAFlux第一版本中只有热通量、蒸发量和风速,分辨率是1°。2012年内将发布分辨率为0.25°的矢量风和风应力产品(Yu et al.,2012),其中用到的卫星资料有:被动微波辐射计SSM/I,SSMIS和AMSR-E(Advanced Microwave Scanning Radiometer-Earth Observing System),主动雷达散射计QuikSCAT,ASCAT和WindSat;用到的再分析资料有NCEP和ERA interim。由于卫星风速资料是10 m高度的“等效中性风速”(equivalent neutral winds),所以再分析的风速资料要用COARE3.0算法进行校正,以便与卫星资料相容。

参考文献

蒋兴伟,宋清涛, 2010. 基于微波散射计观测的气候态海面风场和风应力场[J]. 海洋学报,32(6):83-89.

ATLAS R, HOFFMAN R, BLOOM S, et al,1996. A multi-year global surface wind velocity data set using SSM/I wind observations[J]. Bull Amer Meteor Soc, 77(5): 869-882.

BENTAMY A, QUILFEN Y, GOHIN F, et al, 1996. Determination and validation of average wind fields from ERS-1 scatterometer measurements[J]. The Global Atmosphere and Ocean System, 4: 1-29.

BONEKAMP H, KOMEN G J, STERL A, et al, 2002. Statistical comparisons of observed and ECMWF-modeled open-ocean surface drag[J]. J Phys Oceanogr, 32: 1010-1027.

BOURASSA M A, ROMERO R, SMITH S R, et al, 2005. A new FSU winds climatology[J]. J Climate, 18: 3686-3698.

da SILVA A M, YOUNG C C, LEVITUS S, 1994. Atlas of Surface Marine Data 1994: Volumes 1-5[Z]. NOAA/NESDIS Atlases 6-10, U.S. Department of Commerce, NOAA, NESDIS.

DEE D P, et al, 2011. The ERA-Interim reanalysis: configuration and performance of the data assimilation system[J]. Q J R Meteorol Soc, 137: 553-597.

FAIRALL C W, BRADLEY E F, HARE J E, et al, 2003. Bulk parameterization of air-sea fluxes: Updates and verification for the COARE algorithm[J]. J Climate, 16:571-591.

FIGA-SALDAñA J, WILSON J J W, ATTEMA E, et al, 2002. The advanced scatterometer (ASCAT) on the meteorological operational (MetOp) platform: A follow on for European wind scatterometers[J]. Canadian Journal of Remote Sensing,28(3): 404-412.

FREILICH M H, DUNBAR R S, 1999. The accuracy of the NSCAT1 vector winds: Comparisons with National Data Buoy Center buoys[J]. J Geophys Res, 104: 11231-11246.

FREILICH M H, LONG D G, SPENCER M W, 1994. Sea winds: A scanning scatterometer for ADEOS II—Science overview[J]. Proc Int Geoscience and Remote Sensing Symp Pasadena, CA, IEEE, 960963.

GIBSON J K, KâLLBERG P, UPPALA S, et al, 1997. ERA description. ECMWF Reanal Proj Rept Ser 1 [Z]. Geneva: European Centre for Medium-Range Weather Forecasting: 72.

GRIFFIES S, BIASTOCH A, BONING C, et al, 2008. Coordinated ocean-ice reference experiments (COREs)[J]. Ocean Modell, 11: 59-74.

GRIST J P, JOSEY S A, 2003. Inverse analysis adjustment of the SOC air-sea flux climatology using ocean heat transport constraints[J]. J Climate, 20: 3274-3295.

HACKERT E C, BUSALACCHI A J, MURTUGUDDE R, 2001. A wind comparison study using an ocean general circulation model for the 1997—98 El Niño[J]. J Geophys Res, 106(C2): 2345-2362.

HARRISON D E, 1989. On climatological monthly mean wind stress and wind stress curl fields over the world ocean[J]. J Climate, 2: 57-70.

HELLERMAN S, ROSENSTEIN M, 1983. Normal monthly wind stress over the world ocean with error estimates[J]. J Phys Oceanogr, 13: 1093-1104.

JOSEY S A, KENT E C, TAYLOR P K, 1998. The Southampton Oceanography Centre (SOC) ocean-atmosphere heat, momentum and freshwater flux Atlas[J]. Southampton Oceanography Centre Report, 6:30, 1999-10.

JOSEY S A, KENT E C, TAYLORr P K, 2002. Wind stress forcing of the ocean in the SOC climatology: Comparisons with the NCEP-NCAR, ECMWF, UWM/COADS, and Hellerman and Rosenstein datasets [J]. J Phys Oceanogr, 32: 1993-2019.

KALANY E, et al, 1996. The NCEP/NCAR 40-year reanalysis project[J]. Bull Amer Meteor Soc, 77: 437-471.

KANAMITSU M, EBISUZAKI W, WOOLLEN J, et al, 2002. NCEP-DOE AMIP-II Reanalysis (R-2)[J]. Bull Amer Met Soc, 83: 1631-1643.

KARA A B, WALLCRAFT A J, METZGER E J, et al, 2007. Wind stress drag coefficient over the global ocean[J]. J Climate, 20: 5856-5864.

KENNEDY A D, DONG X, XI B, et al, 2011. A Comparison of MERRA and NARR Reanalysis Datasets with the DOE ARM SGP Continuous Forcing data[J]. J Climate, 24: 4541-4557. doi: 10. 1175/2011JCLI3978. 1.

KESSLER W S, JOHNSON G C, MOORE D W, 2003. Sverdrup and nonlinear dynamics of the Pacific Equatorial Currents[J]. J Phys Oceanogr, 33: 994-1008.

KISTLER R, et al, 2001. The NCEP-NCAR 50-year reanalysis: Monthly means CD-ROM and documentation [J]. Bull Amer Meteor Soc, 82: 247-268.

KUTSUWADA K, 1998. Impact of wind/wind-stress field in the North Pacific constructed by ADEOS/NSCAT data[J]. J Oceanogr, 54: 442-456.

LARGE W G, POND S, 1981. Open ocean momentum flux measurements in moderate to strong winds[J]. J Phys Oceanogr, 11(3): 324-336.

LARGE W G, YEAGER S G, 2008. The global climatology of an interannually varying air-sea flux data set [J]. Clim Dyn. doi:10. 1007/s00382-008-0441-3.

McPHADEN M J, et al, 1998. The Tropical Ocean-Global Atmosphere observing system: A decade of progress[J]. J Geophys Res, 103(C7): 14169-14240. doi:10.1029/97JC02906.

MENKES C, BOULANGER J-P, BUSALACCHI A J, et al, 1998. Impact of TAO vs. ERS wind stresses onto simulations of the Tropical Pacific Ocean during the 1993—98 period by the OPA OGCM[R]// Climatic Impact of Scale Interactions for the Tropical Ocean-Atmosphere System, EUROCLIVAR workshop report No. 13. Jussiue, Paris.

MILLIFF R F, MORZEL J, 2001. The global distribution of the time-average wind-stress curl from NSCAT [J]. J Atmos Sci, 58: 109-131.

RISIEN C M, CHELTON D B, 2008. A global climatology of surface wind and wind stress fields from eight years of QuikSCAT scatterometer data[J]. J Phys Oceanogr, 38: 2379-2413.

RIENECKER M M, SUAREZ M J, GELARO R, et al, 2011. MERRA-NASA's Modern-Era Retrospective Analysis for Research and Applications[J]. J Climate, 24: 3624-3648, doi: 10.1175/JCLI-D-11-00015.1.

ROESKE F, 2001. An atlas of surface fluxes based on the ECMWF re-analysis: A climatological dataset to force global ocean general circulation models: Report No. 323[R], Max-Planck-Institut für Meteorologie, Hamburg: 31.

SAHA S, et al, 2010. The NCEP climate forecast system reanalysis[J]. Bull Amer Met Soc, 91: 1015-1057. doi: 10.1175/2010BAMS3001.1.

SASAKI H, SASAI Y, NONAKA M, et al, 2006. An eddy-resolving simulation of the Quasi-Global Ocean driven by satellite-observed wind field[J]. Journal of the Earth Simulator, 6: 35-49.

SASAKI H, XIE S-P, TAGUCHI B, et al, 2010. Seasonal variations of the Hawaiian Lee Countercurrent induced by the meridional migration of the trade winds[J]. Ocean Dynamics, 60(3): 705-715.

SMITH C K, BETTENHAUSEN M, GAISER P W, 2006. A statistical approach to WindSat ocean surface wind vector retrievals[J]. IEEE Geosci Remote Sensing Lett, 3(1): 164-168.

SMITH S D, 1980. Wind stress and heat flux over the ocean in gale force winds[J]. J Phys Oceanogr, 10: 709-726.

SMITH S D, 1988. Coefficients for sea surface wind stress, heat flux and wind profiles as a function of wind speed and temperature[J]. J Geophys Res, 93: 15467-15474.

SMITH S R, SERVAIN J, LEGLER D M, et al, 2004. In situ based pseudo-wind stress products for the tropical oceans[J]. Bull Amer Meteor Soc, 85: 979-994. doi:10.1175/BAMS-85-7-979.

TAYLOR P K, YELLAND M J, 2001. The dependence of sea surface roughness on the height and steepness of the waves[J]. J Phys Oceanogr, 31: 572-590.

UPPALA S M, et al, 2005. The ERA-40 re-analysis[J]. Quart J R Meteorol Soc, 131: 2961-3012.

WGASF, 2000. Final Report of the Joint WCRP/SCOR Working Group on Air-sea Fluxes: Intercomparison and Validation of Ocean-atmosphere Energy Flux Fields. WCRP-112, WMO/TD, No 1036[Z]. World Climate Research Programme: 303.

WORLEY S J, WOODRUFF S D, REYNOLDS R W, et al, 2005. ICOADS Release 2.1 data and products [J]. J Climatol (CLIMAR-II Special Issue), 25: 823-842. doi: 10.1002/joc.1166.

WU F H, LIN P F, LIU H L, 2012. Influence of a southern shift of the ITCZ in quick scatterometer on the Pacific North Equatorial Countercurrent[J]. Adv Atmos Sci, 29(6): 1292-1304, doi: 10.1007/s00376-012-1149-1.

XUE Y, HUANG B, HU Z Z, et al, 2011. An assessment of oceanic variability in the NCEP climate forecast system reanalysis[J]. Clim Dyn, 37: 2511-2539. doi: 10.1007/s00382-010-0954-4.

YELLAND M J, MOAT B I, TAYLOR P K, et al, 1998. Wind stress measurements from the open ocean corrected for airflow distortion by the ship[J]. J Phys Oceanogr, 28: 1511-1526.

YU L, JIN X, 2012. Buoy perspective of a high-resolution global ocean vector wind analysis constructed from passive radiometers and active scatterometers (1987-present)[J]. J Geophys Res, 117, C11013, doi:10.1029/2012JC008069.

YU L, JIN X, WELLER R A, 2008. Multidecade Global flux datasets from the objectively analyzed air-sea fluxes (OAFlux) project: Latent and sensible heat fluxes, ocean evaporation, and related surface meteorological variables[R]// Woods Hole Oceanographic Institution, OAFlux Project Technical Report. OA-2008-01: 64. Woods Hole. Massachusetts.

YU Z, MOORE D W, 2000. Validating the NSCAT winds in the vicinity of the Pacific Intertropical Convergence Zone[J]. Geophys Res Lett, 27: 2121-2124.

附录 B

本书用到的 LASG 模式简介

B.1 海洋模式 LICOM1.0 和 LICOM1.1

LICOM 是 LASG/IAP Climate system Ocean Model 的缩写，它是中国科学院大气物理研究所大气科学和地球流体力学数值模拟国家重点实验室（LASG）近年来发展和使用的大洋环流模式，是直接从前期版本 L30T63（Jin et al，1999）发展而来，现已经发展到了 LICOM2.0（Liu et al.，2012），本书用到的是 LICOM1.0（刘海龙 等，2004）和 LICOM1.1。

(1)基本情况

LICOM 是一个包含自由面（没有用刚盖近似）的完全原始方程模式。水平方向为球坐标，垂直方向采用能够描写阶梯状地形的 η-坐标。水平网格系统是 B-网格，空间差分格式是二阶精度的守恒格式；时间积分一般用 Leap-frog 与 Asselin 滤波联合使用的方案，但黏性项和扩散项采用一阶精度的向前差分方案。中尺度涡参数化方案为 GM90 和 R82，热带上层海洋垂直混合采用 PP 方案，其他区域垂直黏性/混合系数取为常数。LICOM1.1 和 LICOM1.0 的主要差别之一是引入了 Yu（1994）的保型平流方案（肖潺 等，2006）。

(2)水平分辨率

在世界大洋环流实验（WOCE）计划的倡导下，全球大洋环流模式正向着涡分辨率（eddy resolving）发展，通过对数值试验结果的分析，提高水平分辨率在大洋环流模拟中的重要性得到了广泛的认同。LICOM1.0 和 LICOM1.1 有两个分辨率，分别适用不同的研究需求。一个是准全球（75°S～65°N）均匀的 0.5°，垂直方向是 30 层。0.5°分辨率虽然没有完全达到分辨中尺度涡旋的要求，但可分辨出赤道第一斜压 Rossby 变形半径（Philander，1990），而且可以较真实地刻画印度尼西亚海域复杂的地形，主要用来进行海洋环流的模拟和研究。另一个是全球均匀的 1°，垂直方向也是 30 层。这一较粗分辨率的版本是 LASG 气候系统模式的海洋分量，主要用于气候变化的模拟和预测研究。近几年，在 LICOM2.0 的基础上，逐步发展了一个准全球涡分辨率的海洋环流模式，水平分辨率 0.1°，垂向 55 层（Yu et al.，2012）。

(3)模式地形

模式地形资料采用美国海军海洋部（Naval Oceanographic Office）的 DBDB5（Digital Bathymetric Data Base 5 minute，http://www7320.nrlssc.navy.mil/DBDB2_WWW/）海洋深度资料，DBDB5 资料的分辨率为 1/12°×1/12°。0.5°分辨率的地形保留了地中海、南海、日本海。不包括波罗的海、黑海、里海、红海 、波斯湾和哈得逊湾。直布罗陀海峡、对马海峡、宗古海峡、吕宋海峡 、台湾海峡和多里斯海峡是打通的(即至少保留两排温度网格)。在地形复杂的印度尼西亚海域,望加锡海峡、龙目海峡、翁拜海峡、卡里马塔海峡、多里斯海峡都允许海流通过。1°分辨率地形的处理基本与0.5°类似,也填平了波罗的海、黑海和哈德逊湾等小范围水域,而拓宽了直布罗陀海峡、对马海峡等对环流场非常重要的海水通道。

(4)模式范围和南北侧边界条件

0.5°版本在北半球以白令海峡(Bering Strait)为界取到65°N,在大西洋中恰好跨过冰岛(Iceland),南边界取到75°S,只有威德尔海(Weddell Sea)和罗斯海(Ross Sea)中靠近陆地的一小部分边缘海没有包括在内,因此是一个准全球的大洋环流模式。南北侧边界条件为,速度取刚壁和无滑边界条件(即 $u=v=0$),温度、盐度取法向导数为0(即$\frac{\partial(T,S)}{\partial n}=0$)。为了使热盐环流模拟合理,参照Semtner和Chervin(1992)的做法,在北边界10个纬度(20排格点)和南边界20个纬度(40排格点)范围内,在温度、盐度场中加入恢复项。恢复时间系数在北半球取一年,在南半球取半年(表层除外)。1°版本基本上是全球范围,但将北极处理为一个孤岛(相当于北边界取在到88°N)。

球面上子午线在极点汇聚,使得经纬网格中纬向格距向两极逐渐减小。基于CFL(Courant-Friedrichs-Lewy)条件,减小的网格距将限制时间步长,从而极大地增加了计算量。为了减轻这个问题,两种分辨率都在62°N/S以外的极区对温度、盐度、水平速度和海面高度进行了纬向滤波。即便如此,两种分辨率仍旧存在高纬海区时间步长受限的问题,0.5°版本更加突出,这也是0.5°模式范围不包括北极的主要原因。

(5)海冰方案

LICOM是LASG海气耦合模式FGOALS的主要分量,而FGOALS系统中包括一个海冰分量,因此LICOM1.0和LICOM1.1中没有再包括L30T63所采用的热力学海冰模式,在进行单独海洋模式试验时,LICOM1.0和LICOM1.1简单地规定当表层海温低于-1.8℃时恢复到-1.8℃。这样的简单处理虽然不会影响模式的稳定性,但对于深层环流的强度有一定影响(Liu et al.,2012)。

(6)水平黏性方案

黏性是对动量方程次网格过程的参数化,在LICOM1.0和LICOM1.1中有3种可供选择的参数化方案。1)Laplace常系数水平黏性方案,在南北纬50°之间取水平黏性系数为$2.0\times10^3\ m^2/s$,在高纬度取$2.0\times10^5\ m^2/s$。2)双调和(biharmonic)形式的常系数水平黏性方案。由于此方案"尺度选择性"(scale-selectivity)较好,即对于可分辨尺度的运动耗散较小,对于次网格尺度运动耗散较大,被高分辨率海洋模式广泛采用,如Semtner和Chervin模式(1988,1992)等。LICOM1.0引入了双调和混合方案,其具体形式可参考MOM2(Modular Ocean Model version 2)技术手册(Pacanowski,1995)。3)LICOM1.0同时引入了变系数的Smagorinsky方案(Smagorinsky,1963;1993),其混合系数是局地水平形变和网格距的函数,具体形式参考Rosati和Miyakoda(1988)。在LICOM的实际应用中(例如IPCC试验等),大多选择第一种方案。

(7)水平平流方案

模式对于平流方案的依赖性非常强,尤其是对于示踪物而言,对平流方案的敏感性更加明显(Haidvogel et al.,1999)。LICOM1.0和大多数海洋环流模式的示踪物平流方案都是采用基于时间中央差和空间中央差(CTCS)的方法,CTCS 表达简单,实现方便,而且具有二阶精度,这是它得到广泛使用的重要原因。CTCS 的缺点在于它具有比较强的频散,这样往往使得模式容易出现不稳定,通常解决的方法是采用滤波或者通过引进新的扩散项来抵消频散产生的波动。但这些解决办法都不是从物理机制出发,只是为了解决平流格式本身问题而人为引入的。

国外一些海洋模式平流方面的工作也主要是基于对 CTCS 方案的修补,LICOM1.1 中引进了 Yu(1994)提出的两步正定保形平流方案(Two-step Shape-Preserving Advection Scheme),简称 TSPAS。两步正定保形平流方案结合了 Lax-Wendroff 格式和迎风差格式的优点,对频散和耗散均有较好的控制,有较好的稳定性,无需滤波,能够较好地模拟物质的平流特性。

(8)热力强迫方案

L30T63 的热力强迫采用 Haney 公式(Haney,1971),模式所需热力强迫场的变量包括净短波辐射、气温、气压、比湿、标量风速、云量六个海表大气变量。LICOM1.0 和 LICOM1.1 中采用了更简单的 Newton 冷却形式

$$Q_T = Q_o - \frac{\partial Q_o}{\partial T_o}(T_o - T_m) \tag{B1.1}$$

式中,下标 o 代表观测,m 代表模拟。Q_o 为观测净海表热通量,T_o 和 T_m 分别为观测和模拟的 SST,$\frac{\partial Q_o}{\partial T_o}$为观测的耦合系数。由于耦合系数可以事先计算好,模式积分所需热力强迫场仅包括净海表热通量、耦合系数和 SST。耦合系数采用的计算通量的经验公式与 Haney 公式是一致的。此外,为了计算太阳短波辐射穿透过程,热力强迫也包括单独的海表太阳短波辐射。

(9)强迫场资料

LICOM1.0 和 LICOM1.1 的强迫场(包括风应力矢量、净短波辐射、非短波通量、耦合系数)采用了由德国马克斯—普朗克气象研究所(MPI,Max-Planck-Institut für Meteorologie)整理的海洋模式比较计划(OMIP)月平均强迫场(Roeske,2001)。此强迫场的原始资料来自欧洲中期天气预报中心(ECMWF)15 年再分析资料(简称 ERA15)的逐日结果(Gibson et al.,1997)。用于恢复的月平均 SST 和海表盐度(SSS)来自美国国家海洋资料中心(NODC)发布的《世界海洋图集 1998》(简称 WOA98,见 http://www.nodc.noaa.gov/),即 Levitus 资料的 1998 年版本。

(10)模块化

这里所说的"模块化"有两层含义:一是模式的网格生成、初始化、输入和输出、正压、斜压和温盐过程等都由不同的子程序实现;二是多种参数化方案、强迫场等可以自由选择。LICOM1.0和 LICOM1.1 的改进主要针对后者。LICOM1.0 和 LICOM1.1 摒弃了耗时的 IF 语句判断的控制形式,使用了预编译方式,减少了计算过程中判断语句所占用的机时。

虽然复杂的预编译选项因为可读性差在 MOM4 中已经被去掉,但是 LICOM1.0 和 LICOM1.1中预编译选项的复杂性远没有达到影响模式可读性的程度。

(11)Fortran90

与 Fortran77 相比,Fortran90 增加了许多现代算法功能(如数组算法功能、超载概念等),也加强了程序的可读性和可维护性,这是我们采用 Fortran90 的主要原因。LICOM1.0 和

LICOM1.1中的变量定义、DO循环、IF语句、SUBROUTINE定义、续行号、注释等都修改成了Fortran90的语法形式，还将COMMON语句全部改成MODULE，把子程序中部分临时变量采用动态数组。

(12)MPI和OpenMP混合编程

在LICOM1.0和LICOM1.1中同时采用了MPI和OpenMP这两种并行方式，即经向采用一维MPI剖分，纬向采用OpenMP。两种并行方式可以同时使用，也可以分别单独使用。这种做法的优点是实现较为简单，避免了二维剖分的复杂性，同时又可以充分发挥共享内存机器(如SGI、IBM等)的效率。现在的涡分辨的LICOM中，为了提高并行效率，则采用了二维MPI剖分，同时也保留了OpenMP的并行方式(Yu et al.,2012)。

(13)NetCDF输入和输出

LICOM1.0和LICOM1.1的输入和输出都是通用性强的NetCDF格式(启动场除外)。此格式不受计算平台的影响，而且是自定义的(self-defined)，便于交流。

B.2 耦合模式FGCM-0和FGCM-1.0

20世纪末，LASG确定了以“耦合器”(Coupler)为中心，发展模块化、标准化和并行化气候系统模式的模式发展策略，第一步的做法是：借助NCAR气候系统模式的模块化框架，用LASG发展的海洋环流模式替换其中的海洋模块，由此推出了“灵活的全球耦合模式”FGCM(Flexible Global Coupled Model)。

FGCM有两个版本：FGCM-0(Yu et al.,2002)和FGCM-1.0(Yu et al.,2007)。其中FGCM-0的原型是NCAR的气候系统模式CSM1.2(Boville et al.,1998)，所用的LASG海洋模式是L30T63 (Jin et al.,1999)；FGCM-1.0的原型是NCAR的“共同气候系统模式”CCSM2.0(Kiehl et al.,2004)，所用的LASG海洋模式是LICOM1.0(刘海龙 等,2004)。

关于“耦合器”的介绍和讨论，可参看周天军等(2004)的文章。

(1)大气和陆面分量

FGCM-0的大气分量是NCAR的“共同气候模式”CCM3(Community Climate Model version 3,Kiehl et al.,1996)，FGCM-1.0的大气分量是NCAR的“共同大气模式”CAM2(Community Atmosphere Model version 2,Collins et al.,2003)。CAM2是在CCM3的基础上推出的，水平分辨率和CCM3一样都是T42(大致相当于2.8°×2.8°)，但垂直层次从18层增加到了26层，物理过程参数化方面的改进包括：云水的预报过程，云量的叠加方案，更加精确的水汽对长波辐射的吸收和放射方案，以及深对流方案等。

FGCM-0的陆面分量是NCAR的LSM1(Land Surface Model, version 1,Bonan, 1998)，FGCM-1.0的陆面分量是NCAR的“共同陆面模式”CLM2(Community Land Model, version 2,Bonan et al.,2002)。与LSM1相比，CLM在地表类型、物理过程参数化等许多方面做了改进，例如使用了来自卫星观测的陆面类型和植被类型数据，垂直方向有10层，能够显式地处理土壤的液态水和冰，并且还包括一个多层的雪盖模型和河流径流模式。

(2)海洋和海冰分量

如前所说，FGCM-0和FGCM-1.0中海洋分量分别是L30T63和LICOM1.0。LICOM1.0是

在 L30T63 的基础上推出的,二者都是垂直 30 层的模式,但 LICOM1.0 的水平分辨率(0.5°×0.5°)比 L30T63(1.875°×1.875°)高得多。在分辨率提高的同时,LICOM1.0 的水平黏性系数显著减小(从 L30T63 的 2.0×10^4 m^2/s 减小到 5×10^3 m^2/s),这使得 LICOM1.0 模拟的赤道潜流、西边界流等比 L30T63 明显加强,与观测更为接近(Liu et al.,2004)。关于 LICOM1.0 的较详细的介绍已在附录 B.1 给出。

FGCM-0 和 FGCM-1.0 用到的海冰模式分别是 NCAR CSIM2.2.6(Weatherly et al.,1998)和 CSIM4(Bitz et al., 1999),这里 CSIM 是 Community Sea Ice Model 的缩写。CSIM2.2.6 的热力学过程是基于 Semtner(1976)的三层热力学海冰模式,动力学过程引自 Pollard 和 Thompson(1994),采用的是"空化流体"流变学本构模型(Flato et al.,1992)。与 CSIM2.2.6 相比,CSIM4 采用了完全不同的动力—热力学海冰模型,其动力学过程是基于弹性一塑性流变学原理(Hunke et al.,1997)建立的,垂直方向有 5 层,模式中的热力学过程还包括了对海冰内部卤水泡(brine pocket)的显式计算方案。

CSIM 使用的是"三极"坐标网格,而 L30T63 和 LICOM1.0 在水平方向使用的都是经纬网格。由于通量耦合器(Flux coupler)要求海洋和海冰模式的格点必须完全一致,所以在 FGCM-0 和 FGCM-1.0 中都将海冰模式的水平网格修改为经纬网格,海冰模式的海陆分布和水平分辨率也修改为与海洋分量模式完全一致。

(3)通量耦合器和耦合方案

在实现各分量模式的耦合方面,FGCM-0 的做法与 FGCM-1.0 基本相同,即通过 NCAR 发展的通量耦合器将不同的分量模式(大气、陆面、海洋、海冰)耦合在一起,但前者使用的耦合器是 cpl4(Bryan et al.,1996),后者则是 cpl5(Kauffman et al.,2002)。此外,FGCM-0 与 FGCM-1.0 的耦合过程也略有不同。

首先,FGCM-0 正式运行之前先对海洋模式 L30T63 和海冰模式做了 70 a"Spinup"积分,其中用到的海表风应力和大气热力学变量由大气模式在观测的 SST 和海冰分布强迫下所做的控制试验给出。在 FGCM-0 正式积分时,海洋和海冰模式的初值就是上述 Spinup 试验第 70 年的初值(Yu et al.,2002)。上述 Spinup 积分的目的是减少因海洋和大气模式不匹配造成的对耦合模式初始积分的冲击,使得耦合模式尽快达到平衡态。但 Yu 等(2004b)在使用 FGCM-0 进行古气候模拟时发现,这种 Spinup 过程对耦合模式达到平衡所需要的时间影响不大。因此,FGCM-1.0 没有采用类似的 Spinup 过程,大气和海洋模式初始场都是单独的大气和海洋模式各自在观测气候强迫下的平衡态结果,海冰和陆面模式的初值则是任意给定的。FGCM-0 积分了 60 a(受当时计算机资源的限制),FGCM-1.0 则完成了 300 a 的长期积分。

(4)耦合范围

FGCM-0 中的海洋和大气分量模式都是全球模式,所以是在全球范围内相互交换热量通量和动量通量。FGCM-1.0 中海洋模式范围为 75°S～65°N,不包括北冰洋,所以海洋和大气分量模式只在上述范围内相互交换热量通量、动量通量和淡水通量。此外,在 FGCM-1.0 海洋分量模式的南北侧边界也采用了与单独海洋模式 LICOM1.0 相同的温度和盐度侧边界恢复条件(见附录 B.1)。

(5)水分循环过程

FGCM-0 使用的是恢复型盐度边界条件,即海表盐度向观测资料恢复,所以 FGCM-0 中的水分循环过程是不完整的。FGCM-1.0 在盐度方程的海表边界条件中直接引入了淡水通量，其中包括蒸发、降水、径流和海水结冰时的盐析过程，所以 FGCM-1.0 包含了完整的水分循环过程。

B.3 耦合模式 FGOALS-g1.0,FGOALS-gl 和 FGOALS-s1

LASG 发展模块化气候系统模式的第二步，是推出了 FGOALS(Flexible Global Ocean-Atmosphere-Land System)模式。

FGOALS 有两个系列(Zhou et al.,2007)，其中采用格点(grid)大气分量模式的称为 FGOALS-g，采用谱(spectral)大气分量模式的称为 FGOALS-s。到 2012 年为止，FGOALS-g 共推出了四个版本，即：FGOALS-g1.0(Yu et al.,2008)，FGOALS-g1.1(Yu et al.,2008)，FGOALS-gl(Zhou et al.,2008)和 FGOALS-g2(Li et al.,2012)。FGOALS-s 共推出了三个版本，分别是 FGOALS-s1.0(周天军 等,2005)，FGOALS-s1.1(Bao et al.,2010)和 FGOALS-s2.0 (Bao et al.,2012)。

在 FGOALS 模式系列中，本书用到的主要是 FGOALS-g1.0，FGOALS-gl 和 FGOALS-s1.0。

(1)FGOALS-g1.0 和 FGOALS-gl

FGOALS-g1.0(Yu et al.,2008)和 FGOALS-gl(Zhou et al.,2008)的构造过程是：在 FGCM-1.0 的基础上，首先将它原有的海洋分量模式 LICOM1.0(以及相应的海冰分量模式)扩展到全球范围，同时将它的分辨率由 0.5°×0.5°降低到 1°×1°(这是为了减小长期积分的计算代价)；然后，将其中的大气分量模式分别替换为 LASG 发展的格点大气环流模式 GAMIL1.0(水平分辨率 2.8°×2.8°)及其低分率版本 GAMIL-gl(水平分辨率 5°×4°)。

格点大气环流模式模式 GAMIL1.0(Wang et al.,2004)，其动力框架是基于王斌和季仲贞(2006)提出的半隐式能量守恒差分格式建立的，能够保持重要的物理守恒性——总有效能量守恒和质量守恒，并具有良好的计算稳定性。为了克服平流过程中的负水汽现象，模式采用了 Yu(1994)发展的两步保形平流方案计算水汽平流过程。模式的水平分辨率为 2.8°×2.8°，垂直分辨率为 26 层，模式层顶为 2.19 hPa。模式中采用的物理参数化方案与 NCAR 大气环流模式 CAM2 (Collins et al.,2003)相同。

GAMIL1.0 的低分辨率版本 GAMIL-gl 是为适应积分时间较长的模拟试验(例如千年气候模拟)而发展的，其物理过程完全同 GAMIL1.0，只是把模式的水平分辨率降低为 5°×4°；同时，对模式的积分时间步长进行了调整(Wen et al.,2007)。对应的快速耦合模式 FGOALS-gl 由于计算速度快、计算资源耗费少，主要用于积分时间较长的过去 1000 年气候的模拟试验等(Zhou et al.,2011;Man et al.,2011)。

(2)FGOALS-s1.0

FGOALS-s1.0 的耦合框架、海洋模式、陆面模式、海冰模式和 FGOALS-g1.0 相同，只是其大气模式分量为 SAMIL1.0(周天军 等,2005a)。SAMIL 是在 LASG 发展改进的大气环流谱模式(Wu et al.,1996;Liu et al.,1997)，其最初版本由南京大学从澳大利亚墨尔本大学引入。经过 LASG/IAP 多年的发展，在模式的动力过程、物理方案等方面做了许多调整，如引入参考大气和陆面过程的处理等。近年来提高了其水平和垂直分辨率，并按照标准化、模块化和并行化的要求,对模式源代码进行了优化处理(包庆 等,2006;王在志 等,2007);特别是通过采用模块化架构,对同一物理过程引入了多种参数化方案,使得可以在同一模式框架下,根据研究目的之需要,方便地实现不同参数化方案间的切换。SAMIL1.0 在水平方向为菱形截断 42 波,分辨率相当于 2.8125°(经度)×1.66°(纬度),垂直采用 $\sigma-p$ 混合坐标系分为 26 层(即 R42L26)。模式动力框架引入一参考大气,采用半隐式时间积分方案。辐射方案采用 Edwards和 Slingo 提出的辐射参数化方案。引入 Sling 等提出的云量诊断参数化方案,同时加入一改进的层积云方案。此外,还充分考虑了其他重要的次网格物理过程,如 Tiedtke 等提出的湿对流调整方案以及垂直、水平扩散等。边界层过程采用非局地边界层参数化方案,考虑了地形重力波拖曳。关于该模式的细节,详见有关技术报告(周天军 等,2005b)。

参考文献

包庆,刘屹岷,周天军,等, 2006. LASG/IAP 大气环流谱模式对陆面过程的敏感性试验[J]. 大气科学,30(6):1077-1090.

刘海龙,俞永强,李薇,等, 2004. LASG/IAP 气候系统海洋模式(LICOM1.0)参考手册[M]. 北京:科学出版社.

王斌,季仲贞, 2006. 大气科学中的数值新方法及其应用[M]. 北京:科学出版社: 171-205.

王在志,宇如聪,包庆,等, 2007. 大气环流模式(SAMIL)海气耦合前后性能的比较[J]. 大气科学,31(2):202-213.

肖潺,俞永强,2006.保形平流方案在海洋环流模式中的应用[J]. 自然科学进展,16:1442-1448.

俞永强,刘海龙, 林鹏飞, 2012. 一个 1/10°涡分辨准全球海洋环流模式[J]. 科学通报,57(25):2425-2433.

周天军, 王在志, 宇如聪, 等, 2005a. 基于 LASG/IAP 大气环流谱模式的气候系统模[J]. 气象学报, 63:702-715.

周天军,俞永强,宇如聪, 等, 2004. 气候系统模式发展中的耦合器研制问题[J]. 大气科学,28(6):993-1007.

周天军,宇如聪,王在志,等, 2005b. 大气环流模式 SAMIL 及其耦合模式 FGOALS_s[M]. 北京:气象出版社.

BAO Q, LIN P F, ZHOU T J, et al, 2012. The Flexible Global Ocean-Atmosphere-Land System model Version: FGOALS-s2[J]. Adv Atmos Sci, 30: 561-576.

BAO Q, WU G X, LIU Y M, et al, 2010. An introduction to the coupled model FGOALS1.1-s and its performance in East Asia[J]. Adv Atmos Sci, 27: 1131-1142.

BITZ C M, LIPSCOMB W H, 1999. An energy-conserving thermodynamic model of sea ice[J]. J Geophys Res, 104:15669-15677.

BONAN G B, 1998. The land surface climatology of the NCAR land surface model coupled to the NCAR community climate model[J]. J Climate, 11: 1307-1326.

BONAN G B, OLESON K W, VERTENSTEIN M, et al, 2002. The land surface climatology of the community land model coupled to the NCAR community climate model[J]. J Climate, 15: 3123-3149.

BOVILLE B A, GENT P R, 1998. The NCAR climate system model, Version one[J]. J Climate, 11: 1115-1130.

BRYAN F O, KAUFFMAN B G, LARGE W G, et al, 1996. The NCAR CSM flux coupler[Z]. NCAR Tech. Note 424: 50 [Available from NCAR, Boulder, CO 80307].

COLLINS W D, et al, 2003. Description of the NCAR Community Atmosphere Model (CAM2)[M]. Boulder, Colorado: National Center for Atmospheric Research: 171.

FLATO G M, HIBLER W D, 1992. Modeling ice pack as a cavitating fluid[J]. J Phys Oceanogr, 22:

626-651.

GENT P R, McWILLIAMS J C, 1990. Isopycnal mixing in ocean circulation models[J]. J Phys Oceanogr, 20：150-155.

GIBSON J K, KALLBERG P, UPPALA S, et al, 1997. ERA description[R]// ECMWF Reanal Proj. Rept Ser l European Centre for Medium-Range Weather Forecasting, Geneva：72.

HAIDVOGEL D B, BECKMANN A, 1999. Numerical Ocean Circulation Modeling[M]. Imperial College Press.

HANEY R L, 1971. Surface thermal boundary condition for ocean circulation models[J]. J Phys Oceanogr, 1：241-248.

HUNKE E C, DUKOWICZ J K, 1997. An elastic-viscous-plastic model for sea ice dynamics[J]. J Phys Oceanogr, 27：1849-1867.

JIN X Z, ZHANG X H, ZHOU T J, 1999. Fundamental framework and experiments of the third generation of IAP/LASG world ocean general circulation model[J]. Adv Atmos Sci, 16(2)：197-215.

KAUFFMAN B G, LARGE W G, 2002. The CCSM Coupler, Version 5.0, Combined User's Guide, Source Code Reference, and Scientific Description. Boulder, CO：NCAR[Z/OL]. URL：http://www.ccsm.ucar.edu/models/ccsm2.0/cpl5/users_guide/.

KIEHL J T, GENT P R, 2004. The community climate system model, Version 2[J]. J Climate, 17：3666-3682.

KIEHL J T, HACK J, BONAN G, et al, 1996. Description of the NCAR Community Climate Model (CCM3)[R]. Technical Report NCAR/TN-420+STR, National Center for Atmospheric Research, Boulder, Col-orado：152.

LI L J, LIN P F, YU Y Q, et al, 2012. The Flexible Global Ocean-Atmosphere-Land System Model version g2[J]. Adv Atmos Sci, 30：543-560. doi：10.1007/s00376-012-2140-6.

LIU H L, LIN P F, YU Y Q, et al, 2012. The baseline evaluation of LASG/IAP Climate system Ocean Model (LICOM) version 2[J]. Acta Meteor Sinica, 26(3)：318-329, doi：10.1007/s13351-012-0305-y.

LIU H, WU G X, 1997. Impacts of land surface on climate of July and onset of summer monsoon：A study with an AGCM plus SsiB[J]. Adv Atmos Sci, 14：289-308.

LIU H L, ZHANG X H, LI W, et al, 2004. An eddy-permitting oceanic general circulation model and its preliminary evaluations[J]. Adv Atmos Sci, 21：675-690.

MAN W M, ZHOU T J, 2011. Forced response of atmospheric oscillations during the last millennium simulated by a climate system model[J]. Chinese Science Bulletin, 56：3042-3052.

PACANOWSKI R C, 1995. MOM2 Documentation users guide and reference manual[R]// GFDL Ocean Technical Report No.3. Princeton USA.

PHILANDER S G H, 1990. El Niño, La Niña, and the Southern Oscillation[M]. San Diego：Academic Press：1-293.

POLLARD D, THOMPSON S, 1994. Sea-ice dynamics and CO_2 sensitivity in a global climate model[J]. Atmos Ocean, 32：449-467.

ROESKE F, 2001. An atlas of surface flues based on the ECMWF re-analysis：A climatological dataset to force global ocean general circulation models[R]. Report No.323, Max-Planck-Institut für Meteorologie, Ham-burg：31.

ROSATI A, MIYAKODA K, 1988. A general circulation model for upper ocean circulation[J]. Journal of Physical Oceanography, 18：1601-1626.

SEMTNER A J, 1976. A model for the thermodynamic growth of sea ice in numerical investigations of climate

[J]. J Phys Oceanogr, 6: 379-389.

SEMTNER A J, CHERVIN R M, 1988. A simulation of the global ocean circulation with resolved eddies[J]. Journal of Geophysical Research, 93: 15502-15522.

SEMTNER A J, CHERVIN R M, 1992. Ocean general circulation from a global eddy-resolving model[J]. Journal of Geophysical Research, 97: 5493-5550.

SMAGORINSKY J, 1963. General circulation experiments with the primitive equations: I. The basic experiment[J]. Monthly Weather Review, 91: 99-164.

SMAGORINSKY J, 1993. Some historical remarks on the use of nonlinear viscosities[M]// GALPERIN B, ORSZGE S A. Large Eddy Simulation of Somplex Engineering and Geophysical Flows. Cambridge: Cambridge University Press.

WANG B, WAN H, JI Z Z, et al, 2004. Design of a new dynamical core for global atmospheric models based on some efficient numerical methods[J]. Science in China (A), 47: 4-21.

WEATHERLY J W, BRIEGLEB B P, LARGE W G, et al, 1998. Sea ice and polar climate in the NCAR CSM[J]. J Climate, 11: 1472-1486.

WEN X Y, ZHOU T J, WANG S W, et al, 2007. Performance of a reconfigured atmospheric general circulation model at low resolution[J]. Adv Atmos Sci, 24(4): 712-728.

WU G X, LIU H, ZHAO Y C, et al, 1996. A nine-layer atmospheric general circulation model and its performance[J]. Adv Atmos Sci, 13: 1-18.

YU R C, 1994. A two-step shape-preserving advection scheme[J]. Adv Atmos Sci, 11: 79-90.

YU Y Q, LIU H L, LIN P F, 2012. A quasi-global 1/10° eddy-resolving ocean general circulation model and its preliminary results[J]. Chin Sci Bull, 57: 1-7, doi: 10.1007/s11434-012-5234-8.

YU Y Q, YU R C, ZHANG X H, et al, 2002. A flexible global coupled climate model[J]. Adv Atmos Sci, 19: 169-190.

YU Y Q, ZHANG X H, GUO Y F, 2004a. Global coupled ocean-atmosphere general circulation models in LASG/IAP[J]. Adv Atmos Sci, 21:444-455.

YU Y Q, ZHENG W P, LIU H L, et al, 2007. The LASG coupled climate system model FGCM-1.0[J]. Chinese Journal of Geophysics, 50: 1454-1455.

YU Y Q, ZHENG W P, WANG B, et al, 2011. Versions g1.0 and g1.1 of the LASG/IAP Flexible Global Ocean-Atmosphere-Land System Model[J]. Adv Atmos Sci, 28(1): 99-117. doi:10.1007/s00376-010-9112-5.

YU Y Q, ZHI H, WANG B, et al, 2008. Coupled model simulations of climate changes in the 20th century and beyond[J]. Adv Atmos Sci, 25: 641-654.

YU Y Q, ZHOU Z Y, ZHANG X H, 2004b. Impact of the closure of Indonesian seaway on climate: A numerical modeling study[J]. Chinese Sci Bull, 48(Supp. II): 88-93.

ZHOU T J, LI B, MAN W M, et al, 2011. A comparison of the medieval warm period, little ice age and 20th century warming simulated by the FGOALS climate system model[J]. Chinese Science Bulletin, 56: 3028-3041.

ZHOU T J, WU B, WEN X, et al, 2008. A fast version of LASG/IAP climate system model and its 1000-year control integration[J]. Adv Atmos Sci, 25(4): 655-672.

ZHOU T J, YU Y Q, LIU H L, et al, 2007. Progress in the development and application of climate ocean models and ocean-atmosphere coupled models in China[J]. Adv Atmos Sci, 24(6): 729-738.

索　引

A

B

C

D

E

F

G

H

I

J

K

L

M

N

P

Q

R

S

T

W

X

Y

Z